SOLIDWORKS 基礎&實務

作者　陳俊興

U0037296

線上影音教學與範例檔

全華圖書股份有限公司

相關叢書介紹

書號：06220007
書名：深入淺出零件設計
　　　SolidWorks 2012
　　　(附動態影音教學光碟)
編著：郭宏賓、江俊顯、康有評
　　　向韋愷
16K/608 頁/730 元

書號：06026017
書名：SolidWorks 產品與模具設計
　　　(第二版)(附範例光碟)
編著：陳添鎮、孫之遨、郭宏賓
16K/504 頁/560 元

書號：06289007
書名：SolidWorks2015 3D 鈑金設計
　　　實例詳解(附動畫光碟)
編著：鄭光臣、陳世龍、宋保玉
菊 8/584 頁/750 元

書號：06397007
書名：SOLIDWORKS 2018
　　　基礎範例應用(附多媒體光碟)
編著：許中原
16K/608 頁/600 元

書號：06411007
書名：高手系列－學 SOLIDWORKS
　　　2018 翻轉 3D 列印
　　　(附動態影音教學光碟)
編著：詹世良、張桂瑛
16K/536 頁/700 元

◎上列書價若有變動，請以
最新定價為準。

CHWA
TECHNOLOGY

序 言

SolidWorks自1997年併進極具競爭力的達梭系統後，即正式入主市佔率與高普及度CAD系統之林。在各家電腦輔助設計產品爭相競艷的當下，筆者躬逢其盛的使用過多套的同質性軟體，而每一套皆有其對應產業之優勢與特點。SW人性化的操作介面及完善的特徵應用指令，在在的深植於產業界上下端用戶中；尤其在近年全然相容Visualize、Flow S-imulation……等進階模組之後，旋即成為全球最受矚目的CAD軟體之一。

筆者使用SW迄今已廿餘年，期間也為學業及職場因素而陸續的接觸其它CAD或CAID軟體。個人在操作與探究之後覺得：任何一套軟體都僅是到達幟驛的媒介，自己用的順手、用的習慣最是實在。SW的親近性界面及低涉入性的操作方式，非常適合剛入門的初學者；而熟稔電腦輔助設計的專家群，活用SW的曲面功能及實體特徵更是能不斷挑戰自我的里程碑。

筆者於十餘年前出版了SW攻略白皮書後，深覺書籍內容針對軟體入門學習者、進階使用群與高階專家應有內容上的實質區隔，因此開始著手籌畫了一本專屬於入門者使用的工具書。本書共十章節，並在每章節中分為數個應用單元與重點習題；除了基礎介紹與建構進程導引，其建模範例由淺至深且佐以文字說明，再搭配數位影音檔操作動態解析，以俾利讀者於參考繪製時更易學習與臨摹。

歷經十餘年的書籍籌畫，範例繪製、內文編撰與不斷修正後，本書終得完備及付梓；並期許藉本身棉薄之力，拋磚引玉，共同分享SW使用歷程暨為CAD領域帶來無限可能之未來。

作者 陳俊興

謹識於

嶺東科技大學 創意產品設計系

chingsing@teamail.ltu.edu.tw

SOLIDWORKS
基礎&實務

編輯部序

　　「系統編輯」是我們的編輯方針，我們所提供給您的，絕不只是一本書，而是關於這門學問的所有知識，它們由淺入深，循序漸進。

　　本書經由十個章節的要鍵式導入，得以令初學者與進階使用者更明確的掌握書籍重點，再透過「建模進程」的步驟闡述，拆解結構本為複雜的模型，且化繁為簡；並佐以詳盡的「圖解」與其扼要的操作步驟，非常適合讀者循序漸進的學習。另外藉由例題導入外觀曲面設計及產品的彩現，呈現作者在設計教學領域深入的剖析。

　　同時，為了使您能有系統且循序漸進研習相關方面的叢書，我們列出各有關圖書的閱讀順序，已減少您研習此門學問的摸索時間，並能對這門學問有完整的知識。若您在這方面有任何問題，歡迎來函聯繫，我們將竭誠為您服務。

A-1 作者SOLIDWORKS作品選

【 Photoview360 】

建模後選擇材質與環境

電動摩托車設計

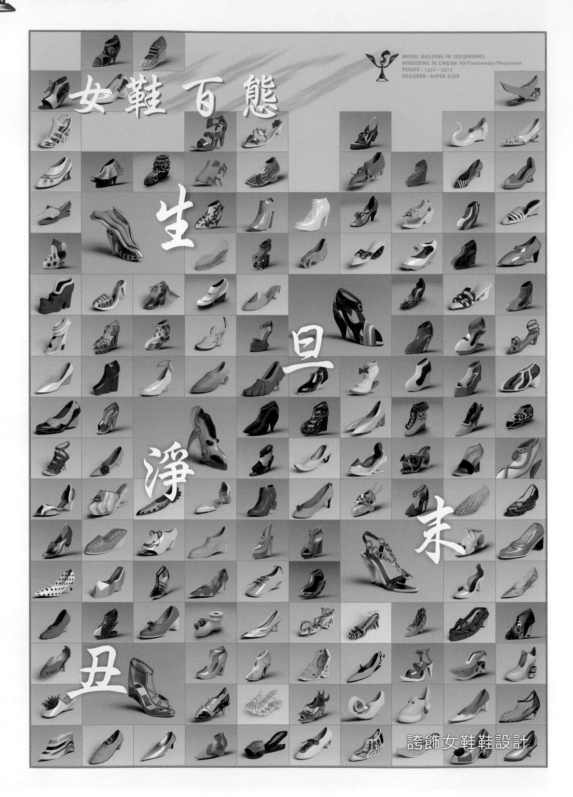

空拍機設計

摩托車設計

MODEL BUILDING IN SOLIDWORKS
DESIGNER --SUPER STAR

ELEVENTH--SHRINE
AQUARIUS
01/21--02/19

玩具模型設計

MODEL BUILDING IN SOLIDWORKS
RENDERING IN CINEMA 4D
PERIOD : 1997~2012
DESIGNER --SUPER STAR

玩具模型設計

玩具模型設計 - 素坯

玩具模型設計 - 色彩計畫

遙控車建模

遙控車設計

MODEL BUILDING IN SOLIDWORKS
PERIOD : 1987~
DESIGNER –SUPER STAR

手工具組設計

耐寒雪靴設計

SOLIDWORKS 基礎&實務

Chapter-03 草圖與指令

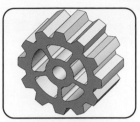

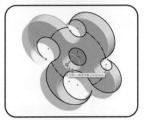

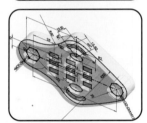

Chapter-04 特徵應用

SOLIDWORKS 基礎&實務

Chapter-07 曲面應用

Chapter-08 零件組合

SOLIDWORKS 基礎&實務

Chapter-09 模型組態

Chapter-10 工程視圖

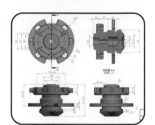

SOLIDWORKS

導論
INTRODUCTION

01

章節學習重點

- 電腦輔助設計之要點
- CAD 軟體的種類與選擇
- CAD 軟體之特點與應用
- 立體印表機之機種
- 立體印表機對應之切片軟體使用
- 立體印表機輸出媒材與特性
- 立體雕刻機結合之應用

1-1 關於 CAD 與其系列軟體

在全球化知識與經濟脈動的當下，為了縮短產品開發的時程，導入電腦輔助設計於開發進程已是必備的要項。而關於CAD之於工業製程與的重要性，在國際知名期刊爭相撰述的內文中可見一斑：自1960年代起，電腦繪圖的相關研究自美國開始展延至全球，CAD（Computer Aided Design）這個名詞也隨之而起；隨著CAD的普及與盛行，電腦輔助設計的相關證照也流通於世界各地，僅是在美國的境內就已有100多萬的執業工程師[1]。而現階段CAD軟體——變數式設計（本書所使用之軟體即是類屬於此類），不僅可以應用在輔助設計與製造、逆向工程、專家系統與結構分析上，亦能肆意的應用在概念發想的層面[2][3]。

CAD能夠迅速且精確的以幾何方式建構出設計師所想要表現出的三次元模型[4]，且現在的CAD系統中已納入了許多的分析工具，此有助於設計師以模擬或優化的功能來測試他們的設計[5][6][7]。當CAD軟體的發展已趨近成熟，工程師所能憑藉的是軟體應用能力及腦中的構思與邏輯，而這即為知識建模的思想[8]。新式CAD軟體以參數式為基礎所衍生的新技術，跳脫完全以尺寸作為思考的模式，提供設計者更多靈活與彈性修改的空間（如特徵樹與草圖暫存板塊），而其中較著名的軟體如UG、Microstation(5%使用率)、Cocreate 3D、CATIA、Pro/ENGINEER(33%使用率)（於2011年後已改名為CreoParametric；內文中簡稱Pro/E）、AutoCAD(14%使用率)、SolidWorks(34%使用率)……等皆採用這類技術，而其中又以PRO/E與SW最為普及[9]（如下圖所示）。

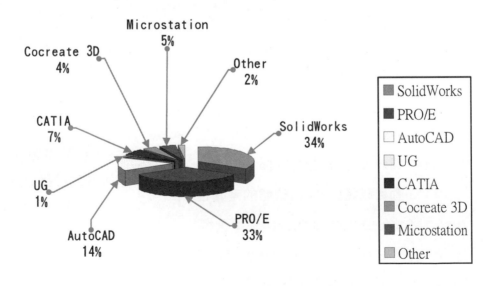

CAD軟體普及率所示（本書作者整理）

1-2 關於 CAD 軟體的選擇

　　如果從學生時期學習 AutoCAD-R12 版本開始起算，筆者使用 CAD 軟體的相關經驗已超過 25 年，期間也因求學歷程與任職公司需求而換了幾套 CAD 軟體。在民國九十年前後的台灣就職市場，欲求在機構設計與產品開發的相關部門任職，學會 AutoCAD 與 Pro/E 儼然是求職的基本門檻。原因無他，2D 系統由 AutoCAD 獨佔鰲頭幾十年未曾變過；而 3D 系統，最早期導入台灣的 CATIA 與 UG 動則數百萬元的高昂售價，普遍中小企業較難以負荷；而導入台灣的時間點相對其他 CAD 軟體早的 Pro/E，也因價格僅前者不到 1/5 的售價，且易於學習與功能齊，所以台灣多數企業的製造部與開發部改為使用 Pro/E。

　　隨著 1997 年達梭系統（CATIA 所屬公司）併購 SolidWorks 後，SolidWorks 的系統核心與效能有了突破性的發展，也隨著簡單易懂的使用介面與人性化之操作模式導入，原本使用其他 CAD 軟體的使用者逐漸改用 SolidWorks，而 SolidWorks 更於 2011 年後，在全球的普及率正式超過 AutoCAD 與 Pro/E。此後，雖然 AutoCAD 有推出 3D 模組，Pro/E 也改版成 Creo Parametric，但仍然改變不了 SolidWorks 全球化使用趨勢與最高普及率的現狀。

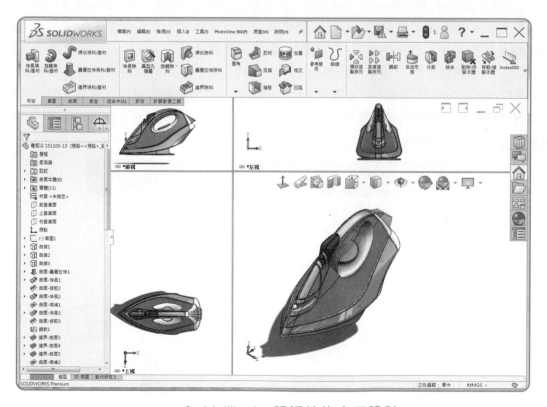

SolidWorks 親近性的介面設計

筆者在業界從事設計實務與產品開發工作十餘年後，改轉往教育界服務也已經將近十五年。在教學電腦繪圖的歷程中，最常聽學員提起的就是：「哪一套軟體最高階、最厲害，我們就學那一套。」其實很多初學者也都懷擁著同樣的迷思，並網路蒐羅資料或至坊間補習班徵詢建議。對於學員此般的迷惘，我通常一貫的回應都是：「軟體只是工具，現在的每一套CAD軟體功能都很全面，也沒有所謂的強與弱之分，選擇哪一套使用和學習，全看使用者取決較合適的那一套來使用。」換個例子來說，市售的車款也沒有所謂的「最強」品牌，車輛操控性之良窳全仰賴駕駛者己身的開車技術好壞。

關於CAD軟體的使用歷程，筆者最早是求學階段學習AutoCAD與Pro/E，爾後在業界工作後，因為上游與下游對應廠商的需求而接觸了CATIA和Microstation（後者於近年已漸漸退出主流市場）。而會接觸SolidWorks與Inventor則是工作後閒暇之餘，自己在興趣使然下摸索和探究。由民國八十七年開始鑽研SolidWorks98版迄今，也有廿餘年的使用經驗，一開始僅是自己的懵懂學習與揣摩（早期還沒有相關參考書與網路資訊），直到對應廠商逐漸改用SolidWorks後，我也開始修正自己軟體使用的比率——大量的使用SolidWorks繪製與修改圖面。

雖然，近十年來台灣開始在推其他CAD與CAID系統的軟體（搭配職訓局課程與學校試用版軟體），但是使用者的學習趨勢主要還是取決於業界端的需求考量，學哪一套比較容易讓學生找到工作，站在教育者的立場就先以哪一套為考量。有鑑於此，台灣高中職與大學端的CAD軟體教學，近幾年都仍是以SolidWorks為主、其他軟體為輔的教學模式，把SolidWorks學好學熟之後，再去探究其他CAD軟體，也就是界面與操作環境上的適應問題，畢竟建模思維與邏輯皆是一脈相承——平面圖學轉實體生成的觀念，也可經由手繪的概念轉承數位應用的各種層面。

SolidWorks軟體中文版之啟動視窗

1-3 動畫軟體與CAD軟體的差異性

在大學教了15年的電腦繪圖，遇到了很多有趣的學員疑慮，除了前文所提到的軟體選擇與版本要求外，也常有高中階段是用動畫軟體的學生跨考到工業設計領域。由於他們在高中職端是使用3D MAX與MAYA，而這類的動畫軟體基本上是不會有工程參數與限制的，所以只要學生想畫就可以自由的塑型。就接觸過動畫的學生來學習CAD軟體後，通常第一個反應都是苦惱與跳腳。同學時常會問：「為什麼要使用CAD軟體這麼麻煩的東西，你看使用動畫軟體塑型多簡單」。而我現在的回答是：動畫軟體建模後是一個形態表徵卻零幾何參數的架構，所以僅限於螢幕上的視覺感受（雖然現在也可以透過3D印表機打樣，但破面與錯印的機率頗高。而CAD與動畫軟體最大的差異性，概可透過以下五點來說明：

1-3.1 透過設備快速打樣模型

CAD軟體在圖形繪製完備後，可以轉成STL（STereo Litho graphy）三角網格檔案，也就是不能再編輯的後製加工檔案，並且將檔案匯進快速打樣設備（常見的有CNC雕刻機、3D印表機）的對應軟體，即可快速成型打樣。雖然現階段有很多打樣設備可以接受動畫軟體所繪製的圖面，但少了幾何厚度與工程參數的實態，常在快速打樣的過程中發生錯誤與破面。下方範例為SolidWorks建模後，轉承「粉末式RP」打樣之作品。畫完後卻可以分析、快速成型、CNC加工與開模量產。所以CAD軟體當然在繪製的過程中重重設限。

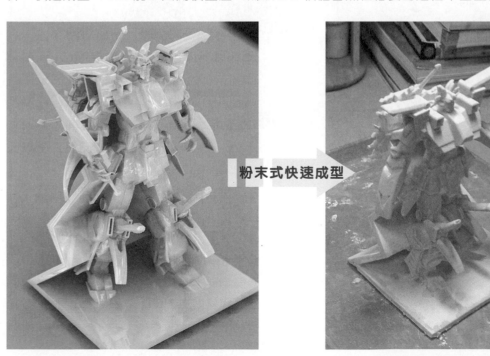

粉末式快速成型

SolidWorks軟體檔案經由粉末式RP輸出之模型

1-3.2 轉成工程圖格式

　　動畫軟體（3D MAX、MAYA、LightWave）通常所繪製的成果多是呈現於螢幕上的視覺表象，或者是透過平面印刷在紙張、服飾、杯子……等其他生活用品上，所以，鮮少會有產品開發與開模量產的後續流程。而CAD軟體所繪製的圖面多數是為了開模量產或後續加工的前置流程。如下方圖面所示意：CAD轉換成工程圖面後，可以標列尺寸與角度，也能做成細部放大圖、組件爆炸圖與角度剖面圖，待圖面確定後再轉成個別零件的尺寸三視圖，即能進入後續的加工與開模流程，而這都是動畫軟體所轉承的檔案所難以後製的程序；而攸關CAD軟體與其他繪圖軟體的差異性，讀者們將可以在後續的章節中漸漸發現CAD軟體所不能被其他軟體取代的原因。

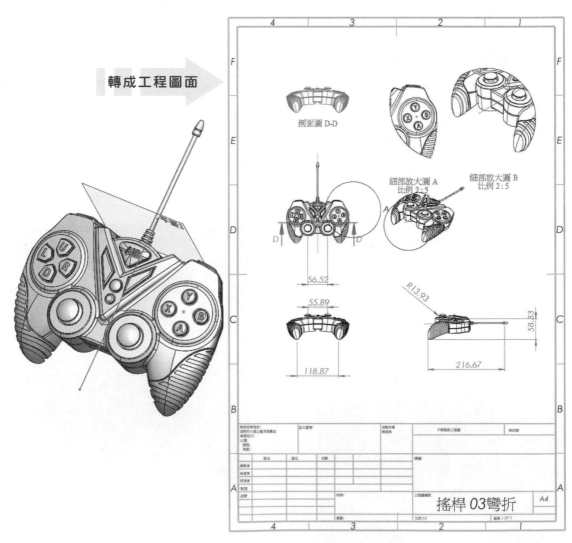

轉成工程圖面

SolidWorks工程圖面（模型之尺寸三視圖）

1-3.3 逆向工程與元件分析

CAD軟體應用在產品開發的過程中，常會接觸到需要使用逆向工程的案件。如右側圖例所示：業主需要以廠商提供的鞋款形態作為後續產品開發的外貌（欲設計鞋子造形的擺飾與飾品容器）。因此，筆者透過逆向掃描器擷取鞋子的外觀「點資訊」（右側之逆向設備為線軌式紅外線逆向掃描器，為準確率0.05條的高單價設備），並透過中繼軟體將點資訊結合成鞋款的概略樣貌（如果不透過中繼軟體編輯，也可以透過CAD軟體的其他外掛模組來完成）。

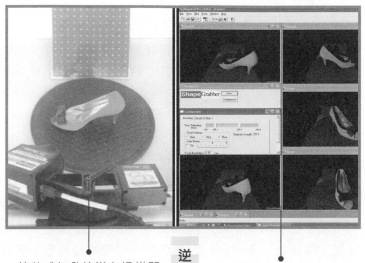

線軌式紅外線逆向掃描器（售價約150萬）

逆向工程與後續進程

「點資訊」需再透過編輯軟體或SW外掛程式處理與合併。

有了鞋款的形態輪廓後，繼而放樣外觀參考線段（也有部分使用者是直接縫補破面與重新鋪面），並且藉由線框輪廓拉伸成實體或曲面輪廓。如果欲轉成其他類產品（如塑膠或金屬材質），可再透過元件應力或模流分析，藉以取得最佳化設計的參數，並且在開模後大量生產（圖例中僅以SolidWorks軟體作為逆向工程製作之樣本）。

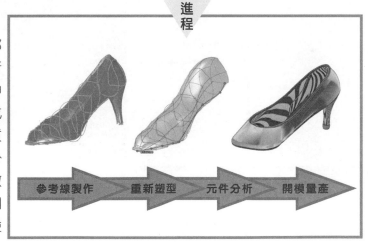

參考線製作　重新塑型　元件分析　開模量產

鞋子外觀逆向工程與後續進程

1-3.4 透過特徵樹草圖與母子特徵變更模型

動畫軟體與CAID軟體（Computer Aided Industrial Design，電腦輔助工業設計，當下的代表軟體為Alias與Rhino）在模型塑造上相較於CAD軟體而言，少了繁瑣的草圖定義與特徵生成的疑慮，所以在曲面建構上有了更便捷的成形模式，而且有著現成的龐大形體資料庫可套用；但對於CAD軟體而言，其擅長的不是高度曲面的塑型，而是模型建構後的編輯與設計變更。

簡而言之，我們透過下方的圖例來說明（圖例中僅以SolidWorks軟體作為樣本），左下方之車款，可以透過CAD軟體左側的特徵樹設計變更——編輯草圖與母子特徵修正，並且可以透過設計變更的修正次數一再而再的設變模型。雖然動畫軟體與CAID軟體可以用較快的時間與較簡潔的步驟完成車體鈑金設計，但卻無法像CAD軟體般的設計變更與再設計。有鑑於此，繪圖軟體系統的選擇仍是取決於使用者學習或從事的領域別差異，如果您是就讀工業設計、產品設計、機械系、或機構設計等相關學系，或是從事產品設計、模具開發、機構設計、製程規劃、管線裝配……等類型產業，那麼選擇一套適合自己的CAD軟體，其必然性可見一斑。

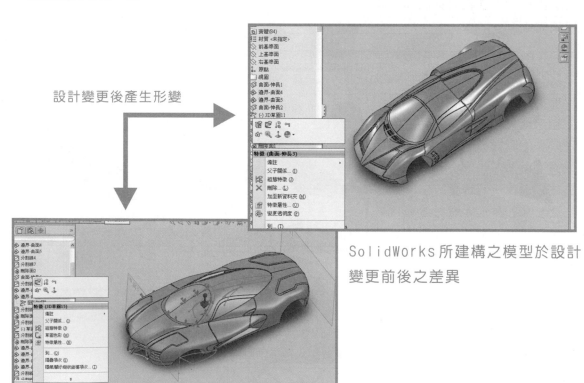

設計變更後產生形變

SolidWorks所建構之模型於設計變更前後之差異

1-3.5 檔案轉承之相容性

CAD 軟體所繪製出的檔案還有一個相當大的特點，即是轉承其它系統或軟體，都有極高的相容性（如右側圖例所示。而這是其他類軟體無法比擬的系統優勢（影像處理或排版軟體通常僅能轉換成平面圖檔；動畫軟體則無法轉換成 CAD 軟體可再編輯的實體）。

而在 CAD 系列軟體中，有一個較謹慎的設定——即是舊版軟體無法開啟新版軟體的檔案。所以在業界如果遇到其他公司的檔案無法開啟時，常會請他們轉存成 IGES（igs，通用的後製編輯檔案），該檔案在 CAD 系統軟體中有相當高的相容性，但開啟後其特徵管理員的父子特徵連結會失去。

SW 零件或組合件檔案轉承

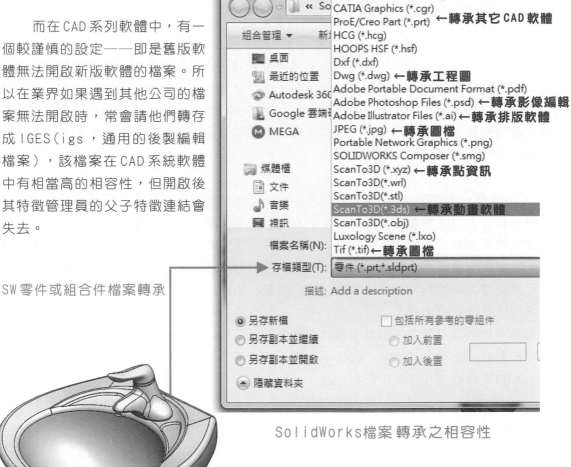

SolidWorks 檔案轉承之相容性

1-4 SOLIDWORKS簡介與版本選擇

　　在國際報導與指標性期刊中描述：SolidWorks是一套建構於Windows平台的高智慧型CAD/CAM/CAE的整合性軟體，然而在業界，SolidWorks已成為3D設計的主流軟體，自1994開發後迄今，全球已超過100個國家、80,000間公司應用這套軟體，是3D機械設計中的領航者[10][11]。SolidWorks具有全方位的參數化功能與特徵造型功能，能快速的將立體圖轉換成工程製圖，且具有精密的運算與分析系統，同時也能與其他迥異質性（如ANSYS、VISUAL　BASIC、C++）的軟體結合應用[12]。以全球性使用性統計SW已是市佔率最高CAD軟體之一，並可讓使用者滿足心中所想的設計意圖，且功能強大、操作簡單與容易學習[13]。Solidworks應用的層面甚廣，舉凡自動化機具、機構設計、產品設計、設計分析、加工製程、包裝設計……等，都可應用SolidWorks於設計建模與加工製程階段[14][15][16][17]。

　　Solidworks已是應用於產品設計的通用性軟體，據設計師對零件實體的瞭解與經驗分析，將其分解為特徵列上的基礎草圖組合，並且透過長出、旋轉、拉伸、掃出……等特徵來建構出組件形態，且在個別零件完成後，透過虛擬的組合模組來併疊零件，形成由零組件所構成的產品外形。最後亦或將組合件、個別零件轉到工程圖模組，輸出成三視圖或加工圖形式[18][19]。

　　SolidWorks軟體從1995年發行至今，幾乎是年年出更新的版本，有些學員除了軟體的選擇迷思外，有時也會存在著軟體版本的惆悵。雖然新的版本賦予的功能通常較多，但有時卻也會因為系統運算效能或軟體本身的BUG而產生當機的貽誤。於此，筆者由衷建議，不一定要挑選最新版的軟體學習，因為最新版的軟體通常是搶快發布，可能還未歷經系統工程師反覆的偵錯與常態性使用者的操作回饋，所以在使用上也較容易產生錯誤性的疑慮，這也就是為什麼會有SP1.0、SP2.0……SP5.0等補正軟件出現的原因。在業界，通常公司買一套軟體之使用期限幾乎都不低於5年，而CAD軟體又因為特徵管理員、系統參數、模組對應……等種種設限的關係，不得舊版軟體開新版的檔案，所以幾乎都是等到配合的上下游廠商軟體版本都更新完一輪了，自己的公司才迫於無奈下更新軟體版本。

承前文，現在SolidWorks軟體雖然已經更新至2020，但其實筆者本身還是慣用2018版本，基本上SolidWorks2014版至2020版，在實用功能層面並未有顯著的差別，不同的部份多是介面的改變與附加程式的修正，甚至也可以這麼說：十年前的SolidWorks和最新版本的差異多是操作畫面與附屬功能的變更。也因此，在軟體的操作與學習上，別再有非得要學習最新版本的錯誤迷思。如同國際期刊所引言：CAD應用於工業產品開發已是設計進程中的必要環節，在述求最佳化設計進程的脈絡鏈結中，CAD的應用不啻能減輕設計師的負擔，且比2D繪圖更具效益[20]。CAD軟體的應用已是必然，設計師可以藉由軟體的建構來實現自己的想像與創意[21][22]。雖然CAD對於工業設計師有莫大的助益，然而軟體的應用效率良窳則繫乎在設計師自身的經驗與思維邏輯[23]。有鑑於此，與其追逐更高階、更新版的軟體，倒不如勤學善用好自己所擁有的軟體系統。

參考文獻

[1]G. Farin (1988). Curves and Surfaces for Computer Aided Geometric Design: A Practical Guide. Boston: Academic Press.

[2]C.H. Chu, M.C. Song, V. C.S. Luo(2006). Computer aided parametric design for 3D tire mold production. Computer in Industry,57,11-25.

[3]F.A.R. Martins, J.G. G Arcia-Bermejo, E.Z. Casanova, J.R.P. Gonzalez(2005). Automated 3D surface scanning based on CAD model, Mechatronics, 15 ,837-857.

[4]Stokes, M.(Ed.) (2001). Managing Engineering Knowledge; MOKA: Methodology for Knowledge Based Engineering Applications. London:Professional Engineering Publishing.

[5]J. Bai, H. Luo, F. Qin(2016). Design pattern modeling and extraction for CAD models. Advances in Engineering Software,93,30-43.

[6]L. Zhu, M. Li, R.R. Martin(2016). Direct simulation for CAD models undergoing parametric modifications. Computer-Aided Design,78,3-13.

[7]B. Li, S.G. Shen, H. Yu, J. Li, J.J. Xia, X. Wang(2016). A new design of CAD/CAM surgical template system for two-piece narrowing genioplasty. International Journal of Oral and Maxillofacial Surgery, 45 (5),560-566.

[8]D.A. Field(2004). Education and training for CAD in the auto industry, Computer-Aided Design,36, 14 31-1437.

[9]Robertson. B.F, Radcliffe D.F(2009), Impact of CAD tools on creative problem solving in engineering design. Computer-Aided Design, 41, 136-146.

參考文獻

[10]W. N. Han , J. Liu(2007). Pattern Features Design Based on SolidWorks.Journal of North China Insti-
   tute of Aer Ospace Engineering, 17(6),15-17.

[11]W.N. Han,M. Guo(2008). Entity Design of Gears Based on SolidWorks. Journal of North China Insti-
   tute of Aer Ospace Engineering, 18(2) ,13-15.

[12]P.Yang , X. Z. Xu(2008) .Technology of SolidWorks Redevelopment with Visual C+ +. New Technolo
   gy & New Process,08(8), 23-25.

[13]W. W. Mao , G.J. Wu(2008). Development of 3D-Parameterized Drawing Library of Rolling Bearings
   Based on SolidWorks. Packaging Engineering, 29 (12), 143-145.

[14]J.J. Wu(2009).SolidWorks Provides Efficient Tool for Green Design.Machinery, 47 (1) ,74-75.

[15]A.N. Loginovsky, L.I. Khmarova(2016). 3D Model of Geometrically Accurate Helical-Gear Set. Proc-
   edia Engineering, 150, 734-741.

[16]Y. S. Saurabh, S. Kumar, K.K. Jain, S.K. Behera, D.Gandhi, S. Raghavendra, K. Kalita(2016). Design
   of Suspension System for Formula Student Race Car. Procedia Engineering, 144, 1138-1149.

[17]Rahul, K. Kumar(2014). Design and Optimization of Portable Foot Bridge. Procedia Engineering, 97,
   1041-1048.

[18]A.G. González, J. García Sanz-Calcedo, O. López, D.R. Salgado, I. Cambero, J.M. Herrera(2015). G-
   uide Design of Precision tool Handle Based on Ergonomics Criteria Using Parametric CAD Software.
   Pro-cedia Engineering, 132, 1014-1020.

[19]M. Roh, K.Y. Lee, W.Y. Choi, Seong-Jin Yoo(2008). Improvement of ship design practice using a 3D
   CAD model of a hull structure. Robotics and Comput er Integrated Manufacturing, 24, 105-124.

[20]M. Kumar, C.H. Noble(2016). Beyond form and function: Why do consumers value product design? Jo-
   urnal of Business Research, 69(2), 613-620.

[21]T. Kelly (2001). The art of innovation: Lessons in creativity from IDEO, America's leading design fi-
   rm. New York: Currency/Doubleday.

[22]M. Schrage (2000). Serious play: How the world's best companies simulate to innovate. Boston: Har-
   vard Business School Press.

[23]P.B. Paulus, B.A. Nijstad(2003). editors. Group creativity: Innovation through collabo-ration. New Y-
   ork: Oxford University Press.

1-5 SOLIDWORKS 與 FDM-3D 列印

　　3D列印（3D Printing）是近十年快速興起的加工技術（主要原因為FDM——熔融積層成型機種的專利期限已過，原本要價50萬元起跳的設備，在眾多廠商競相開發量化下，低階的3D印表機甚而殺至萬元以下），FDM又名積層製造（其原理與噴墨印表機列印一樣，差別只在於噴墨印表機只噴一層，而3D印表機則是一層層的附加堆疊上去）。目前FDM成型技術的3D印表機，列印的範圍大概都是20-30公分見方；但亦有可成型至一公尺以上的特殊機種，成型方式類如熱熔膠槍將膠條熔融後一層層的塗佈與成型。而常見的材料除了較堅固的ABS（樹酯）外，另有較格低廉、熔點較低且無異味的PLA（乳聚酸環保材料）（都是線捲圈形式）；而在顏色取樣上除了一般平光、亮光的顏色外，另有類金屬、類石頭材質、透明、螢光……等各種線材可供選擇。

外罩式FDM印表機－價格約8萬元
最高精度：0.1mm；加工範圍：250mm見方

開放式FDM印表機－價格約4萬元
最高精度：0.15mm
加工範圍：200mm見方

外罩式FDM印表機－價格約25萬元；ABS材質三色列印
最高精度：0.1mm；加工範圍：250mm見方

在介紹了有關於FDM列印機常見的相關機種後，繼而是探討3D印表機的列印程序，下文中以SolidWorks轉承KissLicer至FDM印表機為範例，其輸出進程大概可分為以下6個步驟（使用筆者所繪製的電動摩托車作為教學範例）：

1-5.1 透過軟體轉換模型成STL檔案

使用SolidWorks開啟欲列印打樣的模型檔案（如下圖所示），並在檢視完模型與特徵樹沒有錯誤資訊後，即可將檔案轉存成STL檔案。通常SolidWorks檔案較容易產生錯誤的原因，多數是草圖過度定義或遺失，或者是組合件的零件原始檔位移，而上述的這些問題點通常可藉由重新編輯或尋找原始檔案來解決現狀。要將模型轉換成三角網格化的STL檔案，得透過細項設定來變更輸出物件。轉檔時最為重要的即是「單位」務必選擇「毫米」，以免輸出的物件大小失當；而關於「解析度」的部份則不需設定太高，因為現今之FDM機種打樣的精度有限，所以概可不用過度的設置「偏差」與「角度」參數。

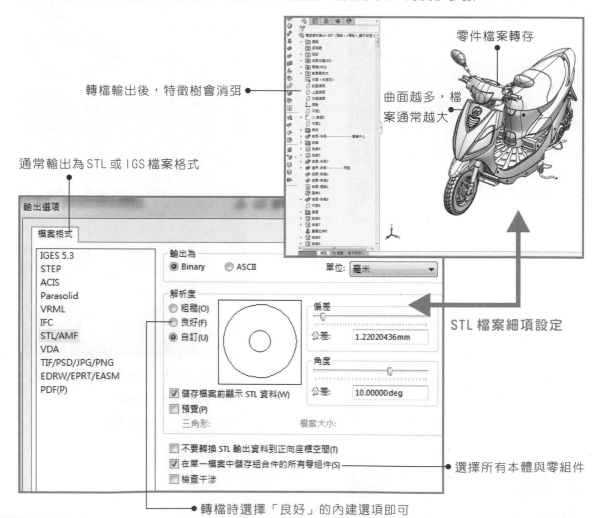

零件檔案轉存

轉檔輸出後，特徵樹會消弭

曲面越多，檔案通常越大

通常輸出為STL或IGS檔案格式

輸出選項

檔案格式

IGES 5.3
STEP
ACIS
Parasolid
VRML
IFC
STL/AMF
VDA
TIF/PSD/JPG/PNG
EDRW/EPRT/EASM
PDF(P)

輸出為
● Binary   ○ ASCII   單位：毫米

解析度
○ 粗糙(O)
○ 良好(F)   偏差
○ 自訂(U)   公差：1.22020436mm

角度
公差：10.00000deg

☑ 儲存檔案前顯示 STL 資料(W)
☐ 預覽(P)
三角形：   檔案大小：

☐ 不要轉換 STL 輸出資料到正向座標空間(T)
☑ 在單一檔案中儲存組合件的所有零組件(S)
☐ 檢查干涉

STL 檔案細項設定

選擇所有本體與零組件

轉檔時選擇「良好」的內建選項即可

1-5.2 使用KissLicer開啟檔案

　　3D列印機各機種的對應軟體皆不同，這有點像家用式的噴墨印表機——各廠牌、各機種、各尺寸的附屬列印軟體也不盡相同。雖是如此，學習者也不需過於迷惘，因為 3D印表機的附屬軟體操作幾乎都是即學即會的偵錯設計界面，所以不管學員選擇哪一品牌的3D列印機，都能在復刻說明書的程序操作一次後即上手。

　　在以下範例中，操作的是KISSLicer（FDM印表機通用的軟體，適用於多數品牌與機種）。在開啟軟體後，第一要點則是要確定您所購買的3D印表機列印尺寸（中低階機種較常見的為200mm見方），在更改完印表機工作檯面之尺寸後即可開啟模型的STL檔案。假設繪製的物件大於200mm，則需要在開啟物件後將模型依比例縮小；相對的，過小的物件則需要等比例放大。如果所購買的印表機之附屬軟體使用者們用得習慣，則不須刻意再學習通用軟體：KISSLicer。

軟體相關介面選項

XYZ列印範圍

列印檯面

變更列印機尺寸

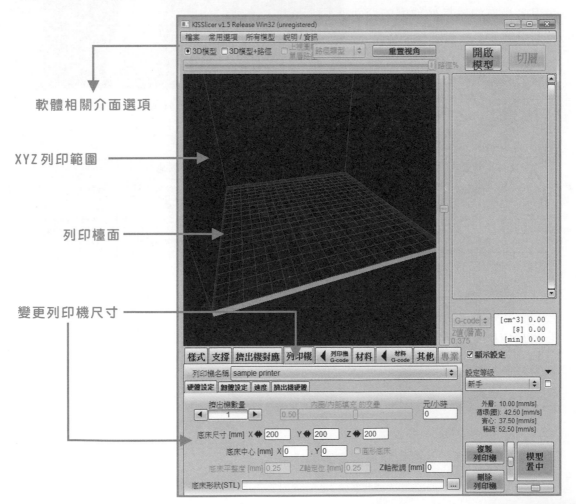

1-5.3 調整KissLicer樣式的參數

　　在開啟SolidWorks轉承KissLicer的檔案後，試著調整模型的比例與大小，並檢視在畫面中的模型實體可有不完整或破面之概況；如有上述情事，則須回到原始檔案再重新檢視與輸出。在KissLicer的列印設定中，模型開啟後通常只需要在「樣式」的選項中設定參數。而關於「擠料寬度」的部份，則需依所購買的機種擠料頭出口直徑來調整（一般都設定在0.15-0.6之間）。

　　立體印表機在「堆層厚度」的設定上，參數則與「擠料寬度」相仿即可。最後則是「列印速度」的控制，建議學員將「細緻度」設置在50上下較適當。假如使用者操作的是其他附屬的介面，亦可酌參本頁面之相關係數。

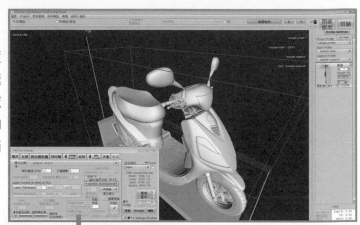

擠料寬度需對應使用的機種

樣式設定操作介面

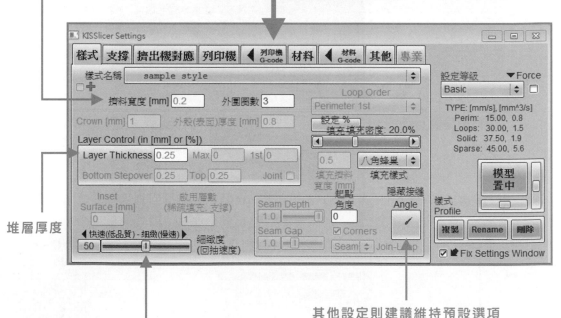

堆層厚度

列印的速度攸關成型後模型品質的好壞

其他設定則建議維持預設選項

1-5.4 模型切層與儲存

當KISSLicer的設定細項完成後，續接可點選軟體介面右上方的「切層」選項，此刻能看見畫面中有一藍色平面在模型上縱向移動，這過程即是製作3D列印切片的運算（每一層都是列印的範圍），如果在製作切層的過程中停止或出現錯誤訊息，則可能是系統分析畫面中的模型需要再做調整與編輯。

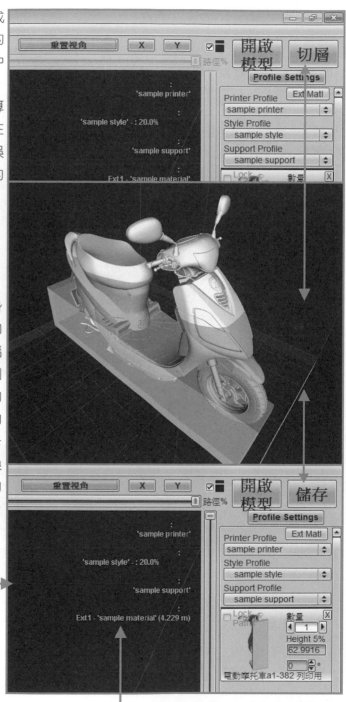

於「切層」的製作過程完備後，即會在畫面中右上方出現「儲存」的按鍵，此刻可使用記憶卡或隨身碟存取檔案，檔案的類型為FDM印表機通用的G-code檔案（如果電腦上有透過傳輸線連結3D印表機，則能直接經由電腦啟動並完成列印的進程），若在存取檔案至記憶卡的過程中發生錯誤，則可能是記憶卡裡的空間不足或已損毀；如果在換了另一片記憶卡後仍是發生同樣的問題，就需要重新啟動KISSLicer後再製作一次切層的步驟。

透過切層之程序分析模型元件在列印時的各分層範圍

資訊欄位的敘述可辨別模型之切層參數

1-5.5 3D印表機預熱、上膠與檢視模型

FDM 類型的 3D 印表機列印前都需要預熱噴頭，以便將線捲圈的材料熔融後擠出。而加熱的溫度則視線捲圈的材質特性以做適當的調整。PLA 環保線材大約加熱至190 度後就可以熔融並擠出施作；而 ABS塑酯則需加熱至220 度以上才能熔融線材。建議初學者選擇 PLA 作為列印的素材，畢竟比起其它材質來說，PLA 質材較易加工也相對廉價（PLA 線捲圈約 600--1000克，均價約 450 元 --800 元）。

而在列印的過程中，最容易產生問題的階段是前段的鋪面與積層填料，如下圖所示：電動摩托車的底盤鋪面部份已明顯的翹曲，此時只能忍痛停下 3D 印表機的進程，移除列印平台上的失敗物件後重新啟動。

使用者以口紅膠或水溶性樹酯於列印平台上塗佈一層膠膜，藉以增加工作檯面的黏著性。

底部的鋪面已嚴重翹曲

底部的鋪面完整且平貼於工作檯面

1-5.6 模型列印完成

在完成列印程序後，檢視列印物件沒有斷層、瑕疵、龜裂或其他問題，即可用平鏟分離所列印的模型與工作檯面。右側之圖面為筆者使用三種色調之PLA材質線捲圈所列印的電動摩托車。學員剛拿到模型時，可能會對模型本身外的其他雜料感到困惑，而那些所謂的雜料即是列印時的支撐材（Support，如同是蓋房子時的骨架一般），通常支撐材可用手指或尖嘴鉗輕易的剝除；而礙於FDM本身加工技術的關係，所製作的模型表面會有粗糙的橫紋，建議可先用砂紙概略的研磨後，並以二度底漆或填泥補平，再用水砂紙沾水研磨即可（補土與研磨的流程通常得循環個2-3輪後才能感受出模型的精緻度）。

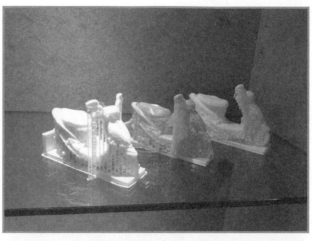

打印完成後之機車素模（未除殘料與表面處理）

而備用與拆封的線捲圈，如果持續2個星期以上沒有使用，則建議封存於防潮箱以減少材料變質易脆的情況發生。

⊙ 要點提醒　　是否需要購買時下流行的FDM印表機

雖然在專利失效後，各廠牌的FDM-3D印表機爭相上市而壓低了售價；但如果不是使用頻繁的族群，建議不要為了嚐鮮而花了幾萬元購買一台。畢竟現在於全球化的環保議題述求下，機台本身的很多零配件都是環保材質，所以保固期一年過後，可能陸陸續續所花的耗材替換與維修成本概括後，都要再額外的支應數萬元。假若只想要體驗，那只需將繪製的檔案傳送至代印廠商那即可打樣即可。現在FDM的坊間收價多數是以公克計算，普通品質列印約5-10元（每公克）。

存置線材之防潮箱（建議兩層以上）

1-6 SOLIDWORKS 與光固化 3D 列印

前文所提及的都是屬於平民價位的
FDM 類型 3D 印表機；而在本頁面所述及
的則是較高單價的光固化 3D 印表機。光
固化類型的機種，由於專利尚在保護期
限內，所以加工範圍 30 公分見方的印表
機，價格仍是居高不下（100 萬以上）。

右側圖面為筆者使用 SolidWorks 所
繪製的機車，並在轉成 STL 檔案格式後輸
入到光固化印表機的作業系統。光固化印
表機的成型原理與家用的噴墨印表機類似
，只是家用印表機噴頭所裝載的是墨水，
而光固化印表機所噴出的則是塑酯；機台
在噴出塑酯後並經內裝的紫外線照射後，
原本液態的材質即變成固態的實體。

光固化印表機的打樣精度極高，設
定可調整至 1 條以下（0.01mm），比 FDM
類型的印表機最高精度 0.1mm 還要細緻
許多。右下方圖面為光固化成型的作品
，基本上已經不需再表面研磨即可噴漆
上色。而坊間的光固化收費，每公克都
在 10-30 元左右（視物建大小與打印精
度而有所價差），如果是追求精度與速
度的使用者，倒是可以考慮發包給光固
化列印的代工廠商。以業界現況而言，
模型打樣的多數取決仍是以物件大小與
內構複雜度分項，當模型大於一公尺且
有動態測試的需求，則仍是以 CNC 雕銑
為首要考量。

SW 建模之檔案

光固化列印

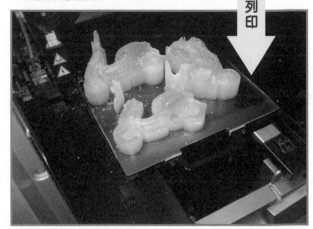

RP 成型中之打樣模型

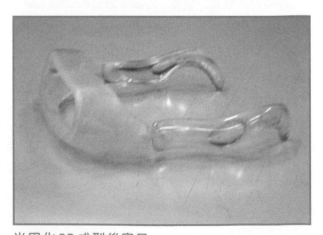

光固化 RP 成型後實品

1-7 SOLIDWORKS 與立體雕刻機

CNC 目前仍是產業界模型打樣的首選。其精度高、加工時程短與素材多元等優勢,依舊是當下的立體印表機所無法比擬的製程。專業的三軸雕銑機(時價約 100 萬元上下;四軸約 250 萬;五軸約 500 萬)操作相當繁瑣(筆者曾於中區職訓中心受訓上百小時,但對應之軟體——MasterCAM 與 CNC 實體操作卻仍是無法全然掌握),絕非是本頁面中之數段描述即可表徵,因此於範例中,筆者選擇較通用的雕銑機種與較為簡易的軟體 Aspire 來陳述 CAD 與後加工製程的連結性。

同樣需將所繪製的滑鼠模型轉換成 STL 檔案格式,並藉由 Aspire 開啟(如右上圖例)。檔案讀取後選擇加工的材料、規格與模型擺置的型式,且 CNC 雕銑機的工序排程須配合銑刀的種類。筆者建議初學者於刀件的排程上,先以「粗銑刀」與「精銑刀」兩段式的排程入手即可,因為過多的段式排程反而容易造成加工機的系統負荷與空轉。

如右下之圖例示意,藉由軟體模擬出木塊經由兩段式的排程雕銑後之粗胚。三軸雕銑機對於反拔模的角度或小於刀徑之圖元則無法加工(如滑鼠邊界輪廓的斷點)。在完成系統模擬與偵錯排解後,即可轉存成 G-CODE 或其它對應雕銑機之檔案。

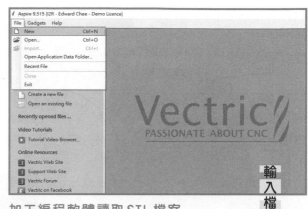

加工編程軟體讀取 STL 檔案

輸入檔案與設置

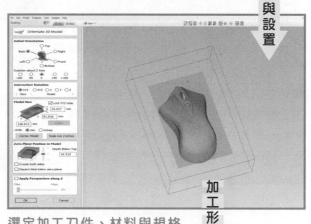

選定加工刀件、材料與規格

加工形式與預覽

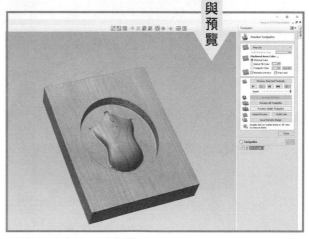

選擇精度與加工模擬

當轉存的檔案連結到 CNC 雕銑機後，續接著即是材料放置與機台操作的程序。如右圖所示：將一塊長300、寬200、高25(mm)的紫檀木以四個夾具鎖固（也有部分的低轉速機台是以雙面膠貼合）。加工料件固定後，繼而是 X 軸（左右走向）與 Y 軸（前後走向）的定位，通常是定位在料件的左下角點，但亦有使用者慣性將原點定位在料件的中心位置；而 Z 軸（上下走向）則可以透過「對刀器」或位移刀件取得對應的參數。

第二階段即是設定刀件「轉速」與「進給」，以木料件加工而言，「轉速」大概設在 15,000 上下；「進給」約轉速的 1/10（這參數僅是參考，絕非是定律或通則；而吃刀量與進退刀等專業設置則不於此探討）。待基本設定完備後，即可進入料件加工的進程。

加工歷時約一小時後，所準備的料件已完成雕銑後之粗胚（即如右下方例圖所示）；至於滑鼠模型旁的餘料則可透過線鋸機或其他加工設備後處理。滑鼠上的龜裂紋痕是木料本身質材的缺損，使用者能以填泥或非水性的補土弭平，再歷經底漆（或水砂紙研磨後）即可進行表面噴漆或真空電鍍（真空電鍍之技術可讓漆料附著於非金屬材質之模型上）之程序。

以夾具固定欲加工之材料

開始雕銑加工（刀具已加裝集塵罩）

料件固定與對位

兩段式排程雕銑後之滑鼠模型粗胚

雕銑後之模型粗胚

1-8 重點習題

1. 可否請您找出CAD/電腦輔助設計的內涵與主要應用範疇。

2. 以全球化電腦輔助設計軟體使用之趨勢而言，哪幾套軟體的市佔率較高？

3. SolidWorks自什麼時候開始，已成為使用率最高的CAD軟體？

4. 可否請您描述CAD軟體與動畫軟體的差異點（至少三項）。

5. SolidWorks所繪製的檔案，需轉承何種加工檔案格式才能被立體印表機與立體雕刻機讀取？

6. 能否請您說出FDM與光固化印表機的成型方式與最大差異。

7. 請比較立體印表機與立體雕刻機成型技術彼此之優勢與劣勢。

8. 如果說立體印表機的是一種加法的成型方式，那麼立體雕刻機的加工形式即是對等的減法。請問您所繪製的模型較適合哪一種打樣進程？

9. 在學習SW之前可曾接觸過其他CAD軟體，如果有，請試著說出所使用的軟體之優點與特色；而與SW操作比較之感想為何？

10. SW模型建構完備後可轉承尺寸三視圖，請問這樣的程序與AutoCAD的製圖有何差異？請試著比較其優劣勢。

11. SolidWorks目前最新的版本是？可否請您試著從書籍或網路資源找出版本新增的功能。

12. 請試著說出「逆向工程」的特點。透過線上資料蒐羅可否查到「逆向工程」常應用於那些產品類別的開發。

13. CAD軟體如要針對畫面中之模型設計變更，其最具效率的做法為何？

14. 請問立體印表機的對應軟體打樣前「切層」之目的是什麼？

15. 由文獻中可以看到SolidWorks應用的層面甚廣，可否請您試著列舉出包含了哪些領域別（至少五項）？

SOLIDWORKS

基礎概念
BASIC CONCEPT

02

2-1 SOLIDWORKS軟體介面

　　如同前面章節所介紹，SolidWorks自2011年開始已成為全球最多人使用的CAD軟體，除了其功能全面與效能強大外，其友善易懂的操作介面與環境也佔有著極大的因素。筆者使用過的CAD軟體繁多，於職場歷練與教育界琢磨後，感覺上仍是以SolidWorks軟體的介面與操作環境較適合多數人所使用。也因為本軟體直覺性的使用環境與操作模式，快速的提升產業界客戶使用的頻率；而其他CAD軟體在嗅到客戶大量的流失後，也逐步的改版成與SolidWorks軟體相仿的介面與操作型態。

　　在本書內文中，使用的是SolidWorks2020版本，軟體會因為作業系統、螢幕比例、使用者設定與版本的更迭而有所迥異，但大致上的介面環境與使用形式多是大同小異的微調即可。

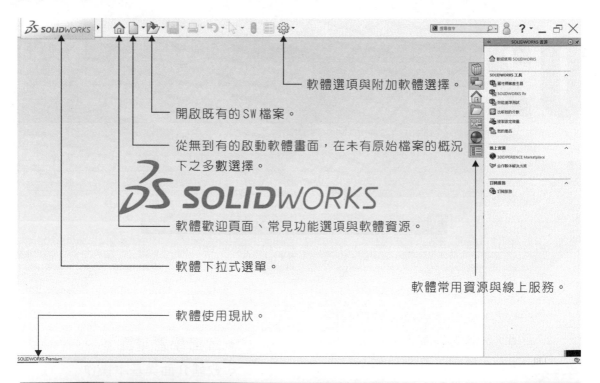

軟體選項與附加軟體選擇。

開啟既有的SW檔案。

從無到有的啟動軟體畫面，在未有原始檔案的概況下之多數選擇。

軟體歡迎頁面、常見功能選項與軟體資源。

軟體下拉式選單。

軟體常用資源與線上服務。

軟體使用現狀。

◉ 要點提醒　　是否需要使用最新的SW版本

　　由於CAD系統軟體要價不斐，動則數十萬至數百萬。若非公司上下游軟體轉承的使用需求，建議可以使用舊版的軟體即可。基本上SW軟體的主要功能與完整性，在2011年以後就已經大多定型，因此建議使用者不須刻意去追求新的軟體版本。

SolidWorks軟體的介面、按鍵符號(圖標)與操作環境,和多數的Windows頁面一致,所以只要熟悉一般作業系統的使用者皆能駕輕就熟的使用SolidWorks。當您第一次使用且無既有檔案時,同樣是使用「左鍵」點選白紙的按鍵圖標,以開啟新的檔案並製作相關的後續進程(如下圖中1-3之進程)。

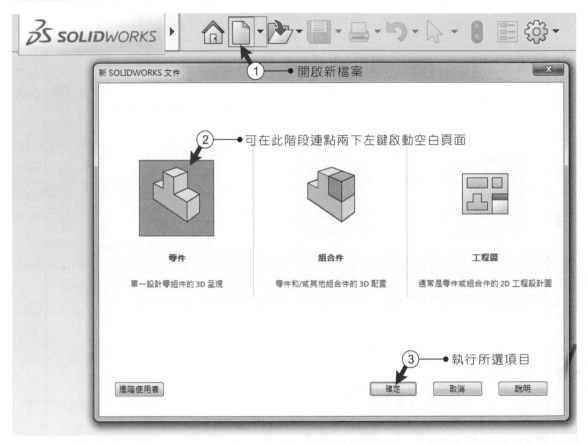

啟動零件之空白頁面後,即可進入零件繪製的階段。而當有了零件的檔案後,得以啟動「工程圖」的頁面匯入零件成尺寸三視圖或其它工程圖面。如果有多個零組件檔案,則可以開啟空白的「組合件」頁面,並藉由裝配之功能選項來組合零組件。如前文所提及的3D列印轉檔,則可以在組合件檔案中將所有的附屬檔案一併轉存成「STL」檔;而另外一種常見的概況是轉存成「VRML」,以便轉存到其他彩現軟體算圖(但隨著SW的外掛的附加軟體越來越齊全,PhotoView360的算圖效能也越來越強大,所以轉匯出其他彩現軟體的需求也越來越少)。

於SolidWorks軟體的介面與作業環境中,很多的工具列位置與顯示與否皆是可以調整與設定的,所以使用者不需刻意的去記憶各功能列表的名稱與對位。在上圖「4」主要功能選單中,通常只會用到「草圖」與「特徵」的選項功能;但如果要參加證照考試,則需要開啟「評估」的附屬選項。在導論中所提到的CAD系統軟體最重要的一個屬性,即是可以透過「特徵管理員」(特徵樹)來變更草圖與特徵,並達到設計變更之目的(特徵樹有點像是影像處理軟體的「步驟紀錄」概念,只是特徵管理員的功能更為齊全與強大)。當一名使用者漸漸習慣了CAD軟體的設限與參數定義,反而開始對於自由度甚高的動畫軟體難以上手與駕馭。

2-2 特徵管理員

2-2.1 特徵管理員基本架構

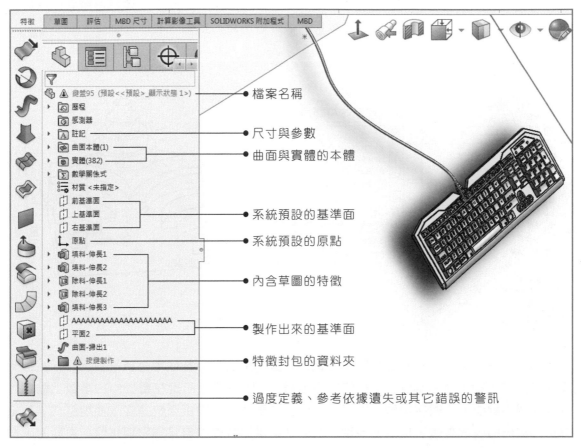

在 SolidWorks 的特徵管理員（特徵樹）中，可以看見模型建構的詳細進程與資訊（包含繪圖的程序、草圖輪廓與尺寸、數學關係式、特徵成型的參數、材質設定……等記錄），因此在學習的過程中只要能取得模型的原始檔，便可由特徵管理員中的資訊了解建模之過程與脈絡；而部份公司為了不讓模型的資訊外流，通常在中下游檔案轉承時會改以 IGES、STEP 或 DWG 等不具特徵樹的檔案格式輸出。

在特徵管理員的資訊中，若以機械製造、機構設計與產品開發的領域使用性質，草圖合特徵的參數是最為重要的依據，因為使用者可以藉由參數的修正來設計變更，並實現最佳化設計的需求（動畫或曲面軟體在快速塑形的過程中，無法針對各組件的繪製步驟做分層與記錄）。

2-2.2 註記

「註記」是特徵管理員中存置尺寸與參數的摘要區,如果使用者想快速的瀏覽與變更零件的尺寸與參數,即可藉由「註記」(右鍵啟動相關選項)顯示特徵與參考尺寸。當設定完成後,可如下圖範例中看出模型尺寸與係數已經顯示於畫面中,建議使用者能將模型顯示之樣貌設定為「線架構」模式,以俾利被實體覆蓋的參數外顯。

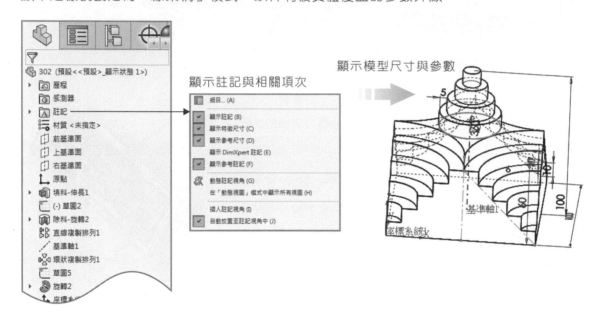

顯示註記與相關項次

顯示模型尺寸與參數

透過「註記」來快速變更草圖與特徵的參數之用法,多數使用時機是在已有既定且明確的設計變更指示時(如證照考試的指示編輯),即可透過左鍵在畫面中的參數上點選,並直接經由鍵盤上的數字鍵輸入即可。如果不是藉由設計變更來快速修改模型型式,恐怕得花上數倍的時間來繪製以下的模型;在分秒必爭的試場中自是窘迫與焦急。頁面的下側模型修改上,目前也僅有CAD之系列軟體可以迅速且確實的設計變更。

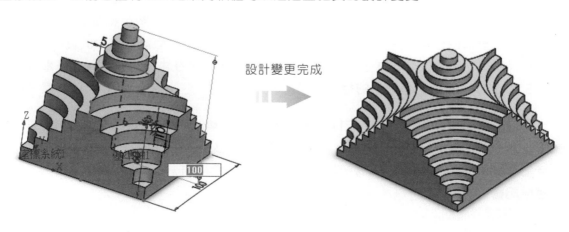

設計變更完成

2-2.3 材質

　　CAD軟體中的材質設定一開始並不是為了詮釋模型外觀的彩現擬真，而是計算實體的質量與加工形式；但隨著SolidWorks系統的附加軟體越趨完善，也有越來越多的使用者會在SW附貼材質與渲染。在特徵管理員中的「材質」附加，可使用右鍵開啟材質設定的視窗。如下圖範例中將未指定的材質更改為黃銅。

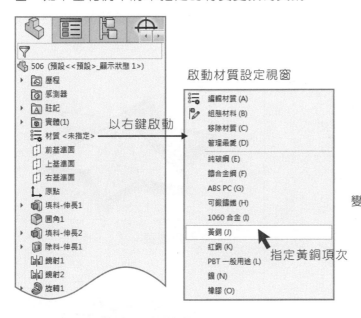

啟動材質設定視窗

以右鍵啟動

指定黃銅項次

變更為黃銅材質

彩現後之效果

　　於SolidWorks軟體介面的顯示樣式，點選「整合式預覽」。如右側圖例般的即時呈現出彩現擬真的效果；但除了電腦的顯示效能與記憶體充足外（須有獨立顯示卡與8G以上的記憶體），否則建議不要啟動此顯示模式以免造成系統過度的負荷。

點選整合式預覽

⊙ 要點提醒　　是否得購買高階的繪圖工作站

很多學員剛接觸CAD軟體時，都誤以為得斥資不斐的購買高階硬體設備；事實上，筆者年初以二萬八組裝的文書級電腦，其效能即足以承載SW最新版軟體運行時之負荷量。

2-2.4 編輯草圖與特徵之參數

SolidWorks最為重要的一個特色即是「特徵管理員」的應用,而特徵管理員最為極致的一個效能在於支援既有的草圖輪廓編輯與特徵參數調整,這是動畫軟體與CAID軟體所不能比擬與仿效的重要功能。如圖例所示:將特徵樹中的「環狀複製排列」之參數6改變為15,則原本的六芒星即異動為15個邊角的星型實體。此步驟的施作與「註記」的設計變更相仿,只是軟體使用者會邊做邊想邊修正,而不是如「註記」編修般的一次性修改到位(註記中的參數變更多是應用在證照考試時)。

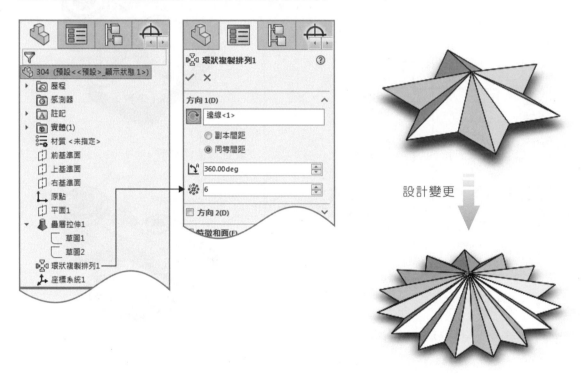

就如前文所述及的:「特徵管理員」如同是影像編輯軟體中的步驟紀錄,只是功能更為完善與強大。影像編輯軟體的步驟紀錄只能前後移置,而不能個別編輯與設計變更,所以步驟紀錄的功能僅是做到CAD系統軟體之特徵樹中的「回溯紀錄控制閥」之部份。當您開始使用本軟體、當您開始嘗試設計變更或當您需要調整您的零件參數時,您即會明瞭軟體中的重重設限只是為了讓您再回過頭一而再、再而三的修正時,不會讓零件過度失真而產生系統錯誤。畢竟一個零件或一個實體後續所牽動的製造程序可能數百萬或上千萬,這絕對不是影像編輯或動畫軟體所能駕馭的工業化量產流程。

2-2.5 步驟回溯控制器

　　雖然說CAD都有特徵樹與母子特徵（父子特徵）的關係列，但是在具體使用上，筆者仍是覺得SolidWorks所建構出的特徵管理員系統較為完善，至少在特徵樹往返修改上出了問題時，也多數可以透過二次編輯而做出妥善的修正；而不像有些CAD軟體出錯後系統不停地噹噹作響，最後只能強迫關掉作業系統來休止無解的軟件錯誤。於下方圖例中，是一款溫熱開飲機的建模檔案，筆者習慣將多數零組件畫在一起，以求內構部件對位時較易辨別零組件的間隙與組態；也因此，常會造成特徵樹列表過於繁瑣與冗長的境況。在反覆檢視模型外觀與內構時，則需使用「步驟回溯控制閥」（回溯棒）來返回特徵樹之前的步驟以檢視模型概況。透過回溯，開飲機返回至前方面板都還未分割與細部處理前的形態，設計者可將後續的進程全部抹除，或保留部份特徵做再次設計的程序。

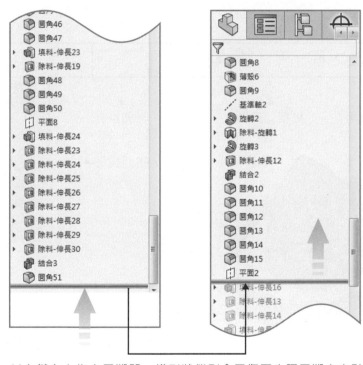

模型回溯後之形態

以左鍵向上拖曳回溯器，模型狀態則會回復至步驟回溯之定點

◉ 要點提醒　　回溯器以下的步驟是否就不再存在！

雖然透過回溯器可以將模型的型態返回至使用者控制的定點，但不代表回溯器以下被隱藏的步驟就不存在；如果使用者想要跳過以下的步驟，那建議將以下的步驟直接刪除吧。

SOLIDWORKS
基礎&實務

2-3 檢視工具列與指令

2-3.1 作圖頁面介紹

在模型繪製的圖頁，我們可以顯而易見的端詳所製作的物件，甚而改變視角、顯示模式或查驗其剖視圖，這全仰賴檢視工具列的設定與指令功能。Solidworks 的檢視工具列亦如同其他指令列般的可隨使用者的習慣而適性調整。其實在現今的軟體系統中，人性化的設置漸漸汰換了非此不為的操作介面，即便是在初始狀態不做任何的變更，使用者也可以透過【 Space ：空白鍵】或右鍵來改變模型的檢視方式。於下方圖例中的檢視工具列，需要特別設定顯示的是「正視於」指令，因為不管在繪製的過程中進程為何，只要點選實體平面、基準面或直曲面，再點選「正視於」即能對位圖面——讓使用者所選擇的草繪紙張對正自己的視角。

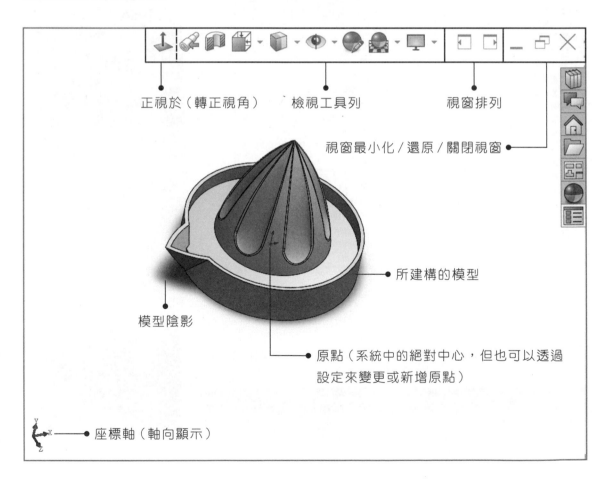

正視於（轉正視角）　　檢視工具列　　視窗排列

視窗最小化／還原／關閉視窗

所建構的模型

模型陰影

原點（系統中的絕對中心，但也可以透過設定來變更或新增原點）

座標軸（軸向顯示）

2-3.2 檢視工具列

　　檢視工具列所設定的呈現形式繁多，通常是依使用者的需求設定後，且在繪製模型的過程中視需求而調整模型與環境的樣貌。當然顯示的效果也須在電腦軟硬體效能得以負荷的前提下執行；倘若使用者不想要檢視工具因指令列表過多而縮減了繪圖頁面的空間，可在「自訂」選項裡隱藏部份的指令工具。

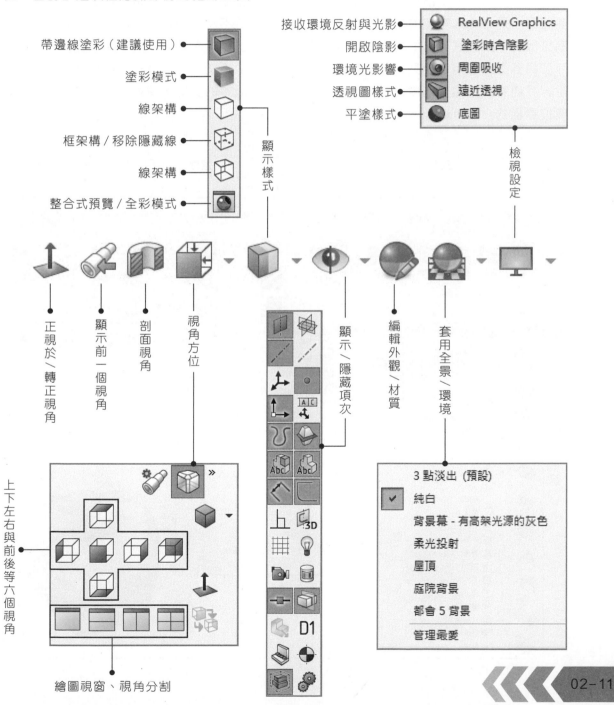

SOLIDWORKS
基礎&實務

2-4 工具列自訂選單

2-4.1 常用工具列

　　除了檢視工具列之外，另外依使用者的產業別與需求而決定常見的工具列與指令選單。如下方圖例所示：當滑鼠指標在常用工具列的標籤上方時以「右鍵」啟動工具列選單，並將需求選單納入常用的工具列標籤中。如果使用者不想每次都至介面左上角點選英文字串來啟動下拉式選單，則可以在選單旁的圖釘標示上以「左鍵」固定下拉式選單。此外，除了標籤上的常用工具列，另有「插入」與「工具」兩個下拉式選單中的指令也偶爾需指定，我們將於繪製實例中再一一講述；而隨著軟體版本的更新，傳統的左、右工具列已逐漸被標籤式介面所取代。

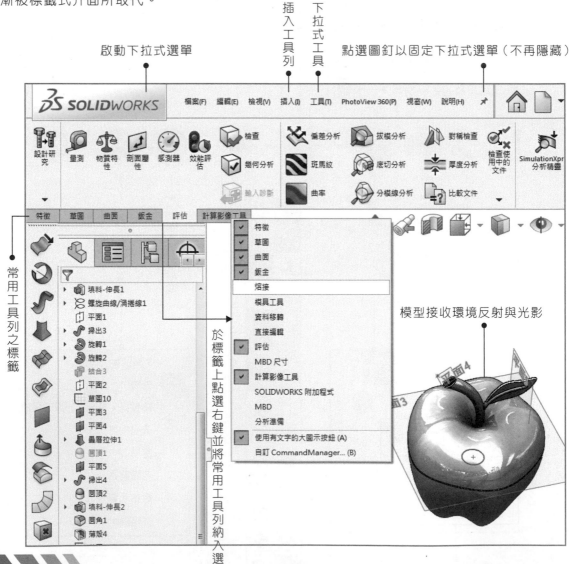

啟動下拉式選單

插入工具列

下拉式工具

點選圖釘以固定下拉式選單（不再隱藏）

常用工具列之標籤

於標籤上點選右鍵並將常用工具列納入選單

模型接收環境反射與光影

2-4.2 自訂工具選單

　　隨著軟體的版本更迭,有一些舊版的指令與功能可能於新版本中就已被取代,或有其他功能指令可以呈現更好的效果,所以使用者可以適性的變更介面與功能選單。在下拉式的「工具」選單中,可以透過自訂來新增或隱藏指令圖標。於圖例中僅以「特徵」工具列做為樣本,而「草圖」或其他的工具列之操作步驟亦同;假設使用者想回到更早之前的版本介面,也能透過「工具」的下拉式選單調整圖標項次。

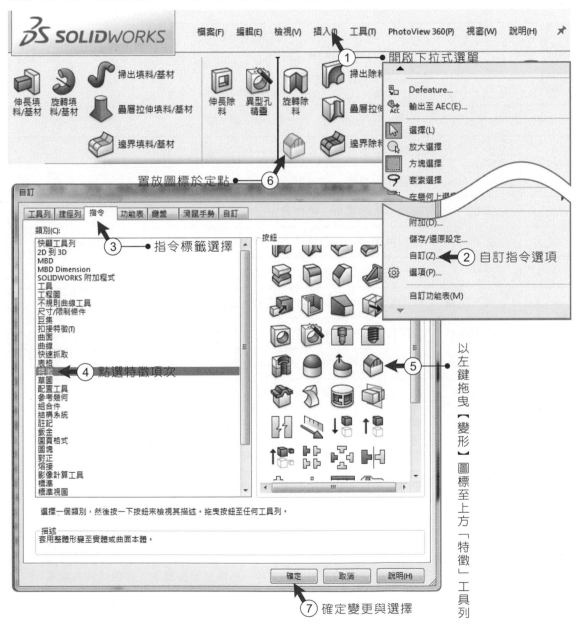

2-5 草圖、特徵、曲面與常用指令

2-5.1 草圖工具列常用之指令

草圖工具列的指令繁多，在下方圖例中主要示意為常用的工具列指令；未列表於下的指令不代表不重要或用不上，僅是由筆者20多年的Solidworks使用經驗中篩選出使用頻率較高的草圖工具項次，並佐以指令細項說明來提高讀者的理解性。

圖標	指令名稱	指　令　細　項　說　明
	草圖	製作一個新的草圖或編輯已經存在的既有草圖。
	直線工具	繪製一條直線，或者製作多段的直線草圖。
	角落矩形	製作一個四邊形；通常是左上右下的拖曳出一個角落矩形。
	正圓形	在定義出中心圓點後向外側拉開或再次點選左鍵，即可繪製一正圓形。
	多邊形	製作一個新的多邊形，您可以在多邊形成立後再更變其角邊參數。
	橢圓形工具	需要點擊三下左鍵才能定義出一個完整的橢圓形輪廓。
	不規則曲線	如同貝茲線一樣的操作方式，以左鍵來放樣不規則曲線的節點。
	三點定弧	顧名思義的需要點選三下左鍵來定義弧的起點、終點與弧度。
	點工具	點工具通常製作時是為了放樣；但有時可以當成是草圖輪廓使用。
	文字	在面或實體上輸入文字，並可透過特徵給予實體化的邊界。
	修剪圖元	修剪或延伸一個草圖輪廓，通常是選用「強力修剪」消弭多餘的線段。
	鏡射圖元	使用中心線或基準面來複製所框選的草圖輪廓至對向位置。
	直線複製	透過選擇讓草圖圖元依縱向或橫向的複製與排列。
	參考圖元	參考圖元不僅是複製2D草圖，也可以複製出所選擇的實體邊界輪廓。
	偏移圖元	以指定的距離偏移出面、邊界、曲線或草圖輪廓。使用頻率非常高。
	草圖圖片	在基準面上插入一張影像圖片來當成草圖繪製時的邊界與造形依循。

2-5.2 特徵工具列常用之指令

　　特徵工具列是草圖繪製後生成實體的功能指令。SolidWorks與其它CAD軟體一樣的都有著增料與除料的實體幾何運算，而在曲面與板金模組的常用指令中也有部份的功能與其相仿。特徵指令有50種以上的項次，不足在本頁面中一一備載；於此僅篩選出使用頻率較高的指令佐以文字來敘述對應的內容。

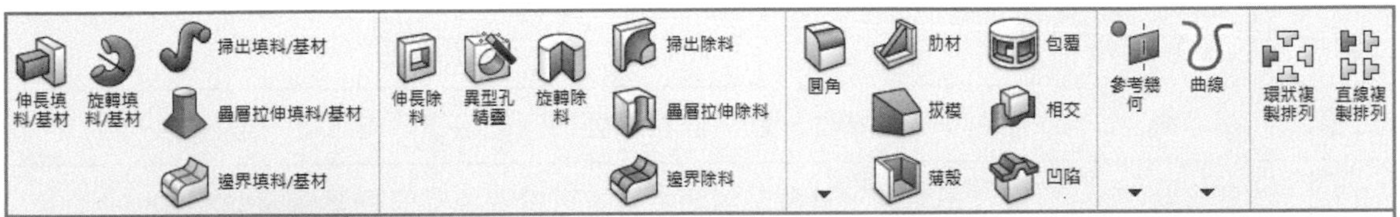

圖標	指令名稱	指 令 細 項 說 明
	伸長填料	由現有的輪廓草圖中單向或兩側長出實體。可選擇合併或多本體成型。
	旋轉填料	封閉的草圖將繞著旋轉軸來製成1-360度的環形實體。
	掃出填料	讓草圖輪廓沿著開放或封閉的路徑掃出，繼而形成封閉的實體。
	疊層拉伸填料	由兩個以上的草圖輪廓搭配導引曲線來製作實體特徵。
	邊界填料	由兩個方向的草圖輪廓搭配導引線來製作實體。功能與疊層拉伸相似。
	伸長除料	由現有的輪廓草圖中單向或兩側伸長除料。可選擇除料的範圍與實體。
	旋轉除料	所繪製的圖元將繞著旋轉軸於實體模型上除料。
	掃出除料	讓草圖輪廓沿著開放或封閉的路徑掃出除料。只能針對實體除料。
	疊層拉伸除料	由兩個以上的草圖輪廓搭配導引曲線來製作針對實體除料的範圍。
	邊界除料	藉由兩方向的草圖搭配導引線來除料。功能與疊層拉伸除料相似。
	圓角	在實體或曲面中沿一個或多條邊線產生一個圓形的內部面或外部輪廓。
	導角	沿著一邊線、連續面交線或頂點產生一個斜角特徵。
	鏡射	透過面或基準面產生對向的面、本體或特徵。可以多重選擇。
	直線複製	以一個、或兩個方向來複製與排列本體、曲面或特徵。
	環狀複製	藉由基準軸、暫存軸或草圖線來複製本體、特徵或曲面。
	分割	由現有的實體中產生多個實體，形成多本體的零組件檔案。
	刪除本體	刪除所選擇的本體或曲面；是一個使用效率與頻率極高的功能。

2-5.3 參考幾何、曲線與其他工具列常用之指令

參考幾何與曲線工具列在初始設定時,是被歸類在特徵工具列中;而在早期的軟體版本裡也曾獨立在操作介面中。參考幾何使用的頻率可說是在草圖指令與特徵功能外第三高的工具列,如果少了參考幾何的設定,那模型建構時的角度與距離將呈現莫大的混淆與疑義,甚而在證照考試時影響模型計算的數據。

圖標	指令名稱	指 令 細 項 說 明
	基準面	加入一個基準面。基準面與平面如同是繪畫時的紙張一般。
	基準軸	製作基準軸。基準軸常藉由點、直線或相交的基準面成型。
	座標系統	這裡的座標系統可以取代原點與模型的方位。常使用於證照考試。
	點	與草圖的點工具相仿,常用於放樣與線端校正上。
	質量中心	藉由指令加入質量中心,常應用於組件上。國際認證時可能會使用到。
	結合參考	為自動結合時的參考工具。可應用於動態的組件中。
	分割線	投影一草圖到平面或彎曲的面上,用以產生多個分離的面。
	投影曲線	投影曲線或封閉輪廓至面或草圖上;是使用頻率非常高的指令。
	合成曲線	合併所選的邊線、曲線及草圖,並形成單一的草圖圖元。
	穿越 XYZ 曲線	加入一條使用者自行定義並穿越 X、Y、Z 座標的曲線。
	穿越參考點曲線	連結一條在一個或多個基準面上所選擇的參考點之曲線。
	螺旋曲線 / 渦捲線	使用者得以在系統中透過草圖圓來建構一螺旋曲線或渦捲線。
	3D 列印	直接透過連結到 3D 列印機,且將所建構的模型打樣成實體。
	選擇濾器	過濾所選擇的項次。常有使用者不小心啟動而致使軟體無法正常選擇。
	重新計算	透過紅綠燈或 F5 重新計算已經變更過的項目。認證考試時常會用到。
	選項	使用者可以透過該指令變更系統選項與文件屬性。
	編輯材質	材質編輯得以更改模型物件的材質與對應係數;常在彩現時應用。
	屬性	由指令更改檔案的摘要、自訂選項與模型組態。國際認證時會用到。

2-5.4 曲面工具列常用之指令

隨著Solidworks版本不斷的更新，如今的曲面功能已足以繪製交通工具或如動畫般的自由曲面。曲面工具列的使用頻率僅次於草圖、特徵與參考幾何（工具列），其使用的形式如同特徵指令一般，但自由度較高、操作更簡化也更易成型；通常學生都有一個錯誤的觀念——以為任何標的物都用曲面來畫就是比較厲害，卻不知曲面成型後得面對縫織與破面的後續處理程序。

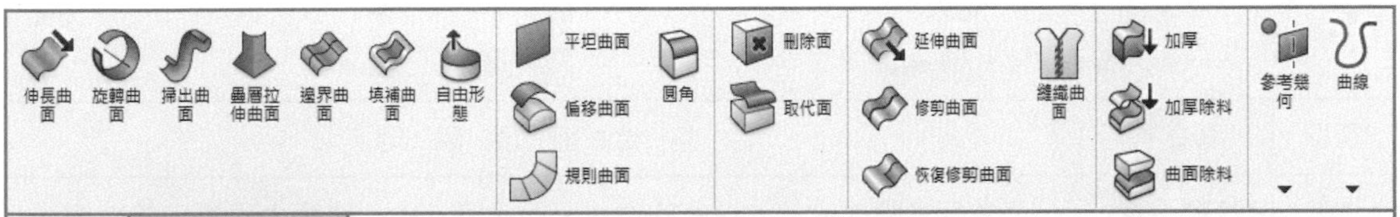

圖標	指令名稱	指 令 細 項 說 明
	伸長曲面	由現有的輪廓草圖中單向或兩側長出曲面。平直的面可當成草繪紙張。
	旋轉曲面	2D圖元將繞著旋轉軸來製成1-360度的環形曲面。
	掃出曲面	讓草圖輪廓沿著開放或封閉的路徑掃出，繼而形成半開放的本體。
	疊層拉伸曲面	由兩個以上的草圖輪廓搭配導引曲線來製作半開放的曲面本體。
	邊界曲面	由兩個方向的草圖輪廓搭配導引線來製作本體，功能與疊層拉伸相似。
	偏移曲面	以現有的面（一個或多個）來線性偏移出有參數的曲面本體。
	放射曲面	從平行於平面的一條邊線放射出一個曲面。
	縫織曲面	將兩個或多個以上相鄰（但非相交）的曲面合併在一起。使用率極高。
	平坦曲面	使用草圖或是一組邊線來產生平坦的曲面。可當成草繪基準面使用。
	延伸曲面	藉由曲面上的一條邊線（多條邊線或面）來線性延伸出曲面。
	修剪曲面	在實體或曲面中沿一個或多條邊線產生一個圓形的內部面或外部輪廓。
	填補曲面	沿著一邊線、連續面交線或頂點產生一個斜角特徵。
	刪除面	透過面或基準面產生對向的面、本體或特徵。可以多重選擇。
	恢復修剪曲面	將兩個相交的面（平面或草圖）之交集邊界修剪與刪除。
	規則曲面	由平面插入一個規則曲面。可藉由參數來定義曲面的形態。
	取代面	取代現有實體或曲面上的面。若不使用「刪除面」亦可以使用此指令。
	曲面展平	展平曲面或所選的面。此指令與「鈑金的展平功能」相仿。

2-5.5 鈑金（板金）工具列常用之指令

台灣是全球工具機與周邊產品製造生產的重鎮，每年產值都在70億美元以上。工具機加工與製造需要使用大量的鈑金，所以如果使用者就讀的系所或就職的產業別與機械製造相關，那麼「鈑金工具列」常用的指令功能就一定要能熟用才行。

圖標	指令名稱	指 令 細 項 說 明
	基材凸緣	產生鈑金零件或加入現有的素材至鈑金零件中。常藉由草圖工具繪製。
	轉換為鈑金	透過彎折的進程來將零件或曲面轉換成一個鈑金零件。
	疊層拉伸	使用鈑金中的疊層拉伸指令來讓兩個草圖間（或多個草圖）產生鈑金。
	邊線凸緣	加入薄壁到鈑金零件的邊線上，如同是邊界線的延伸。
	斜接凸緣	加入一系列的凸緣到鈑金零件中的單側（或多側）邊線上。
	摺邊	捲曲鈑金零件的邊緣。常應用在絞鍊製造的加工程序。
	凸折	在鈑金零件上加入兩個來自於草繪直線的彎折。
	草圖繪製彎折	於鈑金零件中加入一條草繪直線，使鈑金沿著直線的邊界彎折。
	橫向斷裂	加入一個橫向斷裂的特徵至使用者所選擇的鈑金平面上。
	封閉角落	延伸鈑金零件的面，使其接觸另一端的平面（不相交）。
	展開	展開鈑金中彎折的程序。初階使用者常會與「展平」指令混淆。
	摺疊	摺疊鈑金零件中「展平」的彎折。常與「展平」指令搭配使用。
	展平	將所有在鈑金零件中的彎折攤平——即會形成一個平板型態的鈑金。
	掃出凸緣	沿著一個開放或封閉的輪廓路徑來掃出，並且形成鈑金彎折。
	鈑金連接板	在鈑金本體的彎折處加入一個連接板，此指令如同是焊上補強的肋材。
	無彎折	攤平鈑金零件中的所有彎折；除了彎折外的鈑金復原外，其餘不變。

2-5.6 組合件工具列常用之指令

組合件模組相關指令的作動是機構設計與產品開發必經的應用程序之一。從零組件的匯入與幾何限制的結合，讓模型分件得以組裝甚而緊配；再經由零件表、爆炸視圖與干涉檢查的後端確認，俾利設計者檢核模型組態的完整性。Solidworks軟體於組合件模組中也結合了動作研究與動畫模擬，不僅適用於傳統製造產業之流程，也可與高端的科技廠製程無縫接軌。

圖標	指令名稱	指令細項說明
	插入零組件	加入一個零組件或次級組合件到現有的檔案中。
	新零件	產生一個新的零件，並將其匯入新的組合件檔案中。
	新組合件	開啟一個新的次級組合件檔案，並且匯入新的組合件檔案中。
	與結合一起複製	複製出一個或多個零組件，並使其結合於現有的零組件檔案中。
	結合	透過該指令對於兩個零組件產生對應的位置。使用頻率非常高。
	顯示／隱藏	顯示或隱藏零組件。常應用在過多組件的檔案，讓模型組態更加明晰。
	變更透明度	透過選項讓零組件產生0-75%的透明度轉換。
	變更抑制狀態	抑制或解除抑制；被抑制的零組件較不佔記憶體的空間。
	取代零組件	使用零組件或次級組合件來取代畫面中既存的零組件。
	移動零組件	在由組合件結合定義的自由向度內來移動一個零組件。
	旋轉零組件	旋轉未完全結合定義的零組件。當完全對位定義後即不可再移動。
	編輯零組件	在組合件視窗中編輯零組件或次級組合件。建議使用開啟檔案來替代。
	爆炸視圖	將組合件分開或移動至使用者自定的位置。檢視零組件的對位與從屬。
	取代結合圖元	於組合件視窗下取代一些已被使用或已經結合的圖元。
	干涉檢查	偵測零組件中的任何干涉狀態。使用頻率極高。
	效能評估	顯示系統中對應零件、組合件或工程圖的統計資料。

2-5.7 工程圖工具列常用之指令

「工程圖」於 CAD 軟體中，應是開發流程中較末端的程序。雖然現在很多產業都是直接 CAD 檔案轉成數位加工檔案，但其實還是有很多傳產的老師傅仍是以尺寸三視圖當成加工的參照圖面。以下列表中，是工程圖工具列中較常使用的指令；當然了，每位使用者的慣性與需求都有所不同，筆者視為理所當然的，其他使用者並不一定全然認同。

圖標	指令名稱	指令細項說明
	模型視角	根據現有的零件或組合件加入一個正交或選用的視角。
	投影視圖	從現有的視圖上展開一個新的投影視圖。使用頻率極高的指令。
	輔助視圖	由一個線性圖元（邊線或草圖圖元）上展開一個新視圖來匯入輔助圖。
	剖面視圖	使用剖面線來切割主視圖，藉以加入剖面、對正剖面、半剖面等視圖。
	已移除的剖面	加入已經移除的剖面視圖。用於工程視圖的再編輯與應用。
	細部放大圖	加入一個細部放大圖來顯示圖面的一部分；放大的比例可讓使用者自定。
	調整模型視角	匯入兩個正交面、基準面或使用者定義的視角，並給予適性的調整。
	標準三視圖	三個正交的圖面；通常是以第一或第三角法呈現圖面。
	區域深度剖視	加入一個區域深度剖面的視圖，以呈現模型內部的組態與細節。
	斷裂視圖	在所選的圖面中加入折斷線。折斷的線狀可以使用者自定。
	剪裁視圖	剪裁一個現有的圖面來顯示現有視圖中須被獨立示意與編輯的樣貌。
	位置替換視圖	顯示模型與模型間組態的視圖，而此模型是重疊於另一組態模型上。
	空白視圖	新增一個工程圖頁面；頁面的尺寸與項次皆可依使用者需求自作調整。
	預先定義視圖	加入一個預先定義的視角圖面，爾後再與模型一起匯入。
	更新視圖	將所有的視圖更新至模型或組合件最新的組態概況。
	取代模型	取代所選視圖的參考模型；此功能指令與「組合件」的取代模型相仿。

2-5.8 評估與計算影像工具列常用之指令

　　「評估工具列」對於初階使用者而言，可能最常接觸到的是「量測」與「物質特性」，因為考試評量時會需要檢視模型的相關參數與設定。而「計算影像工具列」則多數是操作者承接設計案或學生繳交作業時應用，當然也有一些專業的玩家願意花時間彩現自己所繪製的模型，且這些執著的專家倒也不在少數。

圖標	指令名稱	指 令 細 項 說 明
	設計研究	插入一個新的設計研究範本或檔案。考試評量時會有使用的需求性。
	量測	用以計算兩個指定項次間的距離；也可量測兩個圓形的中心或外徑。
	物質特性	計算模型的體積、質量、面積、密度與慣性……等相關數據。
	剖面屬性	為處在平行且未相交的多個面及草圖求算出其剖面屬性。
	感測器	監測特定的模型屬性，並於超出模型指定的限制時啟動警示。
	檢查	檢查模型的幾何錯誤資訊；初階使用者可透過指令檢視出無效的面。
	幾何分析	透過線、面與角度來檢視幾何模型間不連續與違例的部分屬性。
	偏差分析	計算面之間的角度；可透過顏色的分佈來檢視偏差分析。
	斑馬紋	進階的使用者可透過「斑馬紋」來檢視模型中不易察覺的曲度變化。
	曲率	根據零組件與組合件的屬性，以不同的色階來顯示物件的曲率。
	編輯外觀	使用者可透過此功能來指定物件的材質類別、特性、表面與色澤。
	複製外觀	透過複製的指令來複製材質並貼附於新的指定物件上。
	編輯全景	該指令得以設定彩現時的環境（包含背景、地板、天空與燈照等）屬性。
	移畫印花	可將所選擇的圖片與紋理移至模型的表面；常應用於圖標的附貼。
	全景照明校樣	是高階彩現時才開啟的指令；由於非常耗資源，所以請學員警慎應用。
	最終影像計算	點擊該指令後程式即會進入彩現算圖的視窗；通常會消耗 100% 的記憶體

2-6 鍵盤與滑鼠

2-6.1 鍵盤快捷鍵設定

其實筆者不甚建議使用者去設定與操作快速鍵，畢竟操作軟體有時不是直覺性的反應，而是要透過大腦去思維建模的順序與做法，所以筆者在業界與教育界操作Solidworks廿多年的經驗中，真的去使用快速鍵的頻率微乎其微，除了較通用的 Ctrl + C （複製）與 Ctrl + S （儲存檔案）外；但也要視個人的慣性與操作型態來取決快速鍵使用與否。在筆者所接觸的使用群中，會特意去操作快捷鍵且牢記善用的大概就是要準備考證照的學員，為了分秒必爭的試場時限而不得已搶快。使用者可透過「下拉式選單→工具→自訂→鍵盤」的路徑找到快速鍵設定的視窗。

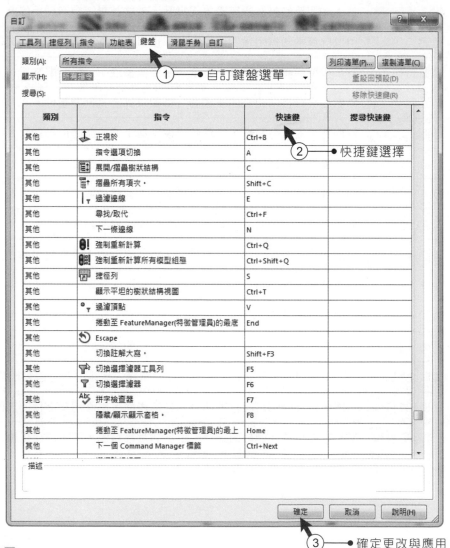

2-6.2　滑鼠手勢設定

　　使用者同樣可以透過「下拉式選單→工具→自訂→滑鼠手勢」的路徑找到設定的視窗。「滑鼠手勢」的操作概念有點像是鍵盤的快速鍵，使用者可以透過按壓滑鼠右鍵（長壓不放）的同時移動滑鼠，鼠標（指標）旁即會出現環形的指令鍵（如右下圖），當使用者將指標移向至單一指令上再放開右鍵，即可啟動該指令功能。這個快捷設定應是從2012版之後才建構的系統，而筆者自己使用的頻率並不高。建議「滑鼠手勢」可以設定在8種以內，因為過多的選項反而不好駕馭。

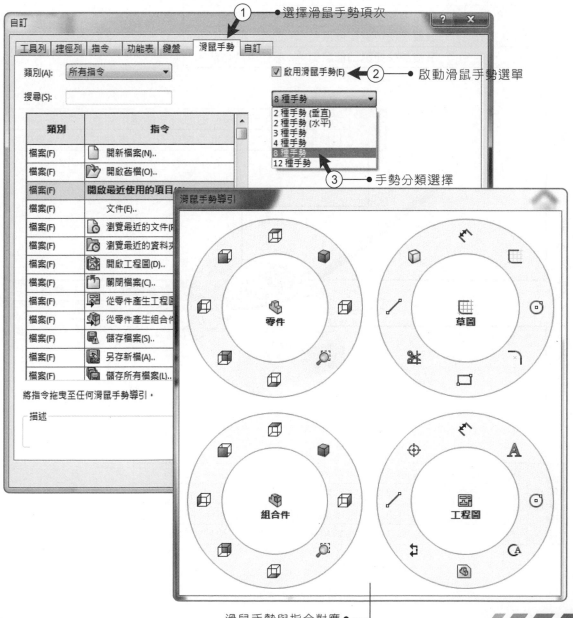

2-7 滑鼠操作模式

　　Solidworks的滑鼠操作模式如下圖範例所示。在滑鼠的使用上除了左鍵（指令輸入）與右鍵（快顯功能與附屬選項）外，滾輪的使用頻率也非常高，筆者常藉由轉動滑輪達到縮放畫面的功能，也可以按壓滾輪藉以達到第三按鍵的功能。而有些特製的滑鼠則會有第四鍵甚而第五鍵的額外操作選項。

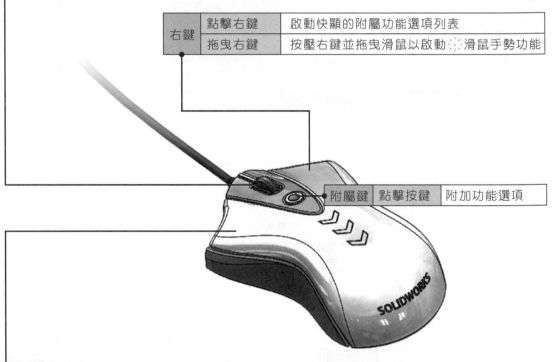

滾輪	滾動滑輪	上下滾動以達到畫面縮小與放大的檢視效果
	點擊滾輪	按壓滾輪並移動滑鼠即能轉動模型視角。
	+ Shift	滾輪加快捷鍵即能啟動 🔍 拉近 / 拉遠視角。
	+ Ctrl	滾輪加快捷鍵即能啟動 ✛ 移動視角功能。

右鍵	點擊右鍵	啟動快顯的附屬功能選項列表
	拖曳右鍵	按壓右鍵並拖曳滑鼠以啟動 ⚙ 滑鼠手勢功能

附屬鍵	點擊按鍵	附加功能選項

左鍵	點擊左鍵	選取目標物件與啟動功能指令，其使用頻率最高。
	長按左鍵	長按左鍵並拖曳滑鼠得以框選或移動目標物件。
	+ Shift	左鍵加快捷鍵可以重複選取與加入限制條件。
	+ Ctrl	功能與 Shift 多數相同，但是搭配的快捷功能較多。

2-8 其他周邊配備

　　當使用者學習軟體到了一定的成熟度之後，都會想藉由深度研究與周邊配備來提升自己電腦繪圖的檔次。下方圖例是筆者使用 CAD 或其他電繪軟體時曾搭配的周邊配備；而隨著軟體的效能提升與滑鼠的敏感度增益後，其實不購買圖例中的設備，現在也能輕易的使用 Solidworks 繪製出交通工具與自由曲面。所以在此提醒初學者，滑鼠與鍵盤已經足以負荷您想使用軟體創建的多數模型，不需再為了單純想升級成高階設備而變相購買。

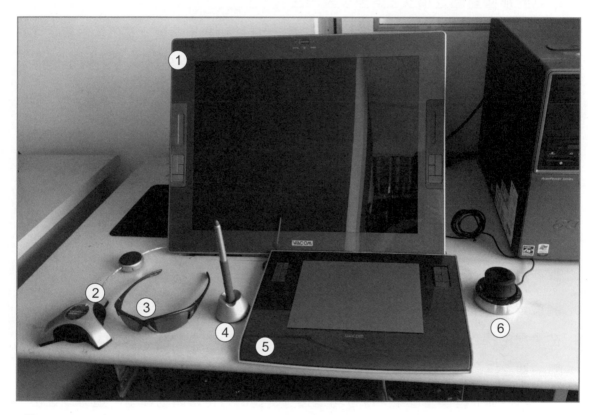

① 感觸式螢幕：可以藉由手指或觸控筆在螢幕上繪製出自由曲線。高感度的 27 吋以上之螢幕，價格都在 10 萬元以上，建議使用者別為了興趣使然而花錢購買。

② 螢幕校色器：校正螢幕色調與色階使用。除非在工作上有高度需求才須購買。

③ 抗藍光眼鏡：有些工程師需長期盯著螢幕與看圖建模，可能會配戴抗藍光眼鏡作業。

④ 數位觸控筆：可與手機、數位繪圖板或感觸式螢幕產生對點與線的功能。

⑤ 數位繪圖板：現在 12 吋的繪圖板價格已修正到 1 萬元以下；但仍是建議以借用代替購買。

⑥ 3D 方位控制器：可替代快捷鍵來旋轉、位移與縮放畫面中的模型；有興趣的讀者可以到電腦展或專賣店試用看看，價格在 1 萬元以下。筆者曾嘗試使用許多的周邊配備，最後還是回歸到僅使用滑鼠與鍵盤來駕馭熟悉的 CAD 軟體。

2-9 重點習題

1. 就您對於SW的認知，可否寫出以下三個圖標的具體名稱與代表的模組內容？

    (1) ⬚：_____ 。(2) ⬚：_____ 。(3) ⬚：_____ 。

2. 於特徵管理員（特徵樹）中，除了可以找到「原點」與「基準面」外，您還可以見到那些對應之項次（請至少說出三個）？

3. 如果參加SW繪圖之相關證照考試，可以透過哪些步驟迅速且確實的設計變更？

4. 特徵管理員是一種完善且強大的步驟記錄系統，除此之外，您可否說出其他有關於特徵樹應用優勢。

5. 請問步驟回溯控制閥的具體功能與常見對應的使用時機？

6. 請您寫出下列指令圖標之具體名稱，並簡述其功能。

    (1) ⬚：_____ 。(2) ⬚：_____ 。(3) 3D _____ 。

    (4) ⬚：_____ 。(5) ⬚：_____ 。(6) ⬚：_____ 。

    (7) ⬚：_____ 。(8) ⬚：_____ 。(9) ⬚：_____ 。

7. 就您使用SW的經驗中，鍵盤使用頻率較高的快捷鍵有哪一些？

8. 關於滑鼠手勢之設定，可經由哪個指令進入選單並自行定義？

9. 在滑鼠的操作模式中，「左鍵」與「右鍵」之常見功能與對應的具體指令有哪一些？。

10. 當我在SW的建模畫面中，除了可以透過鍵盤的方位鍵轉動模型，還可以經由那些步驟或指令改變視角？

11. 如欲安裝SolidWorks軟體最新的版本，請問是否應該購買高單價的繪圖工作站？請述明緣由？

12. 如果要操作3D軟體，除了鍵盤與滑鼠外，是否一定要採購「3D方位控制器」與「感觸式螢幕」？

13. 於使用與學習的經驗中，您覺得最大的障礙是什麼？軟體操作要如何改善？

SOLIDWORKS

草圖與指令
Sketches and instructions

03

- 章節學習重點
- ○ 參考幾何與基準面
- ○ 草繪工具與指令應用
- ○ 草圖定義與限制
- ○ 尺寸標列之對應形式與學習
- ○ 圖面臨摹與繪製

SOLIDWORKS
基礎&實務

3-1 系統基準面與本體平面

◎ 要點提醒　本範例為綠色版參考教學檔--請使用雲端連結

本範例教學視訊檔案：SolidWorks/ 基礎&實務 /CH03目錄下 /3.1 基準面 .avi
本範例製作完成檔案：SolidWorks/ 基礎&實務 /CH03目錄下 /3.1 基準面 .SLDPRT

3-1.1 系統基準面

在 CAD-3D 軟體建構的系統中，多數之目的在於創建可臨摹、可分析與可量產的立體化零件，而在有立體的模型之前即需要有成型的特徵；而要有 3D 成型的特徵則需先有 2D 草圖。SolidWorks 草圖在初始階段如同我們手繪一樣——先需要有一張紙（平面）與一枝筆（啟動草圖），有了紙與筆之後，使用者即能參照著圖面或心中的想法來繪製線段。如下圖範例所示：軟體系統一開始提供了三張紙面（前、上與右三個基準面），使用者可以透過任何一張紙面來點選「左鍵」啟動草圖（得點擊特徵樹中或繪圖空間的基準面）；草圖啟動後，系統即會將畫紙轉成正對於電腦螢幕的第一人稱視角（只有第一個草圖會自動對位圖面；在第二個草圖（含之後）啟動後，則需使用者點選【 ⬆ 正視於】指令才能將繪製的基準面轉正。

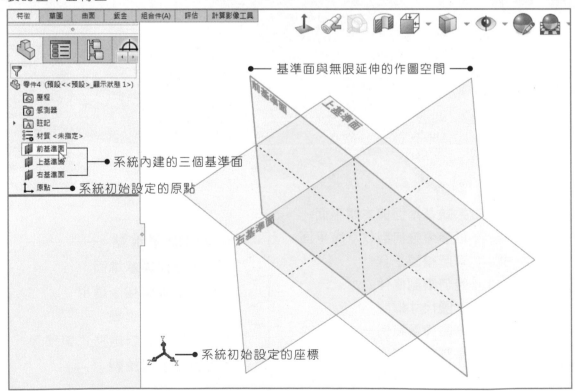

3-1.2 本體平面

　　SolidWorks除了可以藉由系統初始的三個基準面創建草圖，也能選擇本體（實體或曲面皆可）的平面當成草繪的紙張。一個正三角形的本體會有四個平面可以繪製草圖；一個正方形會有六個平面可以當成草繪平面；而下方圖例中的六邊形角柱則會有八個平面可以用來啟動草圖（六個邊加上前後共八個面），以「左鍵」點選角柱的任一平面，則畫面會呈現快顯選單，繼而再點選【 草圖】即可進入草繪程序。

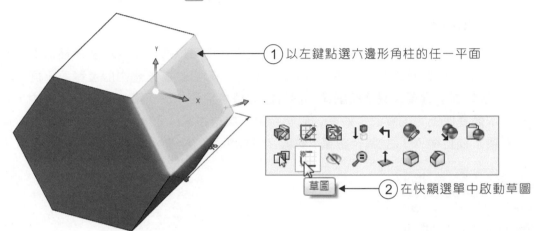

① 以左鍵點選六邊形角柱的任一平面

② 在快顯選單中啟動草圖

　　於前文中有提到，只有第一個草圖系統會自動轉正視角；之後的草圖則需使用者透過【 正視於】指令來對位。有鑑於此，常有學員問我：「老師，為何系統不在啟動草圖後幫忙轉正視角，還要使用者重複做一樣的步驟。」其實不是系統軟體不夠人性，而是常有使用者需要透過其他視角來對位與檢視模型，所以如果系統自動對位圖面，反而易造成更多使用者的困擾。

續接畫面

保存草圖

取消編輯草圖

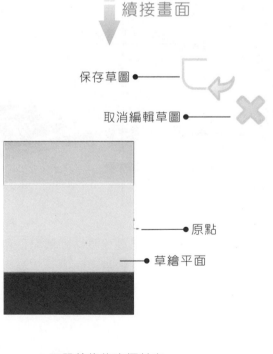

原點

草繪平面

正視於後的座標軸向

3-2 以參考幾何製作草繪平面

◎要點提醒　　**本範例爲綠色版參考教學檔－－請使用雲端連結**

本範例教學視訊檔案：SolidWorks/基礎&實務/CH03目錄下/3.2 製作基準面.avi
本範例製作完成檔案：SolidWorks/基礎&實務/CH03目錄下/3.2 製作基準面.SLDPRT

3-2.1　偏移基準面

　　除了系統初始的三個基準面與本體平面，使用者仍可以透過【 📦 參考幾何】中的【 📄：基準面】來製作新的草繪平面。於下圖範例中，筆者點選本體中的上基座平面，並透過【 📄：基準面】選項來偏移與創建三個等距的草繪平面。於「第一參考」選項中，點選如下圖中本體基座上方的平面；並在「偏移距離」欄位中輸入50mm的參數，最後在「產生平面的數量」欄位輸入3（或其他數量）的數字完成平面的設置。

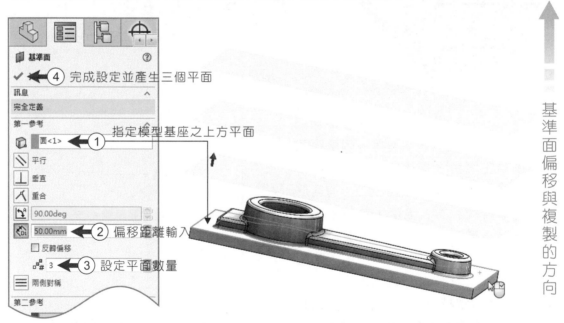

　　「偏移基準面」是創建基準面最常使用的形式。筆者多數只會在平面上產生一個平行的基準面，同時產生複數基準面的頻率甚少；如果使用者想要讓草繪的平面向下偏移，則只需勾選左側功能視窗中的「反轉偏移」選項即可。草繪平面的偏移僅限於平面，如果是曲面則不能應用上述的步驟產生基準面（需額外使用曲面工具指令中的【 📄：偏移曲面】製作）基準。

3-2.2 使用兩參考面創建新基準面

　　SW 軟體系統中創建新的繪圖平面方法甚多，在範例中僅列舉較常見的形式。於下方例圖中使用的是以兩個本體參考面（或基準面）來製作出新的夾角平面。使用者同樣亦能透過【 參考幾何】中的【 基準面】來建構新的夾角草繪紙張。於頁面中，筆者點選本體中的上方平面作為「第一參考」；繼而指定本體縱向面當「第二參考」要件。完成選項後，即可在作業區中看見由兩本體面形成的夾角平面，此新建的參考平面一樣是無限延伸的繪圖空間。

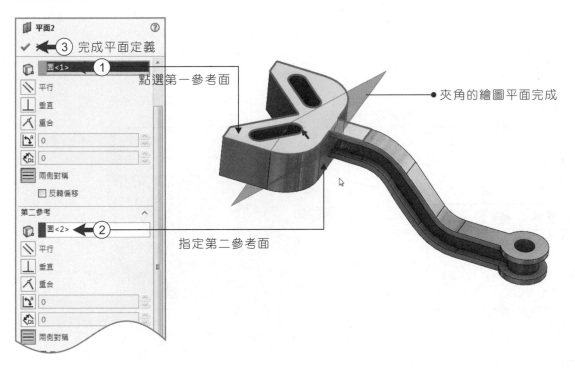

　　在 SolidWorks 的特徵管理員（特徵樹）中，【 參考幾何】同樣也是歸屬於「特徵」項次裡，雖然軟體的特徵樹可以肆意的前後變更與編輯，但若影響到「父子特徵結構」（也可稱為母子特徵結構），則容易造成模型的錯誤與無解型態。筆者常見到的系統錯誤，即是使用者將繪圖平面重新編輯與定義後，卻造成後續繪製於該平面的相關草圖產生延伸性的貽誤；鑑此，在改變特徵樹的父子結構時，仍需要格外的留意所要影響的後續相關特徵與草圖。

3-2.3 使用參考點創建基準面

在前文中所提到的是利用兩參考選項來新增繪圖平面,而在本頁中所要講述的則是利用三個參考項次來創建草繪基準。首先須以「左鍵」啟動【 🔲 基準面】功能設定視窗(於接續的內文中【 🔳 參考幾何】將省略),並依下方例圖中點選本體的三處角點(兩點成線;三點成面。如不指定本體,也可使用草圖「點」或「原點」替代),三個參考選項都是選擇「重合」;而最末端的「反轉正向」於現階段則是可有可無的選項。在此範例中選擇的是三個參考點(最為常見的選項),而使用者亦可選擇「面」或「線」來代替「點」的選擇項次。

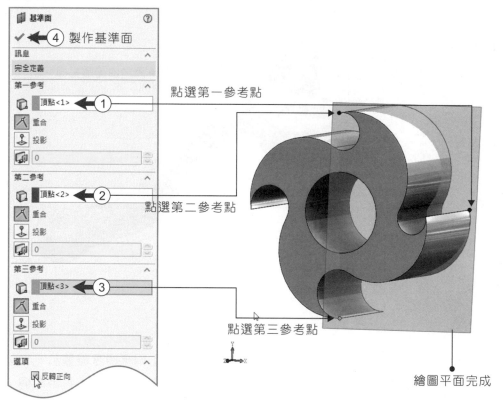

點選第一參考點

點選第二參考點

點選第三參考點

繪圖平面完成

⊙ 要點提醒　　　參考點項次之選擇

使用者在以「點」建立基準面時,通常需要三個參考點才能完全定義。而「點」的選擇也可以用線來取代其中的兩個端點(一條線段會有起頭與末端兩個點)。或選擇兩條線段來取代三個參考點的設定。

3-2.4 垂直於線端的基準面

　　只要是慣於操作 3D 繪圖軟體的使用者，一定都曾有過以線段創建平面基準的經驗。在草繪中任意畫出一線段，並且點選【 ↳ 儲存草圖】。繼而啟動【 ◨ 基準面】選項，而於「第一參考」選項中點擊「草圖線段」（或本體的邊界線），接著線段的起點（終點或線段中的任一節點；本體的邊界角點亦可）當成是「第二參考」選項。繪圖平面的兩個參考項次皆定義完成後，即可見到一頁基準面垂直於草圖線段的起點上，使用者在確立無誤後再點選【 ✔ 確認】執行。

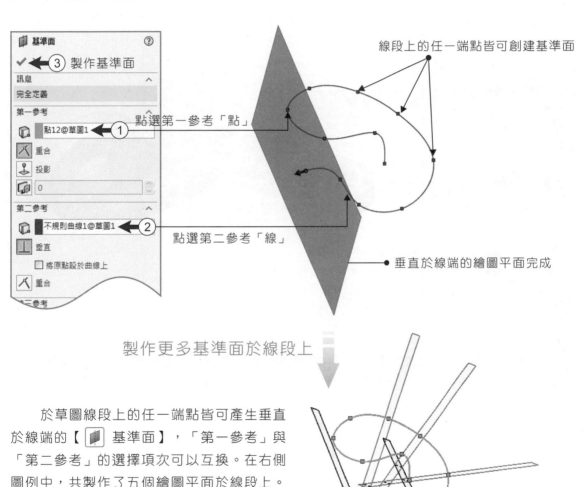

線段上的任一端點皆可創建基準面

點選第一參考「點」

點選第二參考「線」

垂直於線端的繪圖平面完成

製作更多基準面於線段上

　　於草圖線段上的任一端點皆可產生垂直於線端的【 ◨ 基準面】，「第一參考」與「第二參考」的選擇項次可以互換。在右側圖例中，共製作了五個繪圖平面於線段上。

垂直於不規則曲線端點的平面

3-2.5 角度基準面

欲製作「角度基準面」需設置兩個要素：「旋轉軸」與「平面」。提供給平面當成轉軸的中心線能是本體也可以是草圖線段，但如果使用【 ⟋ 基準軸】當成軸心來轉動草繪平面亦可。以「左鍵」點選【 ▥ 基準面】啟動對話視窗，並將「第一參考」選項指定本體邊線（筆者常以草圖線來代替邊界），再者，「第二參考」選擇與參考線相鄰的平面，最後再如圖例中的步驟 ③ 輸入旋轉角度再點擊【 ✔ 確認】鍵即可。

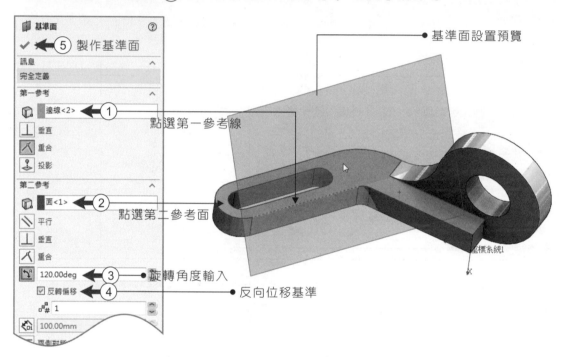

以上五種【 ▦ 參考幾何】中的【 ▥ 基準面】之製作程序是較常見的使用型態，但也隨著產業別與使用性質的不同而有所迥異。另外有關於旋轉中心的參考【 ⟋ ：基準軸】，與考試認證常用的【 ⅄ ：座標系統】，則於後續的相關章節中再一一詳述。有了草繪平面的生成後，於下一個章節中即是草圖繪製的重點要項講述。要建構出使用者心中欲求的立體模型，那草圖的精細繪製與完全定義的設計進程已是必然；所以在本章接續的頁面中，讀者得再三的研讀與反覆的練習才行。

3-3 草圖繪製工具

⊙ 要點提醒　　**本範例為綠色版參考教學檔 -- 請使用雲端連結**

本範例教學視訊檔案：SolidWorks/基礎&實務/CH03目錄下/3.3 草繪工具.avi
本範例製作完成檔案：SolidWorks/基礎&實務/CH03目錄下/3.3 草繪工具.SLDPRT

　　於SolidWorks的草圖工具列中有著約30種的草繪工具，而本著作將使用頻率較高的10種草繪工具編列成表，並搭配操作圖例，期許能引導各位入門的讀者可更汛速的了解各常見工具的對應性。而在CAD系統的軟體草繪中，需要藉由「限制條件」與「智慧型尺寸」來完全定義草圖。SolidWorks的草圖線段通常會呈現藍色、黑色、黃色、紅色……等色系，而每一種的顏色都意涵著草圖的不同現狀，如要細分則如下方圖例所示。

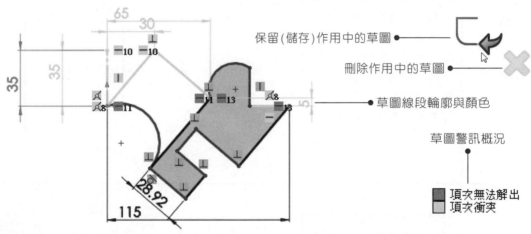

保留(儲存)作用中的草圖
刪除作用中的草圖
草圖線段輪廓與顏色
草圖警訊概況
■ 項次無法解出
□ 項次衝突

線段顏色	代 表 意 涵	敘 述 說 明
藍 色	未完全定義的線段	藍色為線段最初始的預設。其色調代表著草圖線段未完全定義，圖元各輪廓可再變更與調整。
灰 色	非編輯與作用中的草圖	草圖不再編輯後即可儲存保留，當圖元非編輯狀態中的線段顏色即是灰階的色調。
黑 色	已經完全定義的線段	在草圖歷經幾何限制與附加尺寸後即呈現黑色的樣貌；如果是參加認證考試就一定需要完全定義草圖。
黃 色	衝突或多餘定義的線段	假若使用者重複的對於同一草圖線段附加限制條件與尺寸，則草圖線段即會出現輕量抑制的概況。
紅 色	無解或過份定義的線段	初學者最困擾的窘境即是草圖出現無解的錯誤訊號；通常可透過刪除限制條件或草圖再編輯來解除警訊。

在草圖工具列中可以分成四大類的功能指令。其中以「繪圖工具類」使用之頻率最高，如直線、弧線、矩形工具、圓形工具、文字工具……等創建草圖輪廓的基本指令。第二種是「定義與限制工具類」，如尺寸標註與幾何限制指令等；當草圖的線段已經完全定義後，其線段即從自由度最高的「藍色」轉為抑制型態的「黑色」。第三種則是針對現有的草圖線段編輯與增減的「增益工具類」，使用者可以透過此類型工具來編輯、刪除與複製圖元項次。最後一種即是「輔助工具類」，即如插入圖片、修復草圖等額外的指令列。在下方圖表中，筆者經由常見的草圖工具指令介紹並佐以圖示補充說明，相信可令讀者對於軟體的草圖指令有更進一步的了解與認知。

圖示與指令	文 字 說 明	例 圖 與 操 作 示 意
◹ 直線工具	繪製一條直線，或者製作多段的直線草圖。通常繪圖都是由原點當成是草圖起點，如右方圖例所示：在例圖 ① 中筆尖對著原點，即可在筆的右下方出現與「原點」「重合/共點」的符號。以「左鍵」在頁面中點選，以創建更多的直線，如例圖 ②。	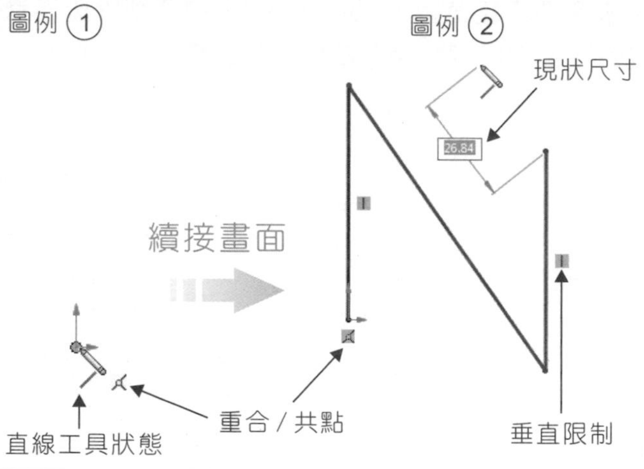 圖例 ①　　　圖例 ② 現狀尺寸 26.84 續接畫面 直線工具狀態　重合/共點　垂直限制
◹ 中心線	製作一條中心線，並且可以使用中心線來複製出對稱的草圖線段。中心線常用於尺寸或限制的放樣與對稱複製的參考線。在例圖 ① 中兩條中心線，並以45度角的中心線複製出例圖 ② 的藍色圖元部份。	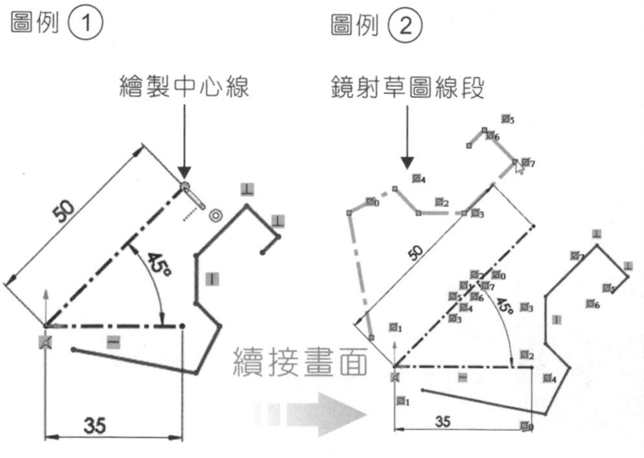 圖例 ①　　　圖例 ② 繪製中心線　鏡射草圖線段 50　45° 50　45° 續接畫面 35　　　35

圖示與指令	文 字 說 明	例 圖 與 操 作 示 意
▢ 角落矩形	製作一個四邊形；通常是以左上右下的模式拖曳出一個角落矩形（或由原點向外拖曳出一個四邊形）。在右側例圖 ① 中使用「左鍵」按壓並往右上角拖曳出一個角落矩形；因原點限制的關係，所以連接的兩條兩條線段即呈現黑色樣貌。	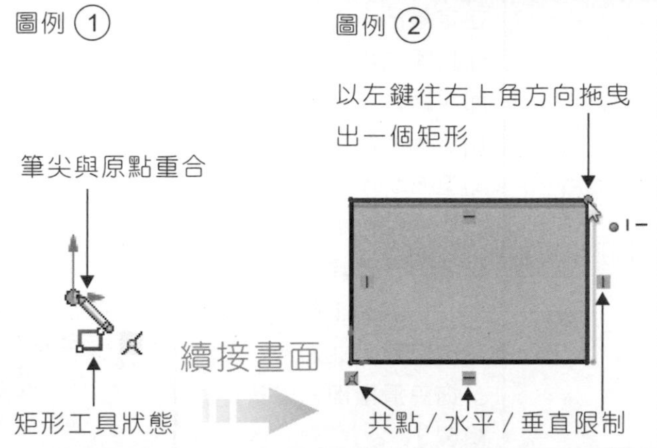 圖例 ① 圖例 ② 以左鍵往右上角方向拖曳出一個矩形 筆尖與原點重合 續接畫面 ⟹ 矩形工具狀態 共點／水平／垂直限制
▣ 中心矩形	使用形式如「角落矩形」。主要差異在於繪製「中心矩形」時筆尖是定義在矩形四條邊界線的中央位置。如右側圖例所示：由原點向外側拖曳出一個對稱的矩形（如果不拖曳，也可以單點「左鍵」替代。	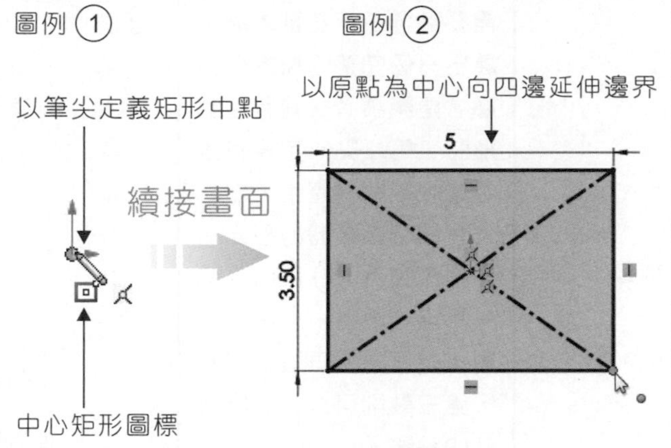 圖例 ① 圖例 ② 以筆尖定義矩形中點 以原點為中心向四邊延伸邊界 5 續接畫面 ⟹ 3.50 中心矩形圖標
◈ 三點中心矩形	「三點中心矩形」顧名思義即是透過三擊「左鍵」的步驟來定義四邊形。筆者通常是在繪製帶角度的矩形時會用到此指令。於圖例 ① 時點擊了第一下與第二下的「左鍵」，以此定義矩形的高度，並透過第三下的點擊定義出矩形的寬度。	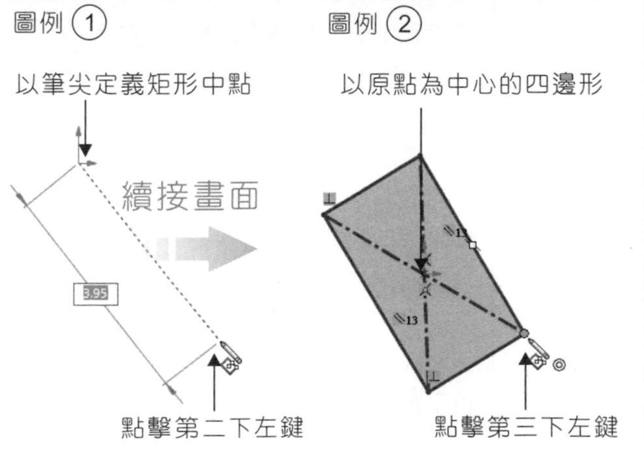 圖例 ① 圖例 ② 以筆尖定義矩形中點 以原點為中心的四邊形 續接畫面 ⟹ 3.95 點擊第二下左鍵 點擊第三下左鍵

圖示與指令	文 字 說 明	例 圖 與 操 作 示 意
⊙ 圓形工具	在定義出中心圓點後向外側拉開或再次點選左鍵，即可繪製一正圓形。在右側例圖中欲建構一個於原點下方5mm的圓形，則可以透過中心線放樣或幾何限制來定義。於例圖①以圓形工具定義圓心於中心線，並透過「左鍵」拖曳滑鼠即完成圖元的繪製。	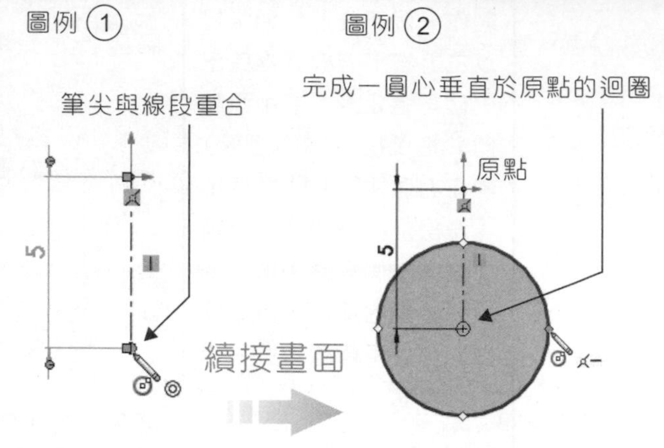 圖例①　　　　圖例② 筆尖與線段重合　　完成一圓心垂直於原點的迴圈 原點 續接畫面
⊘ 橢圓形工具	需要點選三下左鍵才能定義出一個完整的橢圓形輪廓。建議讀者在繪製橢圓形時，第二點一定要有垂直或水平限制產生，如此才能繪製出正體的圖元。如右側圖例①所示：第一點落在原點，而第二點筆後端呈現「垂直」限制，第三點則可以拉開後適性的點擊。	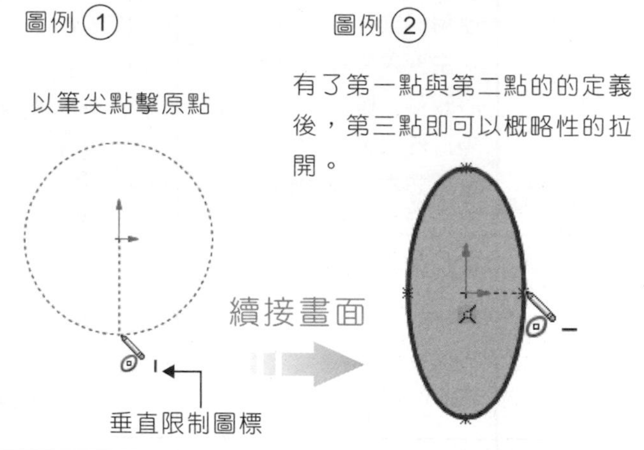 圖例①　　　　圖例② 以筆尖點擊原點　　有了第一點與第二點的的定義後，第三點即可以概略性的拉開。 續接畫面 垂直限制圖標
⌒ 三點定弧	「三點定弧」是透過三擊「左鍵」的步驟來定義弧型的「起點」、「終點」與「圓心」。於右側圖例①中點擊「左鍵」藉以設定弧型的長度，繼而透過第三下的點擊定義弧型的半徑。相較於其他草圖指令，「三點定弧」的使用率則更為頻繁。	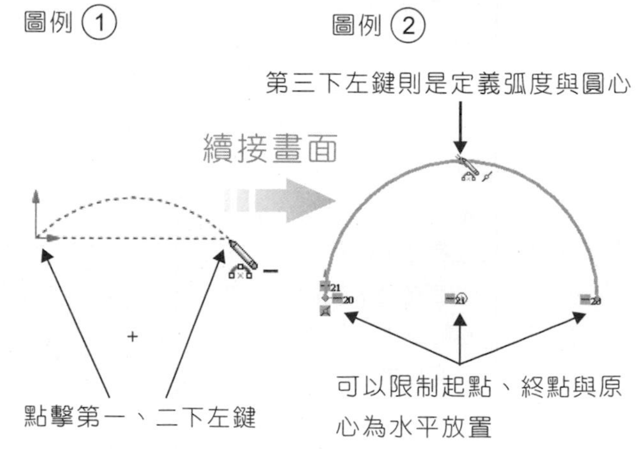 圖例①　　　　圖例② 第三下左鍵則是定義弧度與圓心 續接畫面 點擊第一、二下左鍵　　可以限制起點、終點與原心為水平放置

圖示與指令	文 字 說 明	例 圖 與 操 作 示 意
⬡ 多邊形	製作一個新的多邊形，您可以在多邊形成立後再變更其角邊參數。如果欲繪製一個正體的六邊形，則需要在原點定位後選擇「水平」或「垂直」限制條件下完成第二點的放樣。於右側例圖中，可以看到多邊形初步設定的功能視窗。	建構一個於原點上的多邊形 多邊形邊界設定 內切圓形式 圓徑大小設定 （多邊形設定視窗：多邊形、選項(O)、幾何建構線(C)、參數、6、內切圓、外接圓(B)、0.00、0.00、150.00、0.00°、新多…）
〰 不規則曲線	如同貝茲線一樣的操作方式，以左鍵來放樣不規則曲線的節點。如果使用者有操作過排版軟體的貝茲線，則於SW系統中即能熟捻的使用「不規則曲線」；如果未曾接觸過貝茲線，則需要多加練習來適應這常見的草繪指令。	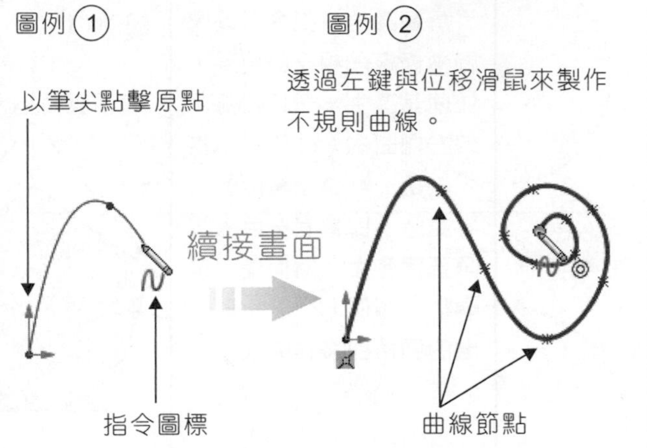 圖例 ① 圖例 ② 透過左鍵與位移滑鼠來製作不規則曲線。 以筆尖點擊原點 續接畫面 ➡ 指令圖標 曲線節點
▣ 點工具	點工具通常製作時是為了放樣；但有時可以當成是草圖輪廓使用。以筆者的使用性而言，「點工具」通常是用在草圖與特徵的對位。在右側圖例 ① 中，筆尖與原點中間出現一藍色虛線，即意味著此點與原點有「垂直」的限制定義產生。	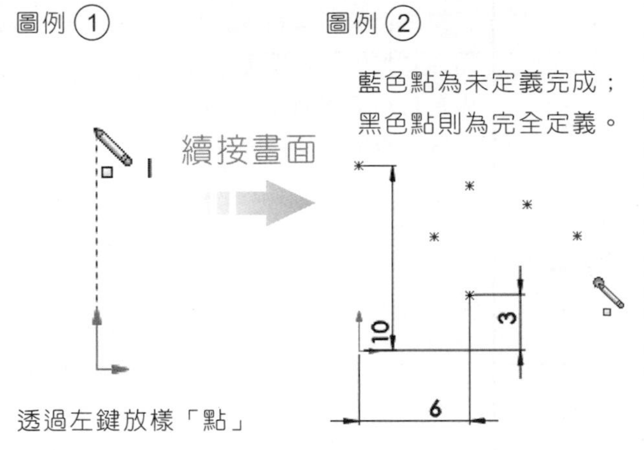 圖例 ① 圖例 ② 藍色點為未定義完成；黑色點則為完全定義。 續接畫面 ➡ 10 3 6 透過左鍵放樣「點」

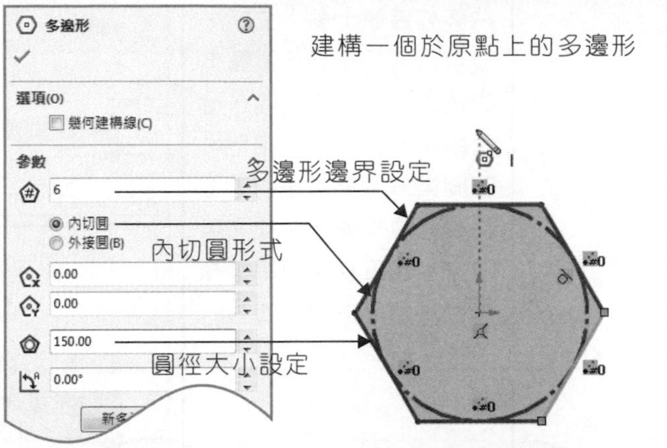

圖示與指令	文 字 說 明	例 圖 與 操 作 示 意
🅰 文字工具	在面或實體上輸入文字，並可透過特徵給予實體化的邊界。文字工具除了得藉由功能視窗改變字型、字間與角度外，也能搭配路徑選項來導出曲線文字。文字工具使用頻率極高，最常應用於模型表面的圖標與銘牌。	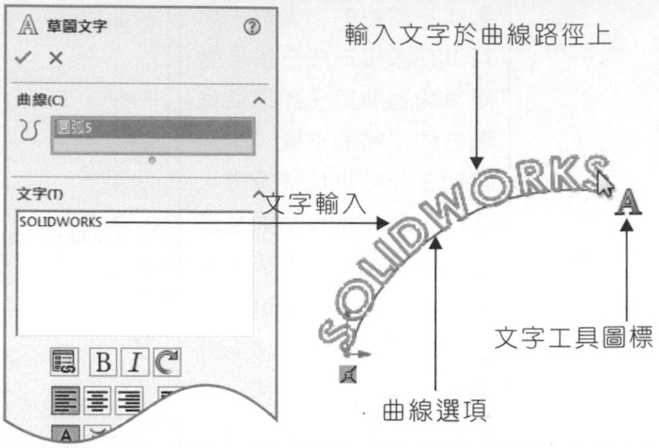 輸入文字於曲線路徑上 文字輸入 文字工具圖標 曲線選項
⌐ 草圖圓角	「草圖圓角」指令可以潤飾兩條線段相交的角落，並使其產生一個切線弧。如右側圖例 ① 所示：當「左鍵」點選兩線段的交界處時，即會有黃色的圓角預覽產生，繼而確定選項後，圖例 ② 五角形三處的圓角即製作完成。	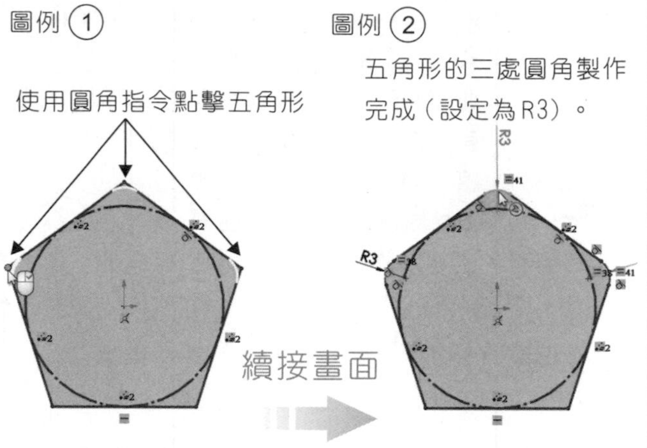 圖例 ① 使用圓角指令點擊五角形 圖例 ② 五角形的三處圓角製作完成（設定為R3）。 續接畫面
⌐ 草圖導角	「草圖導角」與圓角的使用形式相仿；差異僅是前者為在相交的線段上製作一個平直的線段。於選擇上同樣可以如其它CAD軟體般選擇角點的兩條交線（或直接選擇角點）直接施以導角程序。	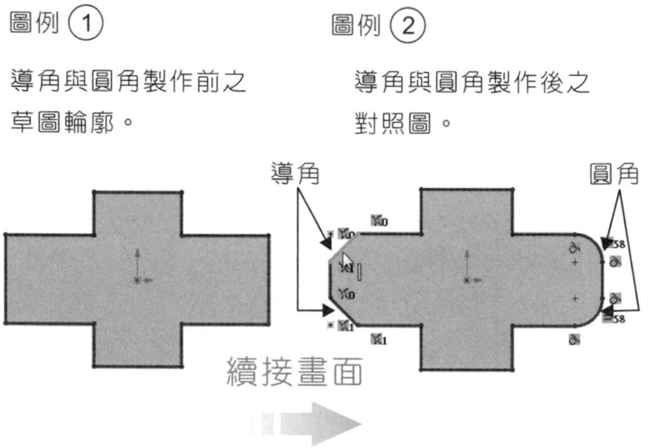 圖例 ① 導角與圓角製作前之草圖輪廓。 圖例 ② 導角與圓角製作後之對照圖。 導角 圓角 續接畫面

圖示與指令	文字說明	例圖與操作示意
鏡射圖元	使用中心線或基準面來複製所框選的草圖線段至對向位置。通常是以「左鍵」框選草圖的所有物件，但是若草圖中不只一條中心線，即可能造成系統的辨別錯誤，所以需要搭配 Ctrl 取消部份的選項，爾後再點選「鏡射圖元」執行。	圖例① 左鍵框選全部物件　圖例② 鏡射出與中心線右側對稱的左邊草圖 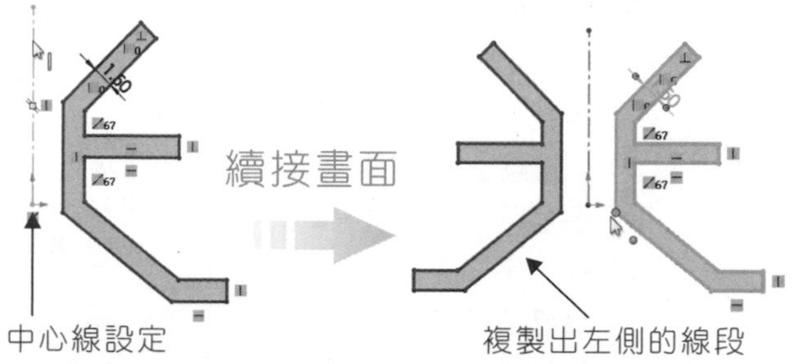　續接畫面　中心線設定　複製出左側的線段
直線複製排列	「直線草圖複製排列」（簡稱：直線複製），得以讓選擇的圖元依縱向與橫向複製與排列。如右側圖例①所示：當以「左鍵」框選欲複製的草圖線段時（會有淺綠色的框格產生），再透過圖例②設定複製的縱向與橫向個數即完成。	圖例① 左鍵框選欲複製的草圖　圖例② 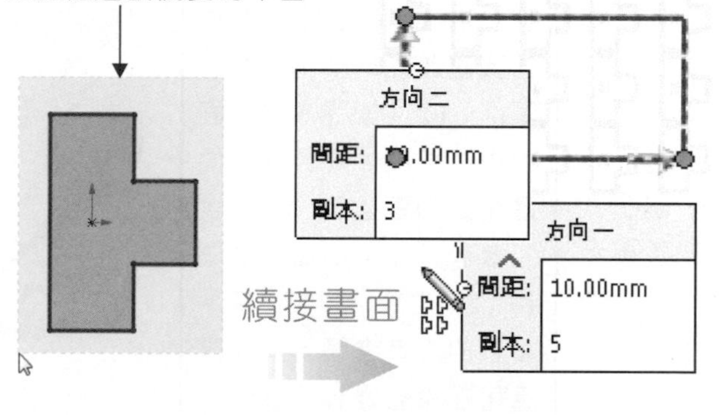 方向二 間距:0.00mm 副本:3　方向一 間距:10.00mm 副本:5　續接畫面
環狀複製排列	「環狀草圖複製排列」（通稱：環狀複製），讓草圖線段繞著自定的中心點複製與排列（與「特徵」的環狀複製相仿，只是後者參考的是中心軸。如果使用者未指定複製的中心點，則系統會自行以「原點」作為複製的參考點，讓草圖線段繞著參考點環狀複製。	圖例① 以左鍵拖曳出淺綠色的框格來選取圖元。　圖例② 透過設定來環狀複製出12個橢圓形。 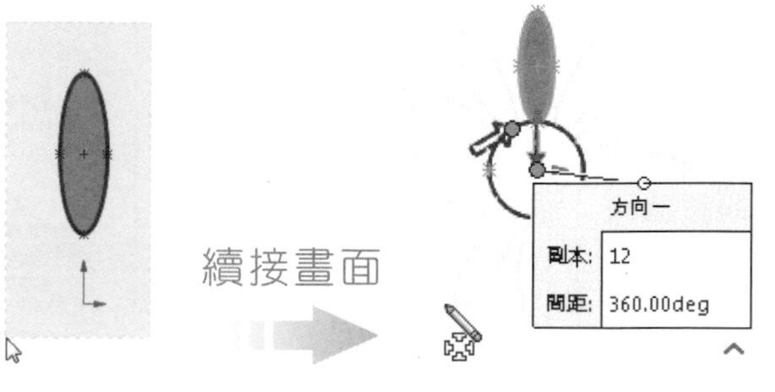　方向一 副本:12 間距:360.00deg　續接畫面

圖示與指令	文 字 說 明	例 圖 與 操 作 示 意
移動圖元	可以使用該指令來移動草圖輪廓與相關註記；其相關的指令還有「複製」、「伸展」、「旋轉」、「縮放」等，但使用頻率遠不及「移動圖元」。先以「左鍵」框選欲移動的草圖線段，繼而點選草圖中的「任一端點」，再位移滑鼠即可見到草圖移動的軌跡。	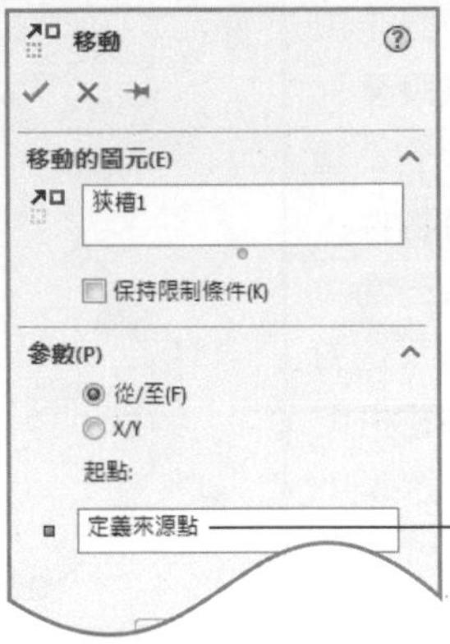 以左鍵框選欲移動的線段，並且以「點」對「點」的位置移動 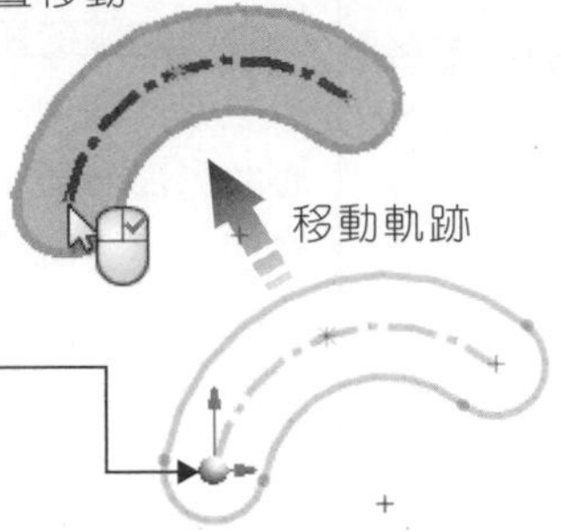 移動軌跡
參考圖元	參考圖元不僅是複製2D草圖，也可以複製出所選擇的實體邊界輪廓。在右側圖例 ① 中點選本體平面並啟動草圖（受選擇之面會呈現粉藍色），再點選「參考圖元」即如右側圖例 ② 之線段複製圖樣。多數的「參考圖元」都是應用在實體邊界的參考上。	圖例 ①　　　　圖例 ② 左鍵點選本體平面 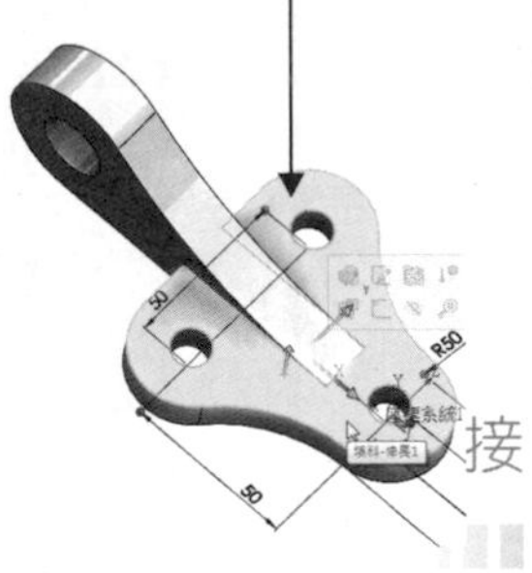　　橘色線段為參考後之輪廓 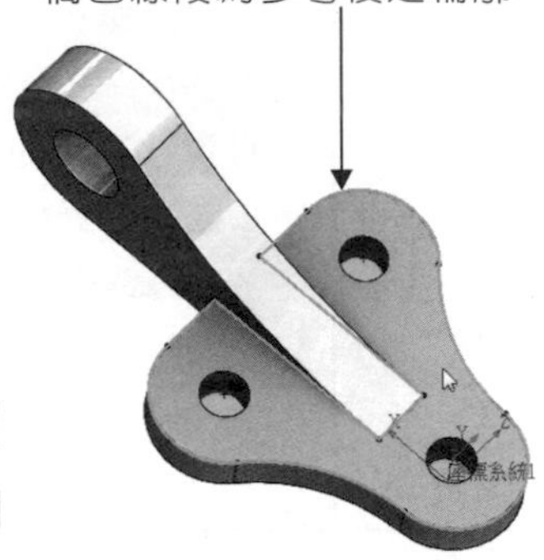
偏移圖元	以指定的距離偏移出面、邊界、曲線或草圖輪廓。該指令使用頻率非常高。於實體面上點選並啟動草圖，再執行「偏移圖元」即可啟動指令設定視窗。於右側圖例中是選擇了兩個方向的偏移，而偏移的距離都是8mm。	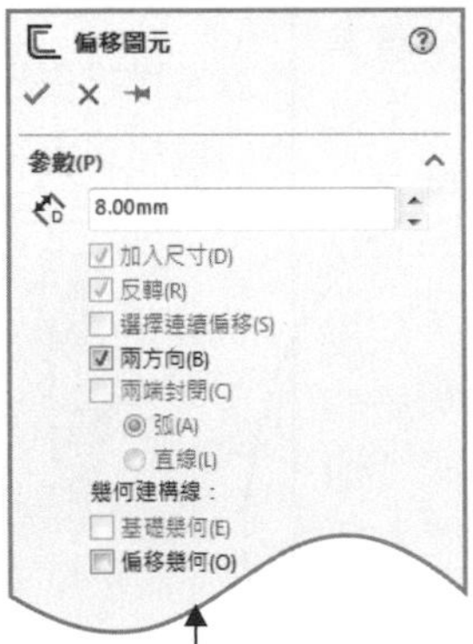 透過設定來偏移出兩個方向的草圖輪廓。 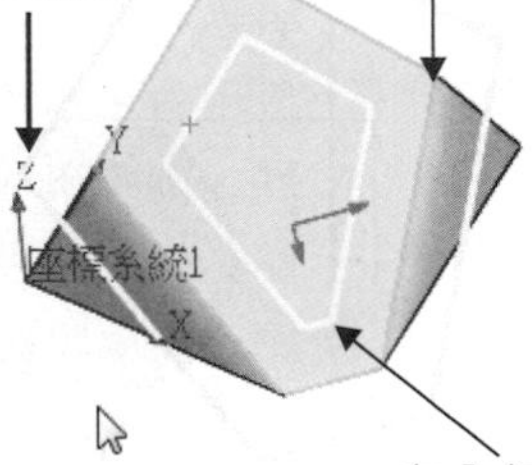 原本輪廓 向外偏移 向內偏移 偏移圖元設定視窗

圖示與指令	文 字 說 明	例 圖 與 操 作 示 意
智慧型尺寸	使用者可以透過該指令來為任何的草圖線段標註尺寸，是使用頻率最高的指令之一。「智慧型尺寸」是尺寸標註指令的集合式功能指令，透過尺寸標註與幾何限制得以定義草圖線段，如右側圖例 ① 與 ② 之差異性。	圖例 ① 未定義之草圖輪廓（多數呈現藍色） 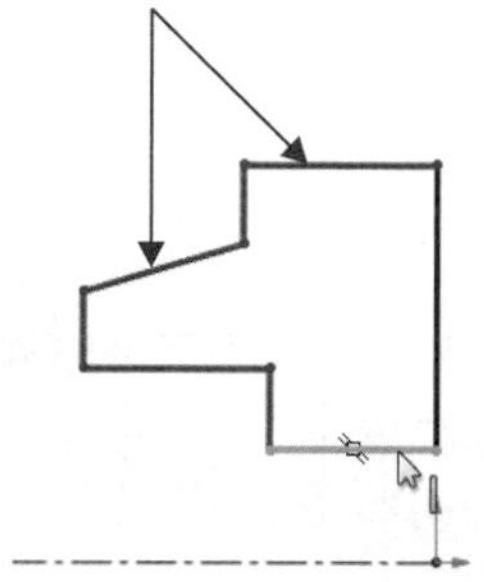　　圖例 ② 已完全定義之草圖線段（呈現黑色） 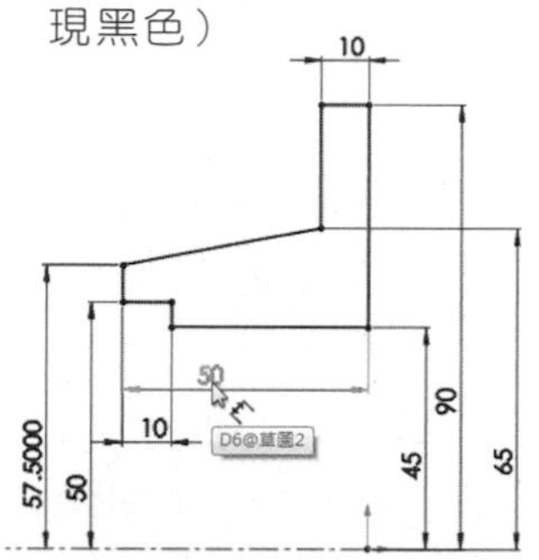
幾何建構線	「幾何建構線」是不具實態的參考線段（通常為虛線形態），使用者可以透過該指令來切換草圖線段之狀態。在例圖 ① 之星形輪廓因為有諸多實線交錯，所以較難形成實體，因此透過建構線與刪除五角星外的線段，即可成就圖例 ② 之星型輪廓。	圖例 ① 轉成建構線 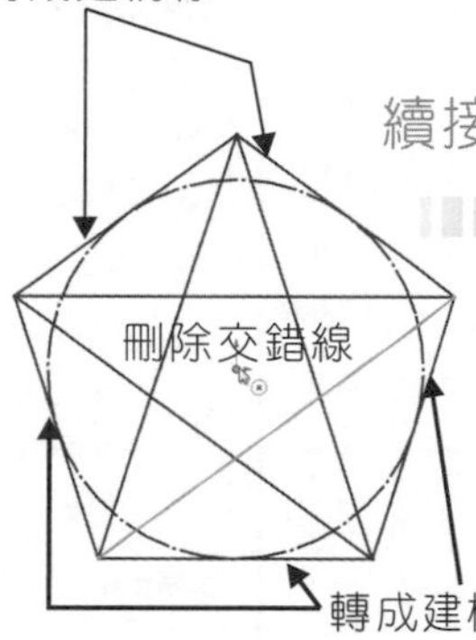　　續接畫面　　圖例 ② 星形輪廓完成之圖元 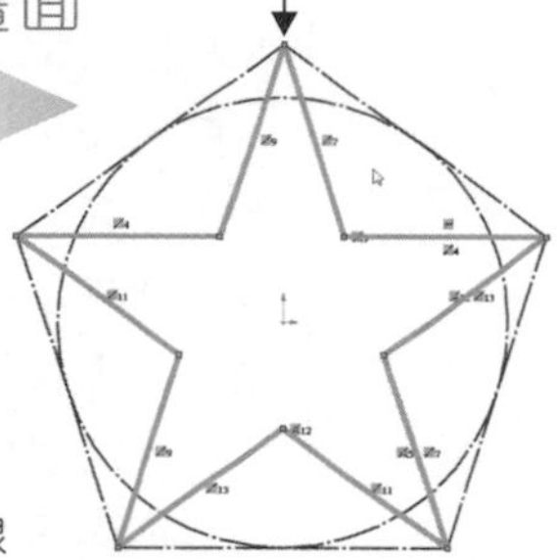　　刪除交錯線　　轉成建構線
解散圖元	透過「解散圖元」得以將一體的草圖線段個體化。筆者最常使用的解散草圖指令即是分化草圖文字——將原本一體的草圖文字分化，變成是一段段的個體曲線後，即能隨著使用者的觀感而調整與增減文字的輪廓，變成是獨一無二的原創字型。	圖例 ① 使用「右鍵」來選擇解散草圖文字選項。 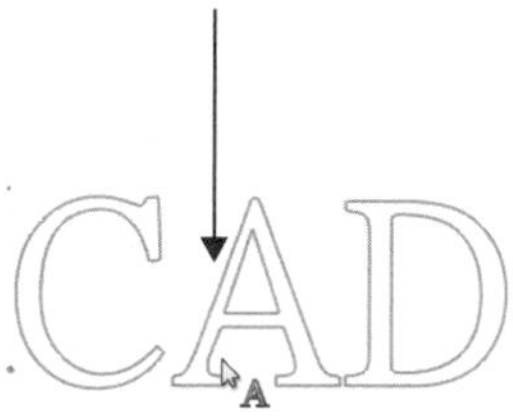　　圖例 ② 文字變成個體的曲線　　刪減曲線 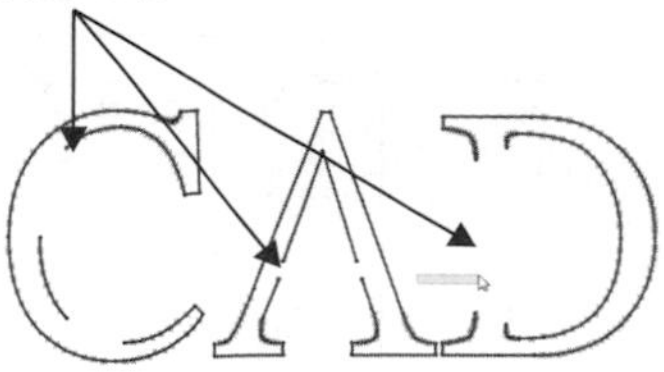

圖示與指令	文字說明	例圖與操作示意
✂ 修剪圖元	修剪或延伸一個草圖輪廓，通常是選用「強力修剪」即可。於右側圖例海星形態中的交錯線段將會影響實體化的生成，於此透過「修剪圖元」（按住左鍵由空白處拖曳），凡是鼠標走過的路徑即會清空交錯的實線與建構線，是一個非常受用的指令功能。	圖例 ① 透過修剪來釐清星形圖元中交錯的線段。 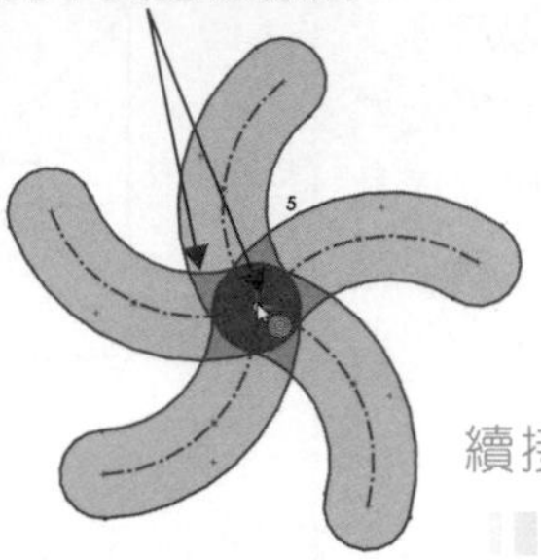 圖例 ② 刪減完成後即可透過特徵成型實體。 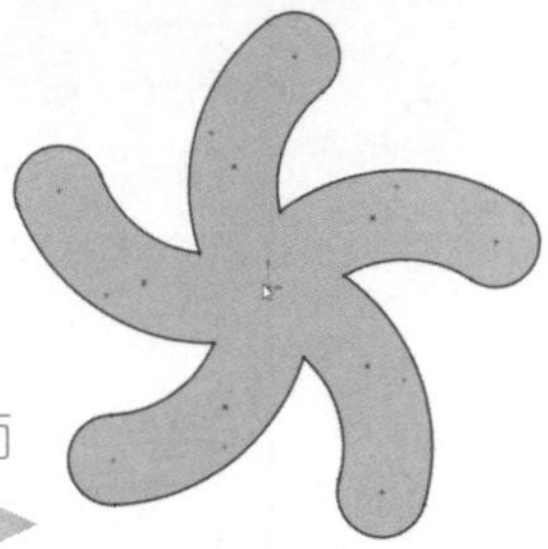 續接畫面
🖼 草圖圖片	在基準面上插入一張影像圖片來當成草圖繪製時的邊界與造形依循。一般在參造「草圖圖片」描繪邊界輪廓時，大概都是透過不同的視角「基準面」插入 1-2 張的圖片；但如果是要建構多曲面的或較複雜的外觀模型（如交通工具），則可能會插入 3 張以上的圖片來參酌。	 草圖圖片 屬性(P) 0.00mm 0.00mm 0.00deg 350.00mm 384.79532164mm ☑ 啟用縮放工具(S) ☑ 鎖住高寬比(L) 透明度(T) 草圖圖片插入後，可藉由選單來調整圖片的長寬與透明度，建議調整時需啟動「鎖住高寬比」之選項。 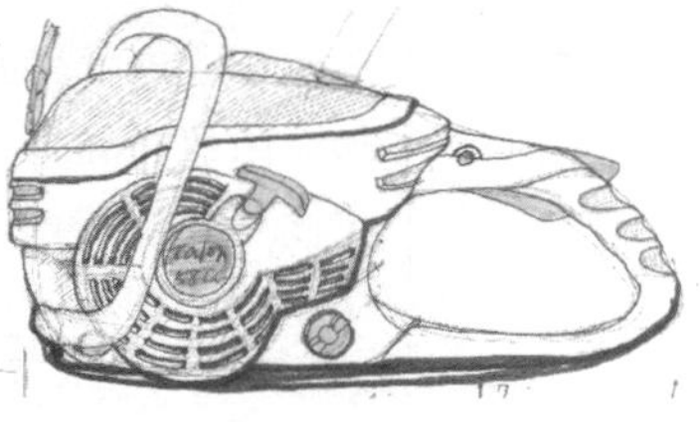
3D 草圖	該指令是插入或編輯一個現有的 3D 草圖（立體草圖）。立體草圖是跨平面的集合式線段，並不受任何的草繪平面所限制。通常立體草圖會應用於「掃出成型」或「邊界成型」等特徵，但使用頻率並不如平面草圖，畢竟立體草圖的操控性現狀無法比擬於一般草圖。	圖例 ① 立體草圖之線條架構 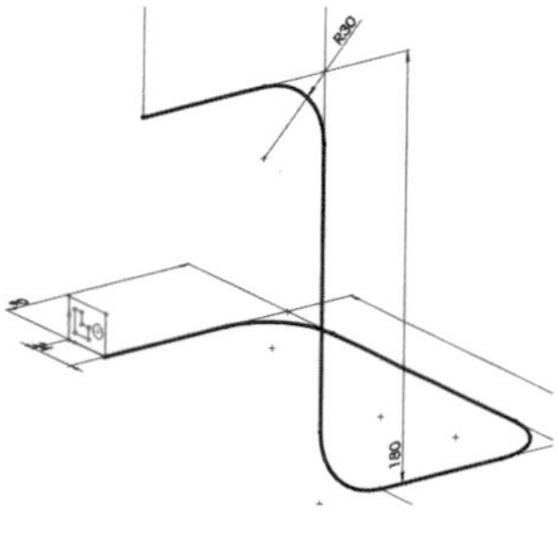 圖例 ② 立體草圖歷經掃出成型後之實體。 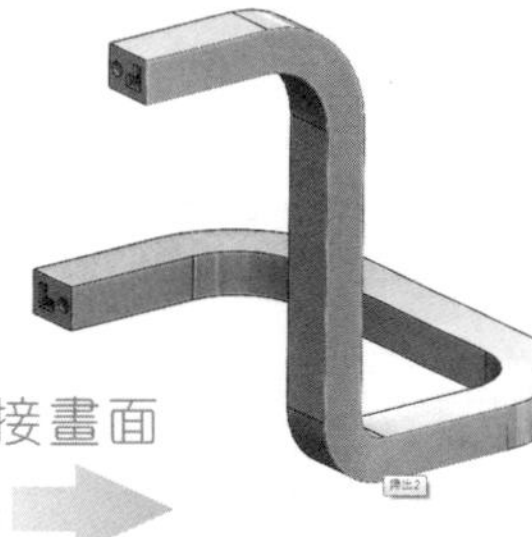 續接畫面

3-4 幾何限制條件

⊙ 要點提醒　　　本範例為綠色版參考教學檔 -- 請使用雲端連結

本範例教學視訊檔案：SolidWorks/基礎&實務/CH03目錄下/3.4 幾何限制.avi
本範例製作完成檔案：SolidWorks/基礎&實務/CH03目錄下/3.4 幾何限制.SLDPRT

　　使用者透過SolidWorks的草圖繪製畫面建構線段時，可以發現初始的線段顏色多是以藍色呈現，而這也就如介面中右側下方的「不足的定義」。在草圖未完全定義前（變成黑色），基本上亦可以自由位移與改變形態，如果在不考量到「設計變更」的前提下，未完全定義的草圖是被允許接受的；但如果使用者是參加認證考試或於產業界繪製工業產品，則須讓所建構的草圖被合理化的完全定義。在CAD軟體中，要完全定義草圖除了需要有尺寸標註外，另外也需要有幾何限制條件來加以拘束草圖的自由度。合理化的限制條件於下方畫面中，草圖線段僅有原點上方垂直的線段 ① 呈現黑色（不足定義），而同樣標註了尺寸的線段 ② 卻仍是藍色。在這概況下，熟悉CAD系統的使用者馬上會聯想到該線段因為少了角度的標註，而線段 ③ 則是因為與原點的距離未定義，所以同樣的是屬於未定義完整的圖元。幾何限制條件可分為「自動」與「手動」兩種，「自動」的限制條件通常為「垂直、水平、重合、相互垂直、平行」等較常見的對應拘束；而在「手動」的幾何限制上，則是「固定、貫穿、等長、共線、合併」等較深度的抑制。

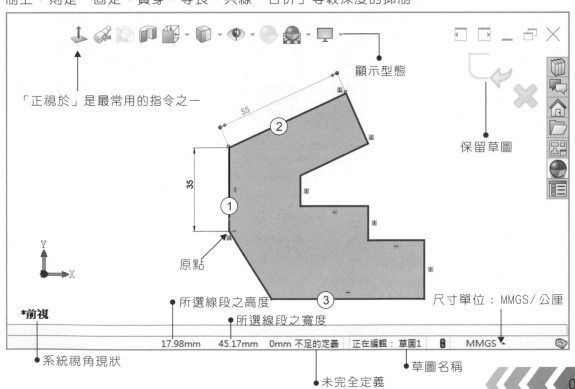

「正視於」是最常用的指令之一

顯示型態

保留草圖

55

35

① ② ③

原點

Y
X

所選線段之高度

所選線段之寬度

尺寸單位：MMGS/公厘

＊前視

系統視角現狀

17.98mm　45.17mm　0mm 不足的定義　正在編輯：草圖1　MMGS

草圖名稱

未完全定義

幾何限制條件「自動」與「手動」兩群指令大概常見的有16種左右，筆者將常見的項次依使用頻率與類型歸類出下列的表格，並且搭配文字說明與圖例，如此可讓讀者上機操作時得以參照與臨摹。在下方圖表中分為三欄：最左側為限制條件類型的圖標（圖示）與指令快捷鍵；中間欄位為圖元選擇與說明；右側欄位即為例圖與操作示意。筆者自己在操作軟體時，除了參與認證考試外就甚少使用輔助的快捷鍵，畢竟能在電腦前操作電繪軟體是一件愉悅的事情，搭配快捷鍵使用只會縮短在建模與思緒上時間，徒增自己在作業上的壓力；與其如此，何不單就左鍵、右鍵、滾輪與簡單的加選功能鍵等直覺式的程序呢？於軟體操作時，讀者可以搭配 Ctrl 或 Shift 鍵來重複加選。

圖示與快捷鍵	圖元選擇與說明	例 圖 與 操 作 示 意
水平放置 / 指令快捷鍵 Alt + H	圖元選擇：一條直線／多段直線／點對點選擇　說明：重複加選線段的兩端點（或線），再點選「水平放置」指令即可平放線段或對齊「點」。	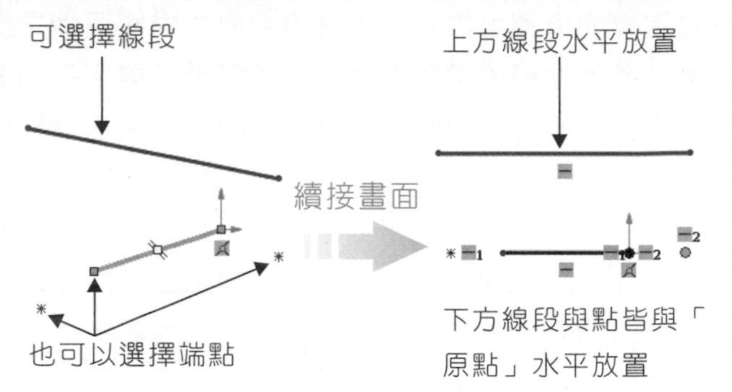
垂直放置 / 指令快捷鍵 Alt + V	圖元選擇：一條直線／多段直線／點對點選擇　說明：操作方法如「水平放置」；點選「垂直放置」指令即可直放線段或對齊端點。	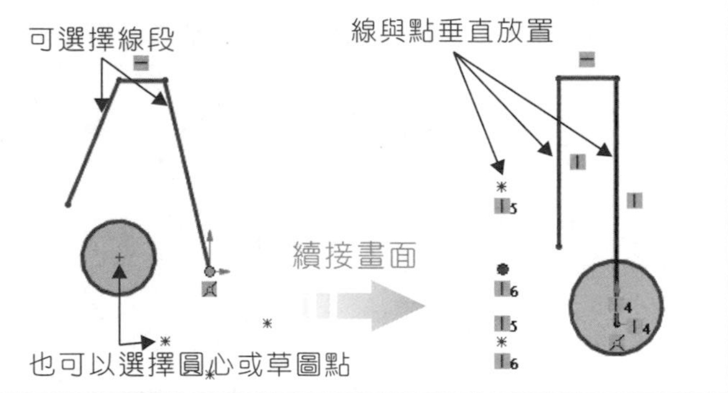
固 定 / 指令快捷鍵 Alt + F	圖元選擇：任何線段／任何圖點／所有圖元　說明：以「左鍵」點選或框選圖元。在「固定」後所有物件都呈現黑色的形態，已不可再位移或更動。	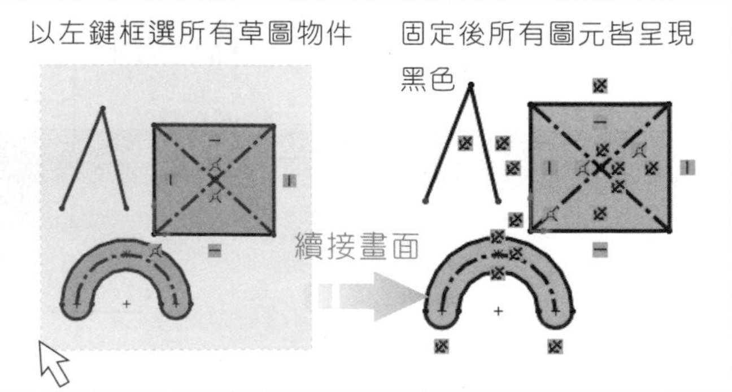

圖示與快捷鍵	圖元選擇與說明	例 圖 與 操 作 示 意
 平　行 指令快捷鍵 Alt + E	圖元選擇：二條線段／ 　　　　多段直線／ 說明：重複加選兩條以上的線段，並透過「平行」指令使線段相互平行。	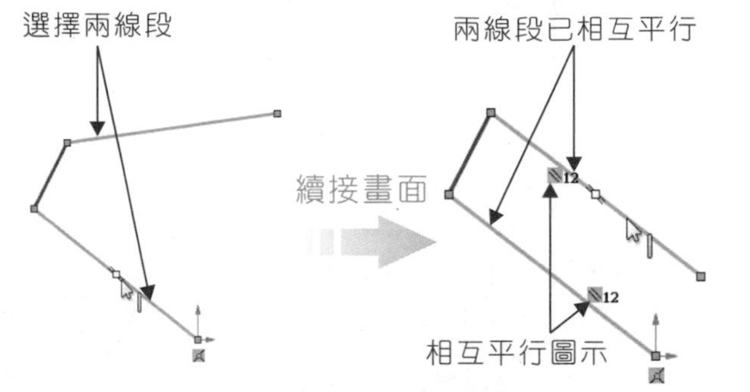 選擇兩線段　　　　兩線段已相互平行 續接畫面 相互平行圖示
 相互垂直 指令快捷鍵 Alt + U	圖元選擇：二條直線／ 說明：重複加選兩條線段，並且使用「相互垂直」指令。若要多條線段垂直，則須以多次的選擇並重複執行。	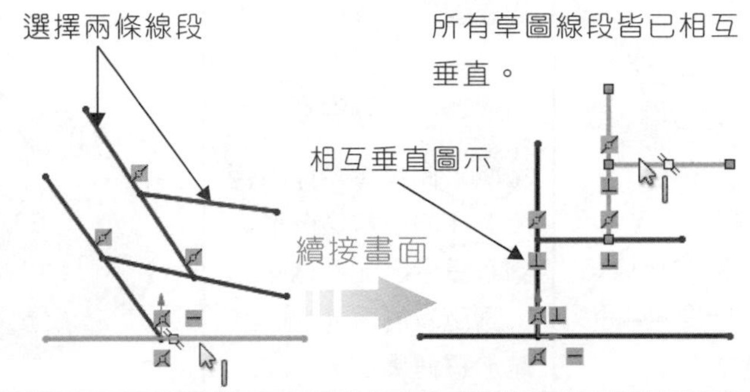 選擇兩條線段　　所有草圖線段皆已相互垂直。 相互垂直圖示 續接畫面
 重合／共點 指令快捷鍵 Alt + D	圖元選擇：點對點／ 　　　　點對線／ 　　　　點對弧／ 說明：「重合／共點」常應用在兩個草圖間的端點結合，藉以產生曲面或實體。	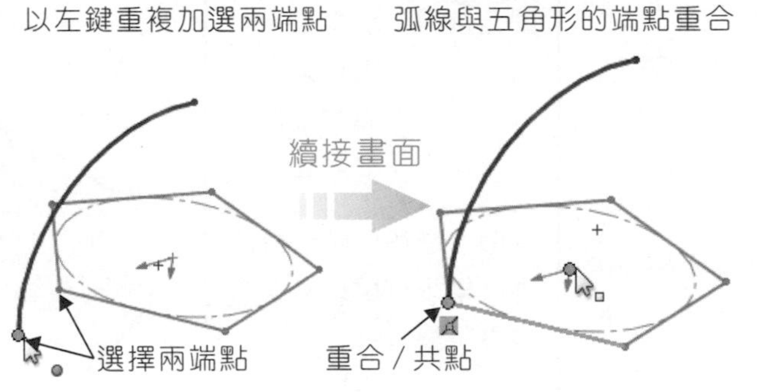 以左鍵重複加選兩端點　弧線與五角形的端點重合 續接畫面 選擇兩端點　　重合／共點
 貫　穿 指令快捷鍵 Alt + P	圖元選擇：點對線／ 　　　　點對弧／ 說明：重複加選兩者，並讓線的端點與所選擇的「線」或「弧」相交。貫穿的限制常是特徵形成的前置作業。	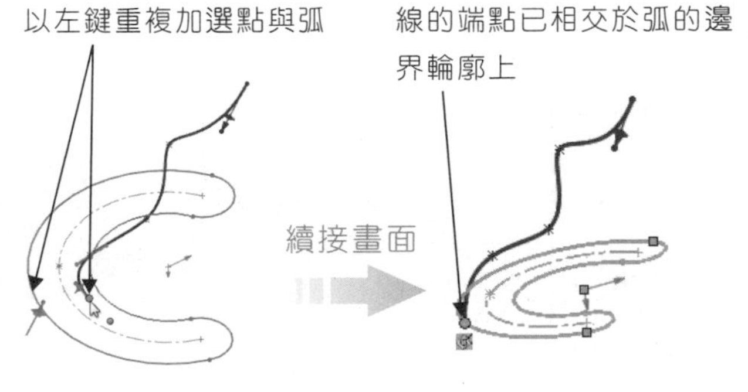 以左鍵重複加選點與弧　線的端點已相交於弧的邊界輪廓上 續接畫面

圖示與快捷鍵	圖元選擇與說明	例 圖 與 操 作 示 意
同心共徑 —————— 指令快捷鍵 Alt + R	圖元選擇：圓與弧線 / 弧與弧線 / 圓與圓 說明：使重複加選的兩圖元之圓心與半徑相等，並形成兩個重疊與對等的輪廓。	選擇圓與實體參考邊界　　圓與參考邊界已同心共徑 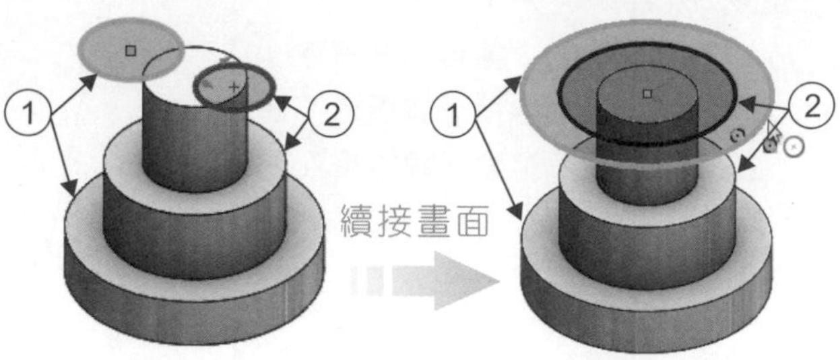 續接畫面
同心圓 / 弧 —————— 指令快捷鍵 Alt + N	圖元選擇：圓與弧線 / 弧與弧線 / 圓與圓 說明：此指令功能將使所選擇的弧線與圓形之圓心重合。如右側圖例，讓所有的圖元中心共點於實體圓心。	加選所有草圖與外圓邊界　　所有弧線與圓皆限制與外圓同心 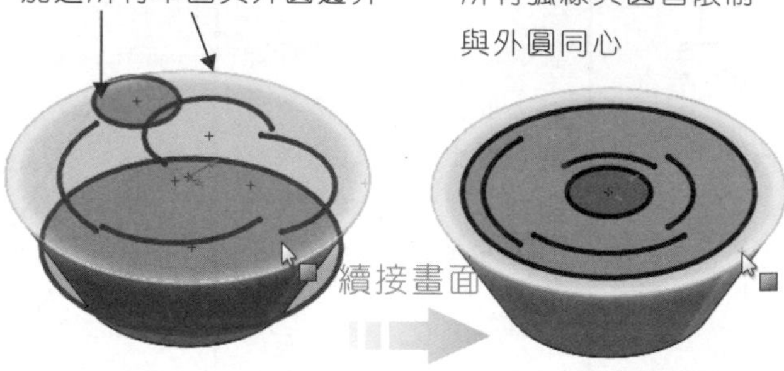 續接畫面
相 切 —————— 指令快捷鍵 Alt + A	圖元選擇：線對圓 / 圓對圓 / 弧對弧 / 弧對圓 / 說明：透過兩圖元的邊界交集後，呈現最少的邊界重疊。	以中心圓當成相切的目標　　所有圖元邊界與圓形輪廓相切後之結果 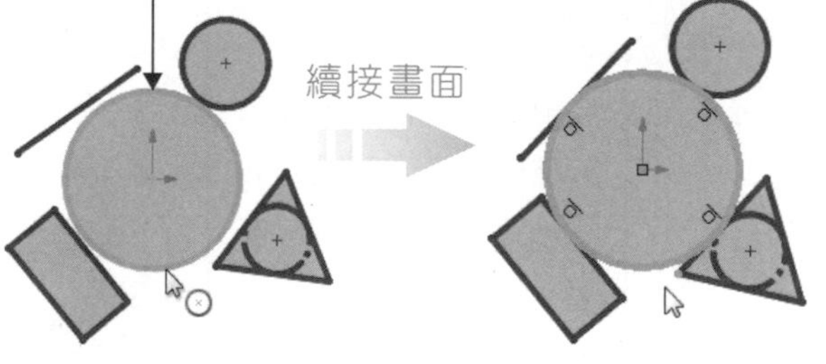 續接畫面
共線 / 對齊 —————— 指令快捷鍵 Alt + L	圖元選擇：兩條線段 / 多條線段 / 說明：如右側圖例所示：透過加選將三條直線與三角形的邊界線段設定為「共線 / 對齊」。	將三條直線個別與三角形邊界「共線 / 對齊」設定 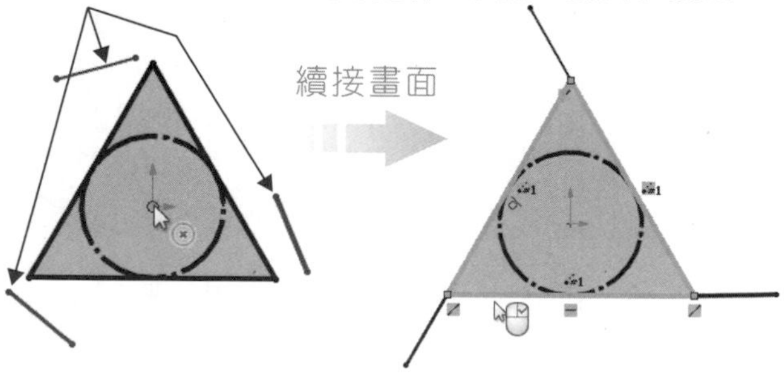 續接畫面

圖示與快捷鍵	圖元選擇與說明	例 圖 與 操 作 示 意
= 等長/等徑 指令快捷鍵 Alt + Q	圖元選擇：多段線條/ 多個弧線/ 多個圓 說明：透過「等長/等徑」的設定，將使所選擇的圖元邊界同等於參考的項次；此功能使用頻率極高。	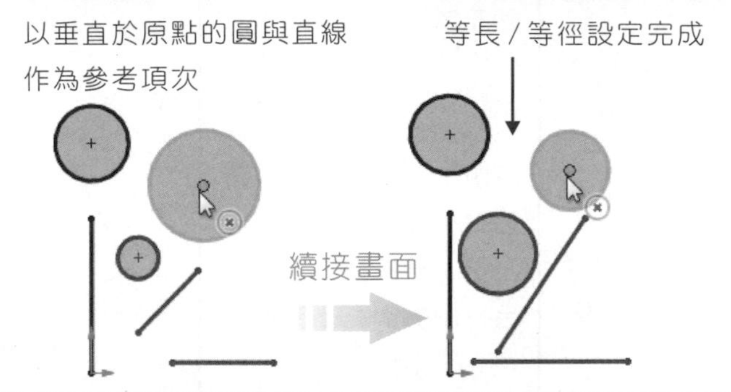 以垂直於原點的圓與直線作為參考項次　　等長/等徑設定完成 續接畫面
相互對稱 指令快捷鍵 Alt + S	圖元選擇：中心線＋ 草圖圖元/ 說明：「相互對稱」與「鏡射圖元」不甚相同，前者僅是位置、半徑與角度的等同參照，而不是後者的對向複製。	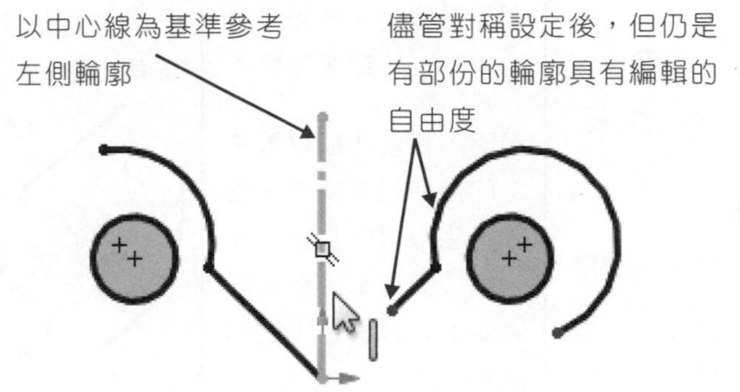 以中心線為基準參考左側輪廓　　儘管對稱設定後，但仍是有部份的輪廓具有編輯的自由度
置於線段中點 指令快捷鍵 Alt + M	圖元選擇：點對直線/ 點對圓弧/ 點對曲線/ 說明：選擇圖元的端點並重複加選線段，使前者端點放置於後者的線段中點。	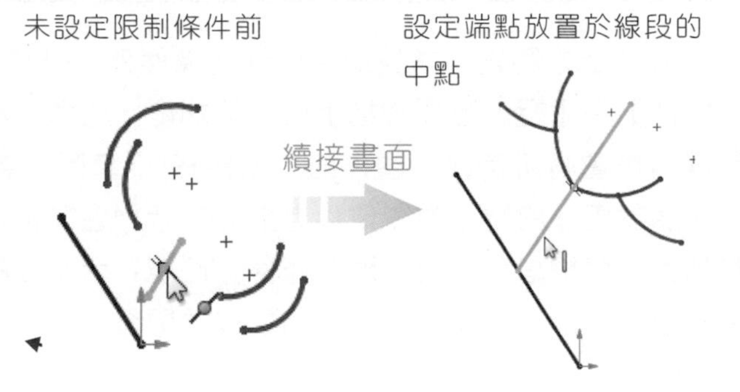 未設定限制條件前　　設定端點放置於線段的中點 續接畫面
置於交錯點 指令快捷鍵 Alt + I	圖元選擇：兩條線段/ 多條線段/ 說明：如右側圖例所示：透過加選將三條直線與三角形的邊界線段設定為「至於交錯點」。	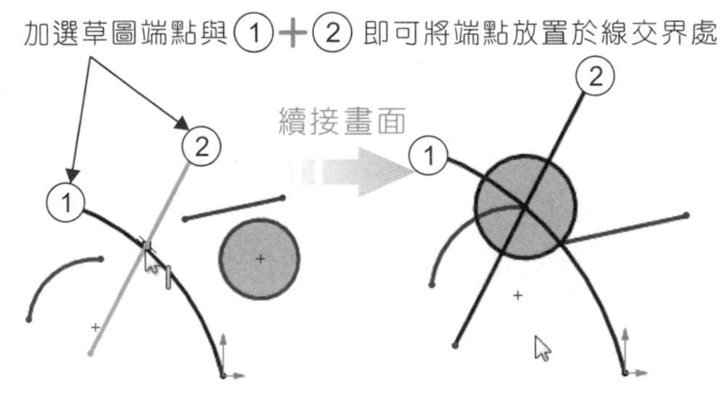 加選草圖端點與①＋②即可將端點放置於線交界處 續接畫面

圖示與快捷鍵	圖元選擇與說明	例 圖 與 操 作 示 意
☑ 合 併 ⋯⋯⋯ 指令快捷鍵 Alt + G	圖元選擇：點與點／ 　　　　　點與線端／ 　　　　　線端與線端 說明：「合併」可以透過重複加選，也可以「左鍵」直接拖曳端點至另一側的端點上放置。	欲將六邊形的缺口封閉　　透過直線與弧線封閉六邊形輪廓 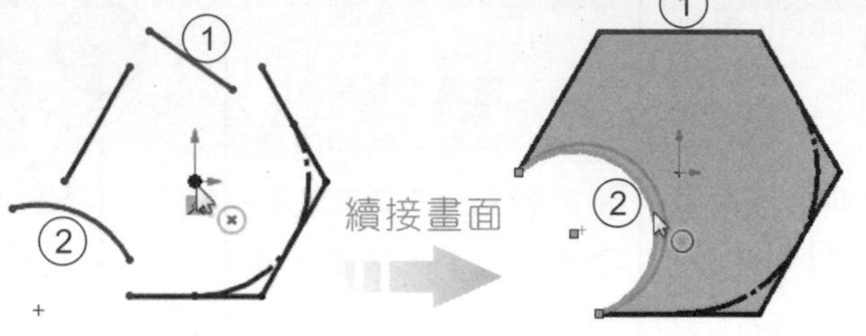 續接畫面
⌒ 曲線等長 ⋯⋯⋯ 指令快捷鍵 Alt + L （同共線／對齊）	圖元選擇：主要圖元 ＋ 　　　　　草圖線段／ 說明：藉由「曲線等長」的幾何限制條件來更改草圖線段的長度。此功能多數是應用在認證考試上，筆者甚少使用此指令。	以圓形為參考，其他圖　　弧線、曲線與直線皆參考元則參考圓的邊界長度　　圓的邊界長度而改變形態 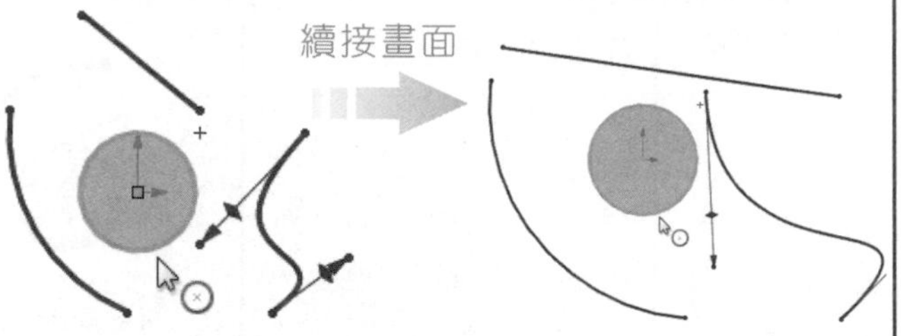 續接畫面

　　除了上方列表中常見的幾何限制條件外，仍有一般普遍使用不到的指令，如【🔧 固定狹槽】、【🔩 等長狹槽】⋯⋯等功能，當然因職場環境的需求，每位使用者對應的功能選項也會有所差異。額外的，如果在 3D 草圖繪製時，也會有不同的立體草圖限制條件，而關於更多的幾何限制條件之指令，我們會於後續實體繪製的章節再作重點介紹。上述表列的「草繪指令」與「限制條件」已能符合基礎與進階應用之操作需求；當然有一些產業會應用的指令功能更全面，例如模具開發、鈑金設計、管路規劃⋯⋯等較獨門與專業的領域別。

　　SolidWorks 的草圖繪製相關指令與作業環境，基本上其觀念可應用到他款 CAD 軟體，畢竟現在越來越多的軟體介面設計都以 SolidWorks 人性化界面與親和性操作當成復刻的藍本，因此，初學者倒是不用考慮學習時軟體的選擇，因為現在通用性的設計促使軟體在學習上似乎也都依循著相同的模式；讀者只要挑一套學習的專精，未來轉換跑道或領域別再接觸其他 CAD 軟體時，筆者深信：您一定可以在短期內駕輕就熟。

3-5 草圖尺寸標註

於前文中有提到要完全定義草圖（線段呈現黑色形態），除了針對草圖使用「限制條件」的常態要項，另外即是需要透過【 ✏ 智慧型尺寸】來標註草圖中的直線、弧線、圓形、點、角度⋯⋯等元素。在未有尺寸標註前，除了使用強制性的草圖固定外，草圖一率皆是以藍色樣貌呈現，而這也就如介面中右側下方之「不足的定義」顯示。SolidWorks中的智慧型標註包含著五種設定選項（讀者不用特別去記，因為標註的選取方式都是一致的使用「左鍵」點選，智慧型標註的系統會自己轉換模式去迎合使用者）與「快顯尺寸編輯視窗」。下列圖例為尺寸編輯的功能視窗，入門的使用者建議可以了解選單中每樣功能的指令。

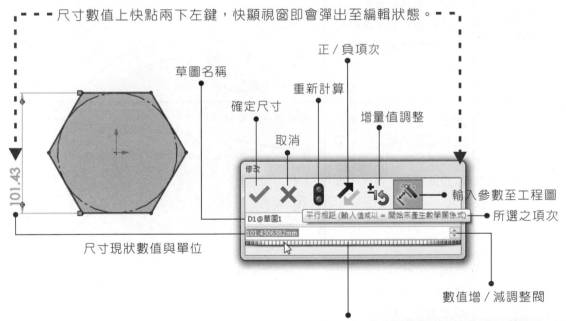

尺寸數值上快點兩下左鍵，快顯視窗即會彈出至編輯狀態。

草圖名稱

正／負項次

重新計算

確定尺寸

增量值調整

取消

修改

D1@草圖1

平行相距（輸入值或以 = 開始來產生數學關係式）

101.4306382mm

輸入參數至工程圖

所選之項次

尺寸現狀數值與單位

數值增／減調整閥

數值調整輪盤（按住左鍵拖曳滑鼠，往左是增加參數；往右則是減少）

◎要點提醒　　　**快顯視窗是否為變更尺寸時必要進入的程序？**

隨著軟體的版本更新，其使用的程序也變得越來越人性化。讀者不一定非得啟動快顯視窗來微調尺寸，使用「左鍵」於數值上點擊一次也可以直接修改尺寸，進而屆至設計變更之目的。

3-5.1 智慧型尺寸與標註類型

　　【 ◇ 智慧型尺寸】概可包含直線、弧線、圓形、點、角度……等設定形式。下方列表中詳列了八種相關的圖標與說明，讀者可由頁面中了解各種尺寸標註的使用形式，並結合下一章節的常見尺寸標列方法，即能更進一步的了解尺寸標註之種類與進程。

圖示與標註類型	補 充 說 明	例 圖 與 操 作 示 意
◇ 智慧型尺寸	「智慧型尺寸」為一個綜合性尺寸標註的指令，不僅可以定義圓形半徑 / 直徑，也可以針對直線、弧線與曲線進行數值編輯。	線段上點擊「右鍵」啟動快顯視窗，並選擇智慧型尺寸指令。 選擇連續 (A) 選擇中點 (B) 選擇工具 縮放/移動/旋轉 顯示網格線 (G)
智慧型尺寸	「智慧型尺寸」啟動前後之圖標會有多一個白色箭頭指標的差異。如前文所提及的，智慧型尺寸會自己轉換所選擇之項次的標註形式。	智慧型尺寸標註圖示　　　　曲線標註圖示 續接畫面
直線標註	使用「直線標註」箭頭並移動到欲標列尺寸的線段上，即可看見線段呈現「橘色」樣貌，繼而以「左鍵」點選並將數值移動到定點後再點「左鍵」確定。	直線圖元尺寸標註示意 續接畫面 133.25
圓 / 弧標註	「圓 / 弧標註」中可以對於圓形與弧線標註半徑或直徑。有部份的軟體將圓形與弧線的定義個別分開，其中各有優劣；而筆者是習慣了整合性的標註類型。	圓形與弧線標註示意 續接畫面 <MOD-DIAM>35 R25

圖示與標註類型	補　充　說　明	例　圖　與　操　作　示　意
端點標註	「端點標註」是針對線段上的起迄點進行尺寸標註；此與「點」標註類似，但線端的點位移時會牽動線的形態與位置的改變。	點選線段的起點與終點，並且標註尺寸。 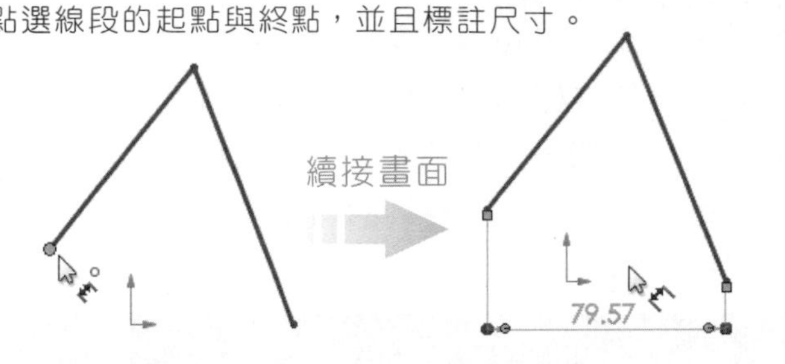 續接畫面 79.57
原點／點標註	圖元如欲完全定義，則須每個點都要跟「原點」產生對應的關係。除了本身的形態外，與「原點」的縱向與橫向距離一定都要標列具體，才能完全定義該圖元。	針對點與原點標註尺寸 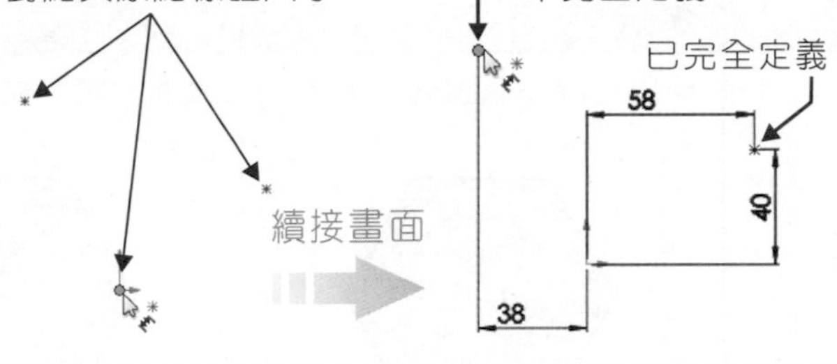 未完全定義 已完全定義 續接畫面 58 40 38
曲線標註	當「曲線標註」指標移動到自由曲線上，即可見線段呈現「橘色」的樣貌。針對自由曲線的端點標註較為常見；但如果是針對曲線長度量測則鮮少使用。	曲線圖元尺寸標註示意  續接畫面 長度 300
橢圓標註	「橢圓標註」常見的方法是透過左側的功能視窗來更改橢圓形的對點距離。如果橢圓形本身帶有偏角，則在尺寸標註上較容易產生誤差。	選擇線段進行橢圓形標註 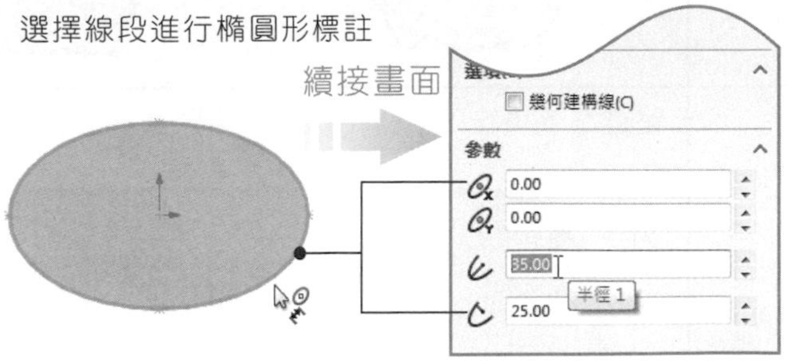 續接畫面 幾何建構線(C) 參數 0.00 0.00 35.00 半徑1 25.00

3-5.2 智慧型尺寸標註形式

　　於前文中述及了【◇ 智慧型尺寸】標註類型，而於本章節中所要介紹的是尺寸標註的方法。SolidWorks繪製的草圖種類繁多，但歸結其根本，還是在於點、線、面的基礎輪廓；而尺寸標列的目標大概是距離、角度、長度、弧度……等形式。本頁中的表格內文與例圖，將能有效的引導各位讀者更熟悉CAD軟體系統中（零件、組合件、工程圖）草圖尺寸標註的方法；在標列的圖元中則以較常見的直線、六邊形、圓形與弧線作為尺寸標註的選擇項目。

智 慧 型 尺 寸 標 註 項 次 與 方 法			
類型	STEP-1	STEP-2	STEP-3
點對點的標註	使用左鍵點選圖元左下端點	繼而指定「原點」（或其他端點）	決定尺寸標列位置後再點選第三下左鍵
點對線的標註	左鍵點選左側端點	再選擇六邊形右下方的線段	標列完成
平行線段的標註	點選左下角線段	再選擇右上角的線段	標列與修改完成

智慧型尺寸標註項次與方法

類型	STEP-1	STEP-2	STEP-3
角度的標註	點選六邊形下方水平線	繼而點選右上角線段	決定標列位置
圓的直徑標註	左鍵點選圓形輪廓的邊界	數值位置決定 <MOD-DIAM>67.40	尺寸編輯與確立 <MOD-DIAM>55 D1@草圖1
弧線半徑的標註	點選下側線段	以左鍵決定標列的位置 R55.35	於數值上點擊左鍵修改尺寸 55.000000
弧形長度的標註	以左鍵單點左下角線端 原點	繼而指定弧線右側的端點 142.28	標列出弧線的寬度與高度 128.68 60.70

智慧型尺寸標註項次與方法

類型	STEP-1	STEP-2	STEP-3
兩個圓心間的尺寸標註	點選下方圓形輪廓	繼而再點選上側的圓形	決定尺寸的標列位置
兩個圓弧間的最小尺寸標註	延續上方兩個圓形的尺寸標註。若圓形對圓形的尺寸標註未指定，則是以圓心間的距離為設定；倘若需要改變則需透過左側功能視窗選擇「導線」，並依「圓弧條件」中的選項更動標註類型。筆者於右方圖例選擇「最小」，則兩個圓間的距離將由「圓心」置換成兩個圓的「內側邊界」。	尺寸　值 導線 其他　☑使用文件的彎折線長度 6.35mm　圓弧條件　第一圓弧條件：○圓心(C) ●最小(I) ○最大(A)　第二圓弧條件：○圓心(C) ●最小(I) ○最大(A)	兩圓間的最小距離標註 14.59
兩個圓弧間的最大尺寸標註	若讀者需要標註兩個圓形間外側最大輪廓的尺寸；同樣需透過左側功能視窗來選擇「導線」項次，並依「圓弧條件」中的選項改變標註類型，再如右方圖例選擇「最大」的欄位，則兩個圓間的距離將由「圓心」變更為「外側邊界」。	尺寸　值 導線 其他　☑使用文件的彎折線長度 6.35mm　圓弧條件　第一圓弧條件：○圓心(C) ○最小(I) ●最大(A)　第二圓弧條件：○圓心(C) ○最小(I) ●最大(A)	兩圓間的最大距離標註 135.41

3-6 草圖練習範例一

⊙ 要點提醒　　　**本範例為綠色版參考教學檔 -- 請使用雲端連結**

本範例教學視訊檔案：SolidWorks/基礎&實務/CH03目錄下/3.6草繪範例一.avi
本範例製作完成檔案：SolidWorks/基礎&實務/CH03目錄下/3.6草繪範例一.SLDPRT

　　在實體繪製前，我們先利用三個簡單的草圖構成來實作練習。本頁面之圖例是由數個圓形所建構出來的2D輪廓，於製作的進程中需要藉由草圖工具中的【⊙ 圓】與【⌒ 三點定弧】指令來繪製圖元；當然了，繪製的方法有許多種，筆者僅是藉由廿多年的CAD軟體實務與教學經驗，嘗試著探索出最適合初學者繪製的進程。在使用群對於軟體有了更進一步的體認後，深信也能試煉出最適合於您的繪圖模式（單位：mm）。

STEP 00　　下方左側是草圖完成的範例，而下方右側則是各圖元尺寸標註的參考值。於尺寸數值前方的〈MOD-DIAM〉字串，代表的是直徑符號，因為筆者本身的電腦安裝著三種版本的SolidWorks（2016；2018；2020），所以導致系統判別上出了些許的問題（但不影響其操作性與系統運算）。

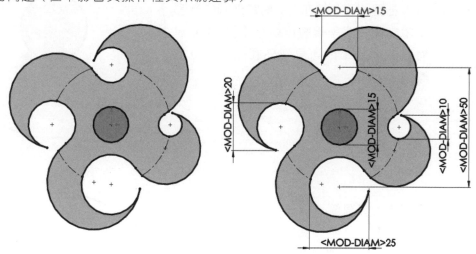

⊙ 要點提醒　　　**將〈MOD-DIAM〉轉成直徑符號**

使用者若需將〈MOD-DIAM〉轉換成直徑符號，可藉由「系統選項」→「檔案位置」→「文件範本」中的「符號圖庫檔案」裡的軟體版本置換即可。由於筆者因職場之需求常需在各版本間切換，所以有無直徑符號之於操控性而言並無多大的影響。

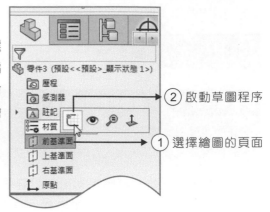

STEP
01
SolidWorks 在草圖繪製之前須要先選擇作用的平面，如果不是認證考試的指定或模型屬性的前置要鍵，筆者通常會直接以【 ▦ 前基準面】當成是草圖繪製的紙張。

② 啟動草圖程序

① 選擇繪圖的頁面

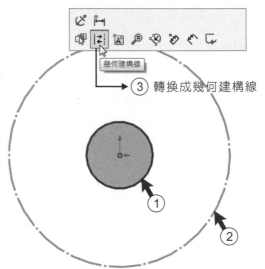

STEP
02
在啟動草圖後選擇【 ◎ 圓形】，並於【 ↓ 原點】繪製一大一小的同心圓（筆尖定位於原點後，以「左鍵」點擊並拖曳，在適當位置處再鬆開左鍵即完成正圓形的輪廓。當兩個同心圓完成後，以「左鍵」（右鍵亦可）指定外圓的輪廓，當快顯視窗呈現後再執行【 ↕ 幾何建構線】指令，即可見到外圓已變更為虛線圓。

③ 轉換成幾何建構線

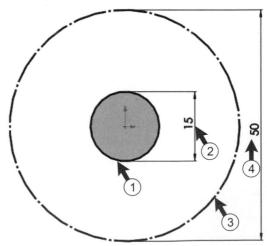

STEP
03
要完全定義草圖就需要使用【 ◇ 智慧型尺寸】標註兩個圓的個別直徑。同樣以「左鍵」點選圓形輪廓，並於再次點選「左鍵」後確立標註的位置。當圖元完全定義後，原本「藍色」的線段已轉換成「黑色」樣貌。

STEP 04
現階段欲在外側建構線圓上繪製四個圓形輪廓。草圖圓雖不像橢圓形或其他線段般有著節點或端點，但其正四角的方位仍有著可以參考的點可供圖元共點限制。選擇【 ◎ 圓形】，當筆尖與建構圓的右側參考點【 人 重合 / 共點】時，以「左鍵」點擊並拖曳滑鼠來產生草圖圓。在完成右側的圓形圖元後，即可再繪製出另外三側的草圖圓。

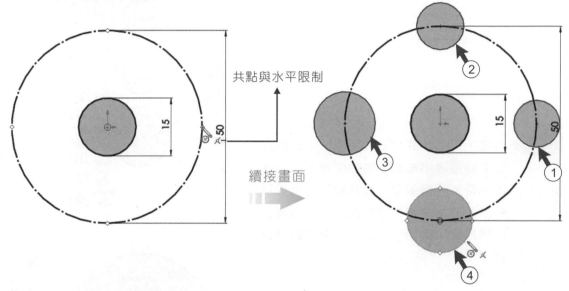

共點與水平限制

續接畫面

STEP 05
在四個草圖圓繪製完成後，同樣使用【 ◇ 智慧型尺寸】標註建構線圓上四邊角的圓。倘若標註的參數需要修正，即以「左鍵」於尺寸數值上點擊即能開啟尺寸變更的快顯視窗。

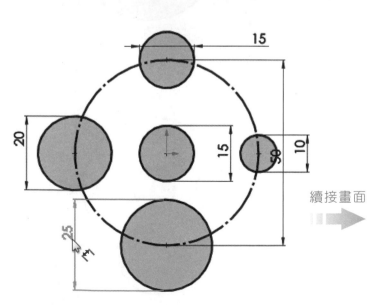

續接畫面

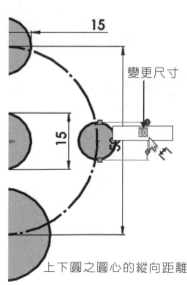

變更尺寸

上下圓之圓心的縱向距離

隱藏/顯示各相關選項

STEP 06

為了讓使用者可以更清楚的檢視草圖概況，建議於作業區的上方【 ◉ 隱藏/顯示】之選項將尺寸與相關幾何限制先隱蔽。

檢視草圖尺寸
控制 2D 和 3D 草圖尺寸的顯示情形。

隱藏相關幾何限制與參數的圖元

STEP 07

於接下來的步驟中，需用【 ⌓ 三點定弧】橋接建構線圓上的四個圓形。而在此先帶入一個觀念，雖然圓形沒有像其他圖元般的擁有「方向性」；但讀者仍然可以用「象限」來區分出圓的區域方位。

上點

第二象限　　　　　　　　　第一象限

左點　　　　　　　　　　　　右點

中心點

第三象限　　　　　　　　　第四象限

下點

STEP 08

如右方圖例所示：使用【 ⌓ :三點定弧】連接建構線上的右側圓與上側圓。而弧線放置的端點皆落在兩個圓的「第二象限」（即是左上角的位置）。

以三點定弧橋接起右側圓與上側圓

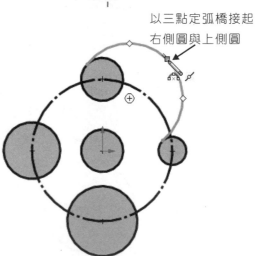

STEP 09
如同上一個步驟的作法，再以【◠ 三點定弧】依循著「逆時針」的方向連接起其他的圓形（如下方圖例所示），除了橋接起兩圓間的連結，也需在象限上有所參考。

弧線連結在兩圓間的第三象限

弧線連結在兩圓間的第二象限

弧線連結在兩圓間的第一象限

弧線連結在兩圓間的第四象限

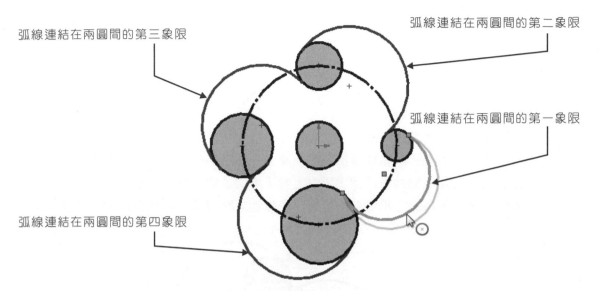

STEP 10
當建構線上的四個圓皆已用弧線橋接起來後，繼而須透過幾何限制條件來定義弧線與連結的兩側圓之對應關係。使用 Ctrl ＋「左鍵」點選弧線與連接中的一個圓形輪廓，並設定【⌀ 相切】（當重複加選後，繪圖區會浮現「快顯功能視窗」，再從中選擇對應指令即可；如果不由快顯視窗選擇，於舊版的介面左側「屬性列」也可點選功能指令）。

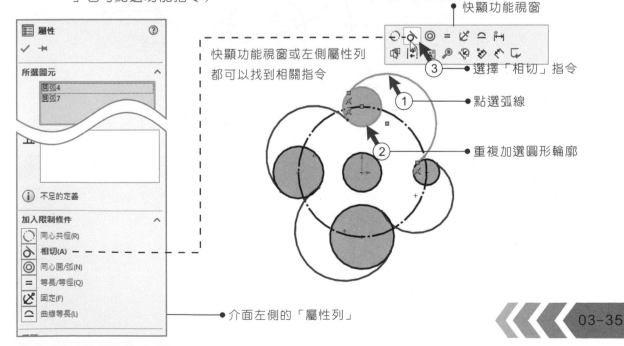

快顯功能視窗

快顯功能視窗或左側屬性列都可以找到相關指令

③ 選擇「相切」指令

① 點選弧線

② 重複加選圓形輪廓

介面左側的「屬性列」

SOLIDWORKS
基礎&實務

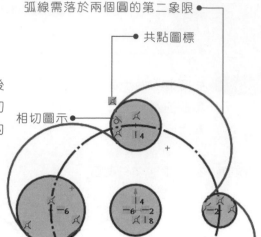

弧線需落於兩個圓的第二象限
共點圖標
相切圖示

STEP 11

當完成上個弧線與圓「相切」的步驟後，我們可以從右側圖例中看見【◔相切】的幾何限制圖示出現在弧線與圓形的連結處。

STEP 12

在已經完成一個弧線與圓的相切步驟後，續接著透過幾何限制來【◔：相切】其他的圖元。由於一次僅能選擇一個弧線與一個圓形輪廓，而與四條【⌒：三點定弧】連結的圓端點共有八個，所以上個「相切」的步驟必須重複八次。在下方的圖例中標註著八次「相切」的步驟，使用者之點選順序可依自己的慣性來決定先後。

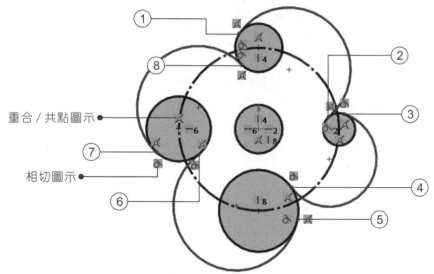

重合／共點圖示

相切圖示

◉ 要點提醒 ▶ 參考限制條件的變更

通常透過幾何限制條件來限制草圖線段的自由度，可以讓圖元達到完全定義的目的；而定義後的「限制條件」如果需要變更或刪除，使用者可以透過「左鍵」指標於「限制條件」的圖示上點選，並點選鍵盤的 Delete （或快顯視窗中的【刪除】）執行即可。

STEP 13

【⌒ 三點定弧】如同是圓形一樣的都有著中心點，在圓心仍未定義前的弧線仍是呈現藍色。如下方圖例：`Ctrl` ＋「左鍵」重複加選「弧線中心點」與「建構線圓」，並由快顯示窗或左側「屬性列」點選【 ⋏ 重合/共點】。在圓心定位後，弧線已由藍色轉成黑色的「完全定義」型態。

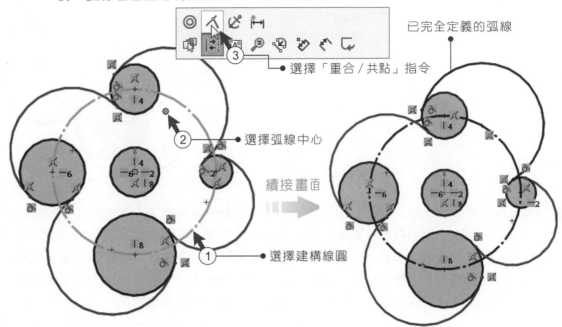

選擇「重合/共點」指令

已完全定義的弧線

選擇弧線中心

續接畫面

選擇建構線圓

STEP 14

在定義完弧線的中心後，於圖元中的弧線尚餘三條還未變成黑色，同樣再透過重覆加選來「完全定義」額外的三條弧線。而定義後的草圖即如右側圖例般的呈現黑色樣貌。

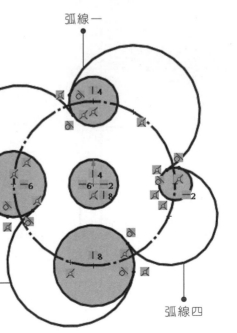

弧線一

弧線二

弧線三

弧線四

STEP 15

雖然草圖已經「完全定義」,但其中卻有許多的線條重疊。只要在CAD的軟體系統中,草圖是不能允許有線段重疊之境況,因為會造成軟體判讀錯誤而致使無法生成本體(雖然新版的SolidWorks可以容許並編輯,但是建議使用者還是需要釐清線段交疊的部份)。為便於檢視草圖概況,此階段可以透過上方檢視工具列的【❶顯示/隱藏】指令來隱藏項次中【↳ 限制條件】。

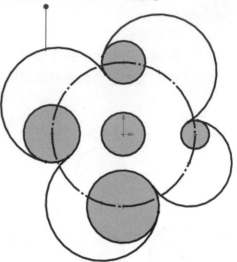

隱藏限制條件與尺寸的圖元

STEP 16

為了將草圖線段交縱的部份刪除,此階段需要使用草圖工具列中的【✂:修剪圖元】剔除重複或重疊的草圖與線段。雖然修剪的指令功能選項又可以分成「強力修剪」、「角落修剪」……等項次,而筆者通常只會選擇功能視窗中最上端的「強力修剪」。「強力修剪」是一種路徑式的修剪工具,在非線段上長壓「左鍵」不放並拖曳滑鼠,指標所行經之路徑接觸的線段皆會被修剪。

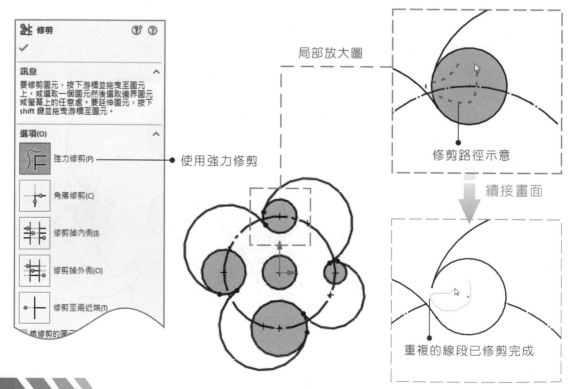

局部放大圖

修剪路徑示意

續接畫面

使用強力修剪

重複的線段已修剪完成

STEP 17

【✂ 修剪圖元】有時會過度的修剪而造成草圖破損，此刻就得使用「恢復」的快捷鍵 Ctrl ＋ Z 來還原進程。下方例圖為修剪完成後的形態。「草圖練習範例一」已完成（雖然草圖中仍有建構線圓與實線重疊，但因建構線屬於虛線的「零幾何」類型，所以不會影響到草圖的邊界輪廓與質量。

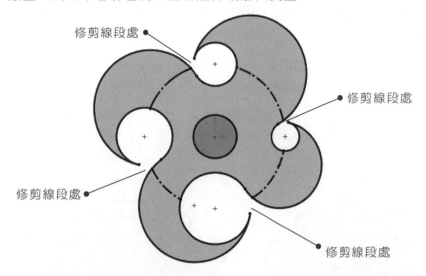

修剪線段處
修剪線段處
修剪線段處
修剪線段處

STEP 18

如前文所述：「當草圖有重複線段或未封閉時，即無法生成實體特徵。」因此，使用者可以透過「特徵」中的【🗐: 伸長填料】來測試自己所繪製的草圖是否已經完備。當特徵選項啟動時，如果畫面可以讓草圖產生綠色的實體預覽，那意謂著現階段的草圖已是一個完備的圖元。

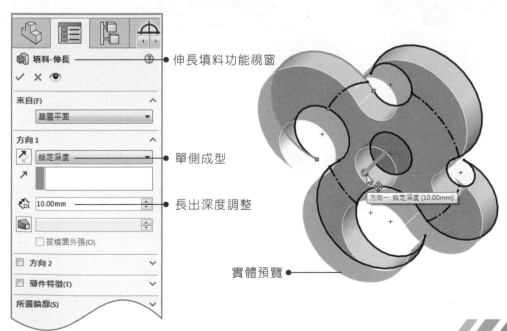

伸長填料功能視窗
單側成型
長出深度調整
實體預覽

3-7 草圖練習範例二

◎ 要點提醒　　本範例為綠色版參考教學檔－－請使用雲端連結

本範例教學視訊檔案：SolidWorks/基礎&實務/CH03目錄下/3.7 草繪範例二.avi
本範例製作完成檔案：SolidWorks/基礎&實務/CH03目錄下/3.7 草繪範例二.SLDPRT

　　歷經上一階段「弧線與圓」的草圖練習，多數的讀者對於草圖繪製已有了一定的概念。本單元中的練習題項是齒輪之繪製，所需用到的草圖工具指令有【 ⊙ 圓】、【 ◇ 智慧型尺寸】、【 ／ 直線】、【 ／ 中心線】、【 ⏠ 草圖圓角】……等，也同樣再藉由幾何限制工具來定義草圖；而齒輪的形態與參考尺寸如下方圖例所示（單位：mm）。

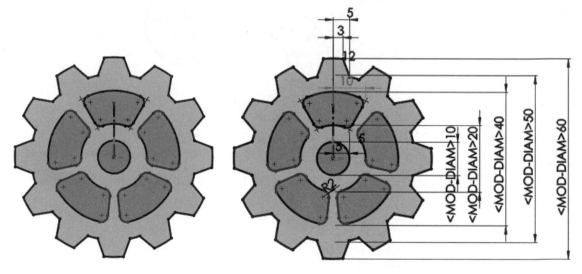

STEP 01　筆者習慣從【 ▥ :前基準面】繪製草圖；但有時會視建模的條件與類型而有所異動。通常會指定平面繪製的限制多數是在證照考試或技能檢定時。如右側圖例示意，以「左鍵」點選【 ▥ 前基準面】，繼而於快顯指令視窗出現時點選【 ▦ 草圖】以進入草繪程序。

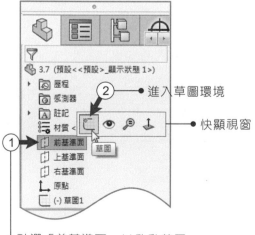

進入草圖環境

快顯視窗

點選「前基準面」以啟動草圖

STEP 02

在第一個草圖啟動後，系統會主動轉正繪圖的視角。使用【 ⊙ 圓形】指令，待筆尖與【 ⊥ 原點】共點時繪製出五個同心圓（如右側圖例所示）。

未定義完整之草圖圓 ●

系統原點 ●

STEP 03

在五個同心圓繪製完成後，繼而使用【 ◇ 智慧型尺寸】標註圖元。五個同心圓的參數由內而外分別為 10、20、40、50、60(mm)。由於圓形沒有方向與長寬差異，所以圓心與【 ⊥ 原點】重合的尺寸只需標註直徑，即可「完全定義」草圖圓。

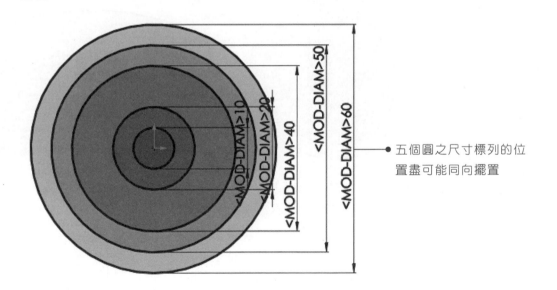

五個圓之尺寸標列的位置盡可能同向擺置

◎ 要點提醒　完全定義之要項

其實在草圖繪製的過程中，常會有學員問我：「為何尺寸都標註了，但卻仍是無法完全定義。」以多年的教學經驗看來，學員最常忽略的是所有線段都需要與「原點」產生對應的關係，而這也是草圖繪製時一開始就需要考量進去的要鍵。

垂直於原點的中心線 ●

33.46, 90.00°

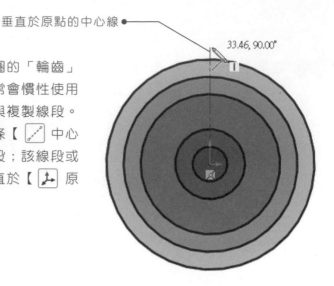

STEP 04

現階段要繪製的是齒輪外圈的「輪齒」。為了繪製上的便利，通常會慣性使用【🔲 鏡射圖元】來對稱與複製線段。而在此之前，需要繪製一條【✏️ 中心線】做為鏡射時的參考線段；該線段或長或短皆無所謂，但須垂直於【📐 原點】。

STEP 05

關於「輪齒」草圖繪製的部份，可以使用【✏️ 直線工具】以「左上右下」的形式連結 60 與 50 的外側兩個圓（於兩個外圓線段上各點一下「左鍵」，即可使用直線連結兩個圖元）。

局部放大圖

中心線

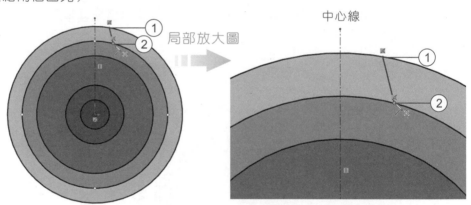

STEP 06

再使用【✏️ 智慧型尺寸】對「左上右下」的直線標註出與【✏️ 中心線】之水平距離。如右圖所示：「左上」端點與垂直參考線的水平距離為 3mm；而「右下」端點與參考線的水平距離為 5 mm。

3

直徑 60mm ●

直徑 50mm ●

5

直徑 40mm ●

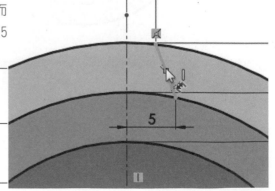

STEP
07

為了能複製「左上右下的線段」(A線段)，於此階段使用 Ctrl ＋「左鍵」重複加選線段與參考的【⟋ 中心線】，並且點選【▷◁ 鏡射圖元】指令，即可見到複製到參考線左側的直線(B線段)。

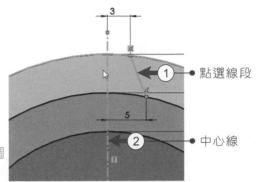

● 點選線段

● 中心線

局部放大圖

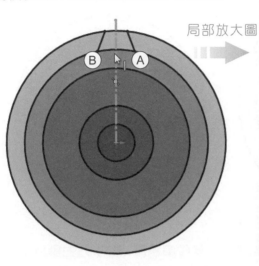

B　A

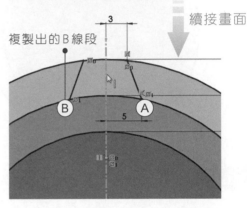

續接畫面

複製出的B線段

B　A

STEP
08

關於「A線段」與「B線段」上方與下方端點相距的標註，可以在「鏡射前」就先設定，也可以在「鏡射後」再給予相關參數。如下方圖例：於複製出「B線段」前已先標註「A線段」上下端點與參考線的距離，所以當複製出「B線段」後再標列則會顯示「過度定義」的警示，爾後所標註的尺寸也會變成灰色的「從動尺寸」。

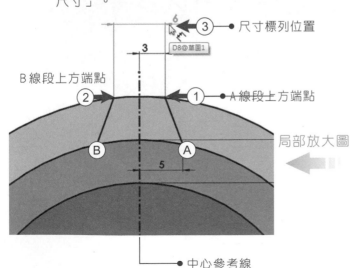

● 尺寸標列位置

B線段上方端點

● A線段上方端點

局部放大圖

● 中心參考線

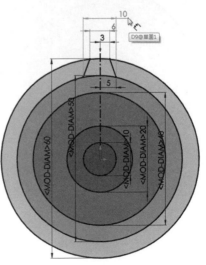

STEP 09 當「輪齒」的基本線段完成後，即使用【✂ 修剪圖元】刪減外圈多餘的線段。如本頁範例中以「左鍵」拖曳指標，即能剔除指標之路徑所接觸的圖元（同樣都是使用「強力修剪」選項）。

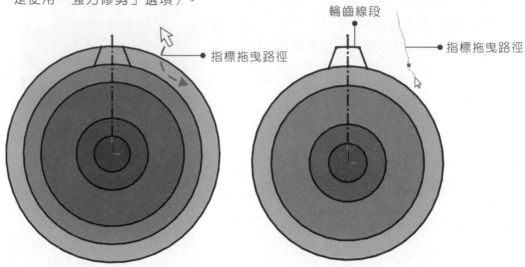

輪齒線段

指標拖曳路徑

指標拖曳路徑

STEP 10 以 Ctrl ＋「左鍵」重複加選輪齒的三條輪廓線段（如下方左圖所示），繼而啟動【🔄 環狀複製排列】指令。於功能選項視窗中，複製的數量改為「12」，其他參照預設選項即可【✔ 確定】。

結果預覽

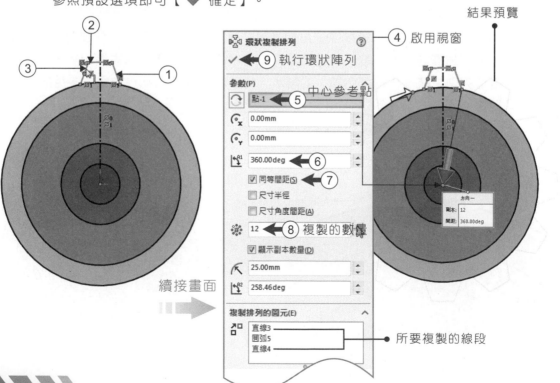

② ③ ①

④ 啟用視窗

🔄 環狀複製排列 ⑦
✓ ⑨ 執行環狀陣列
參數(P)
🔄 ⑤ 點-1 中心參考點
Cx 0.00mm
Cy 0.00mm
↗ 360.00deg ⑥
☑ 同等間距(S) ⑦
☐ 尺寸半徑
☐ 尺寸角度間距(A)
※ 12 ⑧ 複製的數量
☑ 顯示副本數量(D)
↗ 25.00mm
↗ 258.46deg

方向一
副本: 12
間距: 360.00deg

續接畫面 ➡

複製排列的圖元(E)
直線3
圓弧5
直線4

所要複製的線段

STEP
11
當「輪齒」複製成 12 個後，會發現與其相
接的圓有著交疊的線段，而這樣的圖元會
造成 CAD 軟體的系統判讀錯誤（雖然說新版
的 SolidWorks 已能個別選擇區域來生成實
體，但建議還是盡量避免草圖的線段重疊）
。

輪齒與圓形重疊的輪廓 ●

STEP
12
同樣使用【✂ 修剪圖元】來刪減草圖中線段重疊的輪廓。使用「強力修剪」指
令時，可以「左鍵」拖曳指標一次修剪 12 個輪齒；也可以分成 12 段的個別修剪
（下方圖例為一次性的修剪）。

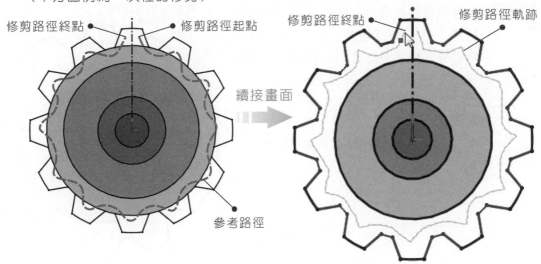

修剪路徑終點 ●　　　● 修剪路徑起點

修剪路徑終點 ●　　　　修剪路徑軌跡

續接畫面

參考路徑

STEP
13
同樣使用【✏ 直線工具】於參考線右側
繪製一條「左下右上」的線段連結「圓A
」與「圓B」。

Ⓐ 直徑 40mm 之草圖圓

Ⓑ 直徑 20mm 之草圖圓

中心線與「A點」之水平距離

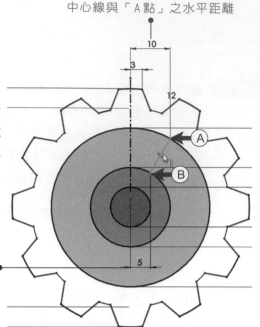

線段完成後，再以【🖊 智慧型尺寸】標註右圖中「A點」與「B點」至參考線的水平距離。「A點」與參考線的水平距離為 10；「B點」與參考線之水平距離為 5。

中心線與「B點」之水平距離

複製出的 B 線段

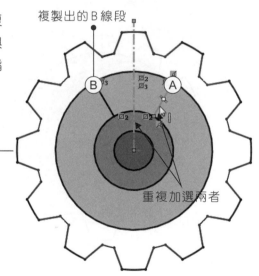

在線段標註完尺寸與定義後，接著重複加選（ Ctrl ＋「左鍵」）「A線段」與參考線，繼而選擇【 鏡射圖元】指令來複製出對向的「B線段」。

最外層之輪廓應呈黑色樣貌

重複加選兩者

修剪參考路徑

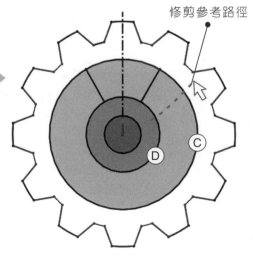

為了刪減掉草圖中重疊交錯的線段，於此使用【 修剪圖元】指令來去除如左側圖例中的「圓C」與「圓D」。有些使用者則是習慣於最後的步驟再一併刪除多餘的線段，所以草圖繪製的順序並非一板一眼的進程。

STEP 17

在中間扇形輪廓複製成五個前,可以先透過【 ⃞ 草圖圓角】指令針對扇形圖元角點的部份做出2mm的R角。於其他CAD軟體的設定,幾乎都是點選圓角處交界的兩折線段;而在SolidWorks中,則是可以點選交界的線段或直接選擇「角點」製作R角。

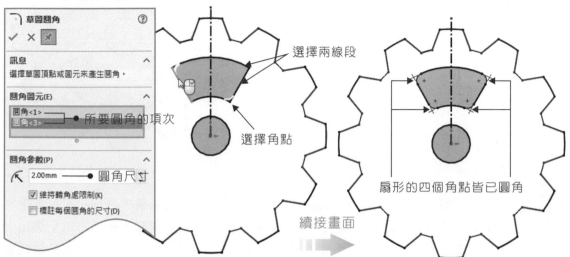

選擇兩線段
選擇角點
所要圓角的項次
圓角尺寸
扇形的四個角點皆已圓角
續接畫面

STEP 18

以「左鍵」框選扇形圖元(通常是右上左下的框選模式),如果不慎框選到不須複製的【 ⃠ 中心線】,則可以透過 Ctrl ╋ 「左鍵」點選線段來取消選取。接著啟動【 ⯐ 環狀複製排列】功能視窗,輸入複製的數量5後並執行【 ✔ 確定】即完成複製程序。

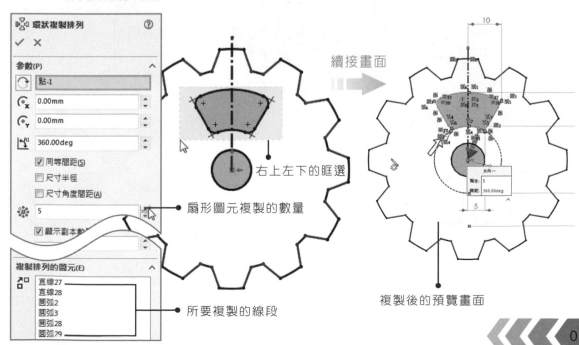

續接畫面
右上左下的匡選
扇形圖元複製的數量
所要複製的線段
複製後的預覽畫面

STEP 19

當扇形輪廓複製成五個後,本單元的草圖練習範例即已完成。如果草圖線段並未完全呈現「黑色」,並非就是繪製錯誤,可能是少標註了尺寸與幾何限制;由於我們並非是參加認證考試,所以並不一定要完全定義所有線段。

完全定義之圖元即呈黑色形態

STEP 20

如前一個單元的練習,要檢視現階段的草圖是否有線段交疊或缺漏,可以直接透過【 伸長填料】長出實體。如下方圖例,啟動功能視窗,在「方向」選項上指定「兩側對稱」;而在實體伸長的「深度」選項則輸入30mm(可以透過按鍵直接增減或拖曳指標拉伸實體),下方右側圖例即為實體生成後的完成圖面。

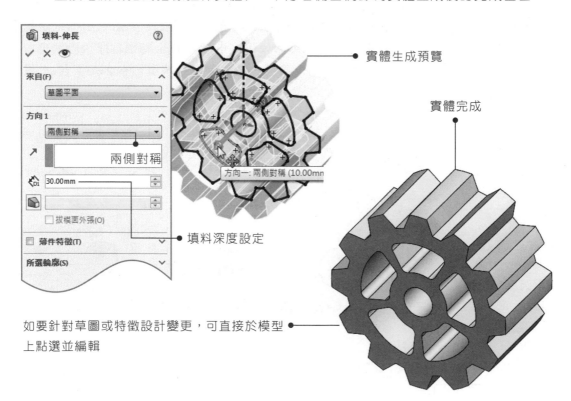

實體生成預覽

實體完成

填料深度設定

如要針對草圖或特徵設計變更,可直接於模型上點選並編輯

3-8 草圖練習範例三

◎要點提醒   **本範例為綠色版參考教學檔－－請使用雲端連結**

本範例教學視訊檔案：SolidWorks/基礎&實務/CH03目錄下/3.8 草繪範例三.avi
本範例製作完成檔案：SolidWorks/基礎&實務/CH03目錄下/3.8 草繪範例三.SLDPRT

　　經由前面兩個草圖練習階段後，本單元的草圖練習較偏向於進階的線段繪製。除了使用了前兩個範例未指定的草圖指令外，也添加了需額外思維的圖元建構。當然了，如果您是接觸過工程圖面的行家，則本單元之於您而言也仍是入門的基礎；但如果是未有三視圖體認的初學者，則需要多花點時間於圖面的繪製與定義上。

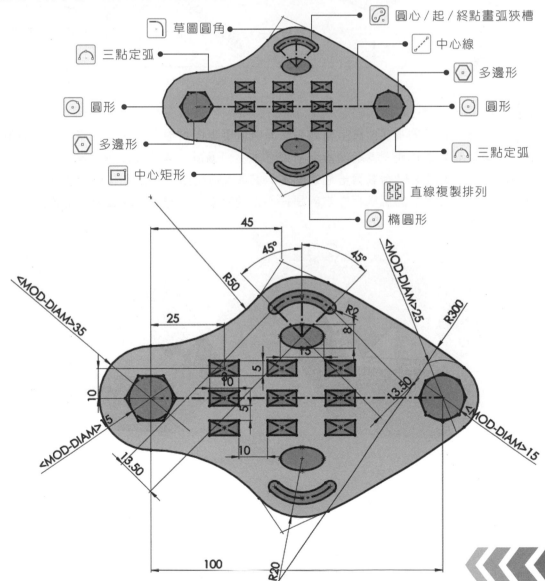

STEP 01 於草圖創建階段需先選擇繪製的平面，如果未有特殊的考量就同樣以【▣前基準面】來啟動草圖。所有草圖的線段都需與【人原點】產生對應的關係，先以【╱中心線】往右繪製一條100mm的參考線段，繼而繪製兩個圓於參考線的左右端點上，且標註35與25的直徑。

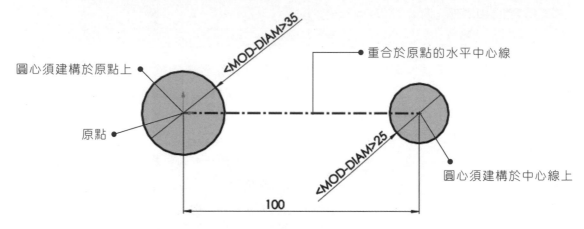

圓心須建構於原點上

重合於原點的水平中心線

原點

圓心須建構於中心線上

100

STEP 02 草圖的外輪廓是以圓形與弧線橋接起來，因此在兩個圓形繪製完成與定義後，繼而使用【⌒三點定弧】畫出兩個相接卻不相切的弧線。透過六個點來定義三點定弧的形態與方向，如下圖所示：「點1」須與左側圓「重合」；「點2」與「點4」則是共有一個端點；「點3」則是指標往右下移動時再點選「左鍵」；「點6」的弧線行徑方向是往右上角移動；「點5」的弧線端點則須落在右側圓徑上。

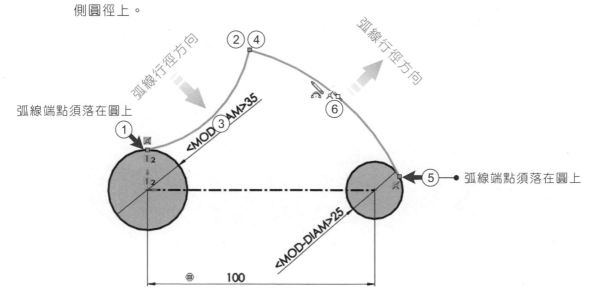

弧線行徑方向

弧線行徑方向

弧線端點須落在圓上

弧線端點須落在圓上

100

STEP 03

於此階段需要定義兩個弧型的尺寸與幾何限制，首先透過 `Ctrl` ＋「左鍵」加選左側圓與弧線後，並設定為【 🗗：相切】；右側弧線與圓做法亦同。再者點選【 🗘：智慧型尺寸】標註兩個弧線的半徑——左側弧形半徑為 R50；而右側弧線為 R300，並設定「A 點」與圓點的垂直距離為 45mm（於本書中的尺寸設定，若未特別加註，參數單位即為 mm）。

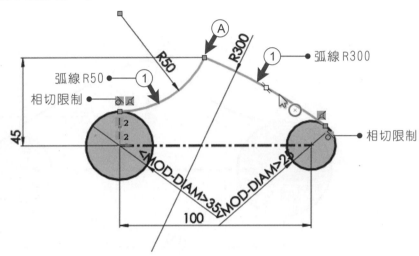

STEP 04

由於完成的圖面並沒有「A 點」的線端夾角，所以透過【 ⬡ 草圖圓角】指令來選擇「A 點」，並透過功能視窗輸入 20 的圓角參數。如下方圖例所示：指令輸入後會有「黃色」的線段預覽，如果設定的數值沒有貽誤則可以點選【 ✔：確定】執行其功能選項。

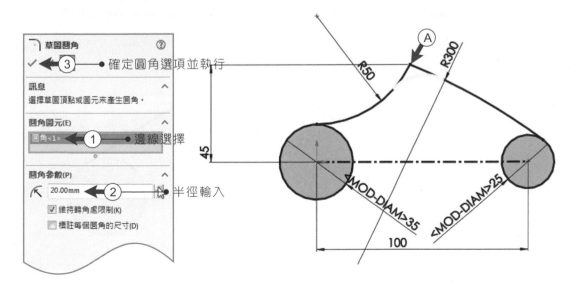

STEP
05
在 R20 的圓角形成後，圖面中即會產生圓角的「圓心」，此刻以【　：中心線】於圓角之「圓心」處繪製一條垂直的建構線（A），此線段或長或短皆無所謂，但重點是要有垂直符號的標示。在垂直建構線完成後，同樣於圓角之「圓心」處往左上與右上各繪製一條「幾何建構線」（B與C）。

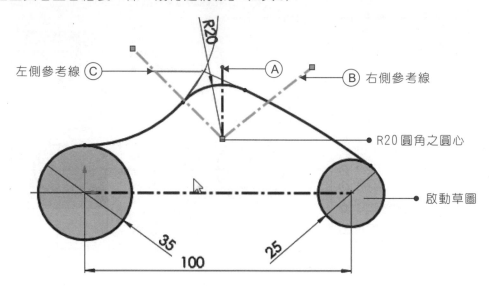

左側參考線 C
右側參考線 B
R20圓角之圓心
啟動草圖

35   25
100

STEP
06
透過【　智慧型尺寸】標註「B」與「C」兩條建構線。首先定義兩條建構線角度，以垂直於R20圓角之「圓心」的【　：中心線】為基準，個別標註45度的限制（此刻B與C則相互垂直）；再來是標註「B」與「C」兩建構線的長度，以斜標的方式各標註13.5mm（切勿垂直標註或水平標註，以免影響到線段的輪廓）。

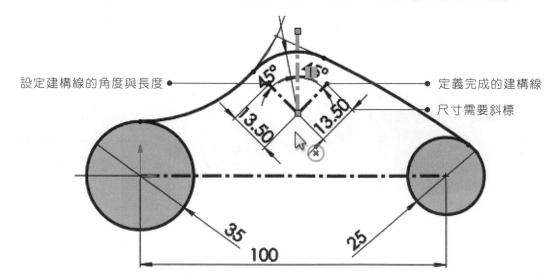

設定建構線的角度與長度
定義完成的建構線
尺寸需要斜標

45°   45°
13.50   13.50
35   25
100

STEP
07
有了三條中心線放樣後，接著啟動【🔑：圓心／起／終點畫弧狹槽】指令，並於R20圓角之「圓心」點選第一下「左鍵」，以此定位狹槽的中點；繼而在左側與右側的建構線端各點一下「左鍵」，藉此定義出狹槽的左側與右側圓心。當狹槽三處的端點定義結束後，再往外側拉開狹槽的圓徑即完成。

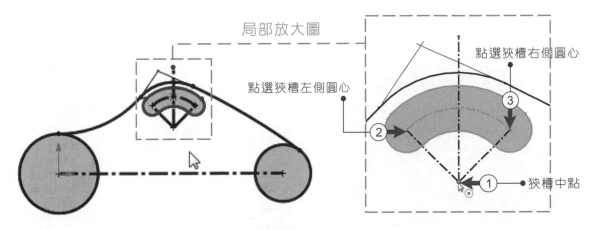

局部放大圖

點選狹槽左側圓心

點選狹槽右側圓心

③

②

①

狹槽中點

STEP
08
同樣的再於R20圓角的「圓心」繪製一個橢圓形。以「左鍵」點選【⊙ 橢圓形】並畫出一個寬度15mm與高度8mm的圖元。至於剛剛未完全定義的狹槽，則使用【◇ 智慧型尺寸】於左側或右側的狹槽圓徑上標註R2即可。

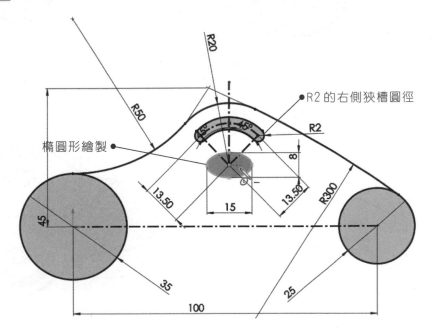

R2的右側狹槽圓徑

橢圓形繪製

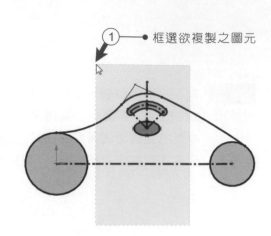

① 框選欲複製之圖元

STEP 09

當狹槽與橢圓皆定義完成後,即使用「左鍵」框選如右側圖例之線段,並透過水平的參考線來鏡射複製。由於畫面中有太多條的建構線,所以系統可能會判讀錯誤。

STEP 10

當圖元已經完成框選後,再透過 Ctrl ＋「左鍵」複選一次後即會變成取消選擇。因此透過上述步驟來汰除水平參考線上的三條建構線。在項次選擇確認後,再透過草圖工具中的【◫◫ 鏡射圖元】來往下複製圖元即可。

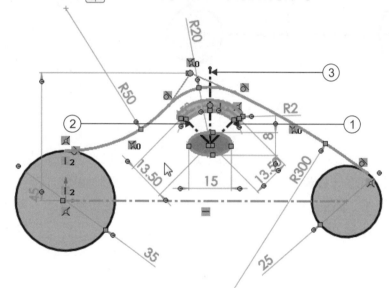

STEP 11

右側範例為鏡射完成後的草圖。由於欲複製的圖元已經完全定義,所以在鏡射到下方後同樣也是呈現「黑色」的形態;如果有部份的線段呈現藍色卻不影響其外觀輪廓,則也可以延續下一階段之進程。

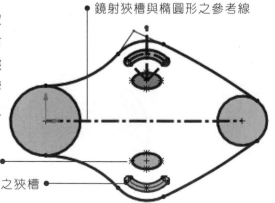

● 鏡射狹槽與橢圓形之參考線

複製後之橢圓形輪廓 ●

鏡射後之狹槽 ●

STEP 12

現階段使用【⬡：多邊形工具】於水平參考線的兩端各繪製一個圖元。左側的多邊形設定為六邊，參數為「內切圓」，圓徑為 15，底部線段設定為【━ 水平放置】；而右側的多邊形設定為八邊，參數為「內切圓」，圓徑同樣為為 15，須選擇多邊形的中心與任一端點【│ 垂直放置】。

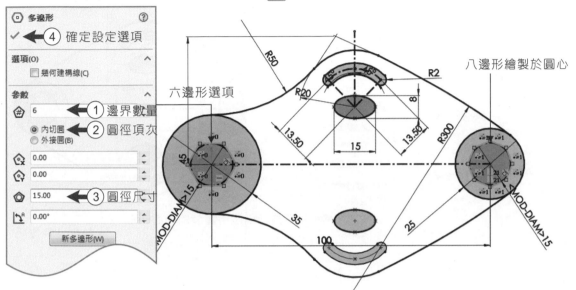

STEP 13

而草圖中的九個矩形則是透過複製排列來完成，但前提之下須先製作左上角四邊形的繪製與定義。使用【▣ 中心矩形】繪製一個寬 10mm、高 5mm 的四邊形，且設定【↧：原點】與四邊形中心的水平距離為 25mm，垂直距離為 10mm。於此，這個矩形已經完全定義。

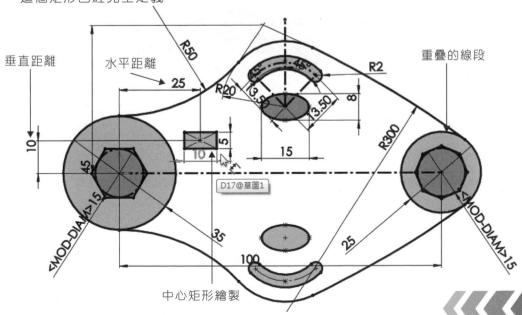

STEP
14

選擇定義完成的矩形,並且啟動【 直線複製排列】指令。於左側功能視窗選
項中,設定 X 軸平行移動的距離為 20mm,複製單位為 3;而 Y 軸縱向移動的距
離為 10mm,複製單位同樣為 3。數值設定完備後再點選【 ✔ 確定】即可。

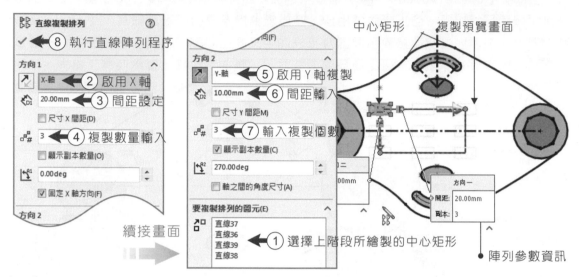

STEP
15

針對左側圓與右側圓和弧線重疊的線段,一樣是使用【 修剪圖元】刪除掉多
餘且交疊的邊界。如下側圖例,透過四段的刪除線段路徑以消弭重疊的弧線。如
果使用者沒有要刻意保留水平參考線,那即可一刀到底的拖曳滑鼠指標並刪除掉
所有交疊之線段。

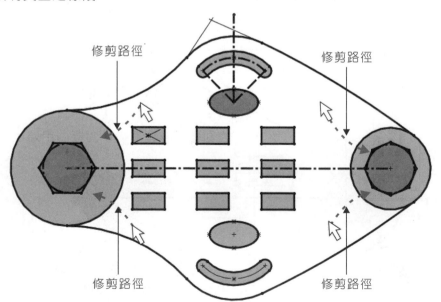

當所有交疊的線段消弭後,讀者概可從圖面的示意顏色了解草圖的概況。如下圖範例所示:在該草圖形成實體後,則「粉藍色」的區域即為實體生成之部份;而「藍色」色塊則是鏤空的區域。

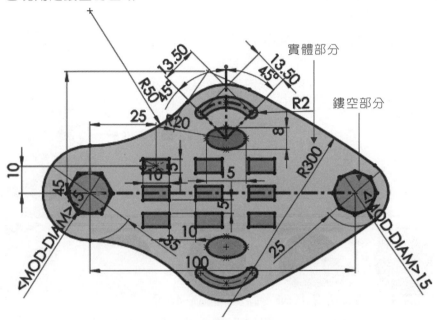

於章節練習的最後階段,同樣將草圖以【🖼:伸長填料】特徵來驗證圖元是否完整。透過功能視窗來設定輪廓以兩個方向的形式來長出實體:方向一的給定深度為 5mm;另一側的給定深度則為 15mm。待此填料的步驟執行後,本單元之範例練習已完成。

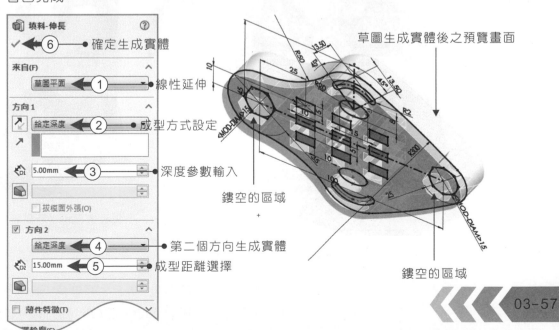

3-9 重點習題（題解請參考附檔）

3-9.1 機械輪盤

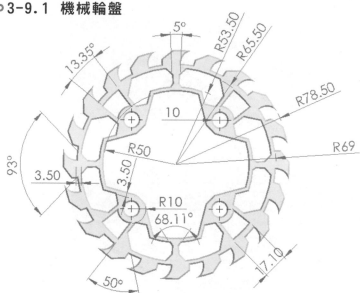

《機械輪盤 - 等角視圖》

◎練習要點：實體厚度 10mm ；面導角 1mm-45 度

◎答題要點：總體積 68644.6841 立方毫米（正負 150）

3-9.2 板金元件

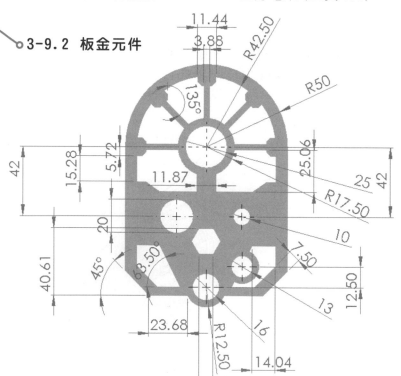

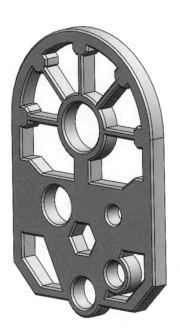

《板金元件 - 等角視圖》

◎練習要點：實體厚度 10mm ；面導角 1mm-45 度

◎答題要點：總體積 73060.2716 立方毫米（正負 300）

SOLIDWORKS

04 特徵應用

Feature application

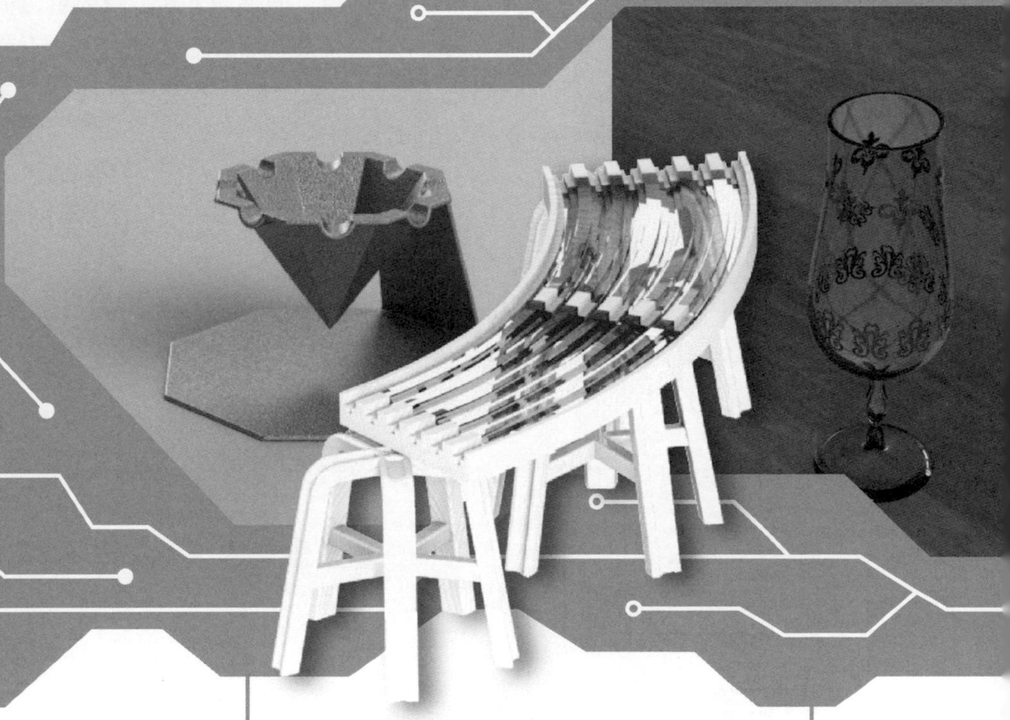

4-1 菸灰缸設計

4-2 玻璃酒杯製作

4-3 掃出特徵應用

4-4 疊層拉伸應用

4-5 重點習題

章節學習重點

- 草圖繪製與定義
- 尺寸標柱與設變
- 伸長與除料特徵應用
- 掃出特徵成形
- 疊層拉伸導引線設定
- 實體設計變更
- 材質編輯與環境參數

4-1 菸灰缸設計

◎要點提醒　　**本範例為綠色版參考教學檔--請使用雲端連結**

本範例教學視訊檔案：SolidWorks/基礎&實務/CH04目錄下/4-1 菸灰缸.avi
本範例製作完成檔案：SolidWorks/基礎&實務/CH04目錄下/4-1 菸灰缸.SLDPRT

4-1.1 六角菸灰缸建模

「菸灰缸」通常是我引領入門學習者的第一個實體教學範例，原因是它所繪製的過程中剛好應用了初學者必須學習的實體特徵：【 🔲 ：伸長填料】、【 🔲 ：伸長除料】、【 🔲 ：環狀複製排列】……等功能指令。雖然現在禁菸的場所越來越多，但該商品的建模進程仍是值得我們學習的經典範例。我們概可從頁面圖例中了解菸灰缸繪製的主要進程，尤其是CAD軟體的設計變更，初學者一定要了解與善用。

建模進程：

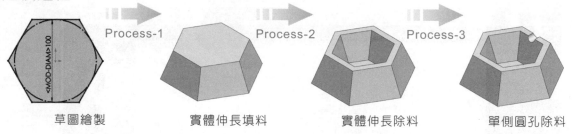

草圖繪製　　　　實體伸長填料　　　　實體伸長除料　　　　單側圓孔除料

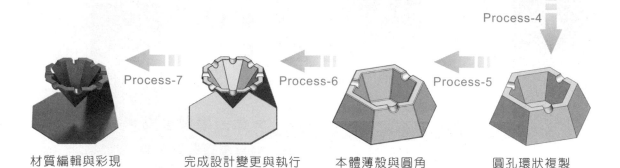

材質編輯與彩現　完成設計變更與執行　本體薄殼與圓角　圓孔環狀複製

STEP 01

由於菸灰缸是置放於桌面或其他平台的商品，因此就一般人的視角都是俯瞰菸灰缸，在本範例以【📄上基準面】當成是草繪紙張來啟動草圖。繼而點選（內文中未提及的按鍵即是「左鍵」）【◇ 多邊形】以【↓ 原點】為中心向外延伸。再者，於指令視窗選項中的參數指定「六個邊」與「內接圓」，而圓徑尺寸則是輸入 100mm。於設置完成後再點選【✔ 確定】即可。最後於六邊形的上側或下側水平線上以「左鍵」點選再執行【━ 水平放置】即能完全定義本草圖。

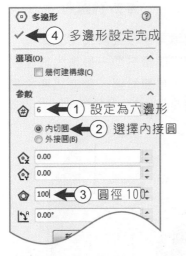

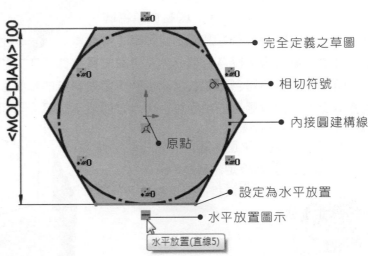

- 完全定義之草圖
- 相切符號
- 內接圓建構線
- 原點
- 設定為水平放置
- 水平放置圖示

水平放置(直線5)

STEP 02

在草圖完全定義後即可長出實體特徵（有時為了便於修改，筆者建議讀者不一定須完全定義草圖；但如果是參與認證考試，完全定義圖元即是必然的流程）。以「左鍵」選擇【🗔 伸長填料】，且於選項視窗設定為 35mm 的給定深度；於「拔模選項」則輸入 20 度角。SW 軟體長出的過程即能選擇拔模的人性化特徵非常實用，部份 CAD 軟體則無法使用該功能。

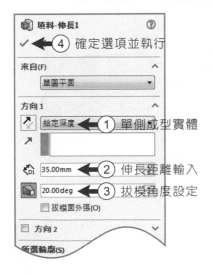

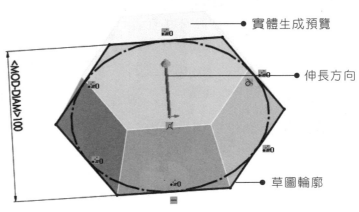

- 實體生成預覽
- 伸長方向
- 草圖輪廓

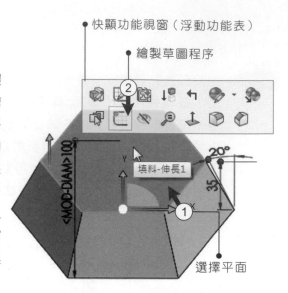

快顯功能視窗（浮動功能表）

繪製草圖程序

填料-伸長1

選擇平面

STEP 03

於上個章節中曾提及：只要是本體平面或幾何平面都可以當成是草繪的紙張。在此，點選實體上方的平面，並選擇「快顯功能視窗」上的【 ▦ ：草圖】指令來繪製圖元（如果讀者使用的是較早前的軟體版本，可能不會有快顯示窗呈現；那可以於平面上以「右鍵」啟動快顯視窗，或直接到界面上方的「草圖工具列」啟動草圖）。

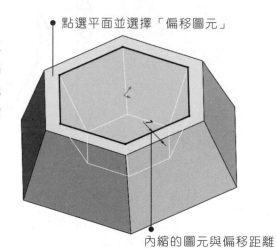

點選平面並選擇「偏移圖元」

內縮的圖元與偏移距離

STEP 04

延續上個步驟，於啟動草圖後再次點選六邊形平面，繼而點選【 ▯ 偏移圖元】且設定參數為7mm。待圖元偏移預覽完成無誤後再選擇【 ✔ 確定】執行。

STEP 05

「伸長」與「旋轉」特徵可以在草圖進行狀態中執行，所以直接選擇【 ▣ 伸長除料】來挖除菸灰缸實心的本體。伸長與拔模的參數設定只是參考，讀者可依自己的觀感而適量調整。

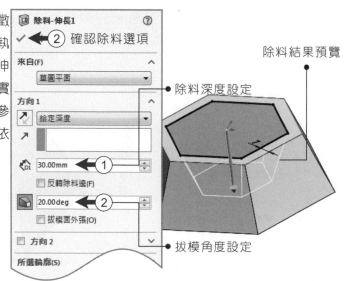

除料-伸長1

② 確認除料選項

來自(F)
草圖平面

方向1
給定深度

30.00mm ①

反轉除料邊(F)

20.00deg ②

拔模面外張(O)

方向2

所選輪廓(S)

除料結果預覽

除料深度設定

拔模角度設定

STEP
06

於這個階段中欲製作擱置香菸的孔洞，而繪製草圖的紙張可以直接選擇系統內建的【 ▣ ：前基準面】，使用「左鍵」點選後會出現快顯示窗，同樣再以「左鍵」點擊【 ▦ 草圖】後即進入繪圖模式；只是由第二個草圖開始系統即不會轉正作用中之視角，所以讀者須慣性的再執行【 ↥ 正視於】來對位紙張。

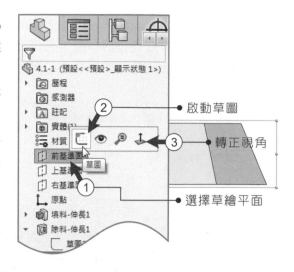

- 啟動草圖
- 轉正視角
- 選擇草繪平面

STEP
07

轉正視角後選擇【 ◉ 圓形】草繪工具，並將筆尖移置垂直於【 ↧ ：原點】和實體上方邊界線「共點」的位置，點擊「左鍵」並拖曳指標，於圓形繪製後再使用【 ⬠ 智慧型尺寸】標註 10mm 的直徑係數。

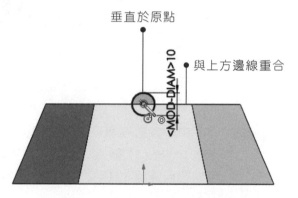

- 垂直於原點
- 與上方邊線重合

STEP
08

當圖元繪製完備，於特徵指令執行前，為便於預覽實體生成概況，筆者習慣將視角轉成【 ⬚ 等視角】（也可長按「滾輪」後拖曳滑鼠來改變模型視角），藉此來預覽特徵功能執行後之結果。在此啟用【 ▣ 伸長除料】指令並設定為「完全貫穿」，最後再點擊【 ✔ 確定】即完成除料的步驟。

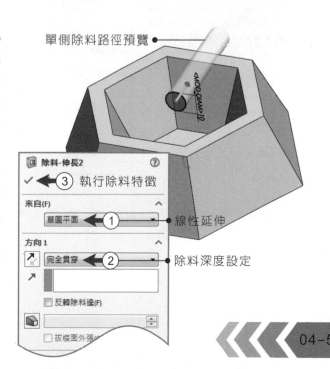

- 單側除料路徑預覽
- 執行除料特徵
- 線性延伸
- 除料深度設定

STEP 09

為了能夠複製菸灰缸上的圓形除料孔，我們須要先有參考的【／基準軸】。軸線定義的方式有很多種，在這裡選擇系統內建的【▣ 上基準面】與【⊾ 原點】，隨即能看見畫面中的「黃色參考線」預覽。

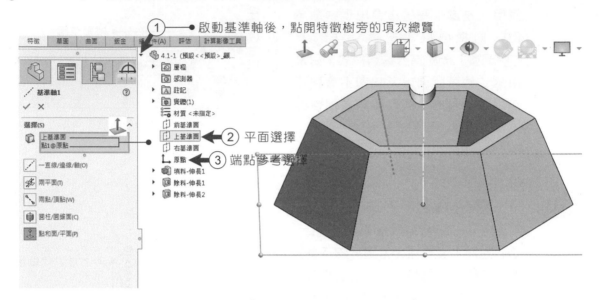

啟動基準軸後，點開特徵樹旁的項次總覽

STEP 10

有了中心參考線後，以「左鍵」點擊【✦ 環狀複製排列】，並參照下方圖例的選項 ① — ⑧ 輸入，即可將擱置香菸的除料孔複製成三個。有時中心的參考線可以透過邊線、【👁 暫存軸】或草圖來取代【／基準軸】。

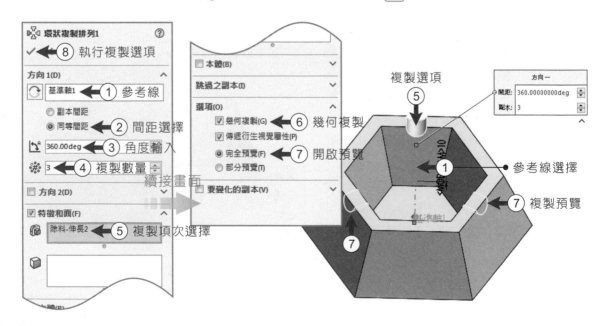

通常工業化生產的商品為了減少材積、降低重量、成本考量與增加製程效率,都會將量產流程融入「薄殼」的工序(於CAD軟體即能設定)。如下方圖例:選擇【 📦 薄殼】並參酌下方圖示的設定;「面」的選擇即是開口的部份。

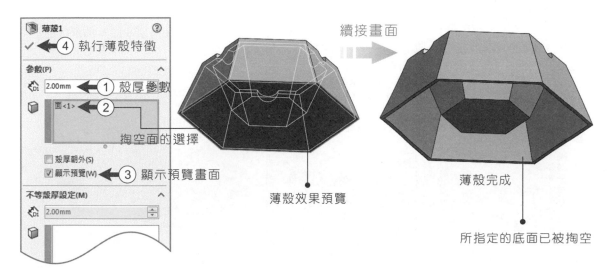

📦 薄殼1 ⑦
✓ ← ④ 執行薄殼特徵

參數(P) ⌃
🔧 2.00mm ← ① 殼厚參數
📦 面<1> ← ②
掏空面的選擇

☐ 殼厚朝外(S)
☑ 顯示預覽(W) ← ③ 顯示預覽畫面

不等殼厚設定(M) ⌃
🔧 2.00mm
📦

續接畫面

薄殼效果預覽

薄殼完成

所指定的底面已被掏空

在建模的過程中,最後的步驟通常都是修飾模型邊角的部份,其主要原由是為了研磨模型銳邊與銳角,減緩產品本身與使用者的傷害;而次要是讓模型看起來更美觀細緻。使用「左鍵」框選模型(畫面會出現淡綠色的選擇區域),而模型的邊線被選擇後會呈現藍色型態。

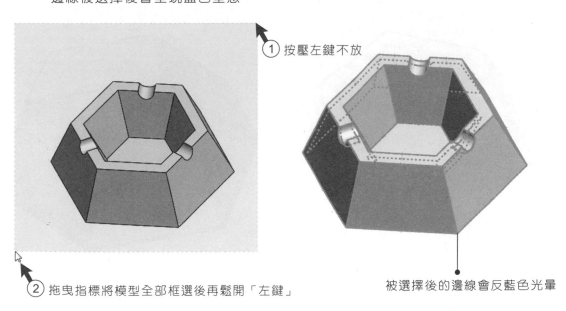

① 按壓左鍵不放

② 拖曳指標將模型全部框選後再鬆開「左鍵」

被選擇後的邊線會反藍色光暈

STEP
13

以「左鍵」點選【 🔲 : 圓角】指令,待於功能對話框出現後設定如下方例圖中的 ① ─ ⑦ 選項,由於視窗的功能選項繁多,所以如果維持內建的項次即不再補述 。通常桌上型產品的圓角設定大概都在 0.5mm 到 2mm 之間。

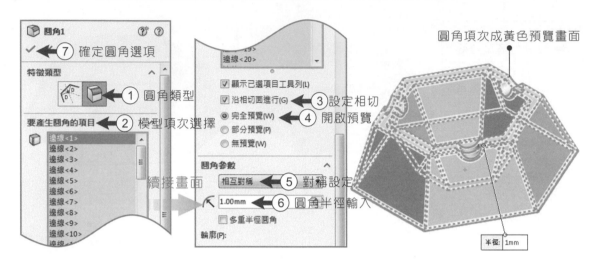

圓角項次成黃色預覽畫面

🔲 圓角1   ⑦* ⑦
✓ ← ⑦ 確定圓角選項

特徵類型   ∧

🔲 ← ① 圓角類型

要產生圓角的項目 ← ② 模型項次選擇

邊線<1>
邊線<2>
邊線<3>
邊線<4>
邊線<5>   續接畫面
邊線<6>
邊線<7>
邊線<8>
邊線<9>
邊線<10>
邊線<1..

邊線<20>   ▼

☑ 顯示已選項目工具列(L)
☑ 沿相切面進行(G) ← ③ 設定相切
⦿ 完全預覽(W)   ← ④ 開啟預覽
○ 部分預覽(P)
○ 無預覽(W)

圓角參數   ∧

相互對稱   ← ⑤ 對稱設定

⦿ 1.00mm ← ⑥ 圓角半徑輸入
☐ 多重半徑圓角
輪廓(P):

半徑: 1mm

STEP
14

於銳利的邊線與角點潤飾完畢後,六角型菸灰缸即建構完成。下方圖例為「俯視 等角圖」與「仰式等角圖」,由圖面中可清楚看見「薄殼」後的菸灰缸底部形態 ,而「圓角」與「薄殼」等相關進程的設定編輯,可以至「特徵樹」選擇後再進 行變更。

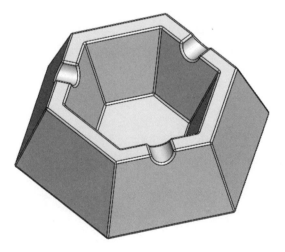

六角菸灰缸 - 俯視等角圖面

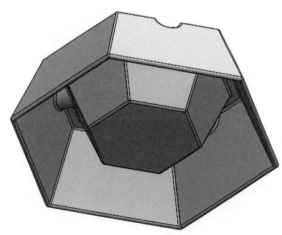

六角菸灰缸 - 仰視等角圖面

4-1.2 菸灰缸設計變更

於前面的章節中有提及，CAD軟體的特點即是可經由特徵樹（特徵管理員）的設計變更而返回建模的進程，透過編輯草圖或功能指令來快速且合理的完成模型再設計之目標。當六角菸灰缸建模完成後，於下文中透過SolidWorks的特徵管理員設計變更，以產出第二款的同工序與同質性之產品。

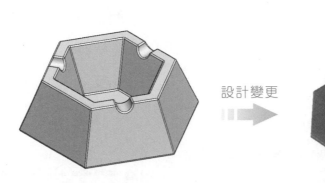

設計變更

菸灰缸設計變更前　　　　　　　　　　　　　菸灰缸設計變更後

STEP 01

設計變更之目的在於更有效率的改善實體模型之參數，達成最佳化設計的具體實現。在特徵管理員的所屬項次中，使用者可從中選擇需要再設計的環節編輯、更改甚而刪除。而在本單元的煙灰缸設計中，期許保留原有的特徵項次，僅由草圖與特徵參數中編輯和變動，藉此讓讀者由設計變更的過程中了解：CAD軟體相較於其他繪圖軟體而言，更合理化也更具設計效率。使用「左鍵」（右鍵亦可）指定特徵樹中建構的第一個特徵「填料-伸長1」，且點選【✏：編輯草圖】進入設計變更的程序。

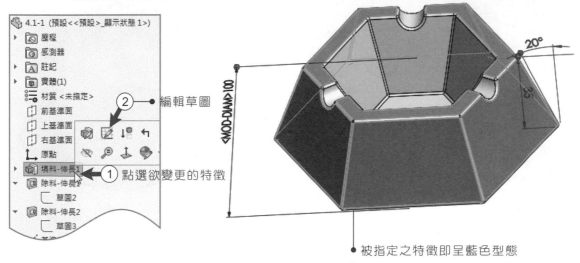

編輯草圖

① 點選欲變更的特徵

被指定之特徵即呈藍色型態

STEP 02

於設計變更開始後轉正草圖,並以「右鍵」點選六邊形圖元,當快顯功能視窗顯示即選擇「編輯多邊形」。下圖 ③ 多邊形邊界改成八邊;且將 ④ 內接圓的直徑數值輸入 125 度,於參數設定完整再點選【 ✔ 確定】執行。

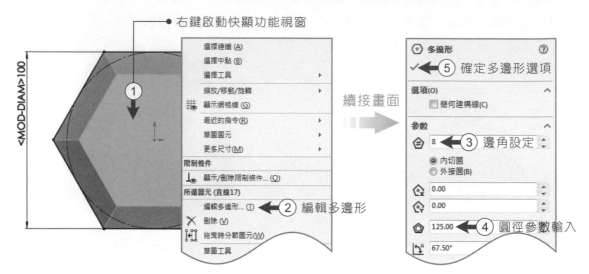

● 右鍵啟動快顯功能視窗

選擇連續 (A)
選擇中點 (B)
選擇工具 ▶
縮放/移動/旋轉 ▶
⊞ 顯示網格線 (G)
最近的指令 (R) ▶
草圖圖元 ▶
更多尺寸 (M) ▶
限制條件
⌐ 顯示/刪除限制條件... (Q)
所選圖元 (直線17)
編輯多邊形... (T) ◀── ② 編輯多邊形
✕ 刪除 (V)
⌐ 拖曳時分節圖元 (W)
草圖工具

續接畫面

▣ 多邊形 ⑦
✔ ◀── ⑤ 確定多邊形選項
選項(O) ∧
☐ 幾何建構線(C)
參數 ∧
⑧ 8 ◀── ③ 邊角設定
◉ 內切圓
○ 外接圓(B)
0.00
0.00
125.00 ◀── ④ 圓徑參數輸入
67.50°

STEP 03

在草圖編輯完成後,繼而是實體的設計變更。同樣於「特徵管理員」中點選第一個項次→「填料 - 伸長 1」,並以指標開啟【 🐟:編輯特徵】後進入選項視窗,再將 ③ 的「給定深度」改變為 75mm;而④【 🔲 拔模】角則設定為 15 度,並在確定選項後離開視窗。

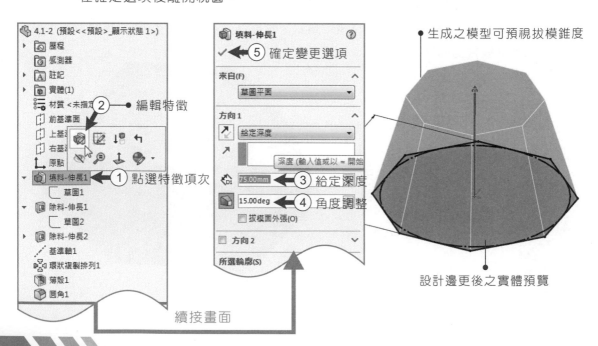

🔩 4.1-2 (預設<<預設>_顯示狀態 1>)
▸ 🔲 歷程
🔲 感測器
▸ 🅰 註記
▸ 🔲 實體(1)
🔲 材質 <未指定 ② ● 編輯特徵
🔲 前基準面
🔲 上基 🐟
🔲 右基
⌐ 原點
🔲 填料-伸長1 ◀── ① 點選特徵項次
⌐ 草圖1
🔲 除料-伸長1
⌐ 草圖2
▸ 🔲 除料-伸長2
⌐ 基準軸1
🔲 環狀複製排列1
🔲 薄殼1
🔲 圓角1

續接畫面

🔳 填料-伸長1 ⑦
✔ ◀── ⑤ 確定變更選項
來自(F) ∧
草圖平面 ▾
方向 1 ∧
↗ 給定深度 ▾
↗ [深度 (輸入值或以 = 開始
⟨↔⟩ 75.00mm ◀── ③ 給定深度
🔲 15.00deg ◀── ④ 角度調整
☐ 拔模面外張(O)
☐ 方向 2 ∨
所選輪廓(S)

● 生成之模型可預視拔模錐度

設計變更後之實體預覽

STEP
04
當要設計變更時，使用者可以由「特徵樹」最上層或最下層開始編輯。現階段指定「特徵樹」第二個項次「除料‐伸長1」，並於快顯示窗【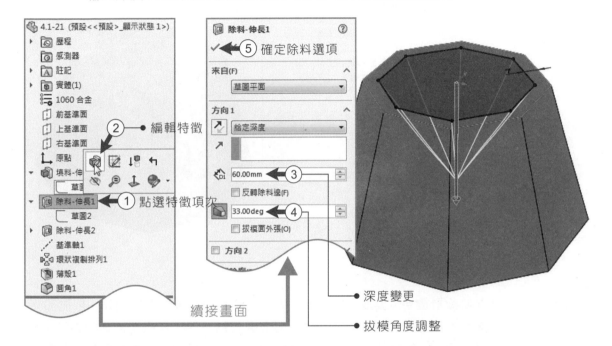 編輯特徵】上點擊「左鍵」。縱然實體已經由六邊改成八邊，但是【 伸長除料】的草圖是用參考邊線來偏移，所以該草圖已經自動轉換成使用者設變後的邊界。在功能視窗中輸入深度60mm與33度的拔模角（讀者可自行的適量調整）。

續接畫面

深度變更

拔模角度調整

STEP
05
除料完成後，使用者可以將「顯示樣式」由【 ：帶邊線塗彩】改成【 ：線架構】樣貌，如此便能檢視出模型中所有的內隱線段。如下方圖例所示：僅顯示框架線的形態可以明顯的看出實體上方錐形的除料部份。

內隱的拔模錐度

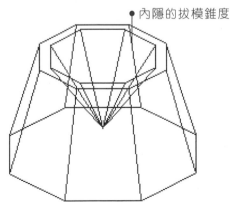

「帶邊線塗彩」檢視模式　　　　　　　「線架構」檢視模式

STEP
06

關於連動的特徵部份，在這裡就暫且先不微調與編輯。藉由「特徵樹」中【環狀複製排列】的項次上點選後，同樣於快顯示窗執行「編輯特徵」以進入選項設定。而在 ③ 的欄位中，將原本三個的除料孔變更成八處。

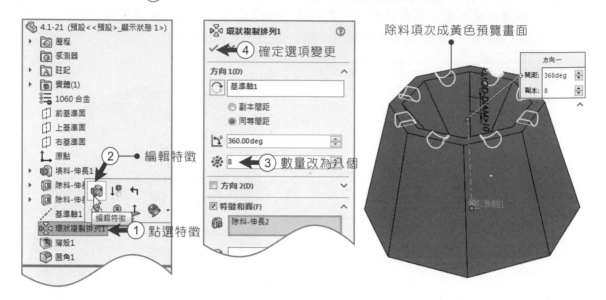

除料項次成黃色預覽畫面

STEP
07

而在菸灰缸設計變更（設變）的最後一個項次是【薄殼】的編輯。啟動設定視窗，將原本底部開口的設定取消（於指定處再點一下「左鍵」即取消選取），繼而執行圖例 ③ 的設定，將菸灰缸側向的七個面全部點選（讀者可依觀感自行設定該選項）。

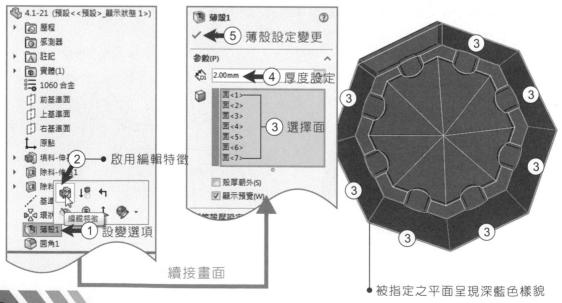

續接畫面

被指定之平面呈現深藍色樣貌

STEP 08

於設計變更結束後,使用者可以透過【 ■:視角方位】選項將原本的一個視窗異動為【 ■:四個視角】,從中檢視各角度的模型是否有設變不完善之區塊。並將畫面改為連動的四個視窗之模式,筆者通常只有在繪製 3D 草圖或對位時才會應用此指令。

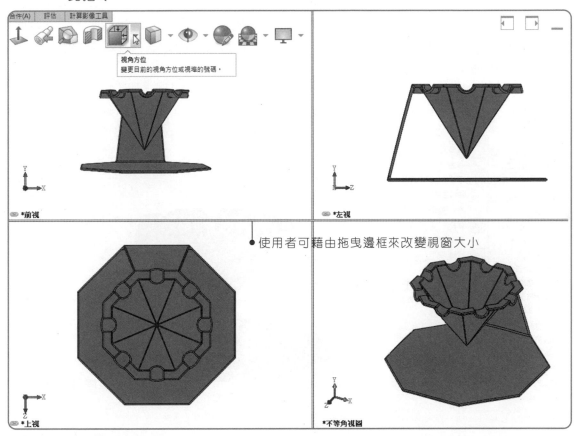

使用者可藉由拖曳邊框來改變視窗大小

STEP 09

模型建構完成後,即能透過【 ■:儲存檔案】來保留繪製的菸灰缸與進程。如果是直接儲存軟體系統檔案,則「存檔類型」就不須再選擇,只要輸入檔案名稱即可。

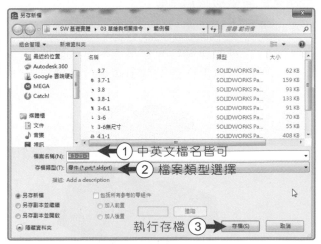

① 中英文檔名皆可
② 檔案類型選擇
③ 執行存檔

4-1.3 菸灰缸彩現

現在所有的CAD軟體都有內建與外掛彩現軟體（彩色擬真表現），但卻從來不是CAD軟體的重點述求。雖然SolidWorks中也有內建的彩現軟體【 ● :Photoview360 】（亦可外掛【Visualize】，其擬真表現的效果也相當卓越；但由於模型上色、貼附材質與環境燈光設定並不是本書教學的要點，所以於內文中的彩現軟體應用僅是要點式的講述。如下方圖例所示：先於工具列標籤上點選「右鍵」，並在快顯視窗出現時勾選「計算影像工具」，即能看見附加軟體呈現於介面上。

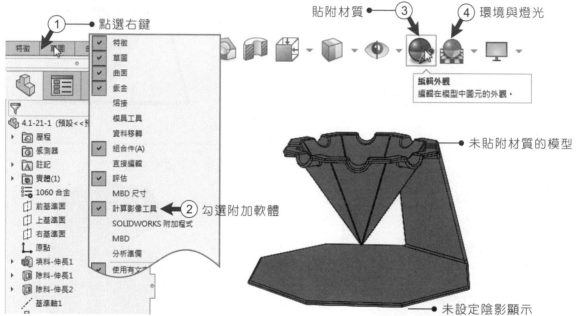

STEP 01

通常要將模型彩現成擬真的圖照或影片，前置作業都是由覆貼模型的材質開始。選擇【 ● 編輯外觀 】後，介面右側的彩現選項設定即會顯示，於 ① 點擊後即可啟用內建的材質庫資料夾選項。

● 煙灰缸素色模型

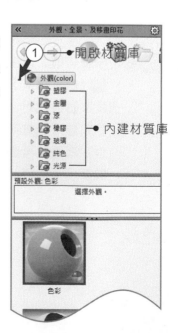

STEP
02

其實在SolidWorks的系統中亦可外掛Visualize來製作彩現圖片與動畫，僅是在本書中選擇通用性較高的【 🔵 Photoview360】做為渲染的軟體。如本頁面裡遴選合適的金屬材質附貼於建構好的模型上（關於材質選項使用者皆可自訂，但建議上材質時選擇「本體」形式）。

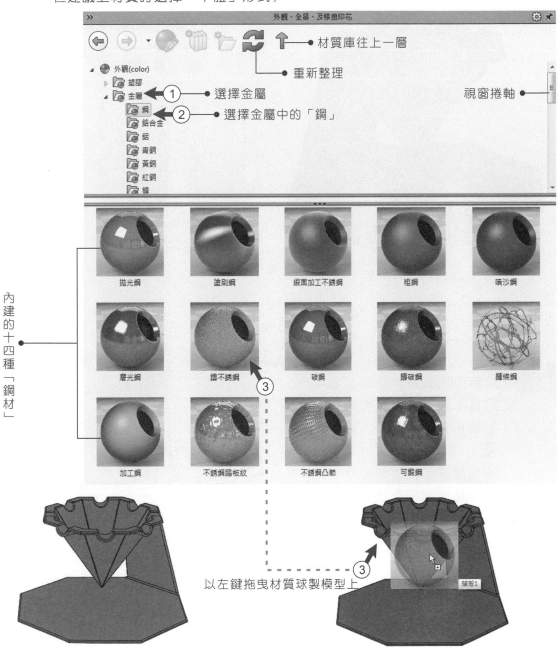

外觀、全景、及移畫印花

材質庫往上一層

重新整理

外觀(color)
塑膠
金屬 ①→ 選擇金屬
鋼 ②→ 選擇金屬中的「鋼」
鋁合金
鋁
青銅
黃銅
紅銅
鎳

視窗捲軸

內建的十四種「鋼材」

拋光鋼　塗刷鋼　緞面加工不銹鋼　粗鋼　噴沙鋼

磨光鋼　鏽不銹鋼　碳鋼　鏽碳鋼　鏈條鋼

③

加工鋼　不銹鋼踏板紋　不銹鋼凸節　可鍛鋼

薄殼1
③

以左鍵拖曳材質球製模型上

未上材質之模型樣貌　　　已貼附材質之模型樣貌

筆者慣性以拖曳「材質球」的形式至本體上色,但其實也可以透過點選來附貼材質(這我們於下一個單元中會再提及)。於下方圖例的快顯視窗中貼附材質之選項裡,多數是使用「本體」上色,畢竟於工業化量產下的產物也多是一個本體一個材質原色。

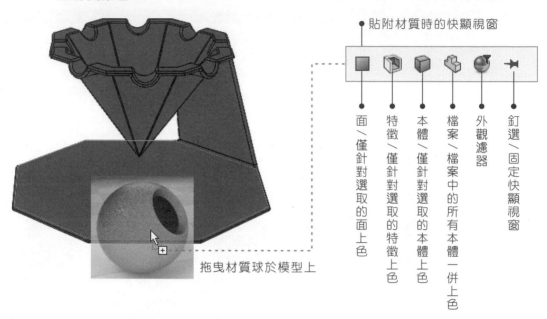

● 貼附材質時的快顯視窗

面／僅針對選取的面上色　特徵／僅針對選取的特徵上色　本體／僅針對選取的本體上色　檔案／檔案中的所有本體一併上色　外觀濾器　釘選／固定快顯視窗

拖曳材質球於模型上

於新版的SolidWorks介面中,可以不啟動彩現軟體視窗,而直接預覽彩現結果,如右圖的【🔘:整合式預覽】。筆者建議讀者盡量別使用該指令,因為會消耗大量的軟硬體資源,而造成使用者在建構模型的過程中畫面延滯。

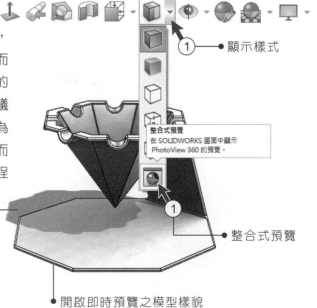

① ● 顯示樣式

整合式預覽
在 SOLIDWORKS 圖面中顯示 PhotoView 360 的預覽。

① ● 整合式預覽

環境所造成的陰影 ●

● 開啟即時預覽之模型樣貌

STEP 05

在為模型本體附貼材質後，繼而是環境與燈光的項次選擇，在【● Photoview 360】內建的環境檔中，已經包含了燈光設置與環境。如下圖範例：點選【🔵：編輯全景】並於內建的資料夾中選擇適宜的環境檔置入。

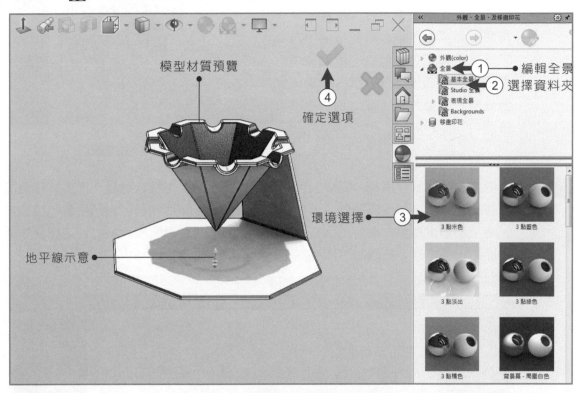

模型材質預覽

確定選項 ④

地平線示意

環境選擇 ③

外觀、全景、及移畫印花

► 外觀(color)
▲ 全景 ← ① 編輯全景
　🔲 基本全景 ← ② 選擇資料夾
　🔲 Studio 全景
　► 表現全景
　🔲 Backgrounds
► 🗑 移畫印花

3 點米色　　3 點藍色

3 點淡出　　3 點綠色

3 點橘色　　背景幕 - 周圍白色

STEP 06

在材質與環境皆設定完成後，即可點選彩現軟體的【🔵：選項】，並於相關選項中設定與編輯。由於設定的項次繁多，所以於此僅列舉常見的選項變更。

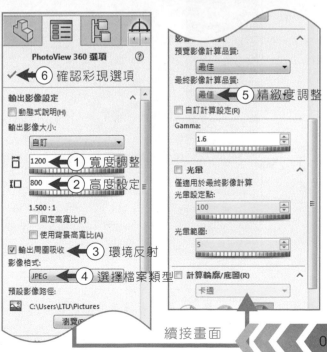

PhotoView 360 選項 ⑦

✓← ⑥ 確認彩現選項

輸出影像設定

☐ 動態式說明(H)

輸出影像大小：
　自訂　　　　▼

📏 1200 ← ① 寬度調整
📐 800 ← ② 高度設定

1.500 : 1
☐ 固定高寬比(F)
☐ 使用背景高寬比(A)

☑ 輸出周圍吸收 ← ③ 環境反射

影像格式：
JPEG ← ④ 選擇檔案類型

預設影像路徑：
🖼 C:\Users\LTU\Pictures
瀏覽(

影像...

預覽影像計算品質：
　最佳　　　　▼

最終影像計算品質：
　最佳 ← ⑤ 精緻度調整

☐ 自訂計算設定(R)

Gamma：
1.6

☐ 光暈
僅適用於最終影像計算

光暈設定點：
100

光暈範圍：
5

☐ 計算輪廓/底圖(R)
卡通　　　　▼

續接畫面

彩現算圖中之樣貌

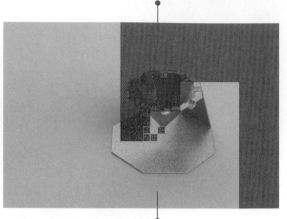

彩現已完成之圖格

STEP 07

當相關選項設定完成後，即可以進入彩現的最後程序。選擇【 ● ：最終影像計算】後SW系統便開啟如右圖的渲染畫面。由於彩現的程序非常耗費資源，所以算圖的畫面中常常一定格即是好幾分鐘，不管使用者的電腦硬體設備多完善，想算一張高解析的圖片都得等上個一小段時間。

STEP 08

歷經彩現的算圖程序後，完成上色的圖片即會收納在影像暫存區，而暫存區僅能暫存十張圖片，所以須透過「儲存影像」的步驟將圖片備份到自己所屬的資料夾。剛接觸彩現軟體的讀者，通常會耗費大量的時間在研究環境與材質之配套效果，而這也算是學習軟體的興趣使然。

儲存影像

材質：金屬／鋼／鑄不鏽鋼材質
環境：基本全景／三點米色

① 選擇欲存檔之圖片

彩現圖片暫存區

4-2 玻璃酒杯製作

◎ 要點提醒 | 本範例為綠色版參考教學檔 -- 請使用雲端連結

本範例教學視訊檔案：SolidWorks/基礎＆實務/CH04目錄下/4-2 玻璃酒杯.avi
本範例製作完成檔案：SolidWorks/基礎＆實務/CH04目錄下/4-2 玻璃酒杯.SLDPRT

4-2.1 玻璃杯建模

「玻璃杯」的繪製通常是藉由【 旋轉填料】來將剖面草圖迴轉成型。如果是基礎輪廓的生成大概是一個特徵即完備；但若要刻畫玻璃杯上的紋路或花飾，則須得多製作幾道程序才得以完善。雖然僅是一個簡單的旋轉成型，卻也隱含著草圖繪製與特徵設定的許多要點，尤其在草圖定義上須多留心過度或不足的警示。由頁面中的繪製範例中，使用者可以酌參其進程建構模型。

建模進程：

Process-1

Process-2
Process-3

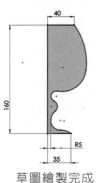

草圖繪製完成　　　實體旋轉填料　　　薄殼或旋轉除料　　　參數設計變更

Process-4

Process-7　　　Process-6　　　Process-5

彩現完成　　　編輯材質與環境　　　刻畫表面圖紋　　　二次設計變更

STEP 01

在第二個範例繪製的前置作業，使用者通常得先明瞭業主的需求，如果未有特別的設定，則可以從「前」或「右」的平面開始繪製。於特徵管理員上的【前基準面】點選並進入【草圖】繪製的程序。檔案啟動後的第一個草圖視角，系統會自動對位轉正。

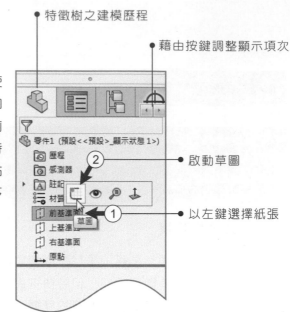

特徵樹之建模歷程
藉由按鍵調整顯示項次
零件1 (預設<<預設>_顯示狀態 1>)
歷程
感測器
註記
材質
前基準面
上基準面
右基準面
原點
草圖
2
啟動草圖
1
以左鍵選擇紙張

STEP 02

進入草圖後，先以【直線工具】於【原點】右側輕移，待如圖中的藍色虛線示意後（意味著此端點將與原點產生水平的幾何限制關係）才點擊「左鍵」。

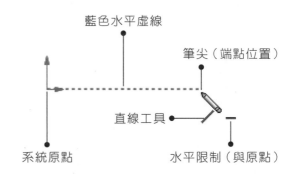

藍色水平虛線
筆尖（端點位置）
直線工具
系統原點
水平限制（與原點）

STEP 03

如右圖所示：使用【直線工具】參酌圖例般的放置四個端點，形成兩條水平線與一條垂直線。第二個端點建議落在【原點】上，如此可以讓所建構的模型底部以【原點】為中心。

3
4
水平放置
2
1
與「原點」重合／共點

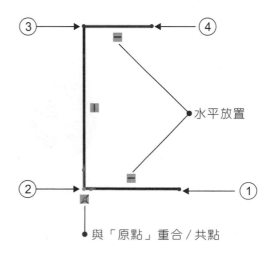

STEP 04

當直線已經有了垂直與水平等基本的幾何限制後，繼而使用【 ⟨⟩ ：智慧型尺寸】標註三線段的長度。由於垂直線段將成為旋轉軸，所以水平線段的尺寸需要「除以二」，如上方水平線為杯口部份，在標註 40 mm 後，旋轉成實體後的杯口圓徑即會變成 80mm（8 公分）。

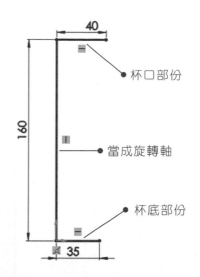

● 杯口部份

● 當成旋轉軸

● 杯底部份

STEP 05

於三條直線「完全定義」後，接續選擇【 ⌒ 三點定弧】如圖例般的繪製出七段弧線（每個弧需要點三下「左鍵」才能形成；弧線的曲度、位置與端點只需酌參頁面圖例即可，讀者可依自己的觀感適性的微調），並設定弧線與弧線的交界需【 ᐐ 互為相切】。

①
● 互為相切
②
③
● 兩個弧型互為相切
④
⑤
⑥
⑦

垂直軸的高度通常取決於所繪製的杯子類型而決定，一般的杯底至杯口高度都在 200mm 以內；但有些特殊的高腳杯甚而總高超過 30 公分。

STEP
06

如果需要完全定義杯子的各線段，則需要透過【 ⬦ 智慧型尺寸】標註七段弧線的弧度與各端點與【 ⬩ 原點】之對應距離。以筆者而言，在針對多個弧線的圖元時，除非說是證照考試或特定的產品類別，否則不會刻意的完全定義圖面中的所有線段。於下方圖示中，輪廓的所有線段皆已定義完整。

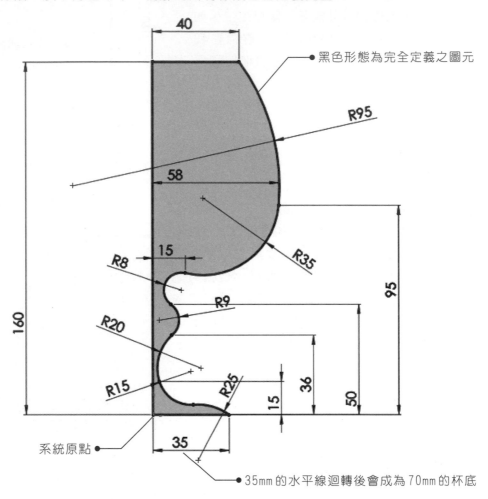

黑色形態為完全定義之圖元

系統原點

35mm 的水平線迴轉後會成為 70mm 的杯底

⊙ 要點提醒　　　需不需要完全定義草圖線段

需不需要完全定義草圖中的所有線段，其實這仍是端看使用者的需求而決定。如果是參加證照考試與模具開發設計，筆者會建議所有輪廓都需呈現「黑色」的「完全定義」狀態；但若是學生作業或是開發的產品仍在修正階段，則建議可以保留部份線段的自由度，尤其是多段弧線與曲線併連的圖元。

STEP 07

待 2D 的圖面完備後，接著就是進行 3D 立體塑型的步驟。選擇【🍥：旋轉填料】生成實體，而【✐ 旋轉軸】之項次則直接選擇圖面中的垂直線段，並設定「給定深度」與 360 的全週旋轉角度。如果圖面生成的預覽畫面想轉成透視，可藉由按壓「滾輪」並移動指標以改變視角（或透過「等視角」指令來顯示模型）。

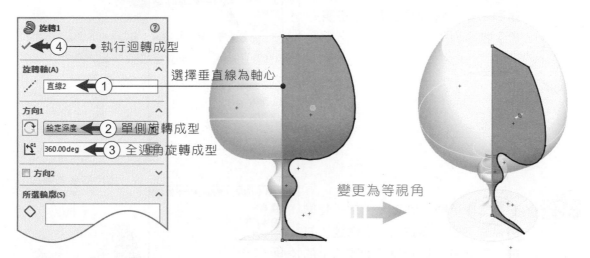

- ④ → 執行迴轉成型
- 選擇垂直線為軸心
- ① 直線2
- ② 給定深度 → 單側旋轉成型
- ③ 360.00deg → 全週角旋轉成型

變更為等視角

STEP 08

通常只要是直線即可以成為【🍥 旋轉填料】的中心軸，讀者可以選擇杯口或杯底試驗看看其成型的結果。而「給定深度」的方向與角度則由使用者自定來設計變更，於下方圖例中分別是成型角度 180 度、250 度與 360 度的填料畫面。下側顯示的圖面則一併選擇【🔲 帶邊線塗彩】模式。

旋轉成型：180 度

旋轉成型：250 度

旋轉成型：360 度

STEP
09

當酒杯的實體迴轉生成後，續接著是繪製容納液體的空間部份。選擇與第一個草圖相同的【 前基準面】，並啟動草圖繪製功能，繼而經由【 正視於】指令對位草繪紙面。

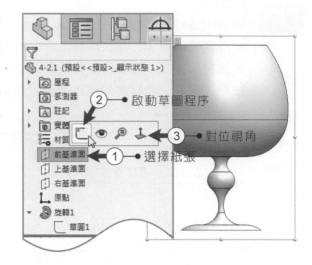

- ② → 啟動草圖程序
- ③ → 對位視角
- ① → 選擇紙張

STEP
10

於第二個草圖啟動後，再於「特徵樹」底下的「草圖 1」上點選「左鍵」，此時可以看見「草圖 1」的圖元亮起了橘色參考線段。

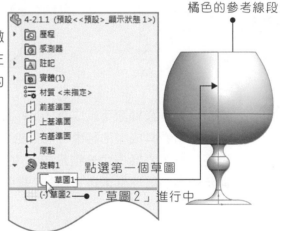

橘色的參考線段

點選第一個草圖

「草圖 2」進行中

STEP
11

延續上一個步驟，於「草圖 1」亮起橘色參考線後，繼而再點選上方介面的【 參考圖元】指令，即能看到「草圖 1」的線段複製在作用中的「草圖 2」上。

- 參考圖元之浮標
- 在邊線上
- 草圖 1 線段參考完成
- 成型實體

STEP 12

在第二個草圖的線段參考「草圖1」的邊界輪廓，接著透過 Ctrl ＋「左鍵」重複加選下方例圖中 A B 兩線段，並選擇【 偏移圖元】指令。偏移選項如下方左圖之設定，偏移的預覽會呈現黃色線段；而在偏移完成後則是「完全定義」的黑色形態。

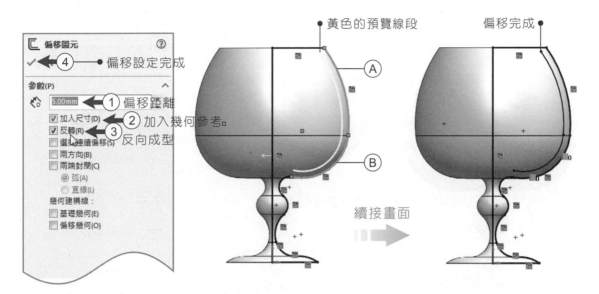

偏移圖元
4 偏移設定完成
參數(P)
1 5.00mm 偏移距離
2 加入尺寸(D) 加入幾何參考。
3 反轉(R) 反向成型
選擇連續偏移(S)
兩方向(B)
兩端封閉(C)
弧(A)
直線(L)
幾何建構線：
基礎幾何(E)
偏移幾何(O)

黃色的預覽線段　A　B
偏移完成
續接畫面

STEP 13

有了圖元偏移的線段，繼而使用「左鍵」拖曳偏移後的弧線上端點與下端點。上端點如下方中間圖例所示：往上拖曳至超出杯口的水平線段；而弧線的下端點則如下方右側圖示——往左側拖曳直到超過中心垂直線為止。

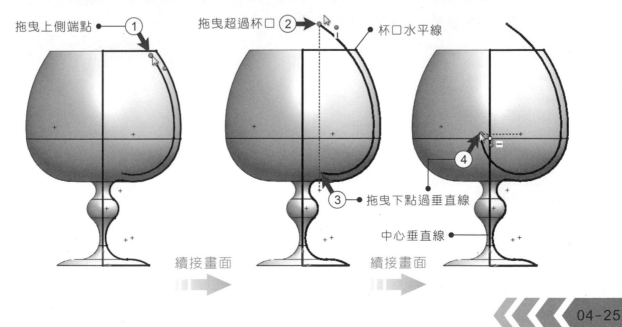

拖曳上側端點 1
拖曳超過杯口 2　杯口水平線
3 拖曳下點過垂直線
4
中心垂直線
續接畫面　續接畫面

STEP
14

於之前的章節中有再三的強調：「草圖中不能含有重疊的線段。」所以於現階段需要使用【✂ 修剪圖元】剪裁交疊的輪廓。一樣使用「強力修剪」並勾選「保留為幾何建構線」，如此可以在修剪草圖後卻仍保留著原有的路徑，且能再次的變更為實線。

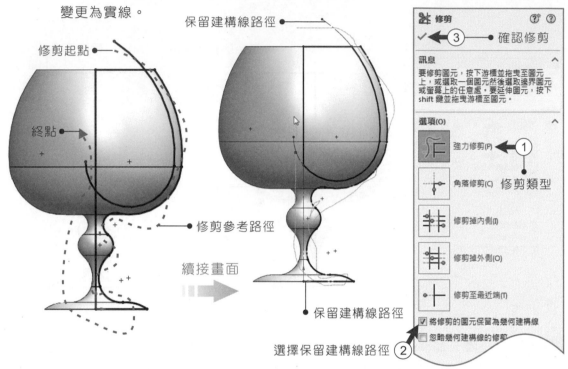

保留建構線路徑

修剪起點

終點

修剪參考路徑

續接畫面

保留建構線路徑

34 修剪

✓ ←③ 確認修剪

訊息
要修剪圖元，按下游標並拖曳至圖元上，或選取一個圖元然後選取邊界圖元或螢幕上的任意處。要延伸圖元，按下 shift 鍵並拖曳游標至圖元。

選項(O)

⌇⌇ 強力修剪(P) ← ①

╋ 角落修剪(C)   修剪類型

╪ 修剪掉內側(I)

╪ 修剪掉外側(O)

╪ 修剪至最近端(T)

☑ 將修剪的圖元保留為幾何建構線
☐ 忽略幾何建構線的修剪

選擇保留建構線路徑 ②

STEP
15

在修剪完重疊的線段後，開啟【🔊 旋轉除料】功能。於轉軸的選項同樣是點擊中心的垂直線，而「給定深度」與「成型角度」的欄位則維持內建選項。杯口凹陷的容納空間可以除料或選擇【🔩 薄殼】製作而成。

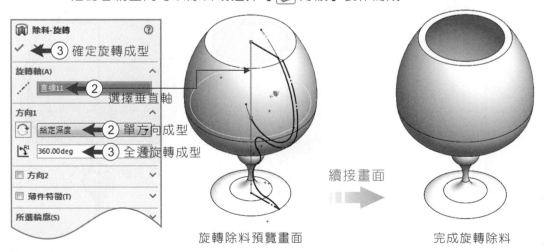

🔩 除料-旋轉

✓ ← ③ 確定旋轉成型

旋轉軸(A)
╱ 直線11 ← ②   選擇垂直軸

方向1
↻ 給定深度 ← ② 單方向成型
↥ 360.00deg ← ③ 全週旋轉成型

☐ 方向2
☐ 薄件特徵(T)
所選輪廓(S)

旋轉除料預覽畫面

完成旋轉除料

STEP 16

酒杯製作的流程基本上已經完成,而關於邊界線段潤飾的步驟就以【⬛ 圓角】功能施作。如下表中設定相關的邊界圓角選項,除了選擇「杯口」與「杯底」為導圓角的項次外,另外需將「圓角半徑」設定為2mm;至於其他的選項則可以維持初始的設定。

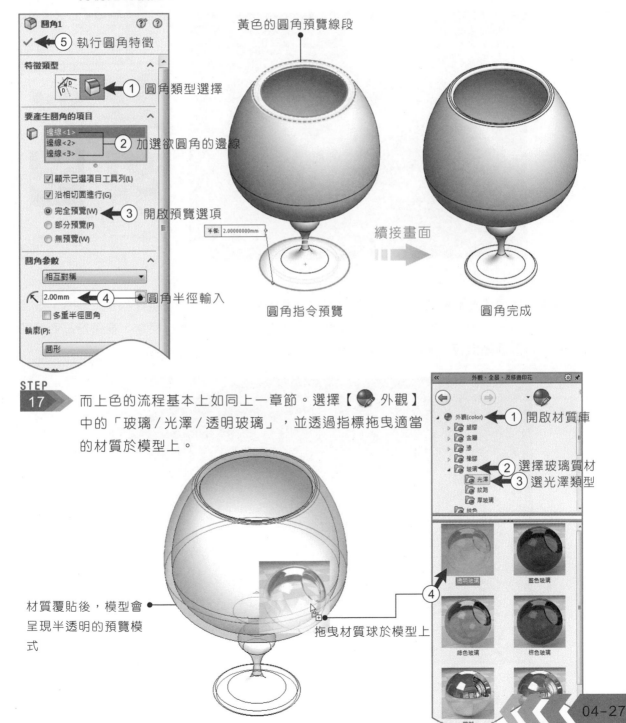

黃色的圓角預覽線段

⑤ 執行圓角特徵

① 圓角類型選擇

② 加選欲圓角的邊線

③ 開啟預覽選項

④ 圓角半徑輸入

續接畫面

圓角指令預覽

圓角完成

STEP 17

而上色的流程基本上如同上一章節。選擇【🖌 外觀】中的「玻璃 / 光澤 / 透明玻璃」,並透過指標拖曳適當的材質於模型上。

① 開啟材質庫

② 選擇玻璃質材

③ 選光澤類型

④ 拖曳材質球於模型上

材質覆貼後,模型會呈現半透明的預覽模式

STEP 18

而到了環境選擇的階段,則透過【 :編輯全景】指定燈光與情境。於資料夾「全景/表現全景」中點擊或拖曳「廚房背景」於作業區,即可改變模型彩現的環境設定。

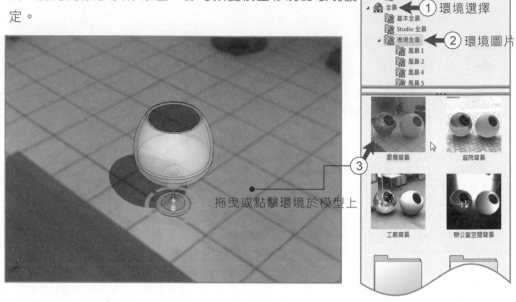

① 環境選擇
② 環境圖片
③ 拖曳或點擊環境於模型上

STEP 19

透過【 最終影像計算】來彩現圖面。轉存彩稿時最常選擇的是「JPG」或「TIF」格式,如果是要使用壓縮的檔案格式即選擇前者;反之,要保留高彩度的圖面則選擇「TIF」檔案儲存。

背景圖照

玻璃杯彩現完成圖面 玻璃杯倒影

4-2.2 玻璃杯設計變更一

本單元同樣是透過特徵管理員的設計變更返回建模的進程，並透過相關的項次編輯以達到設計變更的幟驛。如下圖範例所示：基本上在不更動旋轉成型的外觀輪廓前提下，只由草圖中增加幾個圓形，並以此達到簡易式的設計變更程序。

設計變更

玻璃杯設計變更前　　　　　　　　　　　　　　　　　　　玻璃杯設計變更後

STEP 01 　在本單元的玻璃杯設計中，期許保留原有的特徵項次，僅由草圖與特徵參數中編輯和變動，來達成設計變更的程序。使用「左鍵」（右鍵亦可）點選特徵樹中的第一個特徵「旋轉1」，且點選【 ✎ 編輯草圖】進入設計變更的程序。

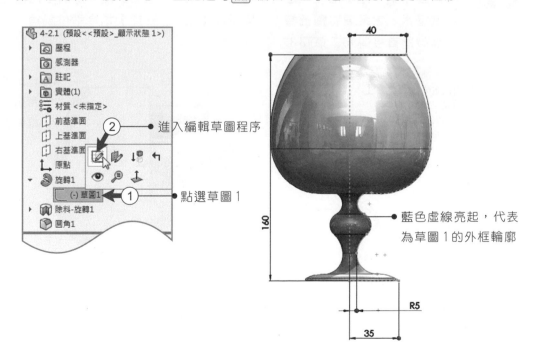

STEP 02

草圖啟動後，可以點選【↑ 正視於】對位草圖。以垂直中心線為基準，原本的玻璃杯體於參考線的右側，而現階段以【◎ 圓工具】於中心軸左側繪製幾個迴圈，由於是概念性的設計草圖，所以不一定要完全的定義所有圖元。完成編輯後再按【✔ 確定】即可。

通常草圖僅能選擇置放在中心線的一側；但因為本單元的玻璃杯建模為示範的圖例，所以特別在中心線的兩側個別繪製草圖。

如果想要設計變更玻璃杯外框的尺寸，則可以刪除部份定義的條件。

STEP 03

當修改完第一個草圖後，繼而於第二個特徵——【🔖 旋轉除料】內含的草圖上點選編輯。如果要將圖紙轉正，則透過【↑ 正視於】指令對位視角；於變更前的線段是直接偏移「草圖 3」的部份。

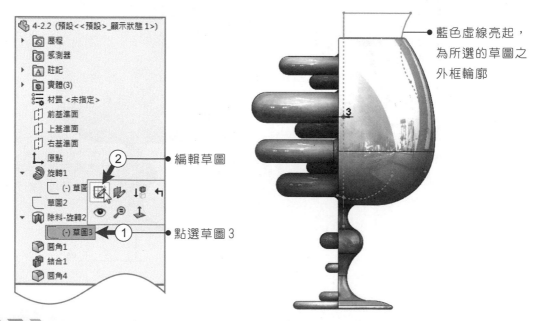

藍色虛線亮起，為所選的草圖之外框輪廓

編輯草圖

點選草圖 3

STEP 04

於現階段的特徵所屬之草圖編輯，不一定得要「完全定義」，反而部份線段保有自由度會更適於後續的設計變更。【 🗐 :旋轉除料】的角度更改為180度，只針對酒杯右半側的實體除料。

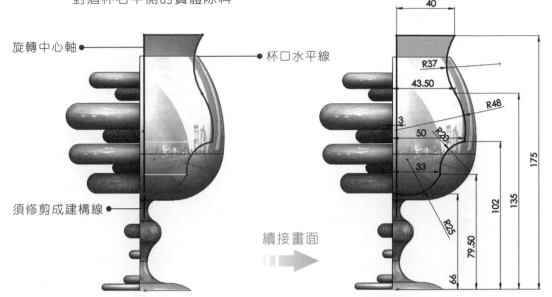

旋轉中心軸 ● ─────
杯口水平線 ─────
須修剪成建構線 ● ─────

續接畫面

40
R37
43.50
R48
3
50 R20
33
175
135
102
79.50
R25
66

STEP 05

模型銳利的邊角即以【 🗐 圓角】來加以修飾。選擇模型的杯口平面與杯底的邊線，並設定為1mm的參數。如果1mm的圓角參數無法施行，則可以輸入較小的參數（如0.5或0.1mm）並再次執行指令。

🗐 圓角1

⑤ ─── 確定圓角選項

特徵類型

① ─── 選擇圓角類型

要產生圓角的項目

邊線<1> ②
面<1> ③

☑ 顯示已選項目工具列(L)
☑ 沿相切面進行(G)
◉ 完全預覽(W)
○ 部分預覽(P)
○ 無預覽(W)

圓角參數

相互對稱

1.00mm ④ ─── 半徑參數設定

☐ 多重半徑圓角

輪廓(P):

③ 選擇面

② 選擇邊線

半徑: 1.00000000mm

STEP
06

由於玻璃杯體的部份是現階段多本體的檔案，所以透過【🎁 結合】指令來將所有的本體融合在一起。如下方圖例所示：使用指標框選所有的物件，並於「操作類型」選擇「加入」且確定選項即可。

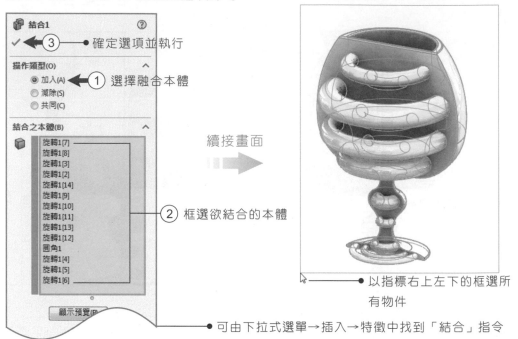

結合1

✓ ←③ ● 確定選項並執行

操作類型(O)
　◉ 加入(A) ←① 選擇融合本體
　◎ 減除(S)
　◎ 共同(C)

結合之本體(B)
　旋轉1[7]
　旋轉1[8]
　旋轉1[3]
　旋轉1[2]
　旋轉1[14]
　旋轉1[9]
　旋轉1[10]
　旋轉1[11]
　旋轉1[13]
　旋轉1[12]
　圓角1
　旋轉1[4]
　旋轉1[5]
　旋轉1[6]
② 框選欲結合的本體

顯示預覽(P)

續接畫面

● 以指標右上左下的框選所有物件

● 可由下拉式選單→插入→特徵中找到「結合」指令

STEP
07

在多本體物件結合之前，不可針對本體間的接合處施以修飾的特徵指令；所以在多本體融合後選擇【🎁 圓角】，將參數設定為 3mm 或更大的圓徑，繼而加選如下方右圖中的黃色預覽邊線，再以【 ✔ 確定】執行選項。

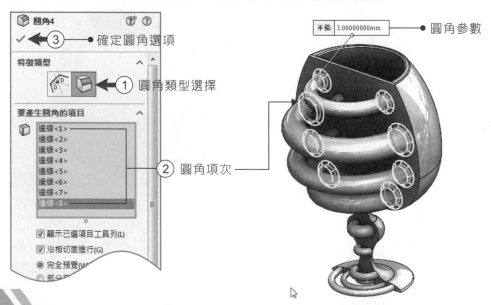

圓角4

✓ ←③ ● 確定圓角選項

特徵類型
①　圓角類型選擇

要產生圓角的項目
　邊線<1>
　邊線<2>
　邊線<3>
　邊線<4>
　邊線<5>
　邊線<6>
　邊線<7>
　邊線<8>
② 圓角項次

☑ 顯示已選項目工具列(L)
☑ 沿相切面進行(G)
◉ 完全預覽(W)
◎ 部分預覽

半徑: 3.00000000mm ● 圓角參數

於玻璃杯設計變更完成後，繼而啟動彩現軟體已進入渲染程序。點選【 🔵 編輯外觀】指令，並於附屬的材質資料夾中選擇「玻璃／紋路／霧玻璃」的材質球，且以指標拖曳至玻璃杯上再放開，即能貼附材質於模型上（如果不用拖曳的動作，也可以於材質球上單擊或雙擊來上色）。

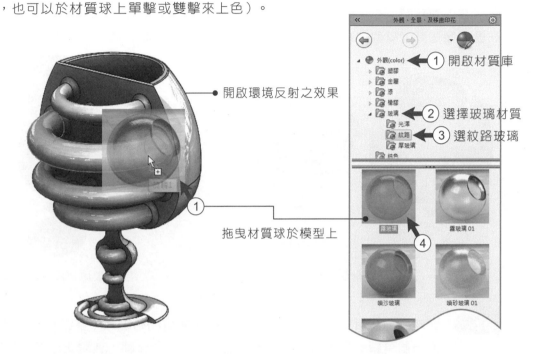

開啟環境反射之效果

1 開啟材質庫

2 選擇玻璃材質

3 選紋路玻璃

1 拖曳材質球於模型上

4

續接上個彩現設定的步驟，選擇【 🔵：編輯全景】來輸入內建的光源與背景。如右側圖例中以「表現全景／辦公室空間背景」的環境匯入彩現選項裡。本設計變更之範例已完成。

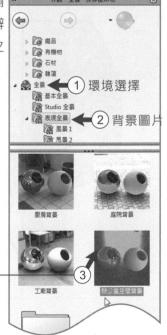

1 環境選擇

2 背景圖片

環境檔案選擇

3

4-2.3 玻璃杯設計變更二

設計變更的程序可以凸顯CAD系列軟體的特長，由前面幾個單元的設計案例中，可更深入的了解SolidWorks常見之特徵指令。本單元同樣是以玻璃杯範例來進一步的設計變更，除了在外觀輪廓上有了明顯的改變，也透過特徵指令在高腳杯上覆貼了印花與刻紋。相信在歷經幾個基礎模型的繪製，可以讓使用者更深刻的體認軟體的整合性功能。

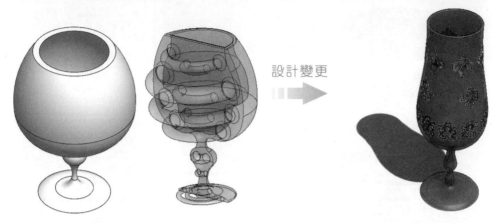

設計變更

玻璃杯設計變更前   玻璃杯設計變更後

STEP 01　此階段的設計可以從設變前或設變後的模型開始編輯（變更的流程相仿）。開啟第一個草圖，且透過刪除與重製玻璃杯的外形輪廓，並變更成高腳杯的對應長寬高（所變更的尺寸參數不一定要與範例相同）。

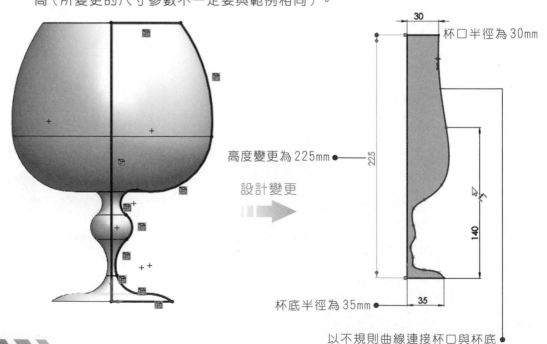

杯口半徑為30mm

高度變更為225mm

設計變更

杯底半徑為35mm

以不規則曲線連接杯口與杯底

STEP 02
之前的玻璃杯第二個特徵皆為掏空實心杯子的【旋轉除料】，如果讀者想要以【薄殼】指令取代也是合理的繪製進程。點選其特徵指令並設定厚度為3mm，而破除面的選項則是指定杯口的部份。

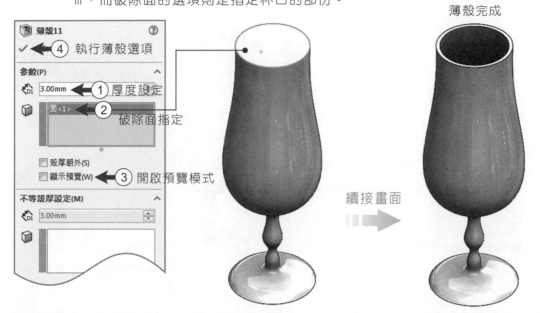

薄殼完成

薄殼11
✓ ← (4) 執行薄殼選項
參數(P)
📐 3.00mm ← (1) 厚度設定
🔲 面<1> (2)
破除面指定
☐ 殼厚朝外(S)
☐ 顯示預覽(W) ← (3) 開啟預覽模式
不等殼厚設定(M)
📐 3.00mm

續接畫面

STEP 03
當玻璃杯殼厚設定完備後，繼而藉由【:圓角】特徵修飾杯口與杯底的邊線。於SolidWorks的內建半徑為10mm，使用者可以藉由「圓角參數」的減少來執行潤飾的進程。

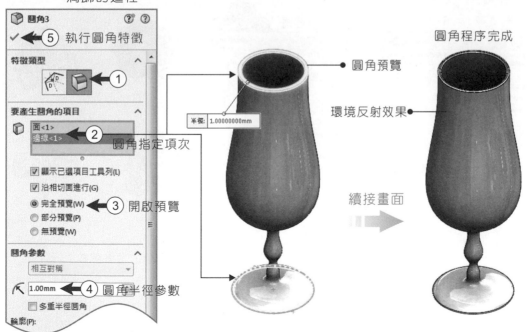

圓角程序完成

圓角3
✓ ← (5) 執行圓角特徵
特徵類型 (1)
要產生圓角的項目
🔲 面<1>
邊線<1> (2)
圓角指定項次
☑ 顯示已選項目工具列(L)
☑ 沿相切面進行(G)
◉ 完全預覽(W) ← (3) 開啟預覽
◯ 部分預覽(P)
◯ 無預覽(W)
圓角參數
相互對稱
📐 1.00mm ← (4) 圓角半徑參數
☐ 多重半徑圓角
輪廓(P):

圓角預覽
半徑: 1.00000000mm
環境反射效果
續接畫面

如果高腳酒杯沒有要凸紋或刻花的表面處理,則設計變更至此即已完成;但若使用者要再表面處理或執行後續設計進程,則可以選擇【 📖 前基準面】啟動草圖,並繪製圖紋且長出或除料。

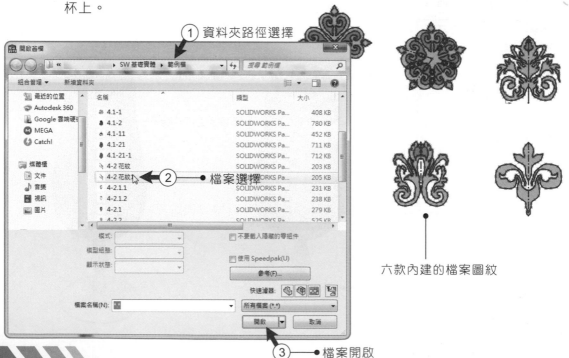

② ●啟動草圖程序

① ●對位圖面視角

●選擇草繪紙張

●環境反射之效果

●未開啟陰影之效果

延續上一個啟動草圖的步驟,繼而【 📂 開啟舊檔】,選擇本書第四章範例檔中「4-2花紋2」,於開啟檔案後並挑選適合之圖紋複製到玻璃杯製作的草圖中。檔案中有六個花飾的圖元,使用者可以自行繪製新的花紋覆貼在自己設計的玻璃杯上。

① ●資料夾路徑選擇

② ●檔案選擇

●六款內建的檔案圖紋

③ ●檔案開啟

STEP 06

在開啟的檔案中框選合適的圖紋,並透過快捷鍵 Ctrl + C 複製;再次回到玻璃杯的檔案(仍是在草圖編輯中),並將指標移動到合適的位置後貼上複製的圖元(可以使用「右鍵」附貼或快捷鍵 Ctrl + V 來作動指令。

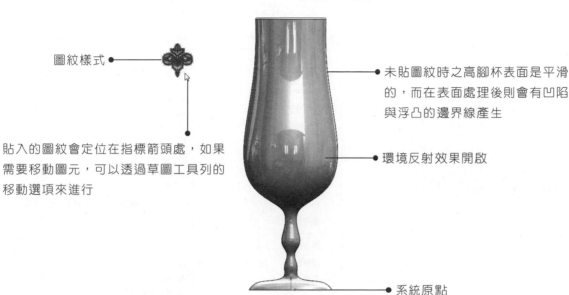

圖紋樣式

貼入的圖紋會定位在指標箭頭處,如果需要移動圖元,可以透過草圖工具列的移動選項來進行

未貼圖紋時之高腳杯表面是平滑的,而在表面處理後則會有凹陷與浮凸的邊界線產生

環境反射效果開啟

系統原點

STEP 07

將圖紋覆貼後並調整至適合的位置,點選【⊞ 直線複製排列】指令並輸入參數。如下圖例所示:選擇「X軸」複製出6個圖紋,其間距設定為31.5mm,角度為0,要複製排列的圖元則是以指標框選紋飾中之所有線段。

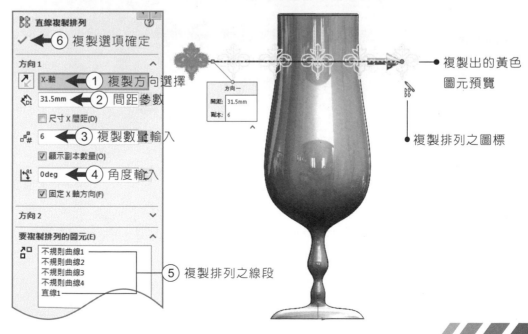

⊞ 直線複製排列

✓ ⊙ 複製選項確定

方向 1

↗ X-軸 ① 複製方向選擇

⟨Di⟩ 31.5mm ② 間距參數

☐ 尺寸 X 間距(D)

⊞# 6 ③ 複製數量輸入

☑ 顯示副本數量(O)

↳° 0deg ④ 角度輸入

☑ 固定 X 軸方向(F)

方向 2 ⌄

要複製排列的圖元(E) ⌃

⊡ 不規則曲線1
不規則曲線2
不規則曲線3
不規則曲線4
直線1

⑤ 複製排列之線段

方向一
間距: 31.5mm
副本: 6

複製出的黃色圖元預覽

複製排列之圖標

STEP 08

在草圖確定後,透過特徵選項將平面的圖元立體化。從下拉式選單「插入/特徵」中的【 包覆】指令上按下「左鍵」。於舊版本中的該指令功能運算效能不甚良好,所以常會造成當機的概況,而於2014版本後已大幅修正。

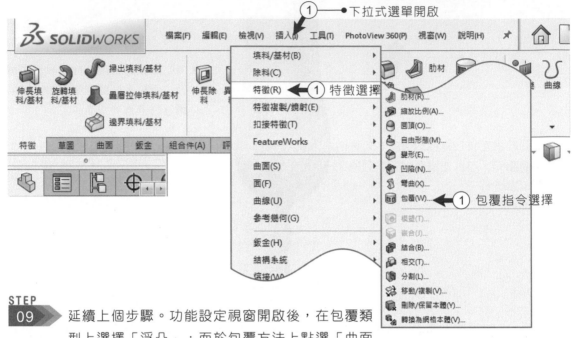

STEP 09

延續上個步驟。功能設定視窗開啟後,在包覆類型上選擇「浮凸」;而於包覆方法上點選「曲面運算」;最後於加工深度項次上輸入0.5mm的參數。預覽效果如畫面中的黃色投影線段。

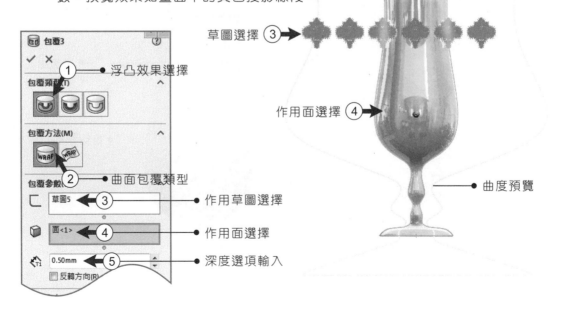

STEP 10

接下來的進程則是要製作第二次與第三次的【🔲 包覆】指令來覆貼圖紋。再次點選【📄 前基準面】啟動草圖，除了第一次啟動草圖系統會主動轉正視角外，後續的草圖皆須於【⬆ 正視於】指令上點擊。

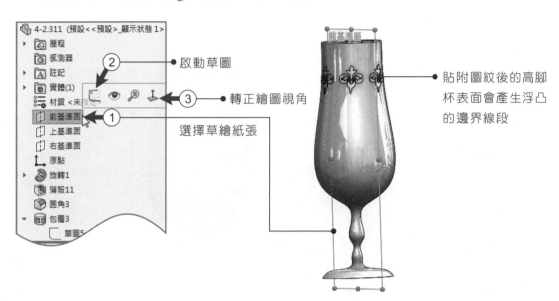

啟動草圖

轉正繪圖視角

選擇草繪紙張

貼附圖紋後的高腳杯表面會產生浮凸的邊界線段

STEP 11

續接上一個草圖啟動的步驟。再回到剛剛開啟的圖紋檔案中框選適合的花飾複製，且再回到高腳杯的檔案，並將指標移置合宜的區域貼上選項。讀者如果是自己繪製花紋，則可以直接在高腳杯的檔案製作相關的後續流程，不需額外再開啟一個檔案來複製與貼上。

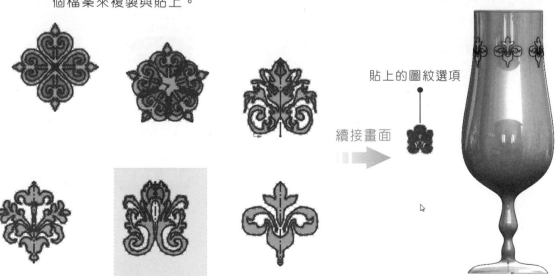

貼上的圖紋選項

續接畫面

以指標右上左下的框選線段並複製

STEP 12

開啟【 直線複製排列】，並參酌下方圖例的選項參數輸入。筆者建議讀者可以多嘗試參數的變更與編輯，並從中找出最適合目前模型的數值與設定。下方複製的數量設定為 10 個；過多數量可能會造成覆貼的特徵效果重疊之疑慮，而這都需要一次次地臨摹與試驗才得以成就最好的設計進程。

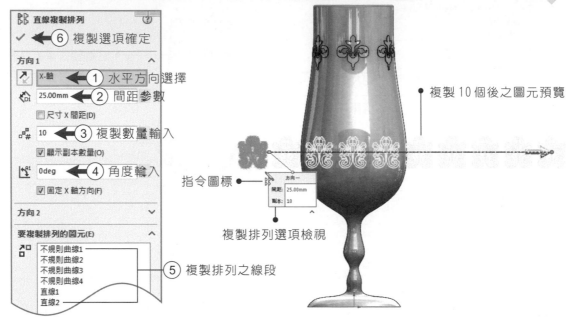

直線複製排列
⑥ 複製選項確定
方向 1
① 水平方向選擇 X-軸
② 間距參數 25.00mm
□ 尺寸 X 間距(D)
③ 複製數量輸入 10
☑ 顯示副本數量(O)
④ 角度輸入 0deg
☑ 固定 X 軸方向(F)
方向 2
要複製排列的圖元(E)
不規則曲線1
不規則曲線2
不規則曲線3
不規則曲線4
直線1
直線2
⑤ 複製排列之線段

複製 10 個後之圖元預覽
指令圖標
複製排列選項檢視

STEP 13

同樣的再啟動【 包覆】效果，而本次的包覆類型則是設定為「凹陷」。包覆方法仍舊是選擇「曲面包覆」；「作用面」選擇的是高腳杯的杯身部份；最後的深度選項同樣是輸入 0.5mm。

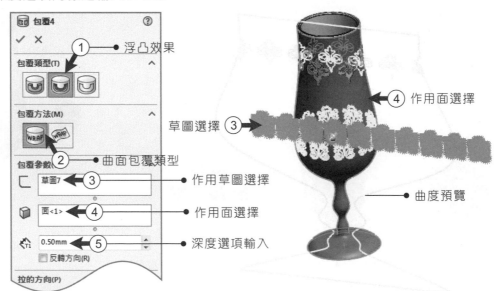

包覆4
① 浮凸效果
包覆類型(T)
包覆方法(M)
② 曲面包覆類型
包覆參數
③ 草圖7 — 作用草圖選擇
④ 面<1> — 作用面選擇
⑤ 0.50mm — 深度選項輸入
□ 反轉方向(R)
拉的方向(P)

草圖選擇 ③
④ 作用面選擇
曲度預覽

STEP
14

高腳杯的表面圖紋處理設定為三次，讓【🉐 包覆】的三種類型都能復刻一回於杯面上。這次為了不讓圖面過於重疊，改選用【▦ 右基準面】當成草繪紙張，並且透過【⬆ 正視於】指令轉正視角。

貼圖紋後的高腳杯

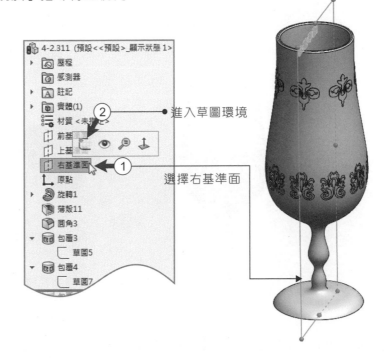

STEP
15

高腳杯的草圖啟動後，再轉到「4-2花紋2」檔案，並右上左下的以指標框選合適之圖元，且透過快捷鍵 Ctrl + C 複製選項。如果所複製的圖元無法生成為實體特徵，則需要檢視個別之線段是否有重疊的圖元，並可以藉由長出實體來試驗草圖的完整性。

右上左下框選圖紋

STEP
16

複製了花紋圖元後再回到高腳玻璃杯的頁面,並將指標移置杯面外適切的位置以快捷鍵 Ctrl + V 貼上草圖。附貼的位置可以參考下方圖例,且可以藉由「滾輪」放大或藉由【🔍 放大檢視】指令查驗草圖的線段。

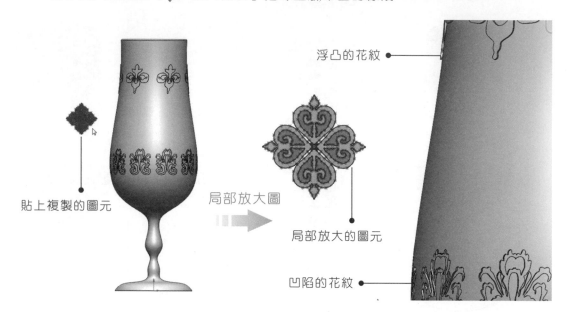

浮凸的花紋

貼上複製的圖元

局部放大圖

局部放大的圖元

凹陷的花紋

STEP
17

這一次要嘗試的是【🛢 包覆】效果中的刻紋,由於該功能較耗記憶體資源,所以建議不要複製過多的數量。一樣使用【🔠 直線複製排列】指令來橫向複製四個紋飾。

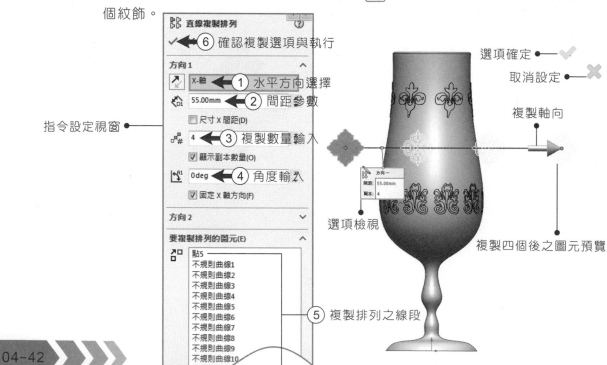

(6) 確認複製選項與執行

方向1

↗ X-軸 ◄─(1) 水平方向選擇

🔧 55.00mm ◄─(2) 間距參數

☐ 尺寸 X 間距(D)

⬚# 4 ◄─(3) 複製數量輸入

☑ 顯示副本數量(O)

↻ 0deg ◄─(4) 角度輸入

☑ 固定 X 軸方向(F)

方向2

要複製排列的圖元(E)

點5
不規則曲線1
不規則曲線2
不規則曲線3
不規則曲線4
不規則曲線5
不規則曲線6
不規則曲線7
不規則曲線8
不規則曲線9
不規則曲線10
不規則曲...

(5) 複製排列之線段

指令設定視窗

選項確定
取消設定

複製軸向

選項檢視

複製四個後之圖元預覽

STEP
18

當草圖複製確認後，接續使用下拉式選單中的「插入／特徵／【🗃️：包覆】」指令。這次所使用的包覆類型為「刻畫」，不同於前兩次的包覆類型皆是以「面」作用；「刻畫」是一個藉由邊線尋找而除料的特徵，這有點類似【🗂️ 掃出除料】的功能。

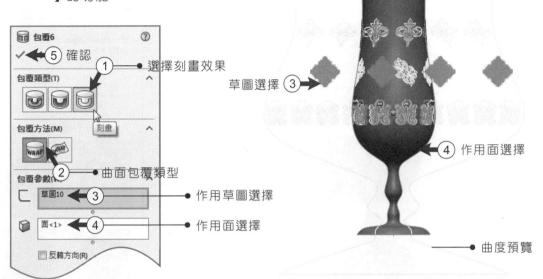

STEP
19

「刻畫」指令完成後，可以透過視角轉換與放大檢視模型的樣貌。透過【🗃️ 包覆】特徵的三種型式刻畫，玻璃高腳杯的杯面已經有了精緻的紋飾鋪面，如果讀者對於紋飾或特徵欲再編輯，即能由「特徵管理員」的各步驟進行變更，當然設變前應先透過【💾 儲存檔案】來保留現階段的設定。

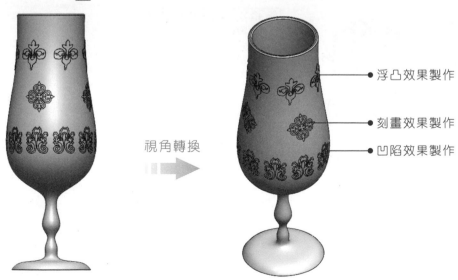

包覆指令完成後之玻璃杯

STEP 20

模型表面處理後，範例的練習即已完成。如果讀者想再針對所建構的紅酒杯個別上色，即可以啟動【 ● Photoview360 】並且【 ● 編輯材質 】。由「外觀／玻璃／厚玻璃」的資料夾中選擇「藍色厚玻璃」，繼而將材質球拖曳至玻璃杯面上後再選擇「本體」附貼。

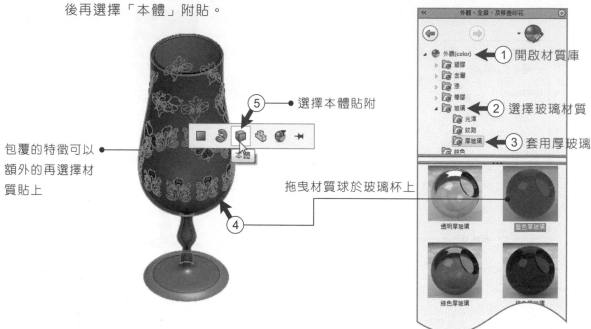

包覆的特徵可以額外的再選擇材質貼上

⑤ 選擇本體貼附

⑥ 本體

拖曳材質球於玻璃杯上

④

① 開啟材質庫
  外觀(color)
  ▷ 塑膠
  ▷ 金屬
  ▷ 漆
  ▷ 橡膠
  ▼ 玻璃 ← ② 選擇玻璃材質
    光澤
    紋路
    厚玻璃 ← ③ 套用厚玻璃
    綠色

透明厚玻璃　　藍色厚玻璃
綠色厚玻璃　　

STEP 21

玻璃杯本體已經上色，至於三種包覆形式的特徵就以「外觀／金屬／金」資料夾中內建的三種黃金材質來為模型附貼金箔。針對特徵的部份貼附材質時，可以先於「特徵樹」選擇特徵再點選材質球即完成上色程序

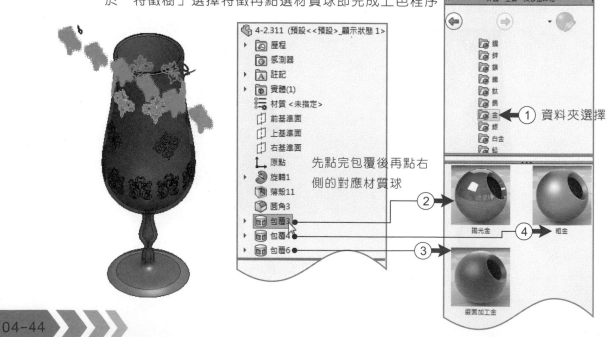

先點完包覆後再點右側的對應材質球

4-2.311 (預設<<預設>_顯示狀態 1)
  ▷ 歷程
  感測器
  ▷ A 註記
  ▷ 實體(1)
  材質 <未指定>
  前基準面
  上基準面
  右基準面
  ∟ 原點
  ▷ 旋轉1
  薄殼11
  圓角3
  ▷ 包覆3
  ▷ 包覆4
  ▷ 包覆6

外觀、全景、及移畫印花
  銀
  鋅
  鎳
  鋁
  鈦
  鎢
  金 ← ① 資料夾選擇
  銀
  白金
  鉛

拋光金　　粗金　④
② ③

鍛面加工金

^{STEP}
22 材質覆貼於玻璃高腳杯後，繼而【 ：編輯全景】設定環境與燈光。選擇「廚房背景」作為環境項次，設定路徑為「全景／表現全景」中的資料夾圖片；環境檔案的子選項有許多，讀者們可多重比較其個別的呈現效果。建議彩現時的選項都將精度設為最高，以提升模型上色之品質。

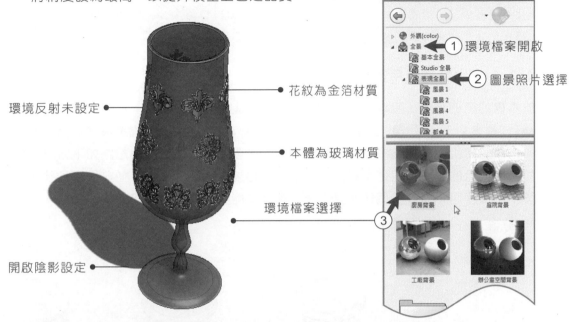

環境反射未設定 ●──

開啟陰影設定 ●──

花紋為金箔材質

本體為玻璃材質

環境檔案選擇

① 環境檔案開啟

② 圖景照片選擇

彩線完成之圖面

4-3 掃出特徵應用

◎要點提醒　　本範例為綠色版參考教學檔 -- 請使用雲端連結

本範例教學視訊檔案：SolidWorks/基礎&實務/CH04目錄下/4-3 掃出特徵.avi
本範例製作完成檔案：SolidWorks/基礎&實務/CH04目錄下/4-3 掃出特徵.SLDPRT

4-3.1 掃出特徵應用於椅凳設計

於本書的第四章節（即本章節）中所示範的是基礎特徵的應用；除了前幾單元所提及的【伸長填料】與【旋轉填料】外，另外【掃出填料】也是最常見的指令功能之一。本單元藉由相關的指令特徵來完成椅凳的繪製，而繪製進程與思路如下方例圖中所示。筆者所示範的建模進程僅是個人廿十多年的經驗累積後之思維，並非是模型建構的唯一正解；所以使用者歷經多個範例實作後，相信也能揣摩出屬於自己的建模思路。

建模進程：

 Process-1　　　　 Process-2　　　　 Process-3

椅面旋轉成型　　　　椅腳掃出填料　　　　椅腳補強　　　　環狀複製椅腳

 Process-4

 Process-6　　　　 Process-5

椅凳二次設計變更　　　　椅凳設計變更　　　　椅凳繪製完成

STEP
01

椅凳繪製建議可以先從椅面開始著手，有了椅面的參酌後再來畫出對應的椅腳部份。使用【 🔲 前基準面】並啟動草圖，繼而繪製出如下方圖例的草圖線段；如果現階段圖元不完全定義也無所謂。

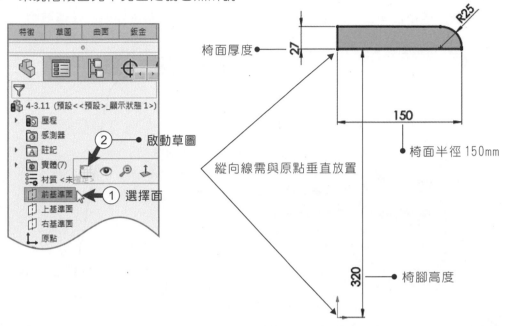

STEP
02

草圖繪製完備後不須結束，可以直接啟動【 🔄 旋轉成型】指令。在旋轉的軸心部份直接選擇與【 👤 原點】對應的垂直線段，並且給予「給定深度」360度的全週迴轉參數。

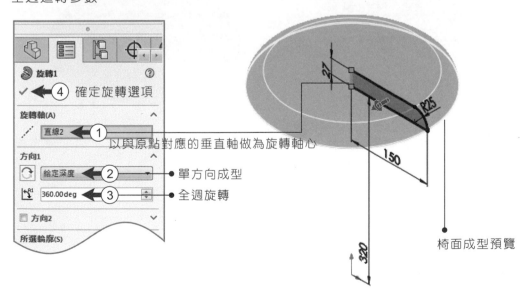

STEP
03

有了椅面成型後,接續著是繪製椅腳的階段。同樣選擇【🔲:前基準面】來進入草圖程序,並描繪出如下方圖例的線段:首先以【✏:直線工具】繪製一條貼在椅背的水平線,並設定為90mm;再繪製一條下端點距離【➕ 原點】190mm的交線,最後於角點使用【⬜ 草圖圓角】導出50的參數即可「保留草圖」。

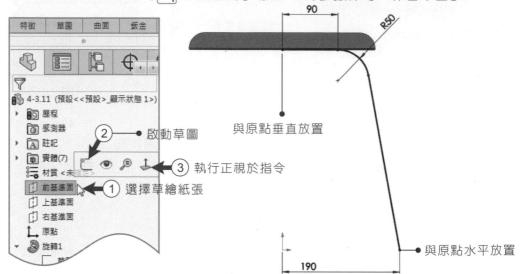

STEP
04

【🔩 掃出填料】需要路徑與輪廓(可封閉或開放)。由於上個步驟所繪製的路徑下方端點設定與【➕ 原點】水平放置,所以現階段的草圖可以直接繪製在【🔲 上基準面】。

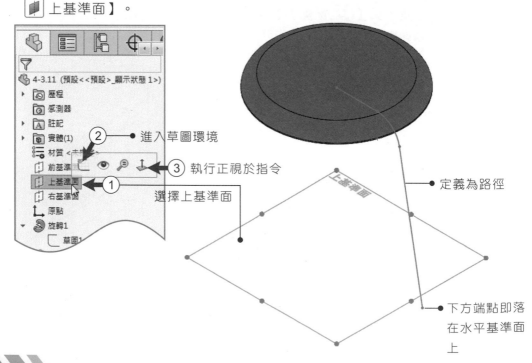

STEP 05

水平基準面上的草圖啟動後,使用【 ⊙ 圓工具】於【 ↯ 原點】上繪製兩個同心圓,並以【 ◇ 智慧型尺寸】標註參數為320mm與380mm,且繪製一條經由中心點向右側延伸200mm的【 ⁄ 中心線】(等同是幾何建構線),再於建構線右側端點繪製一個35mm的小圓。

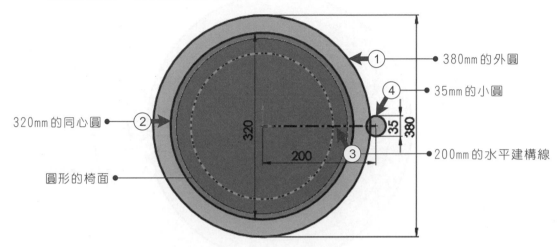

- ① 380mm的外圓
- ④ 35mm的小圓
- ② 320mm的同心圓
- ③ 200mm的水平建構線
- 圓形的椅面

STEP 06

以【 ⁄ 直線工具】繪製一條左上右下的斜線連接外圓與內圓,並用【 ◇ 智慧型尺寸】標註斜線左側端點與水平建構線之垂直距離為20mm,而斜線與建構線之角度設定為10。

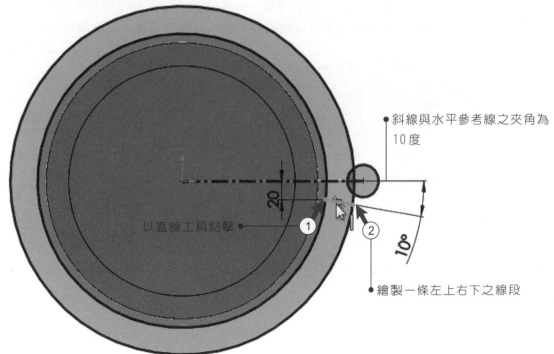

- 斜線與水平參考線之夾角為10度
- 以直線工具點擊 ①
- ② 繪製一條左上右下之線段

STEP 07

現階段以 `Ctrl` ＋ Ⓐ Ⓑ 兩線段，並透過草圖工具中【⋈ 鏡射圖元】複製斜線
。由於線段 Ⓐ 複製前已經完全定義，所以複製後的 Ⓑ 線段仍會與外圓、內圓重
和。透過了【⟋：中心線】鏡射複製的線段，將會與原始的線段產生「對稱」的
幾何限制。

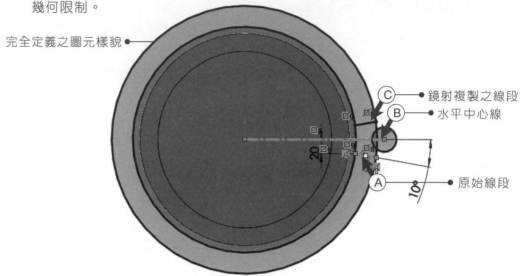

完全定義之圖元樣貌 ●

Ⓒ ●鏡射複製之線段
Ⓑ ●水平中心線

Ⓐ ●原始線段

STEP 08

檢視草圖的線段有些許重疊的輪廓，所以使用【✂ 修剪圖元】消弭交疊的部份
線段。於設定選項中選擇「強力修剪」，並設定「將修剪的圖元保留為幾何建構
線」（如此設定可以讓修剪過後的線段一樣存留著參考邊界的建構線）。

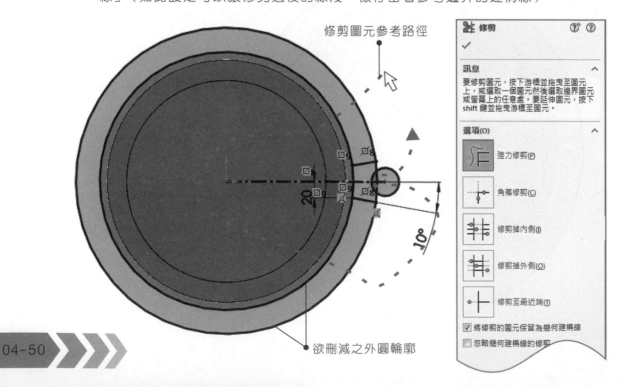

修剪圖元參考路徑

✂ 修剪

訊息
要修剪圖元，按下游標並拖曳至圖元
上，或選取一個圖元然後選取邊界圖元
或螢幕上的任意處。要延伸圖元，按下
shift 鍵並拖曳游標至圖元。

選項(O)

強力修剪(P)

角落修剪(C)

修剪掉內側(I)

修剪掉外側(O)

修剪至最近端(T)

☑ 將修剪的圖元保留為幾何建構線
☐ 忽略幾何建構線的修剪

欲刪減之外圓輪廓

STEP
09 【 ✂ 修剪圖元 】設定選項中最常用的即是「強力修剪」與「保留建構線」。如下方圖例中剔除草圖中交疊的線段，修剪後之草圖僅剩下右側圖元，讀者得以自行決定是否需要邊界修飾。

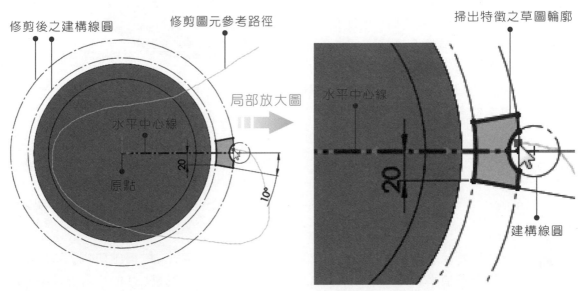

修剪後之建構線圓　　修剪圖元參考路徑　　　　　　　　掃出特徵之草圖輪廓
水平中心線　　　　　　局部放大圖　　水平中心線
原點　　　　　　　　　　　　　　　　　建構線圓

STEP
10 有了路徑選項與草圖輪廓，是掃出特徵的成型要件。點選工具列中的【 ◗ 草圖圓角】修飾線段邊界的角點。於圓角設定選項中輸入 5mm 的參數，並勾選「維持轉角處限制」。如下方右側圖例示意：將草圖輪廓中的角點導以參數 5 的圓角；如果不在此階段進行邊角修飾，也可以留待特徵成型後再潤飾邊界。

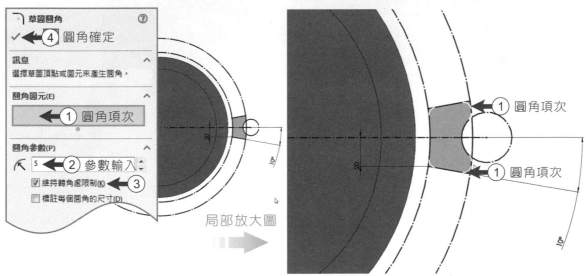

草圖圓角
✓ ← ④ 圓角確定
訊息
選擇草圖頂點或圖元來產生圓角。
圓角圖元(E)
← ① 圓角項次
圓角參數(P)
⟋ 5 ← ② 參數輸入
☑ 維持轉角處限制(K) ← ③
☐ 標註每個圓角的尺寸(D)

局部放大圖
① 圓角項次
① 圓角項次

STEP
11

掃出特徵常有未如預期成型的概況
，我都會跟學員解釋掃出時的草圖
輪廓如同是一輛車，而路徑就好比
是道路，當道路蜿蜒的曲徑過大時
（或車身過於寬大時），即有可能造
成車子即無順利通過道路的可能性
。所以當【 $\mathcal{S}$ 掃出填料】無法成型
時，可以嘗試改變路徑或草圖輪廓
以期符合特徵成型的要鍵。

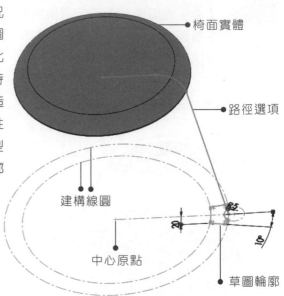

椅面實體

路徑選項

建構線圓

中心原點

草圖輪廓

STEP
12

欲讓草圖輪廓沿著路徑的線段成型為實體，即是啟用【 $\mathcal{S}$ 掃出填料】特徵指令
，設定選項大致如下方例圖所示；但須特別強調的一點是 ⑤ 的「合併結果」項
次需要取消。當選項依序填妥後，最後再按下【 ✔ 確定】即可。掃出之預覽結
果則如畫面中黃色區域所示：

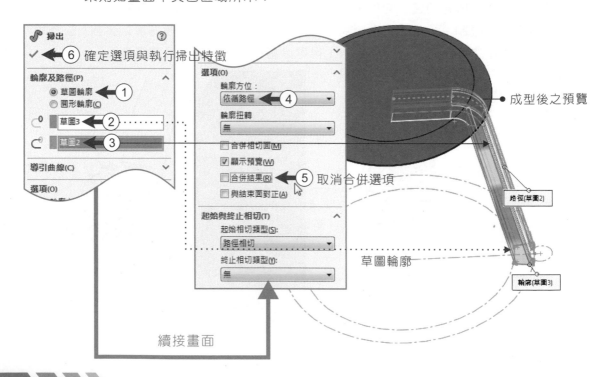

成型後之預覽

路徑(草圖2)

草圖輪廓

輪廓(草圖3)

續接畫面

STEP 13
椅腳藉由掃出特徵成型後，如果需要填入補強的支材，建議可以選擇【📘右基準面】來進入草繪程序；並於草圖啟動時點選【↑正視於】對位紙張。如果使用者與筆者繪製的程序有所不同，則草繪平面的選擇也可能會有所差異。

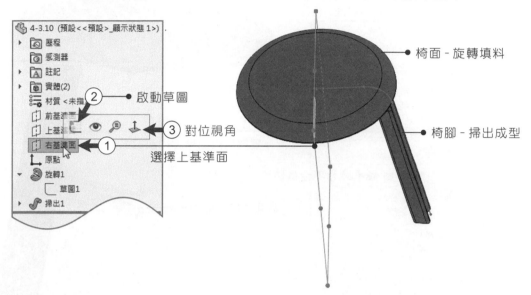

● 椅面－旋轉填料

● 椅腳－掃出成型

STEP 14
於視角轉正後，使用【▢：角落矩形】繪製一個合宜的封閉輪廓，且四邊形的左右垂直線須與椅腳的實體邊線共線／對齊，並設定矩形高度為30mm；而底端的水平線與【↓：原點】之間距為125mm，最後再藉由【◻：草圖圓角】導出四邊角點各5mm的圓角。

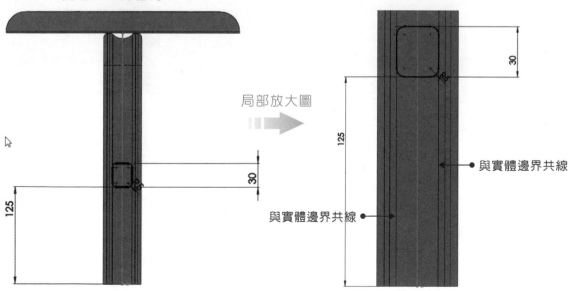

局部放大圖

● 與實體邊界共線

與實體邊界共線 ●

STEP
15

在四邊形的草圖完全定義後（不完全定義亦可），使用【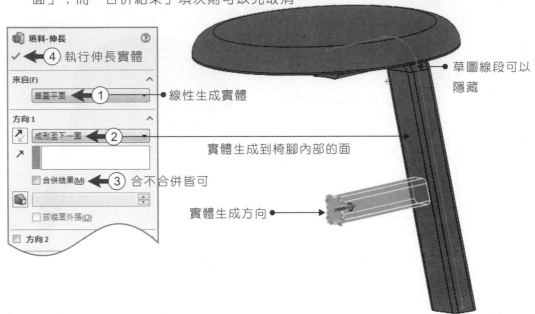：伸長填料】指令長出實體的部份。於選項對話框內先設定「草圖平面」；方向1則選擇「成形至下一面」；而「合併結果」項次則可以先取消。

填料-伸長

✓ ← 4 執行伸長實體

來自(F)
草圖平面 ← 1 ● 線性生成實體

方向1
⚲ 成形至下一面 ← 2
⚲
☐ 合併結果(M) ← 3 合不合併皆可

☐ 拔模面外張(O)
☐ 方向2

● 草圖線段可以隱藏

實體生成到椅腳內部的面

實體生成方向 ●

STEP
16

在椅腳的補強支材成型後，即將指標移至【 ● 顯示/隱藏】選項中，並開啟【 ✎ 檢視暫存軸】。在下個成型階段需使用「暫存軸」做為複製的參考線，而該中心軸之來源為第一個特徵——椅面的【 ◢ 旋轉填料】。

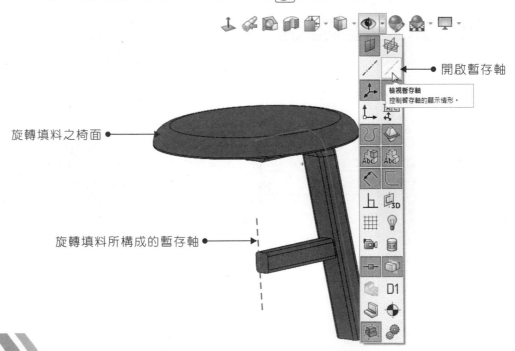

● 開啟暫存軸

檢視暫存軸
控制暫存軸的顯示情形。

旋轉填料之椅面 ●

旋轉填料所構成的暫存軸 ●

STEP
17

點選【 🔲 環狀複製排列】並參考下列欄位的設定。在選項中勾選「同等間距」與「360度」後，系統會自行判讀為全週角來整除「複製數量」。而複製的項次選擇需特別勾選「本體」欄位，如此可讓未結合的本體透過指令來複製。

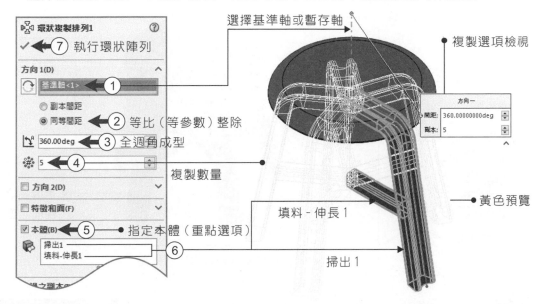

STEP
18

由於我們「環形陣列」的指定是複製「本體」項次，所以在特徵完成後需要再透過【 🗗 結合】的指令將所有的椅腳本體融合為一。透過下拉式選單「插入 / 特徵」中的子選項啟動指令功能。

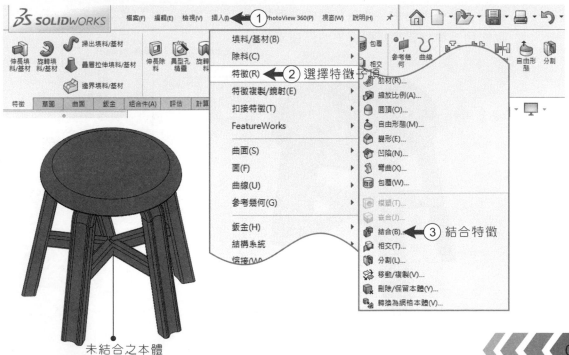

未結合之本體

STEP
19

【 ⬚ 結合 】的指令啟動後，於視窗中指定「加入」類型，並在「結合之本體」欄位將檔案中除了椅面之外的所有本體框選起來；於選項確認之後，即可見到所有的椅腳本體融合為一體。

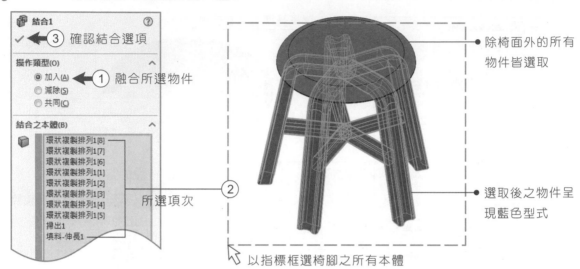

結合1

③ 確認結合選項

操作類型(O)
◉ 加入(A) ← ① 融合所選物件
◯ 減除(S)
◯ 共同(C)

結合之本體(B)
環狀複製排列1 [8]
環狀複製排列1 [7]
環狀複製排列1 [6]
環狀複製排列1 [1]
環狀複製排列1 [2]
環狀複製排列1 [3]
環狀複製排列1 [4]
環狀複製排列1 [5]
掃出1
填料-伸長1

所選項次 ②

除椅面外的所有物件皆選取

選取後之物件呈現藍色型式

以指標框選椅腳之所有本體

STEP
20

於椅腳融合為一體後，其模型建構已經完成。如果讀者想再使用內建之彩現軟體【 ⚫ : Photoview360 】附貼材質與環境。如右側圖例：在【 🖌 編輯外觀】選項中選擇「有機物 / 木材 / 櫻桃木」的資料夾，並以指標點選「拋光櫻桃木」做為椅凳的外觀材質。（使用也可以使用多種材質來搭配椅凳的外在素材）。

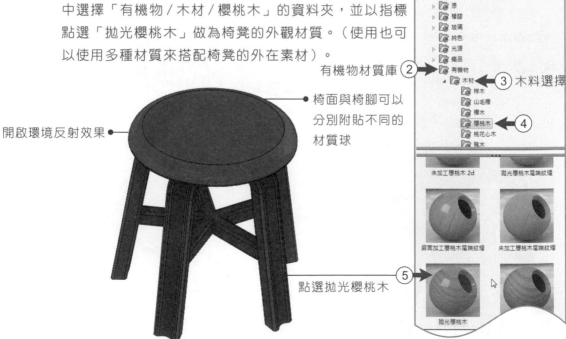

外觀、全景、及移曲印花

外觀(color) ← ① 材質選項
塑膠
金屬
漆
橡膠
玻璃
純色
光源
織品
有機物 ← 有機物材質庫 ②
木材 ← ③ 木料選擇
樺木
山毛櫸
櫸木
櫻桃木 ← ④
桃花心木
楓木

開啟環境反射效果

椅面與椅腳可以分別附貼不同的材質球

點選拋光櫻桃木 ⑤

未加工櫻桃木 2d
拋光櫻桃木尾端紋理
緞面加工櫻桃木尾端紋理
未加工櫻桃木尾端紋理
拋光櫻桃木

STEP
21

材質貼附完備後，繼而選擇【🐟 編輯全景】以匯入燈光與環境檔案。由「全景／基本全景」資料夾中選擇「背景幕-Studio房間」，於視窗中可見到灰色的漸層背景，並且椅凳的倒影與影子都成為可視的預覽。

環境反射預覽

開啟陰影效果

環境選擇

椅凳倒影的預覽

外觀、全景、及移畫印花

▷ 🔵 外觀(color)
▿ 🐟 全景 ← ① 環境檔案選擇
　　🖼 基本全景 ← ②
　　🖼 Studio 全景
　▷ 🖼 表現全景
　　🖼 Backgrounds
▷ 🗑 移畫印花

背景幕 - 有輔助光源的黑色　背景幕 - 有高架光源的灰色

背景幕 - Lightbox Studio　背景幕 - Studio 房間 ← ③

STEP
22

有了環境與表面材質之設定，即能使用【⚫ 最終影像計算】彩現出擬真的圖片檔案。【⚙ 選項】中可以開啟「焦散」與「光暈」設定，並將圖片尺寸長寬比改為較常見的1200與800。

未附貼材質之椅凳

渲染後之椅凳圖照

4-3.2 板凳設計變更

「圓型椅凳」完成後,現階段則是透過設計變更來改變椅子的造型。有別於之前的範例是藉由「特徵管理員」中的父子特徵來編輯模型之樣式。本單元中,筆者保留一開始旋轉成型的椅面,並設定椅面底部為草圖繪製的平面,再於草繪狀態中【⬆ 正視於】選擇的繪圖紙張

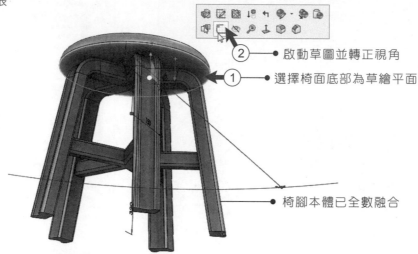

② ● 啟動草圖並轉正視角

① ● 選擇椅面底部為草繪平面

● 椅腳本體已全數融合

STEP 01

當視角轉正後,不論是俯視或仰視椅面,其繪製的紙張都是在椅面的底部。使用【◎ 圓工具】與【／ 直線工具】繪製出如下方圖例之草圖,再使用【◇ 智慧型尺寸】定義圖元。而「淡紫色」區域為封閉的實線架構,也是欲生成實體的草繪扇形輪廓。

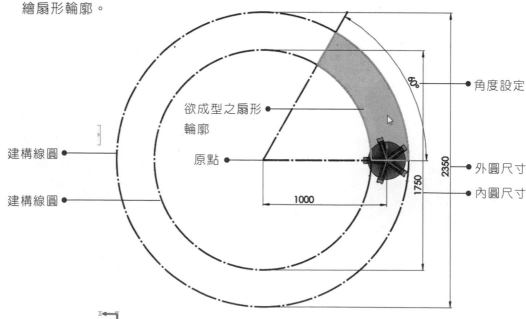

● 角度設定
欲成型之扇形 ●
輪廓
建構線圓 ●
原點 ●
● 外圓尺寸
● 內圓尺寸
建構線圓 ●
1000

透過【 伸長填料】指令生成上一階段的扇形輪廓為實體。於特徵選項設定上
，選擇50mm的單方向填料，而現階段需要取消「合併結果」項次，以免所有的
實體結合在一起。當有了新的椅面後，原本的圓型椅面即可以「右鍵」隱藏該項
次；或可以透過下拉式選單「插入 / 特徵」中的【 刪除本體】消弭椅面。

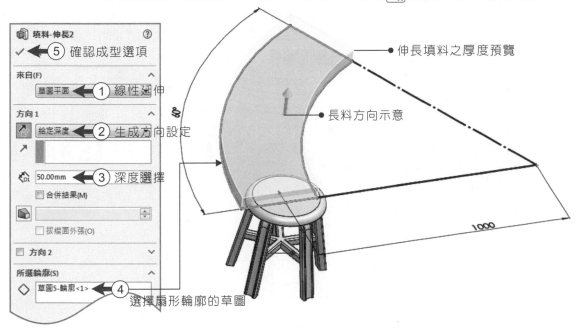

填料-伸長2

⑤ 確認成型選項

來自(F)

① 草圖平面 ← 線性延伸

方向1

② 給定深度 ← 生成方向設定

③ 50.00mm ← 深度選擇

☐ 合併結果(M)

☐ 拔模面外張(O)

☐ 方向2

所選輪廓(S)

◇ 草圖5-輪廓<1> ④

選擇扇形輪廓的草圖

伸長填料之厚度預覽

長料方向示意

「扇形實體」生成後，以「
左鍵」點選側向的垂直面，
並以此面繪製草圖。草圖起
動後仍需再以【 正視於
】指令來轉正紙面。

選擇側向垂直面 ①

草 ② 繪製草圖

圓型椅面可以

隱藏或刪除

椅腳如需編輯也可以透過指標點擊

STEP
04
使用【 ✏ 直線工具】或【 ▭ 角落矩形 】繪製如下方例圖之線段,且再透過【
░ :直線複製排列】橫向陣列草圖輪廓。於複製選項中,設定為六個相距50mm
的圖元(讀者可以自訂草圖線段與陣列的複製選項)。

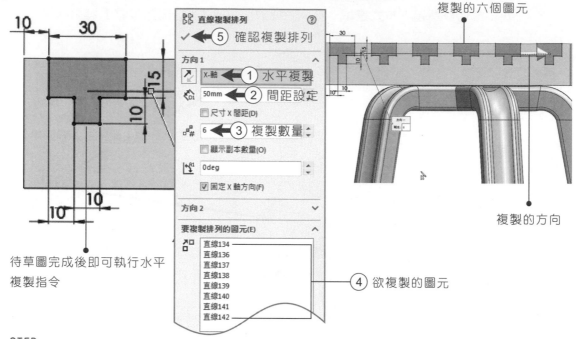

複製的六個圖元

░ 直線複製排列

✓ (5) 確認複製排列

方向 1

↗ X-軸 (1) 水平複製

◊₀ 50mm (2) 間距設定

☐ 尺寸 X 間距(D)

░# 6 (3) 複製數量

☐ 顯示副本數量(O)

↖R1 0deg

☑ 固定 X 軸方向(F)

方向 2

要複製排列的圖元(E)

直線134
直線136
直線137
直線138
直線139
直線140
直線141
直線142

待草圖完成後即可執行水平
複製指令

(4) 欲複製的圖元

複製的方向

STEP
05
橫向陣列後的圖元是備用的「草圖輪廓」。點選【 ✏ 掃出除料 】,並於選項視
窗中點選「草圖輪廓」,而欲掃出的草圖即是上個步驟中陣列的圖元;至於路徑
的選擇得以指定為「扇形輪廓」的其中一條實體弧線。

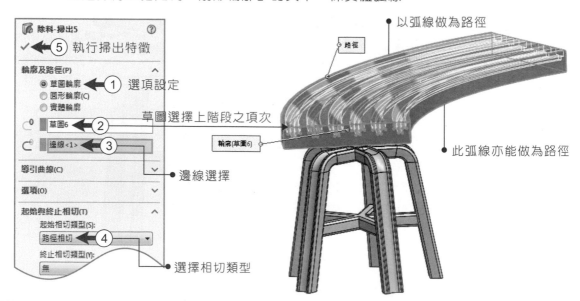

░ 除料-掃出5

✓ (5) 執行掃出特徵

輪廓及路徑(P)

◉ 草圖輪廓 (1) 選項設定
◯ 圓形輪廓(C)
◯ 實體輪廓

C° 草圖6 (2) 草圖選擇上階段之項次

C° 邊線<1> (3)

導引曲線(C) 邊線選擇

選項(O)

起始與終止相切(T)

起始相切類型(S):

路徑相切 (4)

終止相切類型(Y):

無 選擇相切類型

以弧線做為路徑

路徑

輪廓(草圖6)

此弧線亦能做為路徑

STEP 06

如果椅面的形態讀者可以接受，則能直接複製椅腳的部份並彩現模型；而如果想再對椅面分割與編輯，即從【 📖 上基準面】啟動草圖，並繪製如右側圖例的線段。

幾何建構線

3°

封閉的扇形圖元

幾何建構線

3°

封閉的扇形圖元

25.50°

幾何建構線

3°

STEP 07

透過下拉式選單「插入／特徵」選項中的【 📦 分割】指令，將椅面切割出兩塊扇形的圖元。分割本體時需要先於頁面例圖中的「成型本體」下 ✂ 圖標點擊（或是指定欄位下的空格，如 ④ ），如此才算是啟用分割模型的真正程序。

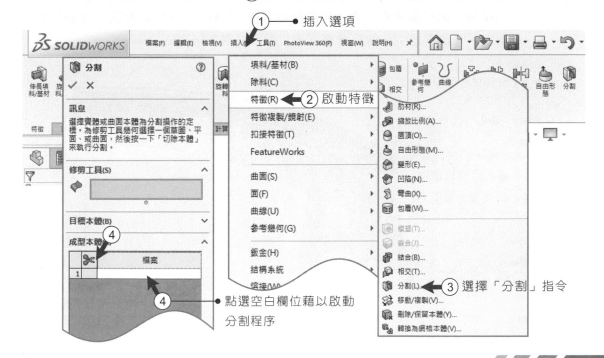

① 插入選項

② 啟動特徵

③ 選擇「分割」指令

④ 點選空白欄位藉以啟動分割程序

STEP
08
延續上個未完成之步驟,直接移動指標到椅面上可以見到「黃色」的分割實體顏
色,使用者得以透過指標的點擊將椅面分成三個本體;原本單一的實體切割成三
等份後,即能針對個別實體的邊界潤飾或編輯。

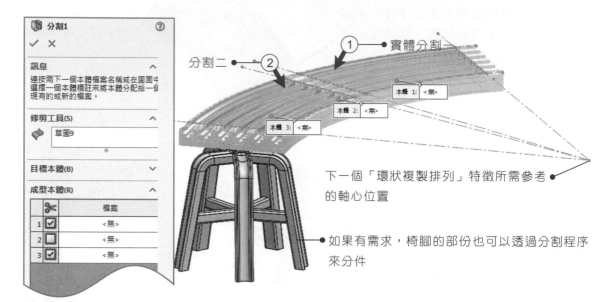

下一個「環狀複製排列」特徵所需參考
的軸心位置

如果有需求,椅腳的部份也可以透過分割程序
來分件

STEP
09
選擇【環狀複製排列】特徵,而參考的軸心則選擇上個步驟中的垂直「建構
線」,如果未看見中心軸,即能透過【顯示/隱藏】開啟【暫存軸】;
在複製的單位數輸入三個,角度則設定在60度的同等間距複製;複製的項次是
指定「本體複製」,並點選椅腳部份即完成複製排列的特徵。

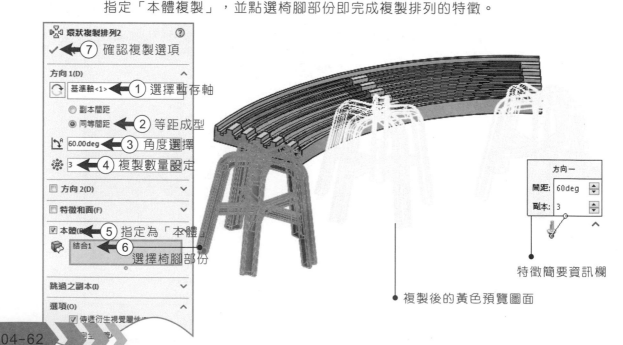

① 選擇暫存軸
② 等距成型
③ 角度選擇
④ 複製數量設定
⑤ 指定為「本體」
⑥ 選擇椅腳部份
⑦ 確認複製選項

特徵簡要資訊欄

複製後的黃色預覽圖面

STEP
10

模型建構完成之後，透過【⬤：Photoview360】編輯材質與環境。並以「影像計算」輸出圖片檔案。椅面與椅腳皆為「拋光櫻桃木」；而椅面透明的分割部份則是貼入玻璃或壓克力等透明材質球。

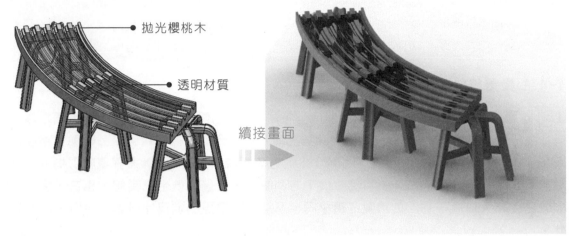

拋光櫻桃木

透明材質

續接畫面

STEP
11

模型完成後，現階段再透過【 🔲 環狀複製排列】將椅面與椅腳複製成圓形的組態。如下方例圖所示：透過全週圓複製成六個椅凳，複製的「本體」選項則是全部的椅凳零件。本單元範例製作已完成。

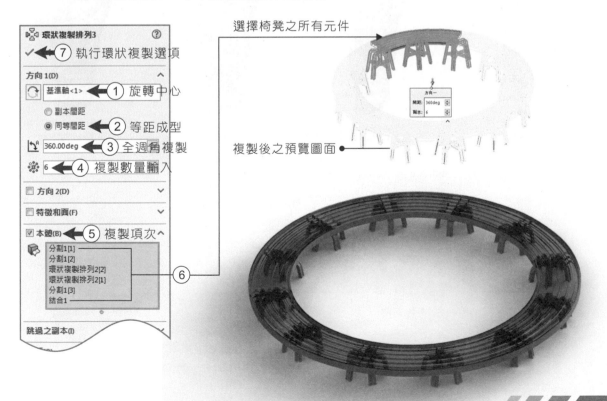

選擇椅凳之所有元件

複製後之預覽圖面

環狀複製排列3

⑦ 執行環狀複製選項

方向 1(D)

基準軸<1> ① 旋轉中心

○ 副本間距
◉ 同等間距 ② 等距成型

360.00deg ③ 全週角複製

※ 6 ④ 複製數量輸入

方向 2(D)

特徵和面(F)

☑ 本體(B) ⑤ 複製項次

分割1[1]
分割1[2]
環狀複製排列2[2]
環狀複製排列2[1]
分割1[3]
結合1 ⑥

跳過之副本(I)

方向一
間距 360deg
副本 6

4-4 疊層拉伸應用

◎要點提醒　　　本範例為綠色版參考教學檔--請使用雲端連結

本範例教學視訊檔案：SolidWorks/基礎&實務/CH04目錄下/4-4 疊層拉伸.avi
本範例製作完成檔案：SolidWorks/基礎&實務/CH04目錄下/4-4 疊層拉伸.SLDPRT

4-4.1 疊層拉伸特徵應用於瓶子設計

【 ：疊層拉伸】是SW最常見的四個成型特徵之一（含除料）。本單元預藉由「拉伸」的指令生成瓶子的本體。該特徵與【 ：掃出填料】指令都是需要藉由草圖輪廓與路徑輔助來製作本體（部份設定可以免去導引線）；而近年系統新增的【 邊界填料】指令，其使用的形式與程序又與「拉伸」相仿。於下方例圖中，透過特徵生成實體，也在「填料」與「分割」後完成瓶子細部的繪製，最後同樣歷經設計變更的進程完成第二款瓶子的造型設計。

建模進程：　■■➤ Process-1　　　■■➤ Process-2　　　■■➤ Process-3

完成輪廓與路徑　　　　疊層拉伸完成　　　　瓶蓋繪製　　　　瓶身細部設計

◄■■ Process-5　　　Process-4 ➡

貼附材質與環境　　　　　　設計變更

STEP
01

如果沒有特別限定，筆者通常都是以「前視角」作為草繪平面；而本單元之瓶身設計則因平面輪廓的關係，所以選擇【 📄 上基準面】啟動草圖。並使用草圖工具【 ⊘ 橢圓形】於【 ⊥ 原點】向外側繪製一個高38mm、寬75mm的圖元，於尺寸標註後理應完全定義該圖元。

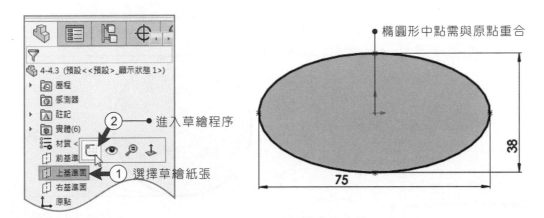

● 橢圓形中點需與原點重合

② ● 進入草繪程序

① 選擇草繪紙張

STEP
02

上一個草圖完成後須保留圖元，該橢圓形即是特徵成型的輪廓。剛剛的草圖完成於上視角，而第二個草圖輪廓亦同。現階段點選【 📄 上基準面】後，繼而再選擇【 📄 參考幾何】中的【 📄 基準面】，並且偏移出相距約210mm的新草繪紙張。

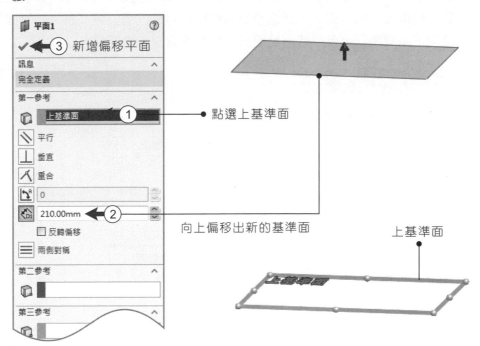

● 點選上基準面

向上偏移出新的基準面

上基準面

STEP 03

在【 📄 基準面】偏移完成後即點選面並啟動草圖,並透過【 ⬆ 正視於】對位繪圖視角。使用【 ⭕ 圓工具】由【 🔓 原點】拉開一個直徑38mm的圖元,而這個正圓會與一開始繪製的橢圓形邊界輪廓相切。

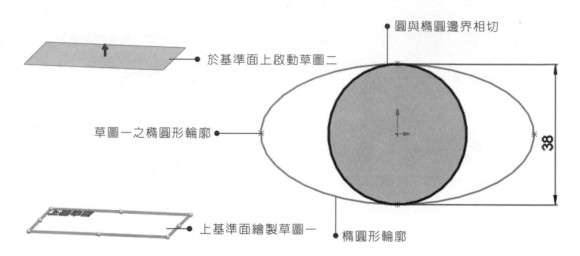

圓與橢圓邊界相切

於基準面上啟動草圖二

草圖一之橢圓形輪廓

38

上基準面繪製草圖一

橢圓形輪廓

STEP 04

當兩個輪廓草圖完備後,繼而是繪製導引的路徑。路徑繪製的平面該如何指定呢?我總是請充滿疑慮的學員透過「滾輪」轉動視角,選擇能夠將兩個或多個草圖輪廓串接起來的【 📄 基準面】,並以其平面來繪製導引線段。我們把指標移動到「特徵樹」的平面上,透過預覽我們可以知道「前」與「右」兩平面都可以串接上下兩個圖元,所以個別點選該平面來繪製導引的路徑。

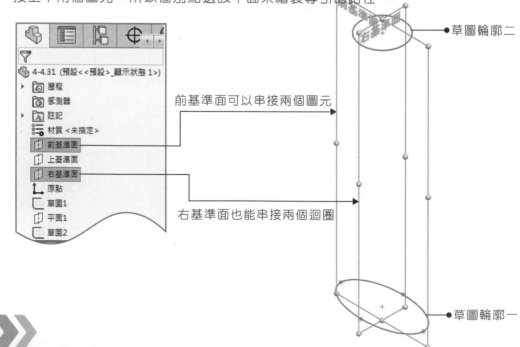

草圖輪廓二

前基準面可以串接兩個圖元

右基準面也能串接兩個迴圈

草圖輪廓一

STEP
05

選擇能串接起上下兩個草圖剖面的
【 📰 基準面】，並繪製如右側圖例
之線段；繼而再使用【 🖉 智慧型尺
寸】定義各線段的形態。如果讀者
繪製時草圖未完全定義也無所謂，
畢竟現階段是處於特徵練習的階段
，保留圖元部份的自由度亦有利於
後續設計變更的編輯。

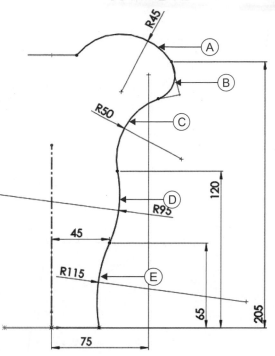

STEP
06

軟體中會協助使用者幾何限制圖元，因此常發現系統主動【 🖍 ：重合／共點】，
但卻不是我們期許的設定型態，所以使用者還需個別到「限制條件」的圖標上按
下 `Delete` ：來刪除限制。當弧線的上下端點皆與草圖輪廓【 🐀 貫穿】（或是【
🖍 重合／共點】）後，即能透過指標框選草圖中的所有線段（包含【 🖋 中心線】
），並啟動【 🖂 鏡射圖元】指令來複製圖元，且保留此草圖備用。

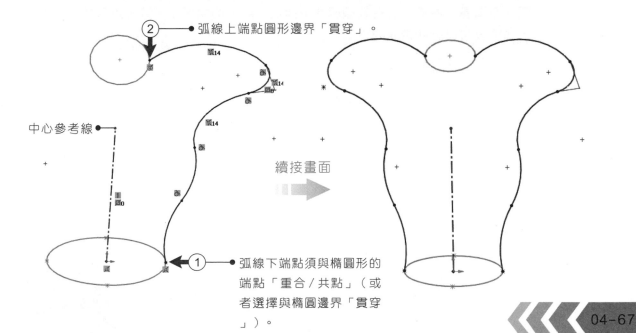

② ●弧線上端點圓形邊界「貫穿」。

中心參考線 ●

續接畫面

① ◄ 弧線下端點須與橢圓形的
端點「重合／共點」（或
者選擇與橢圓邊界「貫穿
」）。

STEP 07

上一個階段使用【 📖 前基準面】繪製兩條導引曲線;而現階段則是選擇串接起草圖輪廓的【 📖 右基準面】來繪製另兩條路徑。學員也常問我:【 ⬇ 疊層拉伸】的導引曲線幾條最適當呢?這其實得看您建模的個體與形態來取決導引線的數量,有時不須導引曲線也能拉伸出您所預期的效果。

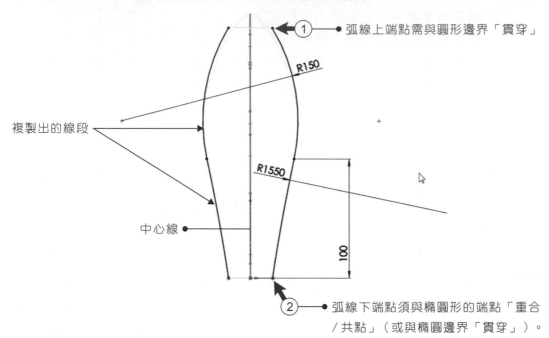

弧線上端點需與圓形邊界「貫穿」

R150

複製出的線段

R1550

中心線

100

弧線下端點須與橢圓形的端點「重合／共點」(或與橢圓邊界「貫穿」)。

STEP 08

兩個草圖輪廓與四條導引曲線都完備後,繼而執行【 ⬇ 疊層拉伸】指令。於功能視窗中的「輪廓」點擊下方的橢圓形與上側的圓;而「導引曲線」欄位則依序選擇四條導引曲線,並在快顯視窗中指定「開放的線段」(當一個草圖中同時有多個開放線段時即需要額外指定)。

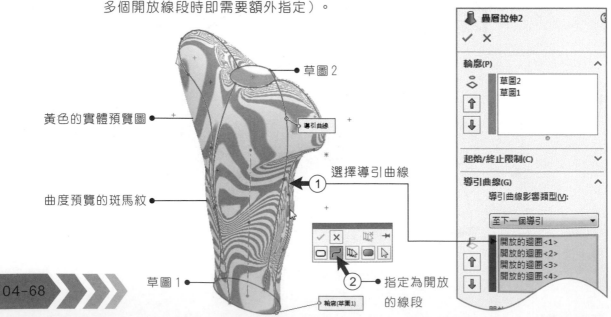

草圖2

黃色的實體預覽圖

選擇導引曲線

曲度預覽的斑馬紋

草圖1

指定為開放的線段

疊層拉伸2

輪廓(P)
草圖2
草圖1

起始/終止限制(C)

導引曲線(G)

導引曲線影響類型(V):

至下一個導引

開放的迴圈<1>
開放的迴圈<2>
開放的迴圈<3>
開放的迴圈<4>

STEP
09

實體生成後，使用者可以透過視角轉動來檢視【 叠層拉伸】所構成的邊界輪廓是否有需要再修飾的部份，並透過特徵下的草圖編輯來設計變更。現階段針對瓶口製作伸長的步驟，點選瓶口平面並以其作為草繪基準，也在草圖啟動的同時點選【 參考圖元】，讓選擇的瓶口線段複製到新的程序上，最後再【 :伸長填料】即可。

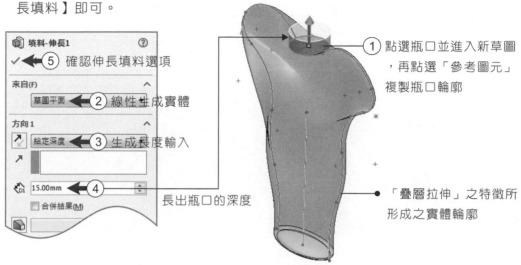

填料-伸長1

⑤ 確認伸長填料選項

來自(F)

草圖平面 ② 線性生成實體

方向1

給定深度 ③ 生成長度輸入

15.00mm ④

合併結果(M)

長出瓶口的深度

① 點選瓶口並進入新草圖，再點選「參考圖元」複製瓶口輪廓

「疊層拉伸」之特徵所形成之實體輪廓

STEP
10

選擇【 前基準面】並進入草繪階段。使用【 直線工具】繪製如下方例圖的線段且標註尺寸；草圖左側的垂直線須與【 原點】有垂直的對應限制。開啟【 旋轉填料】，並指定垂直線作為旋轉的軸心，且為預設的360度全週角成型。

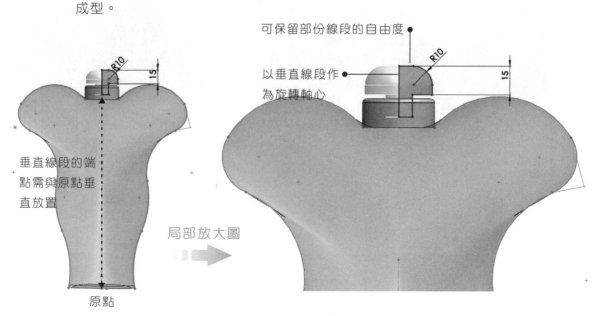

垂直線段的端點需與原點垂直放置

原點

局部放大圖

可保留部份線段的自由度

以垂直線段作為旋轉軸心

R10

15

STEP
11

同樣以【 📖 前基準面 】作為草圖繪製的紙張,並使用【 ↥ 正視於 】對位草圖
視角。選擇【 ╱ 直線工具 】、【 ⌐ 圓角 】描繪出如下方圖例之線段;而需要
特別注意的是圖元中的右側端點須與【 ⊥ 原點 】有垂直放置的對應限制。

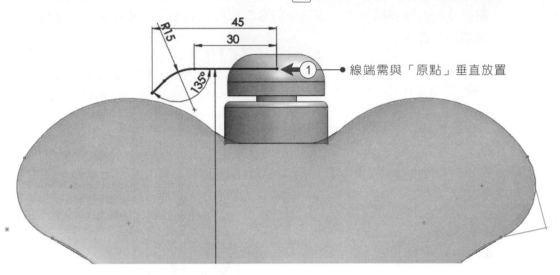

線端需與「原點」垂直放置

STEP
12

在上個草圖結束後,改選擇【 📖 右基準面 】繪製兩個同心圓,而其圓心即共點
於上一個步驟所完成的上方線端,並保留現階段草圖。再點選【 💿 掃出填料 】
指令,讓同心圓的草圖沿著路徑掃出。

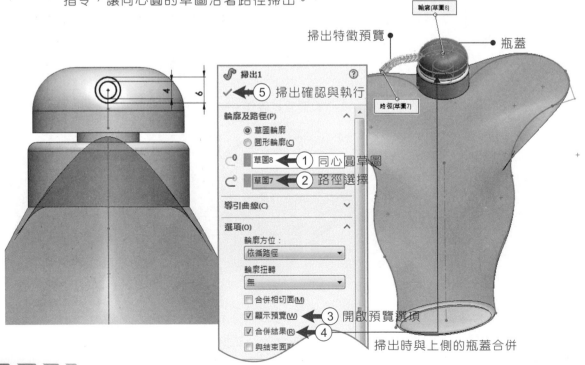

掃出特徵預覽

瓶蓋

輪廓[草圖8]

路徑[草圖7]

掃出1

✓ ← (5) 掃出確認與執行

輪廓及路徑(P)
◉ 草圖輪廓
○ 圓形輪廓(C)

草圖8 ← (1) 同心圓草圖
草圖7 ← (2) 路徑選擇

導引曲線(C)

選項(O)
輪廓方位:
依循路徑
輪廓扭轉:
無

☐ 合併相切面(M)
☑ 顯示預覽(W) ← (3) 開啟預覽選項
☑ 合併結果(R) ← (4)
☐ 與結束面對齊

掃出時與上側的瓶蓋合併

STEP
13

對於瓶子的實體建模，基礎的步驟已經完成，剩下的即是瓶身與瓶蓋結構的設計，而這後續的設計我們會再於下個單元的章節提及。瓶身的設計變更基本上只要編輯【 🛢 ：疊層拉伸】特徵所內含輪廓與導引曲線，即能迅速的完成瓶身造型的再次設計。

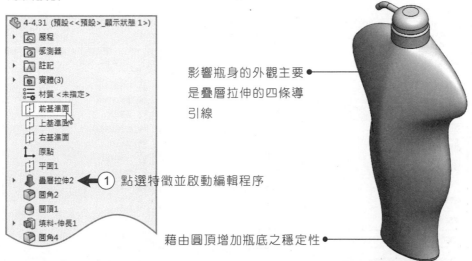

影響瓶身的外觀主要
是疊層拉伸的四條導
引線

① 點選特徵並啟動編輯程序

藉由圓頂增加瓶底之穩定性

STEP
14

現階段筆者欲對於瓶身作細部分割的程序。於【 🪟 前基準面】上點選並進入草圖繪製，使用【 ⊙ 圓工具】放樣三個大小不一的迴圈，建議圓心的部份都能夠與【 ⊥ 原點】垂直限制。如果讀者欲標註尺寸於圖元上，也可以藉由參數的設定來定義輪廓。

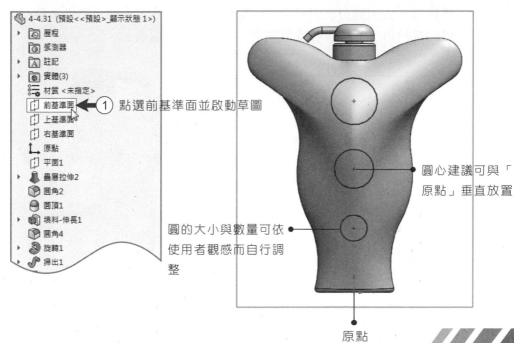

① 點選前基準面並啟動草圖

圓心建議可與「
原點」垂直放置

圓的大小與數量可依
使用者觀感而自行調
整

原點

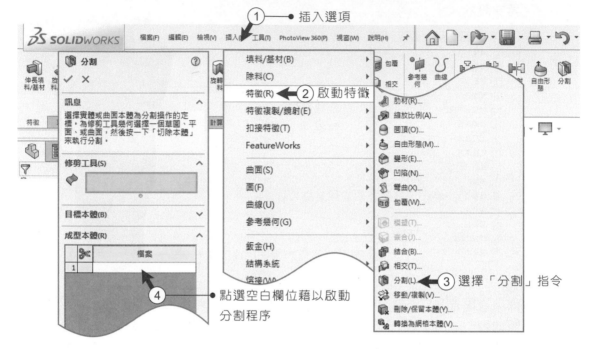

STEP 15

透過下拉式選單「插入 / 特徵」項次中的【 🗊 分割】指令,將瓶身切割出三個圓形的圖元。分割本體時需要先於頁面例圖中的「成型本體 / 檔案」下的欄位點擊(如 ④)(或是選擇 ✂ 剪刀圖標),如此才算是進到分割模型的程序。

STEP 16

延續上個未完成的步驟,直接移動指標到瓶子輪廓上可以見到「黃色」的分割實體樣貌,使用者得經由指標的點擊將瓶身分成四個本體;而原本單一的實體切割成四等份後,即能針對個別項次的邊界潤飾或編輯。

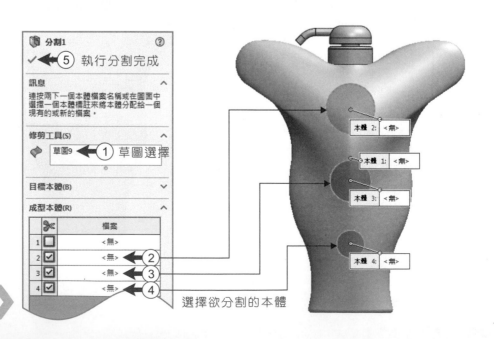

STEP
17

瓶身於分割後再透過【▢ 圓角】潤
飾本體邊界。圓角項次的係數可以酌
參下側數值的設定或適宜的做調整。
瓶身模型建構的進程已經完成。

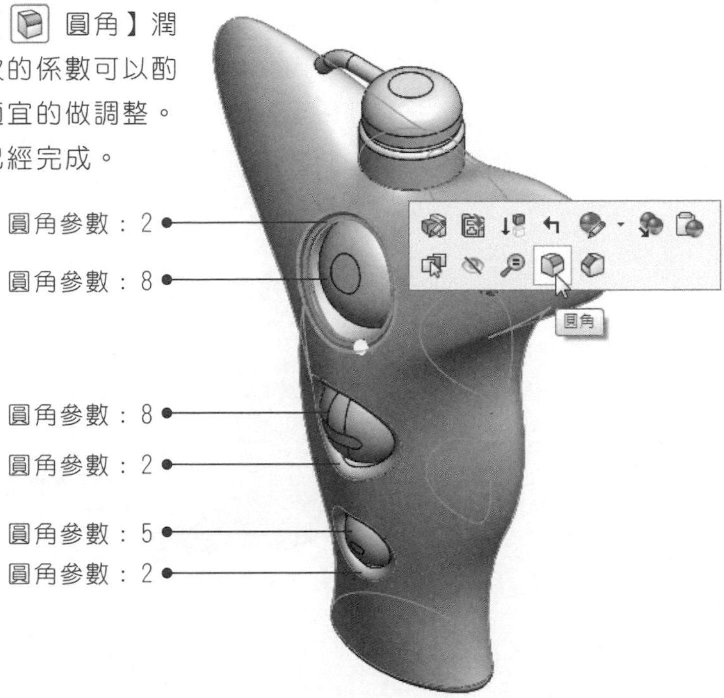

圓角參數：2

圓角參數：8

圓角參數：8

圓角參數：2

圓角參數：5

圓角參數：2

圓角

STEP
18

開啟彩現軟體【 ：編輯材質】。進入到「外觀 / 玻璃 / 厚玻璃」的資料夾選項
後，指定「綠色厚玻璃」貼附瓶身；而瓶蓋與分割出來的本體則可以透過其他材
質套用。

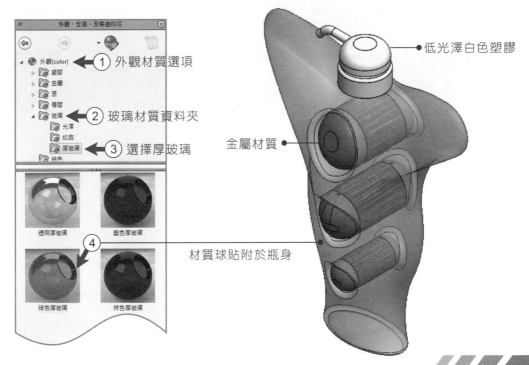

外觀‧全景‧及移動印花

① 外觀材質選項
塑膠
金屬
漆
橡膠
玻璃 ② 玻璃材質資料夾
光澤
紋路
厚玻璃 ③ 選擇厚玻璃
綠色

透明厚玻璃　藍色厚玻璃

④

綠色厚玻璃　棕色厚玻璃

材質球貼附於瓶身

低光澤白色塑膠

金屬材質

STEP 19

模型在覆貼完材質後,繼而開啟【 🐷 編輯全景】指令匯入環境與燈光。使用「全景/基本全景」中的「辦公室空間」場景合成渲染的環境。

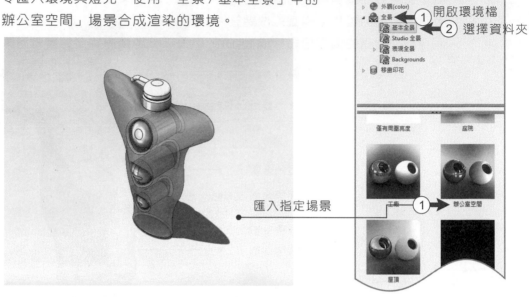

匯入指定場景

① 開啟環境檔
② 選擇資料夾

STEP 20

我常看見學員在彩現程序耗費大量的時間,甚而比模型建構還要多出好幾倍。鑑此,筆者建議使用者如果要針對模型材質上色表現較及鋩鉎的話,則可以透過【 🐷 移動/複製】功能來倍數成長模型,並貼附不同的材質渲染後再做比較。

① 插入選項
② 啟動特徵
③ 選擇「移動/複製」

零件是SW使用頻率最高的模組

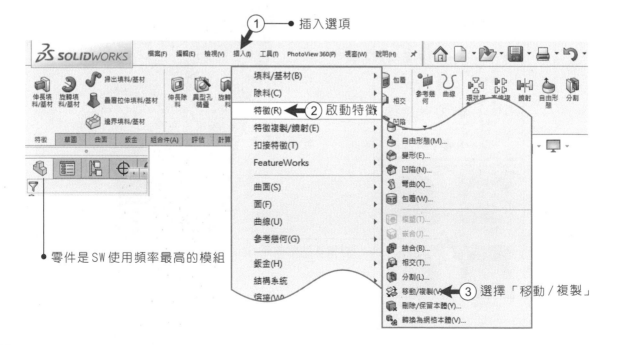

STEP 21

透過【 🔧 :移動／複製】功能來倍數成長建購的模型。使用指標右上左下框選所有模型本體,並且勾選「複製」選項(如不指定此項次,則只會單純的移動本體),而複製的數量則是輸入兩個。至於 X 軸與 Z 軸的移動參數則視模型繪製的方位而有所差異。

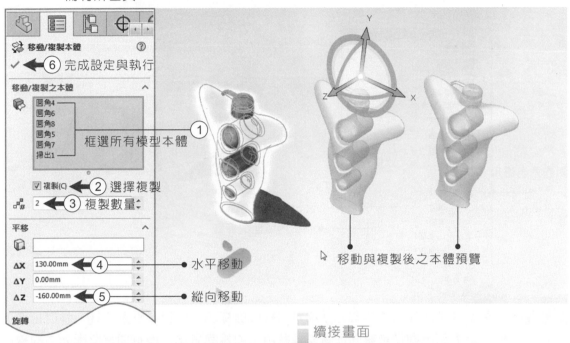

- ① 框選所有模型本體
- ② 選擇複製
- ③ 複製數量
- ④ 水平移動
- ⑤ 縱向移動
- ⑥ 完成設定與執行
- 移動與複製後之本體預覽

移動/複製本體

移動/複製之本體
圓角4
圓角6
圓角8
圓角5
圓角7
掃出1

☑ 複製(C)
2

平移
ΔX 130.00mm
ΔY 0.00mm
ΔZ -160.00mm

旋轉

續接畫面

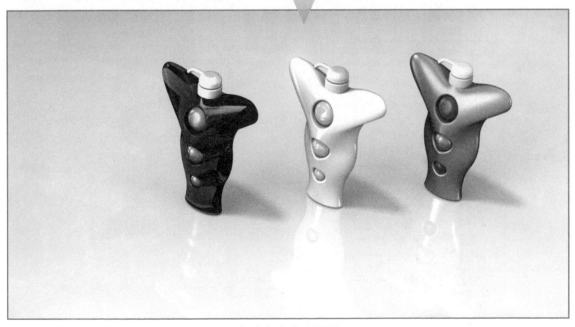

彩現後完成之圖面

4-4.2 瓶子形態設計變更

瓶子設計已於前步驟完成,若需設計變更則可以透過【 ⬇ 疊層拉伸】內含的草圖輪廓與導引曲線編輯與重製。如下方圖例,點開「拉伸」特徵的左側箭頭,則內含的圖元即呈現在「特徵樹」區,讀者能藉由編輯其一來迅速的達成設計變更之幟驛。

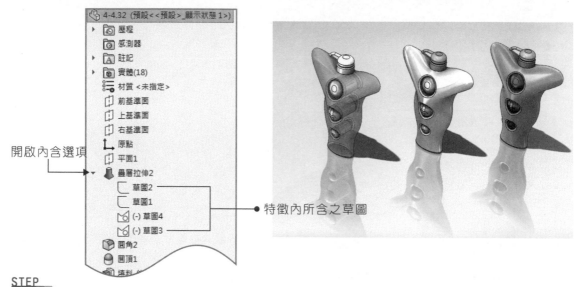

開啟內含選項

特徵內所含之草圖

STEP 01

如果讀者無法從內含的圖元名稱辨別線段的樣貌,則可以點選【 ⬇ 疊層拉伸】內含之圖元,則作業畫面即會有「藍色」的輪廓呈現,而那即是該圖元中的線段(如下方例圖中點選草圖3,則瓶身旁的導引曲線會呈現藍色樣貌。

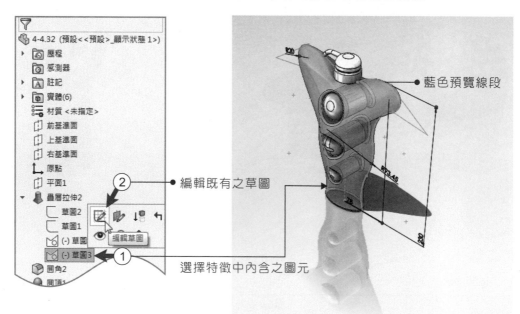

② 編輯既有之草圖

藍色預覽線段

① 選擇特徵中內含之圖元

STEP
02

假使是要變更導引路徑的曲度,則可以拖曳節點或兩側的錨點進而改變曲線;但如果是要大範圍的變更導引曲線,筆者建議可以刪除草圖中的所有線段(中心線可以保留),並重新繪製一側的導引線。如下方圖例所示:以指標右上左下的框選所有圖元,並按下鍵盤上的 Delete 以刪除所選線段。

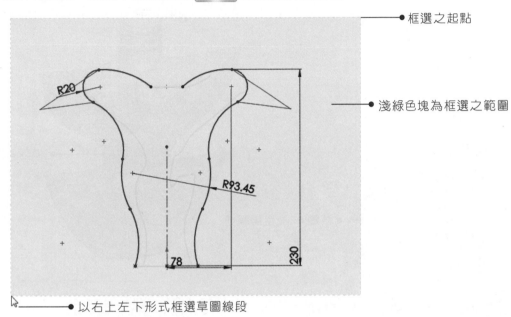

● 框選之起點

● 淺綠色塊為框選之範圍

● 以右上左下形式框選草圖線段

STEP
03

重新繪製【 中心線】右半側的導引路徑,並讓曲線的上下端點與兩個輪廓產生對應的關係。且能透過指標框選所有圖元(連同垂直於中點的建構線),再按下【 鏡射圖元】即可完成草圖繪製。

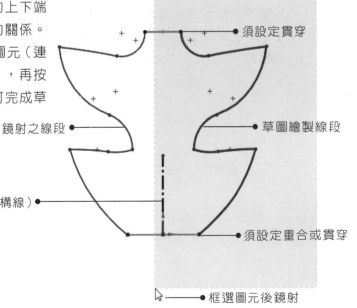

● 須設定貫穿

鏡射之線段 ● 草圖繪製線段

中心線(建構線) ●

● 須設定重合或貫穿

● 框選圖元後鏡射

STEP 04

在草圖輪廓或導引曲線編輯結束後,系統會自動重新計算;如果系統判讀導引曲線遺失,則須編輯【 ↓ 疊層拉伸】特徵並重新指定新的路徑。假使重新計算後,「特徵樹」產生如下方圖例之「驚嘆號」圖標,但所建構的模型卻仍舊可以生成,那麼可能設變後所產生的貽誤就沒那麼急迫性的需要現階段解決。

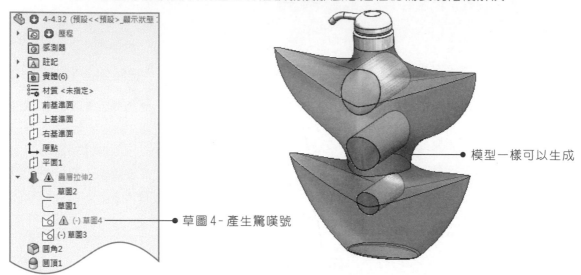

● 模型一樣可以生成

● 草圖4-產生驚嘆號

STEP 05

在瓶子的造型有了截然不同的設計變更後,一開始的分割草圖可能已不符合現狀的需求。筆者在分割的草圖上啟動編輯,並透過【 ↑ 正視於】對位使用者草繪的視角。

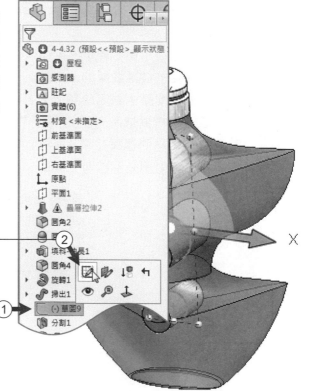

編輯已存在的既有草圖 ●

選擇分割指令所使用的草圖 ●

STEP
06

有別於一開始分割的三個草圖圓，這次改以同心圓的方式繪製。如右側圖例所示：完成四個圓形輪廓，並透過【 智慧型尺寸】標註對應的數值，且設定同心圓之中心需要與【 原點】垂直放置。完成後保留草圖設置。

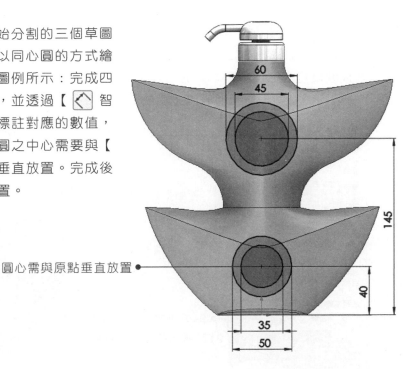

圓心需與原點垂直放置

STEP
07

當草圖重新編輯並儲存後，會發現「特徵樹」區【 分割】與之後的進程全部出現了錯誤的代碼，而這也就是 CAD 軟體的父子特徵因果——如果上面的特徵產生問題，則該項次所延伸出來的指令也會相繼的產生錯誤。鑑此，需要回到錯誤的起點重新啟動特徵與編輯來修正既有的錯誤流程。

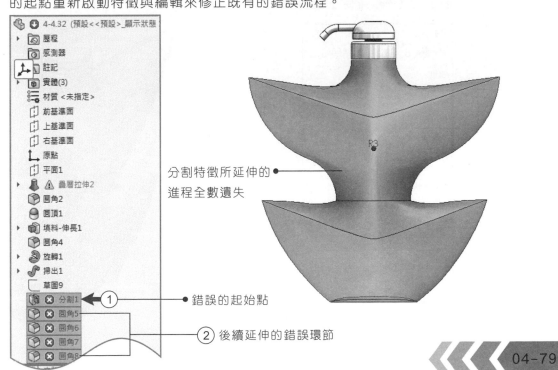

分割特徵所延伸的進程全數遺失

① 錯誤的起始點

② 後續延伸的錯誤環節

STEP 08

於「特徵樹」【 🎁 分割】指令上點選編輯特徵,並進入功能選項視窗。如下方圖例所示:於「修剪工具」項次,同樣選擇同心圓的草圖;如果此刻將指標移動到模型實體上,則分割本體的功能並不會啟動,因為「成型本體」的檔案欄位還未點擊啟動。

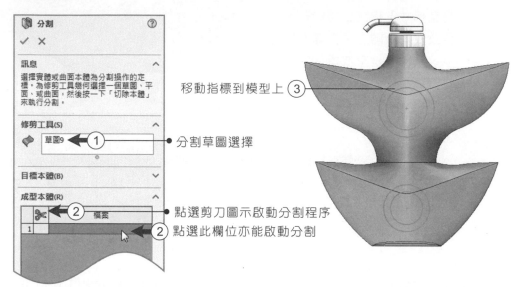

移動指標到模型上 ③

分割草圖選擇

點選剪刀圖示啟動分割程序

點選此欄位亦能啟動分割

STEP 09

延續前一個步驟,在【 🎁 分割】指令啟動後位移指標至本體上,即可看見預覽的分割型態。透過修剪的草圖將同心圓分割成外環與內圈的部分,並選擇功能視窗上的【 ✔ 確定】選項。

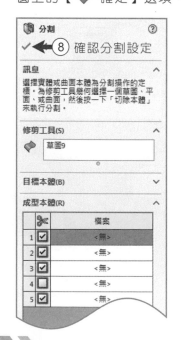

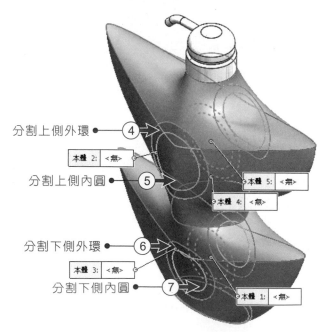

分割上側外環 ④

分割上側內圓 ⑤

分割下側外環 ⑥

分割下側內圓 ⑦

STEP
10

如果使用者欲將內圓的部份刪除,可以藉由下拉式選單「插入 / 特徵」中的附屬選項【　　刪除本體】來消弭指定的區塊。啟動功能視窗後直接點選「要刪除的本體」欄位,再將指標移至畫面中的模型本體上點選即可。

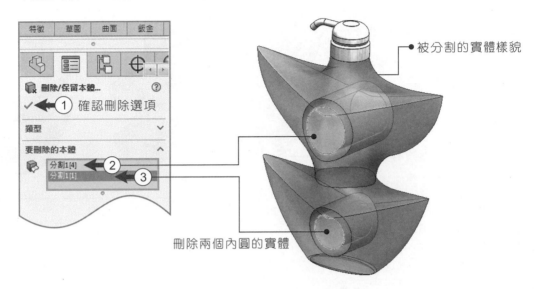

特徵　草圖　曲面　鈑金

刪除/保留本體...
✓ ①確認刪除選項
類型
要刪除的本體
分割1[4] ②
分割1[1] ③

被分割的實體樣貌

刪除兩個內圓的實體

STEP
11

最後再使用【　：圓角】指令潤飾分割後各本體的邊界。於SolidWorks軟體中,圓角項次一次僅能指定一個本體作用,所以對於檔案中分屬於不同本體的部份,即需要歷經多次的圓角程序。

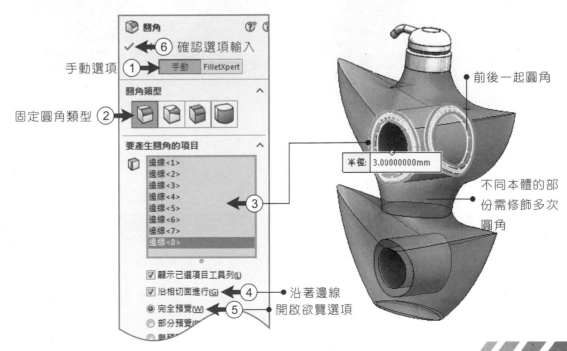

圓角
✓ ⑥確認選項輸入
手動選項 ① 手動　FilletXpert
圓角類型
固定圓角類型 ②
要產生圓角的項目
邊線<1>
邊線<2>
邊線<3>
邊線<4>
邊線<5>
邊線<6>
邊線<7>
邊線<8>
③
☑ 顯示已選項目工具列(L)
☑ 沿相切面進行(G) ④
◉ 完全預覽(W) ⑤
◯ 部分預覽

前後一起圓角

半徑: 3.00000000mm

不同本體的部
份需修飾多次
圓角

沿著邊線
開啟欲覽選項

STEP 12 當設計變更程序完成後,其中的「父子特徵」錯誤也修正,則「特徵樹」部分即會繼續往下側流程執行。使用者可以再透過【 🌐 Photoview360 】編輯模型的材質與環境,最後再執行彩現即可。

邊界角線可以執行圓角潤飾 ●
鏤空的瓶子實體 ●
材質樣貌預覽 ●
未開啟陰影預覽模式 ●

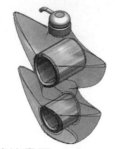

續接畫面

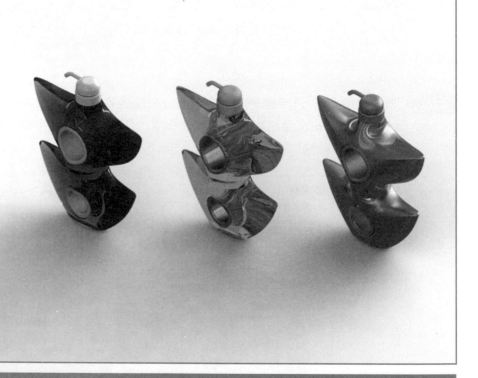

◉ 要點提醒   繪圖電腦之選購需求

由於特徵運算與彩現相當耗軟硬體的資源,所以使用者欲獲得較好的算圖效率,即得在電腦上配備「獨立顯示卡」與至少16G以上的記憶體;以2020年的硬體行情而言,大概基本款的電腦2萬5以上即可購得。至於要不要買到5萬元以上的中高階電腦,筆者建議:除非有執行動畫軟體或打線上遊戲的考量,否則不需刻意的追購高單價的硬體設備。

4-5 重點習題（題解請參考附檔）

4-5.1 六角菸灰缸

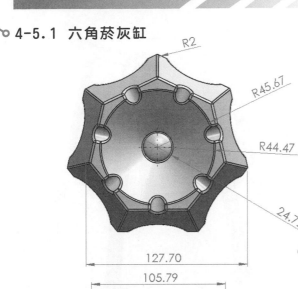

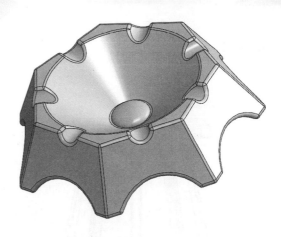

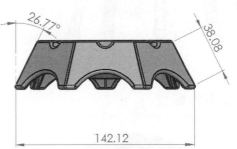

◎練習要點：實體高度38mm；圓角半徑2mm
拔模角度25度；薄殼厚度5mm

4-5.2 高腳酒杯

◎練習要點：實體高度200mm；圓角半徑1mm
刻紋深度1mm

4-5.3 金屬椅腳圓凳

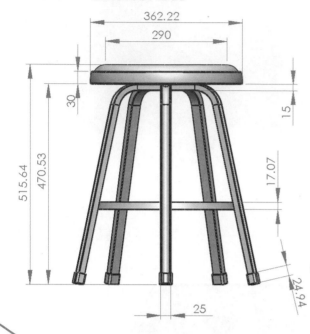

◎練習要點：實體高度515mm；圓角半徑自訂
椅腳數量與尺寸自訂

4-5.4 洗手乳瓶

◎練習要點：實體高度160mm；圓角半徑自訂
瓶身造型與刻紋深度可自行設變

SOLIDWORKS

鈑金成型與工序
Sheet metal design

05

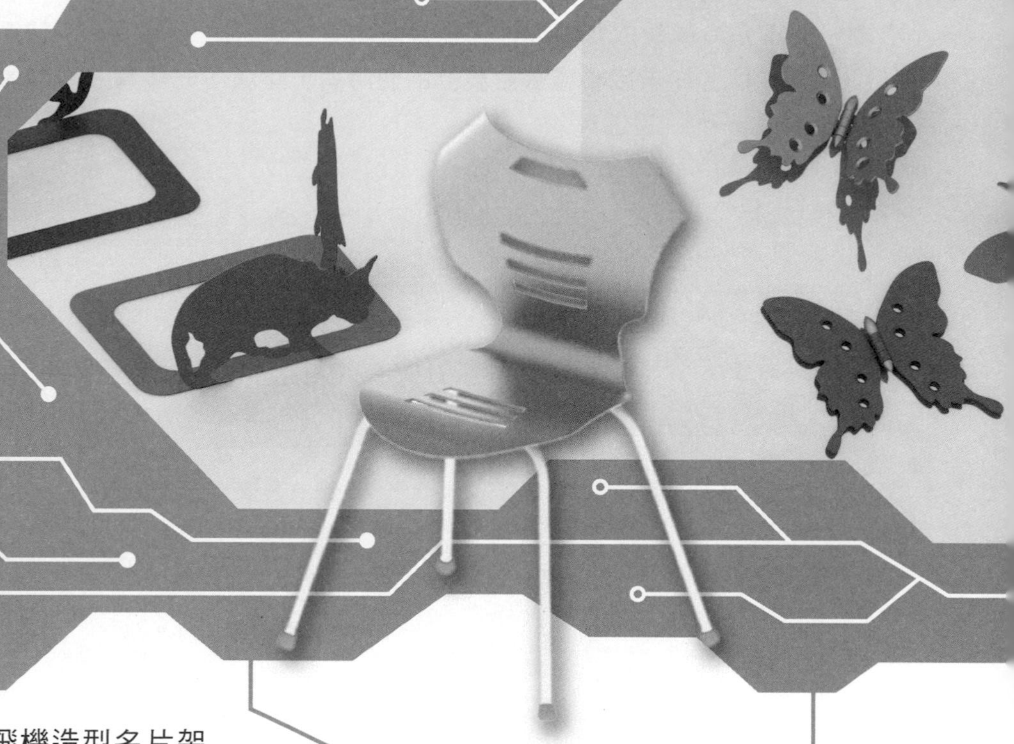

章節學習重點

草圖繪製與幾何限制

鈑金成型指令應用

摺邊功能與絞鍊製作

草圖匯入編輯與設定

掃出凸緣與合併

鈑金成型結合特徵功能

5-1 紙飛機造形名片架

5-1 紙飛機造形（型）名片架建模

筆者選擇「紙飛機」形態作為鈑金（板金）練習的第一個題型，主要是該造形可以透過簡單的草圖線輔助來折合鈑金。如下方建模思路所示：先在三角形草圖繪製後透過【🡇：基材凸緣】指令轉換成鈑金元件，並且藉由參考線使用【🖥：草圖繪製彎折】指令建構後續的彎折進程。從未接觸過鈑金設計的使用者，建議可先多看幾次的影音教學檔後再著手練習的程序。

建模進程：

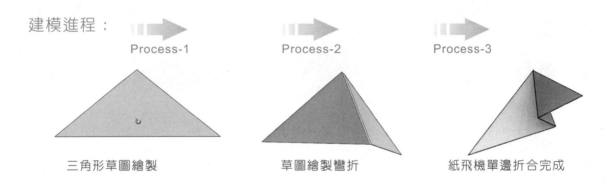

Process-1	Process-2	Process-3
三角形草圖繪製	草圖繪製彎折	紙飛機單邊折合完成

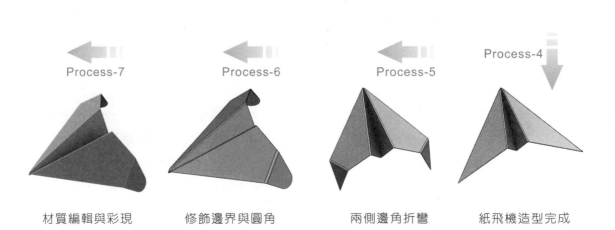

Process-7	Process-6	Process-5	Process-4
材質編輯與彩現	修飾邊界與圓角	兩側邊角折彎	紙飛機造型完成

STEP 01

本主題練習是透過鈑金彎折來生成紙飛機造形的名片架，而在鈑金製作之前，仍須先以草繪輪廓來構成鈑金。筆者以【▣：前基準面】做為草繪紙張來啟動草圖，首先繪製一條垂直於【⊥：原點】的【⟋：中心線】，且再使用【⟋：直線工具】與【ᐅᐊ：草圖鏡射】指令形成等腰三角形，最後以【◇：智慧型尺寸】標註如下圖之相關參數即可。

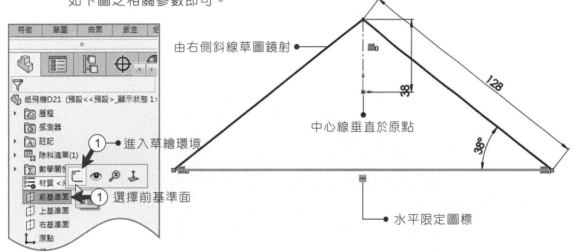

由右側斜線草圖鏡射
進入草繪環境
選擇前基準面
中心線垂直於原點
水平限定圖標

STEP 02

當草圖已經完全定義（所有線段呈現黑色型態），繼而透過鈑金（板金）模組中的【◲基材凸緣】將等腰三角形的草繪輪廓轉成薄板，而板材的厚度則設定在1mm左右。倘若草圖中有多個輪廓需成型為鈑金，建議可使用特徵成型再轉換成鈑金薄頁。

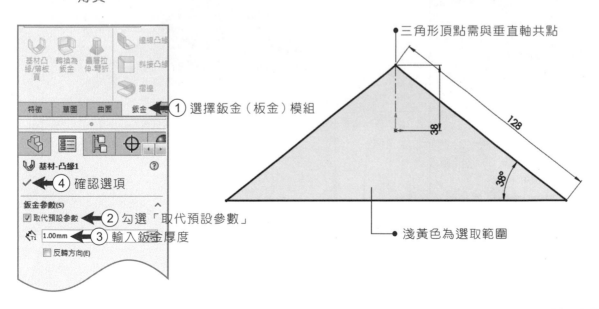

三角形頂點需與垂直軸共點
① 選擇鈑金（板金）模組
④ 確認選項
② 勾選「取代預設參數」
③ 輸入鈑金厚度
淺黃色為選取範圍

STEP 03

於薄板頁成型後，在平板處【 ▦ 啟動草圖】並以【 ⬆ 正視於】指令對位圖紙。先繪製一條【 ⟋ 中心線】垂直於【 ⬇ 原點】（線段由上而下，可穿過原點或與之重合），且設定線段至高點與中點之間距為40mm。繼而以【 ⟋ 直線工具】製作一左上右下的斜線，並定義斜線上方端點與參考線上端【 ⼈ 重合/共點】，最後再標註斜線與參考線之夾角為20度。

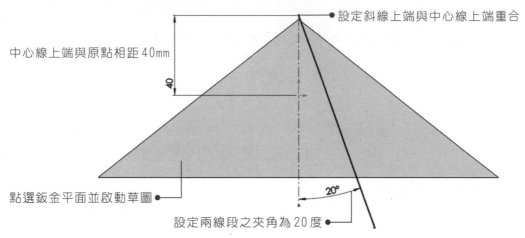

設定斜線上端與中心線上端重合

中心線上端與原點相距40mm

40

點選鈑金平面並啟動草圖

設定兩線段之夾角為20度

20°

STEP 04

在草圖完全定義後，以「左鍵」執行【 ▦ 草圖繪製彎折】指令。待功能視窗啟動後須先點選斜線的左側（受指定處即為固定面；而斜線的右側則成為彎折面），並參酌下方視窗中的選項輸入，最後再單擊【 ✔ 確定】鍵即可彎折鈑金。

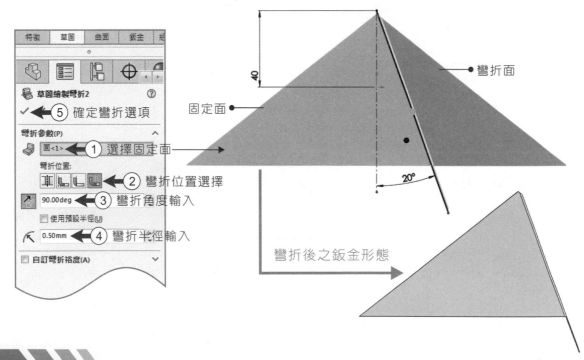

特徵　草圖　曲面　鈑金　組

草圖繪製彎折2

✔ ← ⑤ 確定彎折選項

彎折參數(P)

面<1> ← ① 選擇固定面

彎折位置：

⫟ L L L ← ② 彎折位置選擇

↗ 90.00deg ← ③ 彎折角度輸入

☐ 使用預設半徑(U)

↖ 0.50mm ← ④ 彎折半徑輸入

☐ 自訂彎折裕度(A)

彎折面

固定面

40

20°

彎折後之鈑金形態

STEP 05

於這個階段中欲製作鈑金中線彎折的步驟。選擇鈑金平面並啟動草圖，圖元繪製前須點選【↧ 正視於】指令對位基準，並使用【✎ 直線工具】繪製一條由上而下且貫穿鈑金與【⬠ 原點】的實線。

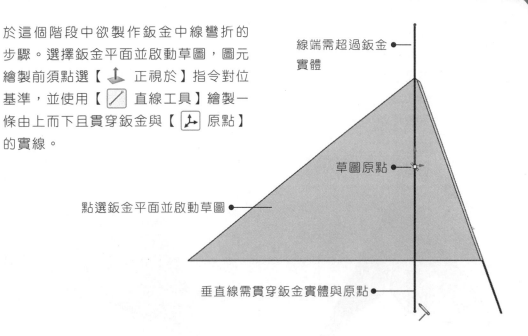

線端需超過鈑金實體

草圖原點

點選鈑金平面並啟動草圖

垂直線需貫穿鈑金實體與原點

STEP 06

關於本單元：紙飛機造形鈑金加工的部份，皆是以【🖥：草圖繪製彎折】功能折合鈑金。垂直的草圖線段定義後，選擇功能指令並輸入如下方所建議的參數值。假設使用者想讓彎折的形態有所變更，則可以在「彎折角度」之欄位輸入小於90度的數值。

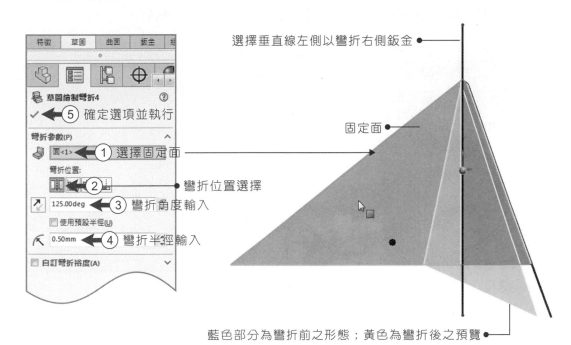

選擇垂直線左側以彎折右側鈑金

固定面

特徵　草圖　曲面　鈑金

草圖繪製彎折4

(5) 確定選項並執行

彎折參數(P)

面<1>　(1) 選擇固定面

彎折位置：

(2) 彎折位置選擇

125.00deg　(3) 彎折角度輸入

☐ 使用預設半徑(U)

0.50mm　(4) 彎折半徑輸入

☐ 自訂彎折裕度(A)

藍色部分為彎折前之形態；黃色為彎折後之預覽

STEP 07

歷經幾次的彎折進程，鈑金已有了紙飛機的雛型。現階段點選未彎折過的右側平面，並以其作為草繪的紙張，再以【↓ 正視於】指令對位基準。使用【／ 直線工具】繪製如右下圖面之斜線，且透過【◇ 智慧型尺寸】標註相關參數。此階段放樣可參考前頁「STEP-03」的製作步驟——斜線的上端需與【↓ 原點】設定為【｜ 垂直放置】。

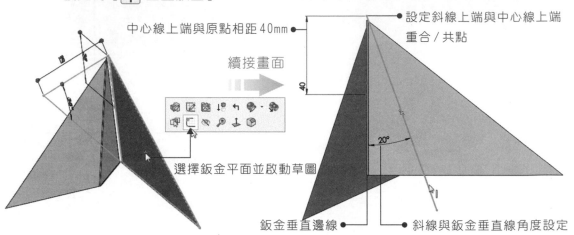

中心線上端與原點相距40mm

續接畫面

設定斜線上端與中心線上端重合 / 共點

選擇鈑金平面並啟動草圖

鈑金垂直邊線　　斜線與鈑金垂直線角度設定

STEP 08

當放樣的斜線完全定義後，再一次選擇【📖 草圖繪製彎折】進行鈑金加工的程序。點選固定面以俾利斜線的彼端形成彎折面，而其彎折的角度與半徑則可以參酌下方功能視窗的數據；待所有欄位設定完備後即可按下【✔ 確定選項】。軟體使用者可由系統運算的預覽畫面明瞭鈑金成型後的樣貌。

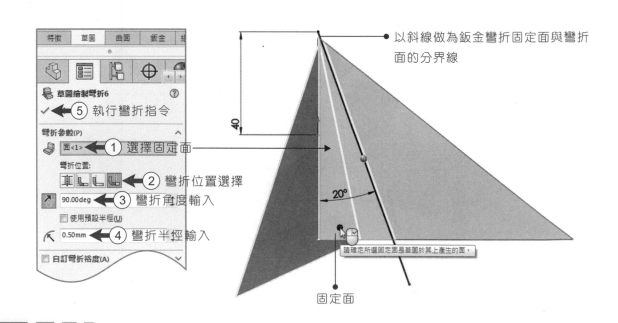

特徵　草圖　曲面　鈑金

草圖繪製彎折6

✔ ← ⑤ 執行彎折指令

彎折參數(P)

面<1> ← ① 選擇固定面

彎折位置：

← ② 彎折位置選擇

90.00deg ← ③ 彎折角度輸入

☐ 使用預設半徑(U)

0.50mm ← ④ 彎折半徑輸入

☐ 自訂彎折裕度(A)

以斜線做為鈑金彎折固定面與彎折面的分界線

請確定所選固定面是草圖於其上產生的面。

固定面

STEP 09

紙飛機的型態已經完成。如果軟體使用者覺得無需再做後續的修飾程序，則可以
【 🖼 儲存檔案】（鈑金加工的檔案格式如同SolidWorks內建的類型）。而在後
續的建構階段，筆者欲將紙飛機兩側尖銳的翅膀做彎折與圓角之後製程序（如下
圖兩側指標處）。

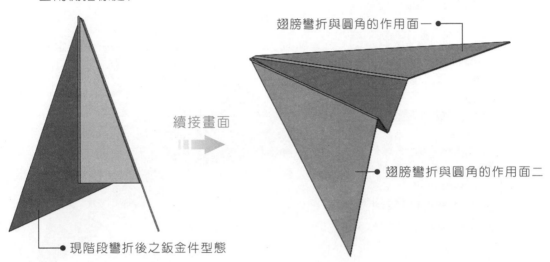

翅膀彎折與圓角的作用面一

續接畫面

翅膀彎折與圓角的作用面二

現階段彎折後之鈑金件型態

STEP 10

選擇紙飛機側翼作為草圖繪製的平面，並在啟動【 🔲 草圖】後再點選【 ⬆ 正
視於】對位繪圖基準。現階段同樣要藉由線段彎折鈑金，所以使用【 ／ 直線工
具】放樣一條連接側翼上下兩邊線的實線，繼而選擇【 ◇ 智慧型尺寸】附加如
下圖的參數值。

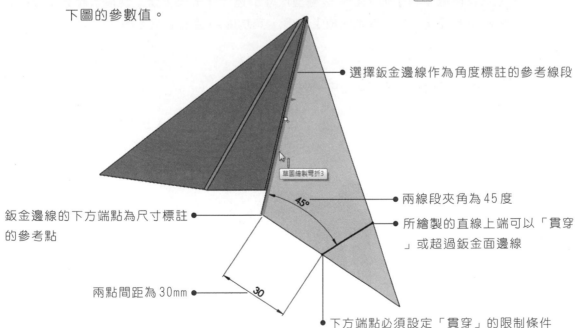

選擇鈑金邊線作為角度標註的參考線段

草圖繪製彎折3

兩線段夾角為45度

所繪製的直線上端可以「貫穿」或超過鈑金面邊線

鈑金邊線的下方端點為尺寸標註的參考點

兩點間距為30mm

下方端點必須設定「貫穿」的限制條件

STEP
11

現階段以「左鍵」點選【🖥 草圖繪製彎折】指令，並於功能對話框出現後設定
如下方例圖中的 ① — ⑤ 參數輸入，由於視窗的功能選項繁多，所以維持預設
的欄位即不再補述。讀者可酌參下方圖面的定義再加以設計變更。

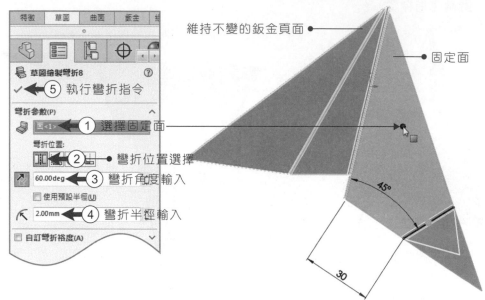

特徵 草圖 曲面 鈑金

🖥 草圖繪製彎折8   ⓘ
✓ ◄— ⑤ 執行彎折指令

彎折參數(P)   ∧
🍴 面<1> ◄— ① 選擇固定面
彎折位置:
🔲🔳 ◄— ② 彎折位置選擇
📐 60.00deg ◄— ③ 彎折角度輸入
☐ 使用預設半徑(U)
📐 2.00mm ◄— ④ 彎折半徑輸入
☐ 自訂彎折裕度(A)   ∨

維持不變的鈑金頁面 ●
● 固定面
45°
30

STEP
12

在右邊的側翼彎折加工後，繼而是左側翼的鈑金彎折流程。首先使用「左鍵」點
選鈑金平面並進入草繪程序，再經由【⬆:正視於】指令對位草繪基準，接續以
【✏:直線工具】與【◇:智慧型尺寸】指令完成如下圖之線段放樣與限制。最
後再啟動【🖥 草圖繪製完成】指令，其功能設定則參照上圖。

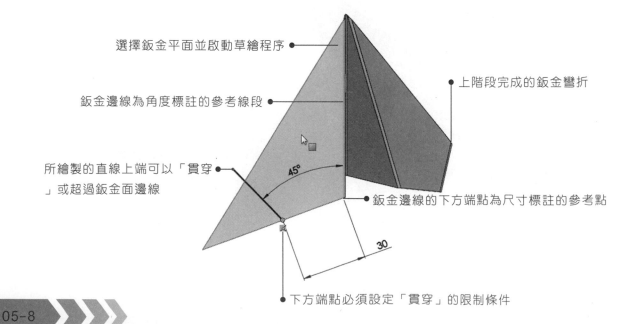

選擇鈑金平面並啟動草繪程序 ●
● 上階段完成的鈑金彎折
鈑金邊線為角度標註的參考線段 ●
所繪製的直線上端可以「貫穿
」或超過鈑金面邊線 ●
45°
● 鈑金邊線的下方端點為尺寸標註的參考點
30
● 下方端點必須設定「貫穿」的限制條件

STEP
13

在鈑金彎成程序全部完成後，即可以進入到紙飛機造形名片架邊界修飾的階段。於此可以使用【 圓角】弭平尖銳的邊界，修飾銳角的選項得酌參下方對話框的設置，倘若使用者想要獲得更圓滑的潤飾效果，則可以加大圓角半徑的參數，只是過大的圓角會與平直的邊線產生不協調的違和感。

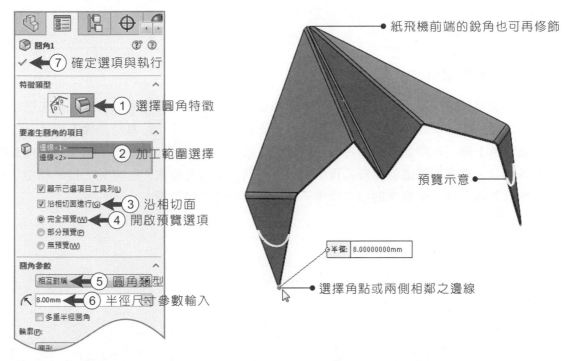

左側對話框標示：

圓角1

(7) 確定選項與執行

特徵類型

(1) 選擇圓角特徵

要產生圓角的項目

邊線<1>
邊線<2>

(2) 加工範圍選擇

☑ 顯示已選項目工具列(L)
☑ 沿相切面進行(G) ← (3) 沿相切面
● 完全預覽(W) ← (4) 開啟預覽選項
○ 部分預覽(P)
○ 無預覽(W)

圓角參數

相互對稱 ← (5) 圓角類型

8.00mm ← (6) 半徑尺寸參數輸入

□ 多重半徑圓角

輪廓(P):

圓形

右側圖標示：

● 紙飛機前端的銳角也可再修飾

預覽示意 ●

半徑: 8.00000000mm

● 選擇角點或兩側相鄰之邊線

STEP
14

待模型建構完成後即可啟動【 Photoview360 】模組，並在質材與環境設定後經由【 最終影像計算 】指令，渲染紙飛機造形之鈑金名片架。

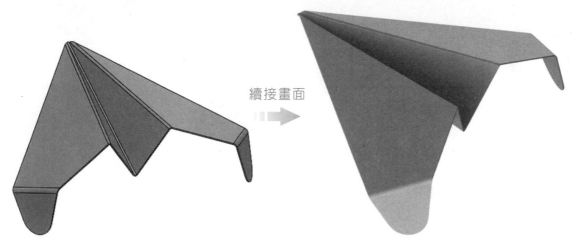

續接畫面

彩現前之鈑金模型　　　　　　　　紙飛機名片架渲染後

5-2 造型書擋彎折

5-2 造型書擋設計

有了前一個單元——「紙飛機造形名片架」的練習，筆者相信使用者對於鈑金加工已有了初步的了解。而在本範例中，除了延續上一單元鈑金成型的【　基材凸緣】與【　草圖繪製彎折】外，也增加了實體特徵中可以加工鈑金的【　伸長填料】與【　伸長除料】等指令。在造型書擋的建模過程中，另也強調了草繪輪廓匯入的常見功能，藉由草繪的形態移進與合併，使鈑金的加工程序不再僅是硬直的輪廓邊界。

建模進程：

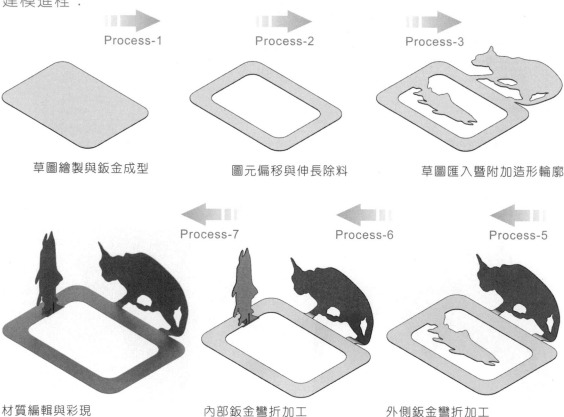

Process-1　　　　　　Process-2　　　　　　Process-3

草圖繪製與鈑金成型　　　圖元偏移與伸長除料　　　草圖匯入暨附加造形輪廓

Process-7　　　　　　Process-6　　　　　　Process-5

材質編輯與彩現　　　　　內部鈑金彎折加工　　　　外側鈑金彎折加工

STEP
01

首先選擇基準面開始繪製。通常筆者作圖的觀念,是選擇一個我們看該產品的視角啟動草繪進程;例如本單元是放在桌子或櫃子上的書擋,所以我們看它的視角應是由上往下俯視,因此筆者慣性以【 📰 上基準面】來當成初始的草繪基準。點選【 🖸 中心矩形】並由【 🛦 原點】向外側延伸一個封閉圖元,且標註其長與寬的尺寸。

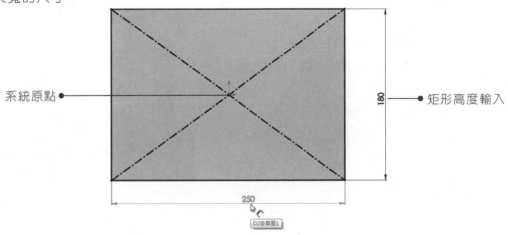

系統原點

矩形高度輸入

180

250

D2@草圖1

STEP
02

在草圖完全定義後,繼而執行【 🗋:草圖圓角】指令。使用者須於欲導圓角的四邊形角點處(或角點相鄰的兩側線條)選定,並在「圓角參數」蘭位輸入25mm的半徑尺寸。

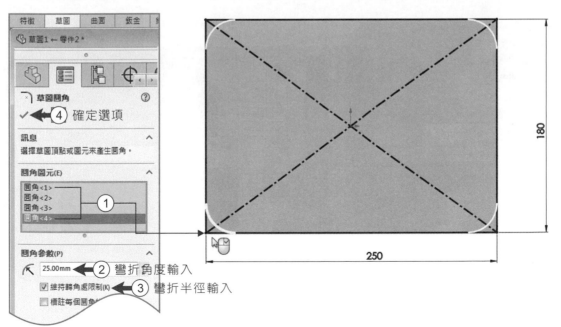

特徵　草圖　曲面　鈑金

草圖1 ← 零件2 *

草圖圓角

④ 確定選項

訊息
選擇草圖頂點或圖元來產生圓角。

圓角圖元(E)
圓角<1>
圓角<2>
圓角<3>
圓角<4>
①

180

圓角參數(P)
25.00mm ② 彎折角度輸入
☑ 維持轉角處限制(K) ③ 彎折半徑輸入
☐ 標註每個圓角

250

STEP
03

在草圖已經完全定義後（呈現黑色樣貌），繼而啟動
【 🔩 基材凸緣】指令，將現有的草圖輪廓轉換成鈑
金。鈑金的設定參數如右側對話框所示：鈑金的厚度
輸入 1mm，其餘的欄位皆輸入 0.5。

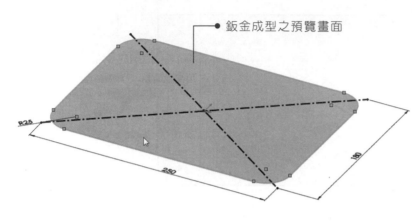

● 鈑金成型之預覽畫面

STEP
04

於鈑金薄頁成型後，再於鈑金平面上【 ▦ 啟動草圖】，繼而趁選取面呈現藍色
型態時點選【 ╔ 偏移圖元】。使用者可以參酌下方功能對話框之設定參數，由
藍色的輪廓邊界往內偏移出 30mm 的迴圈；由於外圍圓角往內偏移後會不斷的縮
減，所以預覽後的黃色線框即呈現直角的形態。

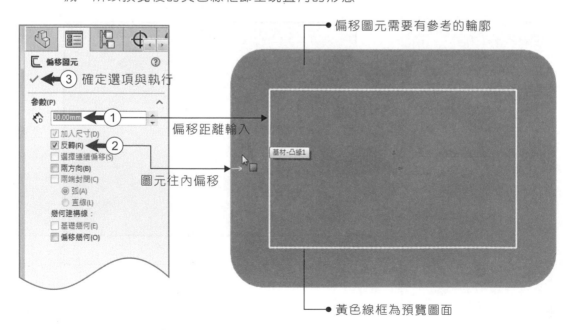

● 偏移圖元需要有參考的輪廓

偏移距離輸入

圖元往內偏移

● 黃色線框為預覽圖面

STEP
05

接續上一個偏移草圖的步驟,如果想要讓草圖的邊角圓滑一些,使用者可以嘗試選擇【◻ 草圖圓角】指令,繼而點選四個邊角,並輸入20mm的半徑參數。下側左圖為圓角預覽畫面,而右圖即為圓角確定後之形態;如果使用者欲變更相關參數,得使用游標於「R20」文字上單擊「左鍵」並更動即可。

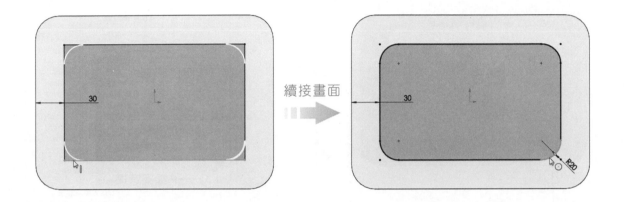

續接畫面

STEP
06

在草圖完全確立後,使用【▣ 伸長除料】特徵掏空鈑金中被線段輪廓覆蓋的範圍。於下方特徵功能對話框中,「來自於」選項通常是點選「草圖平面」;但如果是針對曲面形態加工,則是將內建選項變更成「曲面」形式。由於鈑金薄板的厚度為1mm,所以除料深度只要大於上述尺寸即可。

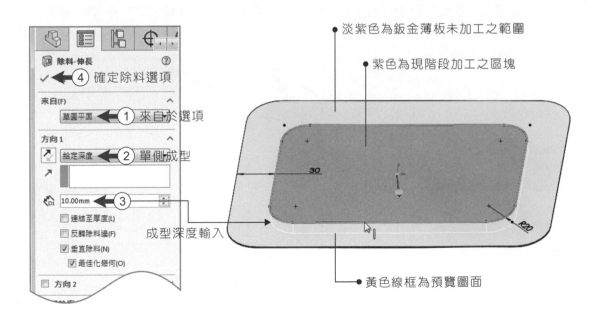

SOLIDWORKS
基礎&實務

現階段需繪製一個造形圖案於鈑金薄件上，如果使用者未有既定的形態可描繪，則建議由本書所附的範例檔中尋找合適的樣板套用。首先於鈑金面板上啟動草圖，繼而執行【📂 開啟舊檔】並於範例檔中開啟「貓剪影」的樣板。

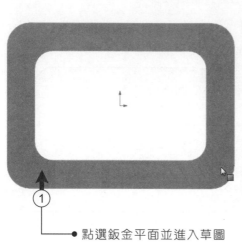
①點選鈑金平面並進入草圖

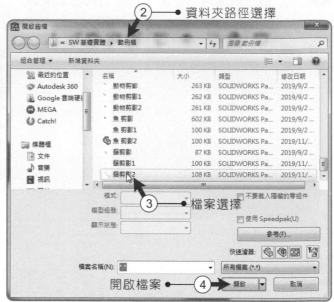
② 資料夾路徑選擇
③ 檔案選擇
④ 開啟檔案

「貓剪影」檔案開啟後，使用者將可以看到數個貓的形態圖元，並在選定樣式後以【🖱 選取工具】行右上左下之模式框選，再以快捷鍵 Ctrl + C 複製後回到鈑金檔案，同樣使用快捷鍵 Ctrl + V 附貼上所選取的貓形態輪廓（如下圖範例所示意）。

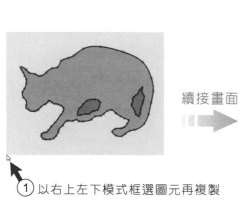
①以右上左下模式框選圖元再複製

續接畫面

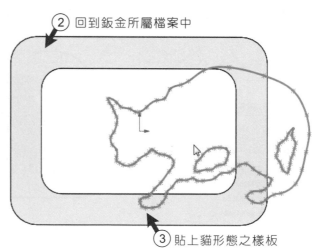
② 回到鈑金所屬檔案中
③ 貼上貓形態之樣板

STEP
09

透過附貼得來的貓形態圖元，通常比例與位置都需要適時的做調整。再次使用【↖ 選取工具】循右上左下之軌跡框選編輯中之線段，繼而啟用【移動圖元】來移置草圖輪廓。

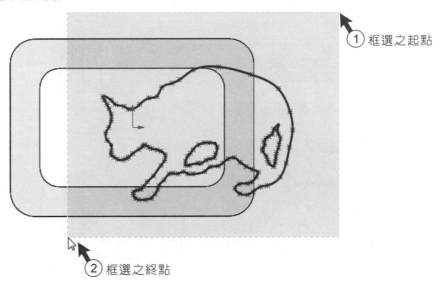

① 框選之起點

② 框選之終點

STEP
10

貓的形態輪廓在移動時，建議使用者於參數欄位選擇「起點至終點」之位移型式：先以「左鍵」定義圖元中的邊界端點，並在移動至適合位置後再一次的單擊「左鍵」即可定位草圖。

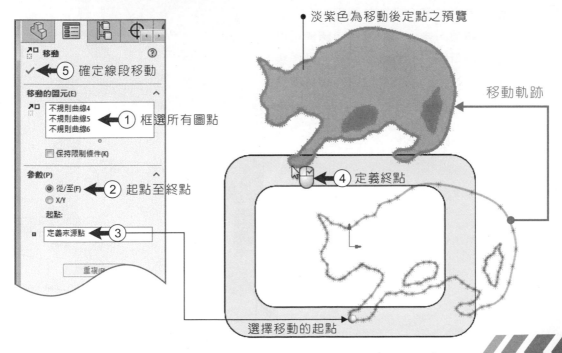

淡紫色為移動後定點之預覽

移動軌跡

⑤ 確定線段移動

① 框選所有圖點

② 起點至終點

③ 定義來源點

④ 定義終點

選擇移動的起點

STEP
11

當貓形態之圖元移置定點後，接續著執行【 🝡 基材凸緣 】指令，讓所選圖元形成鈑金薄板頁且結合於現有的實體。在這個階段的鈑金結合，也可以透過實體特徵的【 🖿 伸長填料 】來製作，且效果與可調整的模式也都優於鈑金加工的前項功能。

🝡 薄板頁1

✓ ←③ 確定選項與生成鈑金

鈑金參數(S)

🔧 1.00mm ←① 厚度選擇

☐ 反轉方向(E)

☑ 合併結果(M) ←② 實體結合為一

實體生成後須與現有的鈑金合併

STEP
12

而於下個製作階段，是要從範例檔匯入魚造形的圖元，並且在長出後合併實體於薄頁（如同右圖示意）。如果使用者對於鈑金的加工製程已有了較深的體認，則上述的這些步驟皆可以在同個草圖一併完成；只是通常這樣的進程較不利於設計變更的後續編修。

鈑金、貓圖元與魚皆可在同一草圖內完成

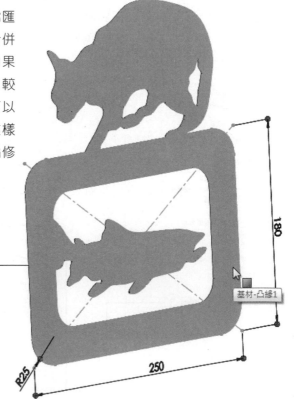

180

R25

250

基材-凸緣1

STEP
13　現階段點選【 📂 開啟舊檔 】並找到範例檔的資料夾，再以「左鍵」選擇「魚剪影」後開啟。在檔案開啟後可見到許多魚的形態輪廓，使用者可就其中的圖元選擇一個較適用的輪廓附貼上鈑金的表面層。

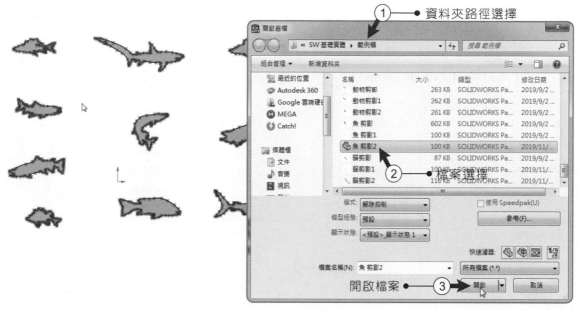

① ● 資料夾路徑選擇

② 檔案選擇

③ ➤ 開啟檔案

STEP
14　使用【 🖰 選取工具 】循右上左下的模式框選魚的輪廓，並使用 Ctrl ＋ C 複製所選擇的圖元。如果讀者不經由快捷鍵複製圖元，也可以透過「右鍵」的浮動選項或下拉式選單中找到「複製」的功能指令。

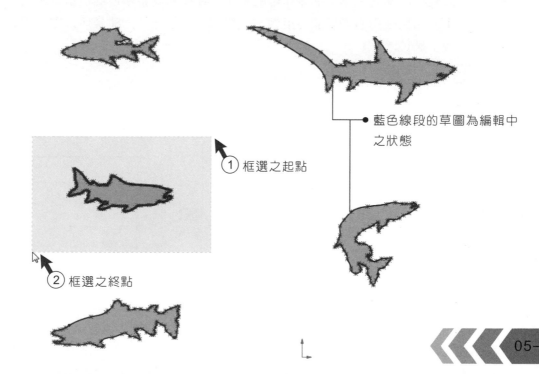

● 藍色線段的草圖為編輯中之狀態

① 框選之起點

② 框選之終點

STEP 15

在以快捷鍵 `Ctrl` + `V` 貼上圖元後,如果比例大小欲做調整,可用【 縮放圖元 】適當的變更。在SolidWorks的軟體介面中,有許多同質性的指令可供讀者擇一應用。

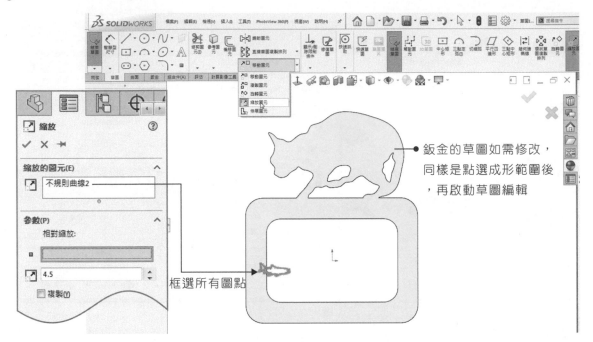

鈑金的草圖如需修改,同樣是點選成形範圍後,再啟動草圖編輯

框選所有圖點

STEP 16

下圖中為【 縮放圖元 】設定的程序。首先框選所欲放大的線段或圖點,並且設定任一端點為縮放指令作用的基準,接續著調整縮放的倍數以期符合圖面的需求。如果使用者需要額外複製出改變比例的圖元,則建議可以啟用選項中的「複製」欄位。

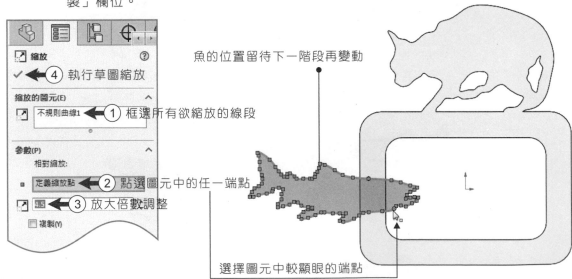

魚的位置留待下一階段再變動

④ 執行草圖縮放

① 框選所有欲縮放的線段

② 點選圖元中的任一端點

③ 放大倍數調整

選擇圖元中較顯眼的端點

STEP 17

在縮放完草圖的下一階段,透過【 移動圖元】來移置魚形態的輪廓至定點。
首先使用【 選取工具】框選欲變更的所有線段,並且定義圖元移動的起點與
終點。

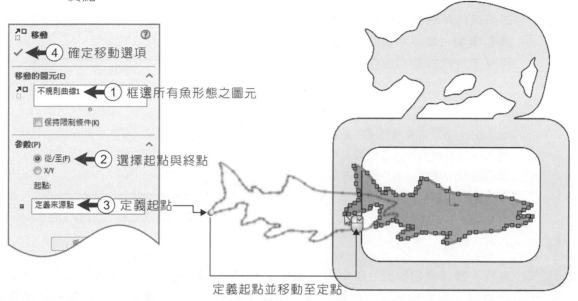

移動
✓ ← ④ 確定移動選項

移動的圖元(E)
不規則曲線1 ← ① 框選所有魚形態之圖元
☐ 保持限制條件(K)

參數(P)
◉ 從/至(F) ← ② 選擇起點與終點
◯ X/Y
起點:
■ 定義來源點 ← ③ 定義起點

定義起點並移動至定點

STEP 18

於圖元移動至定點後,開起鈑金模組中的【 基材凸緣】功能選項,續接著在
「鈑金參數」中輸入厚度 1mm,並勾選「合併結果」以融合生成的鈑金。如果使
用者欲保留實體生成後個別加工的自由度,則可以暫且不執行「合併結果」,待
最後建模程序完成後再一併融合。

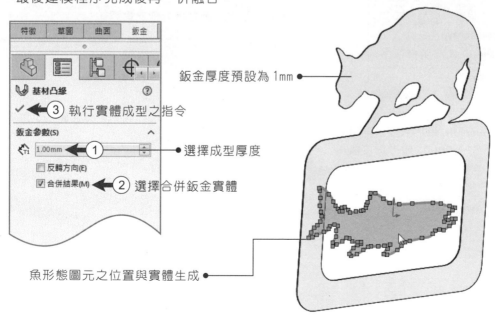

特徵　草圖　曲面　鈑金

鈑金厚度預設為 1mm ●

基材凸緣
✓ ← ③ 執行實體成型之指令

鈑金參數(S)
1.00mm ← ① 選擇成型厚度
☐ 反轉方向(E)
☑ 合併結果(M) ← ② 選擇合併鈑金實體

魚形態圖元之位置與實體生成 ●

黃形態是現階段製作彎折的部份

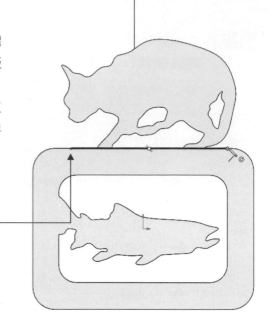

STEP 19

待所有的輪廓實體生成後,即可進入彎
折鈑金的階段程序。在透過草圖彎折鈑
金之前,先以「左鍵」點選鈑金平面,
並於進入草繪狀態後使用【 ⟋ 直線工
具】繪製一條水平線(水平線左右邊界
需長過於欲折彎的鈑金)。

以本圖例而言,要讓貓連接鈑金的
兩條腿成為彎折的加工位置,所以
這個階段所繪製的水平線最左與最
右的端點,需超出兩條腿的左右邊
界。

STEP 20

當水平線放樣與設置完備,即可選擇【 ⟲ 草圖繪製彎折】指令並輸入如下列之功
能選項。鈑金彎折的「位置」與「角度」可依使用者的需求而自行調整,而較常
見的「彎折半徑」則多數會大於鈑金厚度的2倍以上。在畫面預覽時,可適時的
於參數端做些許的變更,期以臻至最佳化設計之模式。

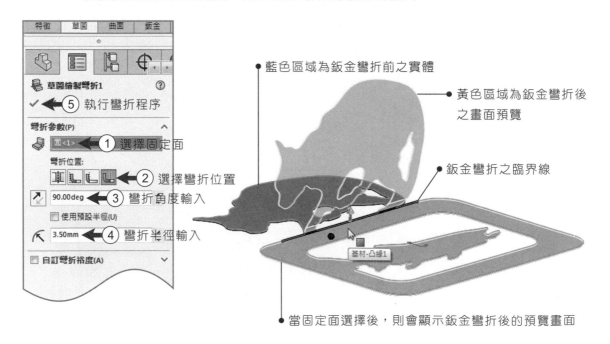

藍色區域為鈑金彎折前之實體

黃色區域為鈑金彎折後
之畫面預覽

鈑金彎折之臨界線

當固定面選擇後,則會顯示鈑金彎折後的預覽畫面

特徵　草圖　曲面　鈑金

草圖繪製彎折1
✓ ⟵ ⑤ 執行彎折程序

彎折參數(P)
⟳ 面<1> ⟵ ① 選擇固定面

彎折位置:
⟵ ② 選擇彎折位置

↗ 90.00deg ⟵ ③ 彎折角度輸入
□ 使用預設半徑(U)
⟋ 3.50mm ⟵ ④ 彎折半徑輸入

□ 自訂彎折裕度(A)

基材-凸緣1

STEP
21

於貓形態的上側鈑金已經完成彎折之程序後，繼而再次的點選鈑金平面並啟動【
📋：草繪工具】。在魚尾端與邊框交集處繪製一條垂直線段，該線段即為鈑金彎
折的參酌邊界。

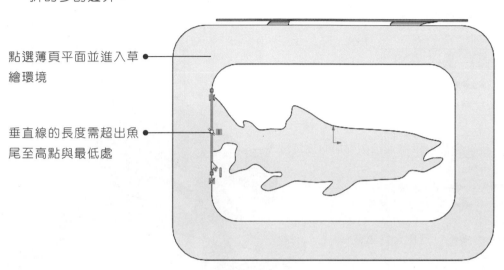

點選薄頁平面並進入草
繪環境

垂直線的長度需超出魚
尾至高點與最低處

STEP
22

再一次的點選【🖥 草圖繪製彎折】指令，並參酌下方欄位 ①—⑤ 的選項設
定。關於兩個造形物件的鈑金彎折，使用者仍可以在薄板頁上長料或除料，在所
有同質性的系統裡，SolidWorks 的自由度應是 CAD 軟體中的翹楚。

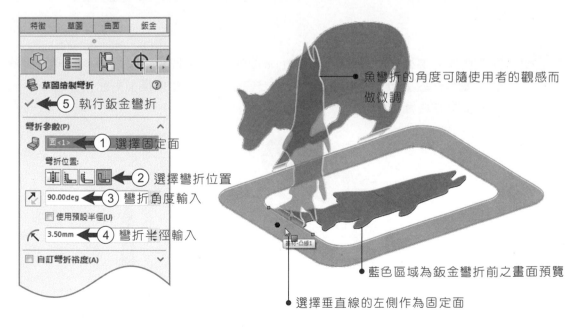

⑤ 執行鈑金彎折

① 選擇固定面

② 選擇彎折位置

③ 彎折角度輸入

④ 彎折半徑輸入

魚彎折的角度可隨使用者的觀感而
做微調

藍色區域為鈑金彎折前之畫面預覽

選擇垂直線的左側作為固定面

STEP
23

在實體特徵上如果應力不足,最常見的方式是增加補強的肋材;而在鈑金的應用層面,則是透過連接板來弭補容易翹曲或支撐力不足的薄頁。在此階段,我們選擇【 🔲 鈑金連接板 】來增益鈑金夾角間的負荷力。使用者可以參酌下方功能視窗的細項設定。

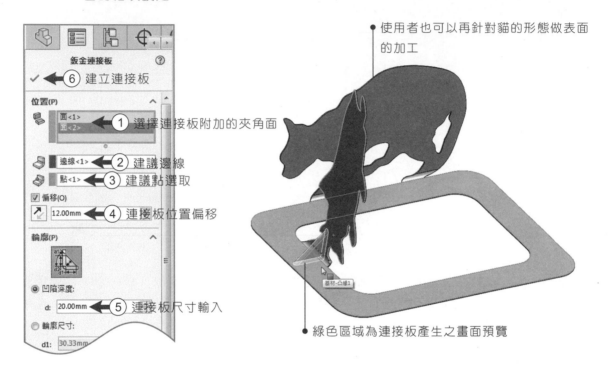

鈑金連接板

⑥ 建立連接板

位置(P)

面<1> ← ① 選擇連接板附加的夾角面
面<2>

邊線<1> ② 建議邊線

點<1> ③ 建議點選取

☑ 偏移(O)

12.00mm ④ 連接板位置偏移

輪廓(P)

◉ 凹陷深度:
d: 20.00mm ← ⑤ 連接板尺寸輸入

◯ 輪廓尺寸:
d1: 30.33mm

使用者也可以再針對貓的形態做表面的加工

基材-凸緣1

綠色區域為連接板產生之畫面預覽

STEP
24

進入模型彩現程序;透過SolidWorks的附加模組【 🌐 Photoview360 】編輯模型【 🔵 外觀 】與【 🏞 全景 】。下方為造型鈑金書擋模型搭配素色場景與地面之渲染之完成圖照。

造型鈑金書擋彩現完成

5-3 造型掛架設計

◉ 要點提醒　本範例為綠色版參考教學檔－－請使用雲端連結

本範例教學視訊檔案：SolidWorks/基礎&實務/CH05目錄下/5-3 掛架.avi
本範例製作完成檔案：SolidWorks/基礎&實務/CH05目錄下/5-3 掛架.SLDPRT

5-3 造型掛架設計

掛架是鈑金加工應用常見的家庭五金之一，之所以現行製程無法取代鈑金加工的原因，在於鈑金加工有著極高效率與高性價比的加工形式，此正是金屬鑄造、擠壓成型等製程無法全然取代鈑金加工的重要因素。本單元透過【 🛇 基材凸緣】成型鈑金薄頁，繼而執行【 📘:草圖繪製彎折】與【 🥞 凸折】加工掛鉤的部份，並以【 🄰 文字工具】輸入點綴的紋飾並延伸除料，即完成鈑金掛架的繪製流程。

建模進程：

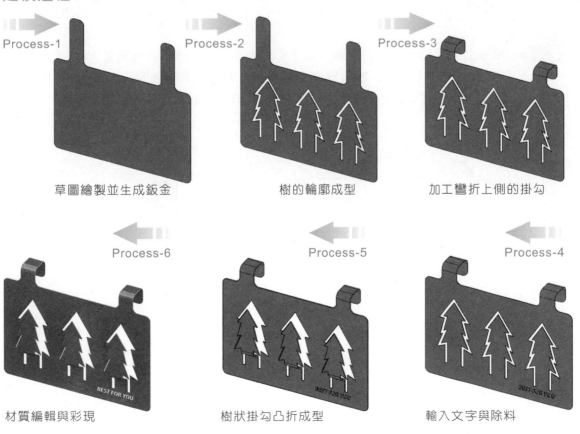

Process-1　　　　　　　　Process-2　　　　　　　　Process-3

草圖繪製並生成鈑金　　　　樹的輪廓成型　　　　加工彎折上側的掛勾

Process-6　　　　　　　　Process-5　　　　　　　　Process-4

材質編輯與彩現　　　　樹狀掛勾凸折成型　　　　輸入文字與除料

STEP 01

現在製作鈑金生成的第一個階段。於此選擇【▨：前基準面】並進入草圖的作業環境。如果欲繪製的圖元是兩側對稱或多角相等的草圖，則建議可將【⟟：原點】作為中心，並以【▢ 中心矩形】向外延伸一個寬300、高200的輪廓（如果尺寸沒有特別註記，則是以mm作為計量單位）。

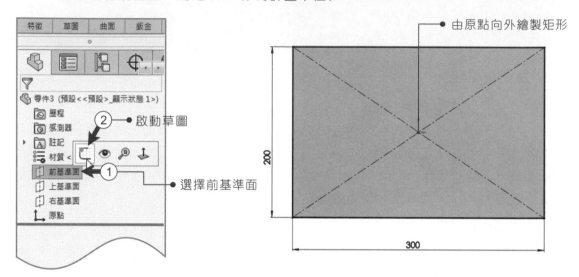

由原點向外繪製矩形

② ● 啟動草圖

① ● 選擇前基準面

STEP 02

續接上一步驟未完成的草圖。以【▢ 角落矩形】繪製一個寬度35mm，與邊線間距35mm，且上端水平線設置與中心點相距250mm的四邊形（作者所設定的尺寸僅供參考，但並非是絕對值，所以讀者可依自己的觀感而適時的微調）。

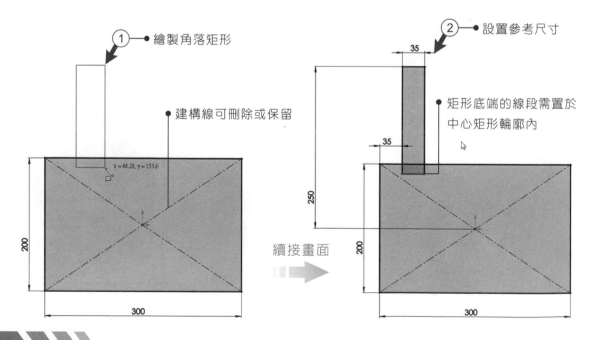

① ● 繪製角落矩形

● 建構線可刪除或保留

② ● 設置參考尺寸

● 矩形底端的線段需置於中心矩形輪廓內

續接畫面

STEP 03

同樣延續未完成的上一階段草圖。由於是兩側對稱的輪廓圖元,所以繪製一條垂直於中點的【 ✎ 中心線】。繼而使用【 ▷ :選取工具】重複加選左側角落矩形與垂直參考線,並透過【 ⊞ 鏡射】指令複製到中心基準線的右側。

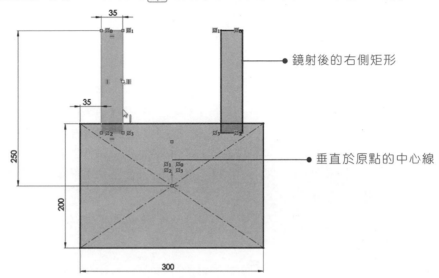

● 鏡射後的右側矩形

● 垂直於原點的中心線

STEP 04

兩側角落矩形底端與下方矩形有所交疊,所以於現階段需要使用【 ✂ 修剪圖元】剪裁交縱的線段。一樣使用「強力修剪」並啟用項次下的「保留為幾何建構線」,如此可能在修剪草圖後卻仍保留著原有的路徑,且能再次的變更為實線。

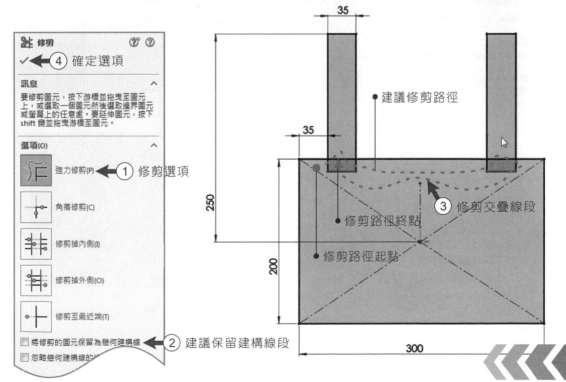

修剪

✓ ← ④ 確定選項

訊息

要修剪圖元,按下游標並拖曳至圖元上,或選取一個圖元然後選取邊界圖元或螢幕上的任意處。要延伸圖元,按下 shift 鍵並拖曳游標至圖元。

選項(O)

⟋ 強力修剪(P) ← ① 修剪選項

╂ 角落修剪(C)

╪ 修剪掉內側(I)

╪ 修剪掉外側(O)

┼ 修剪至最近端(T)

☐ 將修剪的圖元保留為幾何建構線 ← ② 建議保留建構線段
☐ 忽略幾何建構線的⋯

● 建議修剪路徑

③ 修剪交疊線段

修剪路徑終點

修剪路徑起點

STEP
05

下圖為交疊的線段經修剪過後的完整輪廓。如果使用者未理會重疊的草圖而直接轉換成鈑金圖元,則需要個別點選重疊的形態,並且在後續的設計變更中容易產生錯誤的資訊。

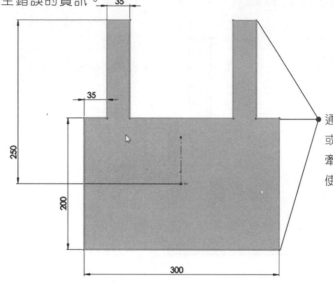

通常銳利的邊角都需要歷經圓角或研磨的後處理程序,如果是不牽涉到後續的設計變更,則建議使用草圖圓角直接修飾

STEP
06

使用【⬚ 草圖圓角】修飾草圖中的銳角邊界。當圖元中的所有邊界需要相同的圓徑修飾時,則可以透過【⬚ 選取工具】循右上左下的框選模式將所有邊角一併選取。

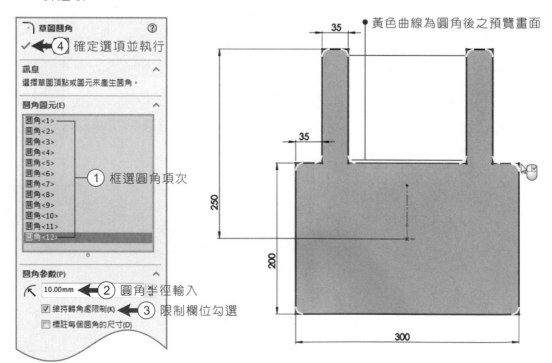

黃色曲線為圓角後之預覽畫面

草圖圓角
④ 確定選項並執行

訊息
選擇草圖頂點或圖元來產生圓角。

圓角圖元(E)
圓角<1>
圓角<2>
圓角<3>
圓角<4>
圓角<5>
圓角<6>
圓角<7>
圓角<8>
圓角<9>
圓角<10>
圓角<11>
圓角<12>
① 框選圓角項次

圓角參數(P)
10.00mm ② 圓角半徑輸入
☑ 維持轉角處限制(K) ③ 限制欄位勾選
☐ 標註每個圓角的尺寸(D)

STEP 07

在外形輪廓確立後啟動鈑金功能中的指令【 🔽 基材凸緣 】。而功能視窗中的參數如右側所示：厚度輸入 2mm，其他參數則維持內建的 0.5 初始設定即可。

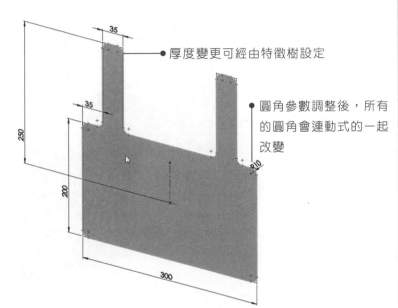

● 厚度變更可經由特徵樹設定

● 圓角參數調整後，所有的圓角會連動式的一起改變

特徵　草圖　曲面　鈑金

🔽 基材凸緣　⑦

✓ ◀━━ ④ 成型為鈑金

來自材料的鈑金參數(M)　∨

鈑金量規(M)　∧
☐ 使用量規表格(G)

鈑金參數(S)　∧
📏 2.00mm ◀━━ ① 鈑金厚度
☐ 反轉方向(E)

☑ 彎折裕度(A)　∧
K-Factor
K 0.5 ◀━━ ② 圓角半徑輸入

☑ 自動離隙(T)　∧
矩形
☑ 使用離隙比例(A)
比例(T):
0.5 ◀━━ ③ 指定離隙參數

STEP 08

當鈑金薄板頁生成後，續接著是進入到彎折本體的流程。點選薄頁平面並啟動草繪程序，再使用【 📏 直線工具 】放樣兩條水平線，繼而以【 ◇ 智慧型尺寸 】標註 50mm 的間距。

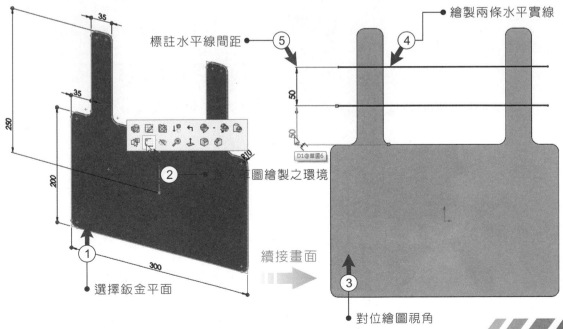

● 繪製兩條水平實線

標註水平線間距 ● ⑤

● 選擇鈑金平面

續接畫面 ▶

● 對位繪圖視角

② ━ 進入草圖繪製之環境

STEP 09

草圖參考線段設定完成後，隨即啟動【📋草圖繪製彎折】功能，在鈑金面上選擇固定的平面（水平線下的任一位置），並進入鈑金彎折的階段。

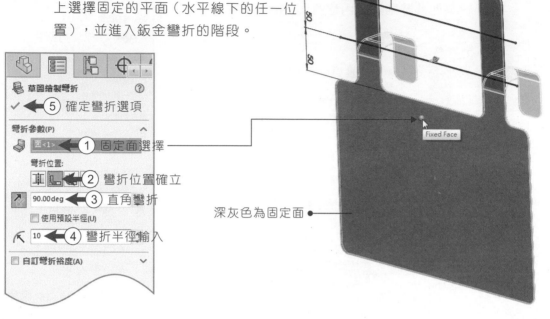

兩段的直線可形成兩段式的彎折

📋 草圖繪製彎折 ?

✓ ← (5) 確定彎折選項

彎折參數(P) ^

🔧 匚<1> ← (1) 固定面選擇

彎折位置：

🔲🔲 ← (2) 彎折位置確立

↗ 90.00deg ← (3) 直角彎折

☐ 使用預設半徑(U)

⬹ 10 ← (4) 彎折半徑輸入

☐ 自訂彎折裕度(A) ∨

Fixed Face

深灰色為固定面 ●

STEP 10

在第一階段的上側掛勾完成後，繼而是下方三處樹狀掛鉤的製作流程。先點選鈑金平面並啟動草圖，並以【✏️ 中心線】指令繪製一條垂直線重合於【📐 原點】，再使用【✏️ 直線工具】與【🔲 智慧型尺寸】描繪出樹狀形態的右側圖元。

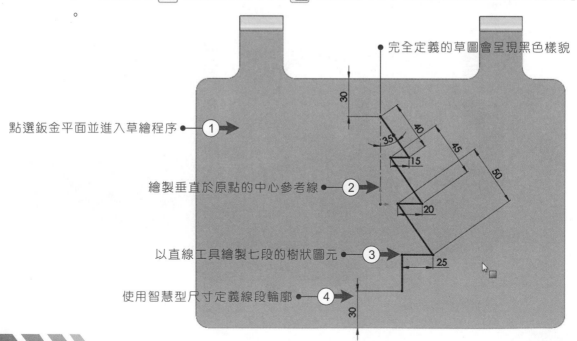

完全定義的草圖會呈現黑色樣貌

點選鈑金平面並進入草繪程序 ● (1)

繪製垂直於原點的中心參考線 (2)

以直線工具繪製七段的樹狀圖元 (3)

使用智慧型尺寸定義線段輪廓 ● (4)

STEP 11

當右側草圖設定完備後,使用【 ⬚ 選取工具】框選草圖中連同垂直參考線的所有圖元,並執行【 ⬚ 鏡射圖元】指令,讓樹狀輪廓形成一個左右對稱的完整輪廓。

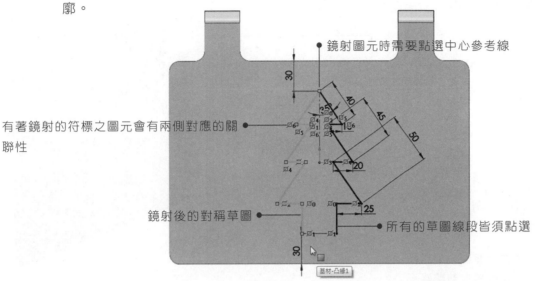

鏡射圖元時需要點選中心參考線

有著鏡射的符標之圖元會有兩側對應的關聯性

鏡射後的對稱草圖

所有的草圖線段皆須點選

STEP 12

再一次的框選草圖中的所有線段(中心參考線可省略),並透過【 ⬚ 偏移圖元】指令複製一個向外延伸的樹狀輪廓。於指令結束後,可得到裡與外的兩樹狀輪廓草圖,而底端兩側的缺口須以水平實線連接起來。

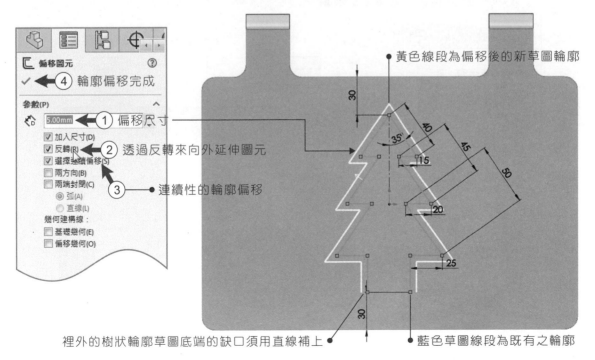

偏移圖元

④ 輪廓偏移完成

參數(P)

5.00mm ① 偏移尺寸

☑ 加入尺寸(D)
☑ 反轉(R) ② 透過反轉來向外延伸圖元
☑ 選擇連續偏移(S)
☐ 兩方向(B)
☐ 兩端封閉(C) ③ 連續性的輪廓偏移
　◉ 弧(A)
　◯ 直線(L)

幾何建構線:
☐ 基礎幾何(E)
☐ 偏移幾何(O)

黃色線段為偏移後的新草圖輪廓

裡外的樹狀輪廓草圖底端的缺口須用直線補上

藍色草圖線段為既有之輪廓

STEP
13

建議草圖完全封閉後再對薄板進行除料的程序。先以【 ✏ 直線工具】封閉樹狀
輪廓底端的兩側缺口，再點選【 🔲 伸長除料】特徵，並設定「完全貫穿」與「
最佳化幾何」後點擊【 ✔ 確認選項】。

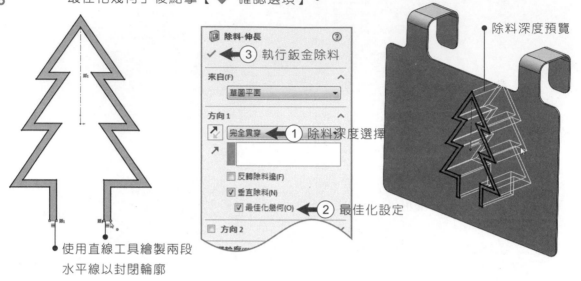

除料深度預覽

🔲 除料-伸長　　　　　　⑦
✓　←　③　執行鈑金除料
來自(F)　　　　　　　　∧
　　草圖平面　　　　　　　▼
方向1　　　　　　　　　∧
↗ 完全貫穿　←　①　除料深度選擇
↗　　　　　　　　　　
□ 反轉除料邊(F)
☑ 垂直除料(N)
　☑ 最佳化幾何(O)　←　②　最佳化設定
□ 方向2

使用直線工具繪製兩段
水平線以封閉輪廓

STEP
14

有了第一個樹狀輪廓草圖除料後，接著建議使用【 🔳 直線複製排列】特徵來移
動與再製新的輪廓除料。先於軟體介面左側「特徵樹」中點選【 🔲 伸長除料】
項次，並接續下一個複製的步驟。

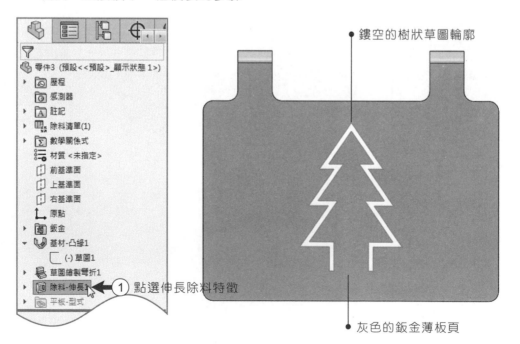

鏤空的樹狀草圖輪廓

🔍
🍱 零件3 (預設<<預設>_顯示狀態1>)
▸ 🔘 歷程
　🔘 感測器
▸ Ⓐ 註記
▸ 🔳 除料清單(1)
▸ Σ 數學關係式
⋯ 材質 <未指定>
　🔲 前基準面
　🔲 上基準面
　🔲 右基準面
　⌞ 原點
▸ 🔲 鈑金
▾ 🔲 基材-凸緣1
　　└ (-) 草圖1
▸ 🔳 草圖繪製彎折1
▸ 🔲 除料-伸長1　←　①　點選伸長除料特徵
▸ 🔲 平板-型式

灰色的鈑金薄板頁

STEP 15

接續上階段選擇特徵樹中【🔲 伸長除料】特徵後的步驟。以指標點選【⊞ 直線複製排列】特徵，並參酌功能表中 ① — ⑦ 的項次設定。由於要讓樹狀輪廓往右移動複製，所以於「方向1」欄位中需選擇鈑金薄頁上水平的線段作為參考線段。

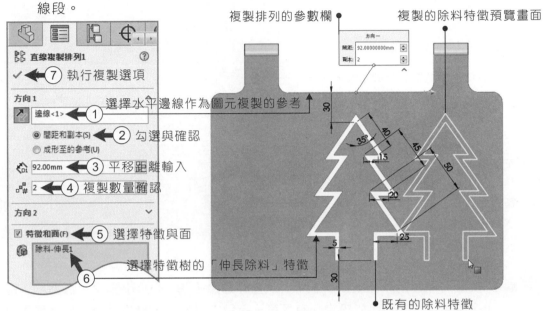

複製排列的參數欄　　　　　複製的除料特徵預覽畫面

⑦ 執行複製選項

方向1
① 選擇水平邊線作為圖元複製的參考
② 勾選與確認
③ 平移距離輸入
④ 複製數量確認

方向2
⑤ 選擇特徵與面
⑥ 選擇特徵樹的「伸長除料」特徵

既有的除料特徵

STEP 16

當複製了除料特徵於鈑金薄頁右側後，需再一次的點擊【⊞ 直線複製排列】特徵，並參考上一階段的數據設定，僅是「方向1」欄位須將往右側複製的特徵反轉至左側。經兩次的複製程序後，原本薄頁上的一個樹狀輪廓已成了下圖中的三處穿孔。

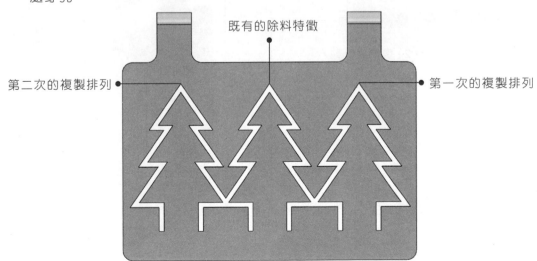

第二次的複製排列　　既有的除料特徵　　第一次的複製排列

STEP
17

當鏤空的三個樹狀輪廓完備後,即能進入鈑金彎折的進程。首先於薄頁平面上點選並啟動草圖,繼而使用【 ✏ 直線工具】繪製一條水平線,並透過【 ◇ 智慧型尺寸】設定該線段與鈑金底端的間距。

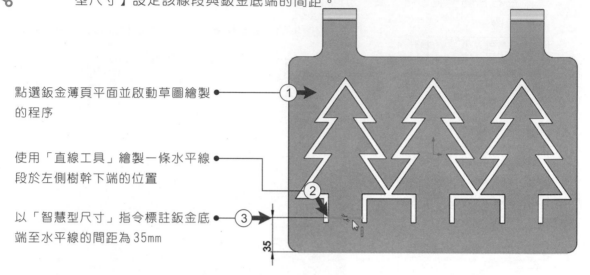

點選鈑金薄頁平面並啟動草圖繪製的程序 ——①

使用「直線工具」繪製一條水平線段於左側樹幹下端的位置 ——②

以「智慧型尺寸」指令標註鈑金底端至水平線的間距為35mm ——③

35

STEP
18

於上一階段的草圖編輯狀態中,以指標選擇【 ✏ 凸折】指令,並參酌下圖功能選項中 ①—⑧ 的設定。有了第一階段的彎折後,續接著兩個樹狀輪廓之設定形式也是如出一轍。

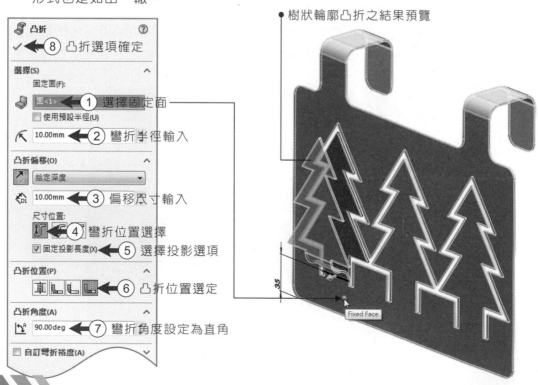

樹狀輪廓凸折之結果預覽

✏ 凸折　　　　　　　②
✓ ← ⑧ 凸折選項確定

選擇(S)
固定面(F):
🗍 面<1> ← ① 選擇固定面
☐ 使用預設半徑(U)
↖ 10.00mm ← ② 彎折半徑輸入

凸折偏移(O)
↗ 給定深度
↕ 10.00mm ← ③ 偏移尺寸輸入
尺寸位置:
↧ ← ④ 彎折位置選擇
☑ 固定投影長度(X) ← ⑤ 選擇投影選項

凸折位置(P)
⊥⌐⌐ ← ⑥ 凸折位置選定

凸折角度(A)
↖ᴬ 90.00deg ← ⑦ 彎折角度設定為直角

☐ 自訂彎折裕度(A)

35

Fixed Face

STEP
19

右側例圖為鈑金三處的樹狀輪廓完成
彎折後的形態。如果使用者不需在鈑金
上刻畫文字與圖案,則可以直接選擇【
儲存檔案】保留模型。

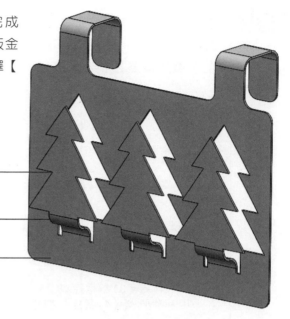

樹狀形態的銳角邊界可以透過圓角潤飾 ●

樹狀輪廓凸折之結果 ●

於平面上啟動草圖以進入文字輸入的程序 ●

STEP
20

點選鈑金薄板頁進入草圖編輯狀態,且選擇【 A 文字工具】以進入符碼輸入的
程序。而在文字輸入完備後,如果使用者欲變更字型,則須將內建的選項取消,
並進入到下圖中 ① — ⑨ 的程序。

變更文字字型(建議使用粗體字)

選擇粗體模式

選擇點數項次

點數大小選擇

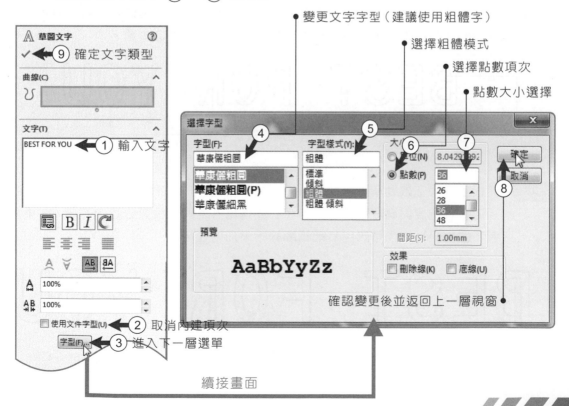

⑨ 確定文字類型

① 輸入文字

② 取消內建項次

③ 進入下一層選單

④

⑤

⑥

⑦

⑧

確認變更後並返回上一層視窗 ●

續接畫面

STEP
21

於字型與模式設定完成後即回到草圖編輯狀態，執行【🔲 伸長除料】指令並選擇「方向1」為「完全貫穿」形式，且勾選「最佳化幾何」。由例圖畫面可概略的預覽除料後之掛架概況。

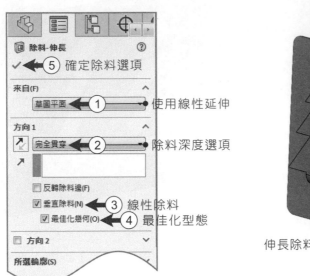

- ① → 使用線性延伸
- ② → 除料深度選項
- ③ 線性除料
- ④ 最佳化型態
- ⑤ 確定除料選項

伸長除料結果之預覽

STEP
22

當文字作為草圖輪廓並除料貫穿實體後，可看見下方的實體畫面中些許的文字有裡外分離的結果，因此需透過額外的程序連結未合併之本體。

與鈑金薄板頁分離之實體

STEP
23

於鈑金平面上啟動草圖，並使用【🔲 角落矩形】繪製出如下方相對位置的四個矩形，其寬度與高度可自訂，但務必要連結五處與薄板頁分離之實體（如果使用者不使用矩形，也可改用其他輪廓線段來加以連結）。

透過角落矩形連結分離之實體

STEP
24
如前一階段所示，使用草圖輪廓連結分離的文字實體。以指標選擇【 📖 】伸長填料特徵，並且設定深度為「成形至某一面」，繼而指定為鈑金的背面平坦處，讓所有未連結的實體透過此指令選項合併。最後可再透過圓角或導角來修飾邊界輪廓。造形掛架設計進程屆此已完成。

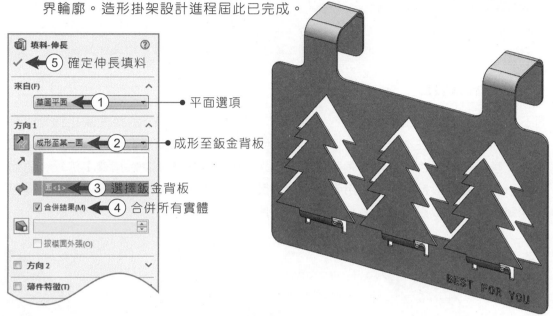

STEP
25
進入模型彩現程序；透過SolidWorks的附加模組【 🔵 Photoview360 】編輯模型【 🔴 外觀】與【 🔳：全景】。下方為掛架鈑金模型搭配素色場景與地面之彩現完成圖照。

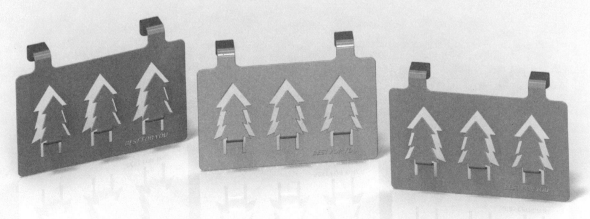

掛架彩現完成圖

SOLIDWORKS
基礎&實務

5-4 蝶形絞鍊製作

5-4 蝶形絞鍊設計

有了前面三個鈑金加工的範例實作，深信讀者對於SolidWorks的鈑金模組指令已有了更進一步的認知。而在本單元中，欲藉由草圖匯入的模式取得蝴蝶造形的輪廓線段，並使用【 🔽 基材凸緣】生成蝶形鈑金薄頁，再透過形體邊界製作【 📂 摺邊】流程，藉此完成蝴蝶形態絞鍊的設計。倘若使用者欲自行繪製草圖輪廓，亦可以酌參範例中的建構思路，畢竟鈑金製品的成形方式多為相去不遠的工序。

建模進程：

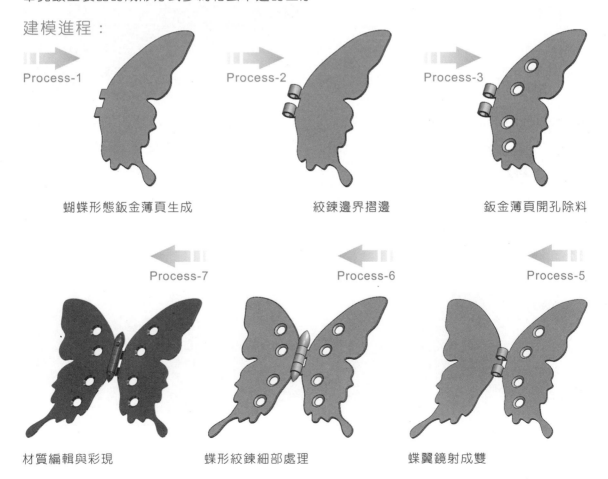

Process-1　　　　蝴蝶形態鈑金薄頁生成

Process-2　　　　絞鍊邊界摺邊

Process-3　　　　鈑金薄頁開孔除料

Process-7　　　　材質編輯與彩現

Process-6　　　　蝶形絞鍊細部處理

Process-5　　　　蝶翼鏡射成雙

STEP 01

本單元是藉由鈑金加工之相關指令來製作蝴蝶造形絞鍊，如果使用者未有理想的輪廓形態可以參酌，則可以擷取本書所附範例檔中的蝴蝶草圖，並加以施作應用。

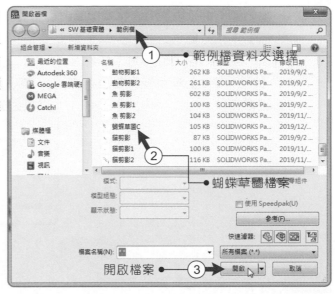

開啟舊檔
SW 基礎實體 ▸ 範例檔
① 範例檔資料夾選擇
蝴蝶草圖C
② 蝴蝶草圖檔案
開啟檔案 ③
開啟
取消

STEP 02

當檔案開啟後，使用【選取工具】以左上右下之模式框選屬意的蝴蝶形態，並透過鍵盤快捷鍵 Ctrl + C 複製圖元後，即可藉由下拉式選單開啟新的檔案並進入模型繪製的流程。

① 草圖框選之起點
藍色線段的草圖為編輯中的狀態，圖元選擇須注意線段的完整性與避開草圖尖角的部份
② 草圖框選之終點

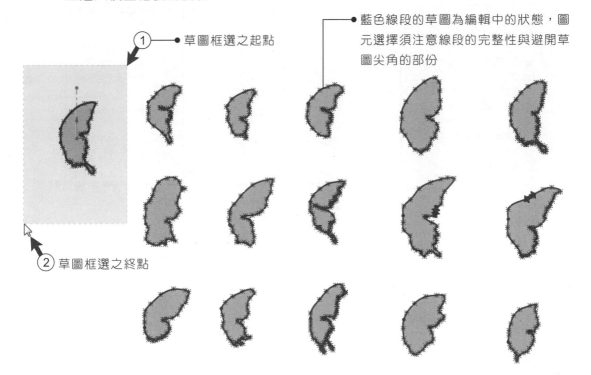

STEP 03

於軟體介面上點選【📄：開啟新檔】。如果畫面跳出浮動式窗選項，則如右側圖面示意：先點選【🖐️：零件】模組類型後再選擇確定開啟。

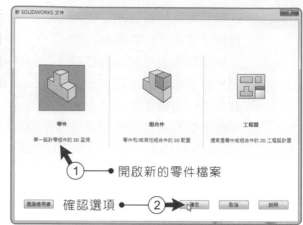

① ● 開啟新的零件檔案

確認選項 ● ──② ●

STEP 04

在進入零件檔案後，需先於SolidWorks的左側特徵樹中選擇【◻️ 前基準面】並啟動【🔲 草圖】。繼而點選【⟋ 中心線】指令繪製一條高100mm的線段穿過【⊥ 原點】，同樣再以一條寬度50mm的建構線橫向貫穿中點。此階段的參考線繪製要點在於俾利後續階段的圖元比例參考。

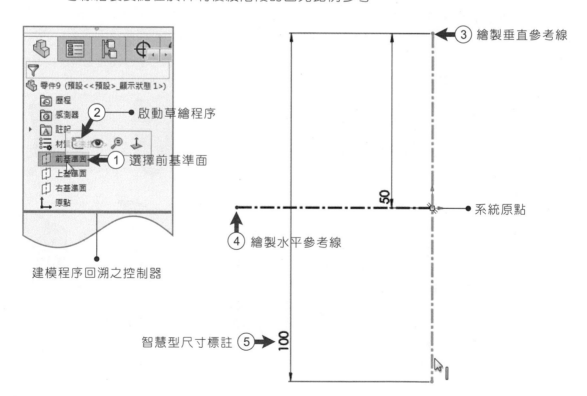

③ 繪製垂直參考線

② ● 啟動草繪程序

① 選擇前基準面

系統原點

④ 繪製水平參考線

建模程序回溯之控制器

智慧型尺寸標註 ⑤

STEP
05
接續上一階段的草圖。當有了兩條參考線連接至【⚓ 原點】後,以「左鍵」點選圖元【複製】指令,在還未確認選項前即可看到垂直參考線往右側移動複製的預覽,如果使用者未有其他的設定變更,即可單擊【✔ 確定】按鈕。

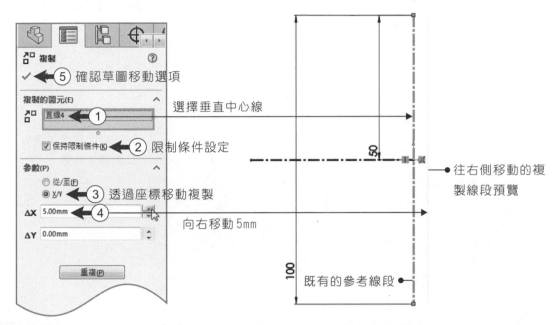

⑤ 確認草圖移動選項
① 選擇垂直中心線
② 限制條件設定
③ 透過座標移動複製
④ 向右移動5mm
往右側移動的複製線段預覽
既有的參考線段

STEP
06
所移動複製出來的垂直參考線也是對位放樣的基準。使用【⬉ 選取工具】於畫面中參考線右側的適當位置輕點,隨即以快捷鍵 Ctrl + C 貼上步驟二所複製的蝴蝶形態線段。

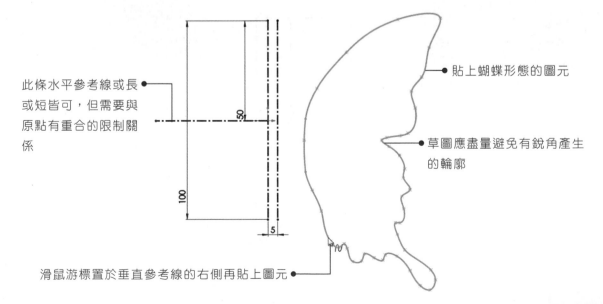

此條水平參考線或長或短皆可,但需要與原點有重合的限制關係

貼上蝴蝶形態的圖元

草圖應盡量避免有銳角產生的輪廓

滑鼠游標置於垂直參考線的右側再貼上圖元

STEP 07

接續上一頁面之草圖編輯。由於草圖覆貼的位置很難剛好符合我們的預期,所以仍需要透過【 ⬚ :選取工具】循右上左下之軌跡框選(如果是慣用左手的使用者則框選模式為較順手的左上右下)。

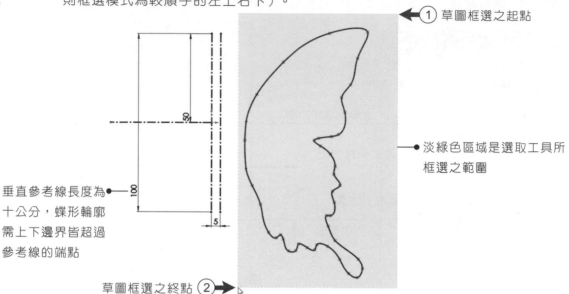

① 草圖框選之起點

● 淡綠色區域是選取工具所框選之範圍

垂直參考線長度為十公分,蝶形輪廓需上下邊界皆超過參考線的端點

草圖框選之終點 ②

STEP 08

此階段需要將草圖移置合適之地點。啟動【 ⬚ 移動圖元】指令,並點選原有的蝴蝶形態草圖中的端點(任一點)做為圖元移動的起點,且移動滑鼠游標至定點後再點擊「左鍵」即可完成圖元移動的程序。

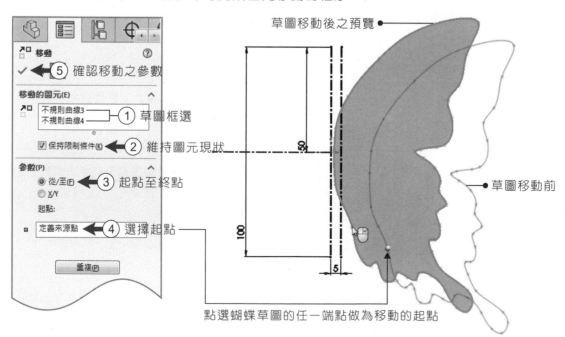

⬚ 移動
✓ ⑤ 確認移動之參數

移動的圖元(E)
⬚ 不規則曲線3
不規則曲線4 ① 草圖框選

☑ 保持限制條件(K) ② 維持圖元現狀

參數(P)
◉ 從/至(F) ③ 起點至終點
◯ X/Y
起點:
⬚ 定義來源點 ④ 選擇起點

重複(P)

草圖移動後之預覽 ●

● 草圖移動前

點選蝴蝶草圖的任一端點做為移動的起點

STEP 09

延續上一階段之草圖繪製。由於絞鍊的製作需有平實的邊界方能製作捲曲的摺邊，所以選擇【 □ 角落矩形】於左側的【 ╱ 中心線】上往右側繪製一個四邊形，並藉由【 ◇ 智慧型尺寸】標註8mm的矩形高度，繼而設定矩形下側需與水平參考線維持4mm的間距。

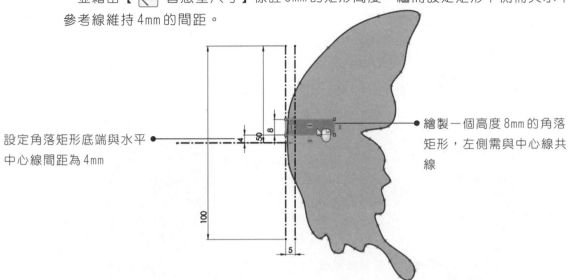

設定角落矩形底端與水平　　　繪製一個高度8mm的角落
中心線間距為4mm　　　　　　矩形，左側需與中心線共
　　　　　　　　　　　　　　線

STEP 10

現階段須將【 □ 角落矩形】藉由水平參考線複製到下側。如下方圖例示意：使用【 ↖ 選取工具】選擇矩形的四個邊界，繼而透過 Ctrl ＋「左鍵」重複加選水平【 ╱ 中心線】，且透過【 ▣ 鏡射】指令複製出水平參考線下側的四邊形。

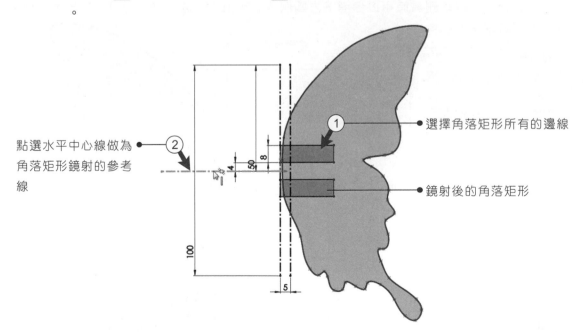

　　　　　　　　　　　　　　選擇角落矩形所有的邊線
點選水平中心線做為
角落矩形鏡射的參考
線　　　　　　　　　　　　　　鏡射後的角落矩形

STEP 11

接續上一頁的草圖編輯狀態。現階段須將右側的垂直【 ✎ 中心線】轉換成可以加工的實線,透過「左鍵」點選該線段,並於介面中的左側屬性欄位裡將「幾何建構線」的選定鍵取消,即可看到原本的虛線已經轉換成實線樣貌。

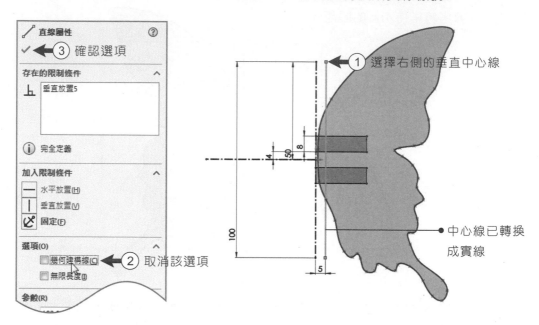

STEP 12

當草圖有交錯的線段需要消弭釐清時,可以透過【 ✂ 修剪圖元】來刪減多餘的線段。線段刪減時可以參考下方圖例,並藉由「滾輪」放大或【 🔍 放大檢視】觀察草圖的線段。

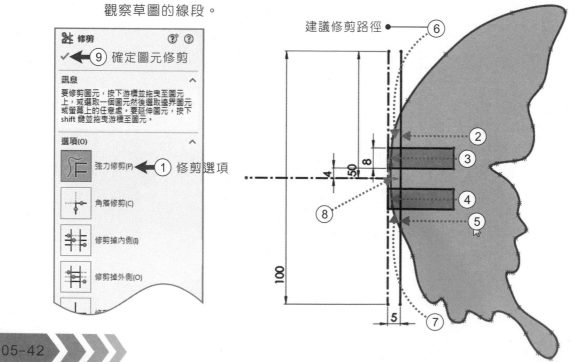

STEP 13

於圖元修剪程序完成後,可以參酌右側圖示之狀態。橘色線段與藍色線段之交界不能有開放性的缺口,透過放大檢視所有草圖中的線段是否有所缺漏。

橘色線段為初始輪廓

藍色線段為修剪後的新圖元

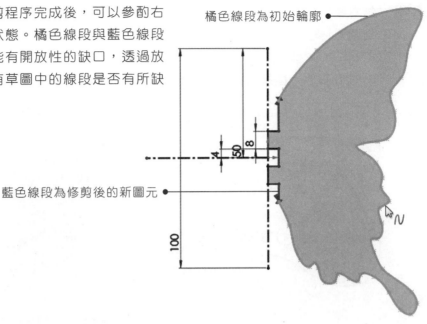

STEP 14

待圖元完備後啟動【 基材凸緣】,並設定鈑金厚度為 2mm,而在「彎折裕度」與「離隙比例」選項中皆設定為 0.5。當功能視窗的相關係數設定完成後,畫面即會產生鈑金成型後之預覽。

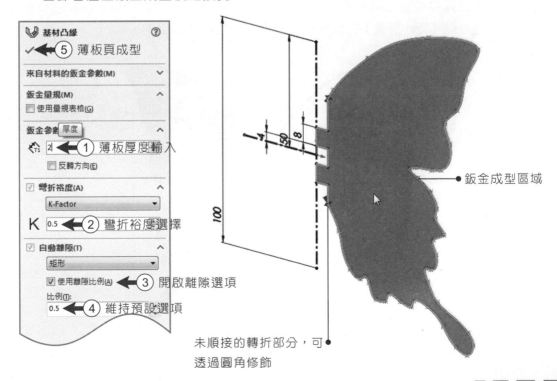

基材凸緣

(5) 薄板頁成型

來自材料的鈑金參數(M)

鈑金量規(M)
□ 使用量規表格(G)

鈑金參數 厚度

2 ◄ (1) 薄板厚度輸入
□ 反轉方向(E)

☑ 彎折裕度(A)
K-Factor

K 0.5 ◄ (2) 彎折裕度選擇

☑ 自動離隙(T)
矩形

☑ 使用離隙比例(A) ◄ (3) 開啟離隙選項

比例(T):
0.5 ◄ (4) 維持預設選項

鈑金成型區域

未順接的轉折部分,可透過圓角修飾

STEP 15

當右側的蝶形鈑金薄頁成型後，現階段是透過複製讓左側的實體生成。於特徵樹點選【 📘 前基準面】且【 🔲 啟動草圖】，繼而以「左鍵」點擊鈑金平面，再執行【 🔲 參考圖元】指令來複製蝶形輪廓邊界。下階段則是需要繪製垂直於中點的參考線，續接著框選所有圖元。

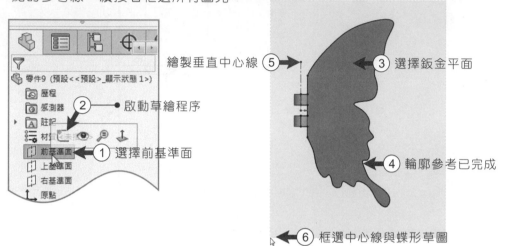

繪製垂直中心線 ⑤
③ 選擇鈑金平面
② 啟動草繪程序
① 選擇前基準面
④ 輪廓參考已完成
⑥ 框選中心線與蝶形草圖

STEP 16

承接上一步驟。在包含垂直參考線的所有線段皆已選取後，再以「左鍵」選擇草圖指令區的【 ⊢⊣ 鏡射圖元】。如下圖所示，左側的蝴蝶形態草圖已經複製完備，但需要修剪成與右側輪廓互應且無交錯的圖元。在此不仿可以先將草圖保留，待右側【 📄 摺邊】完成後再返回處理左側的蝶形輪廓。

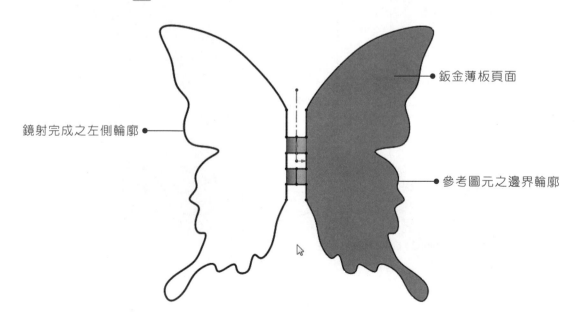

鈑金薄板頁面
鏡射完成之左側輪廓
參考圖元之邊界輪廓

STEP
17

選擇鈑金模組中【 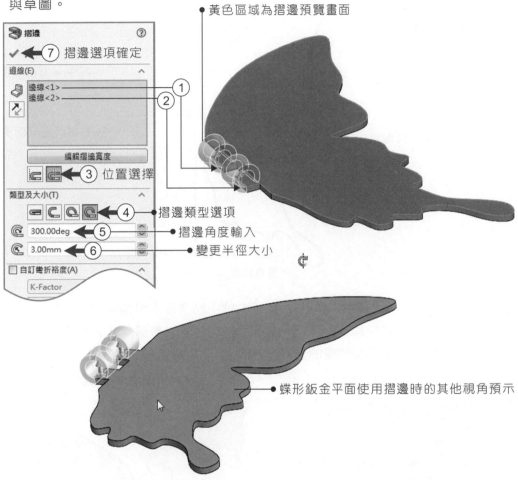 摺邊】功能指令，並點選蝴蝶鈑金側向的平板邊線；再輸入如下側功能表欄位的相關參數後，使用者即可見到頁面的功能效果示意。如果在後續進程中須變更其相關參數，則可以透過介面左側的特徵列之選項編輯實體與草圖。

● 黃色區域為摺邊預覽畫面

摺邊

⑦ 摺邊選項確定

邊線(E)

邊線<1> ── ①
邊線<2> ── ②

編輯摺邊寬度

③ 位置選擇

類型及大小(T)

④ 摺邊類型選項

300.00deg ── ⑤ ● 摺邊角度輸入

3.00mm ── ⑥ ● 變更半徑大小

□ 自訂彎折裕度(A)

K-Factor

● 蝶形鈑金平面使用摺邊時的其他視角預示

⊙ 要點提醒　　鈑金與其他金屬加工之工序差異

金屬元件因為質材硬度與脆度的關係，以致於加工製程不像其他材料那麼多元。我們可常見磨削、切銑、鑄造、鍛造、彎折、沖壓……等工序應用於金屬元件。由於工序的差異，所以金屬質材在設計與建模時不如一般塑膠、木材、石材可以帶有那麼多的圓潤曲面；因此在本章節中所繪製的鈑金造型，皆是以符合當下金屬薄頁加工之製程為前提。

STEP
18

此階段啟動左側的蝴蝶造形草圖。於輪廓進入編輯模式後,透過【 ✂ 修剪圖元 】刪除草繪中重疊的線段,而邊界修剪完成後之參考圖如下所示。左側蝶形草圖靠近【 ⅃ 原點】的凸板,不能與右側實體的兩塊凸板輪廓交疊,因此需格外的謹慎處理。

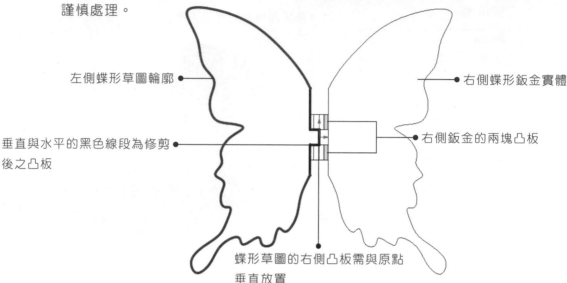

左側蝶形草圖輪廓 ●────

●──── 右側蝶形鈑金實體

垂直與水平的黑色線段為修剪 ●────
後之凸板

●──── 右側鈑金的兩塊凸板

蝶形草圖的右側凸板需與原點
垂直放置

STEP
19

蝴蝶造形草圖修剪完成後,以「左鍵」點選鈑金模組中的【 Ⅴ 基材凸緣】,而在相關的選項欄位中,可以參酌下方功能表之數據輸入。待鈑金薄頁生成後,下一階段即是凸板摺邊的進程。

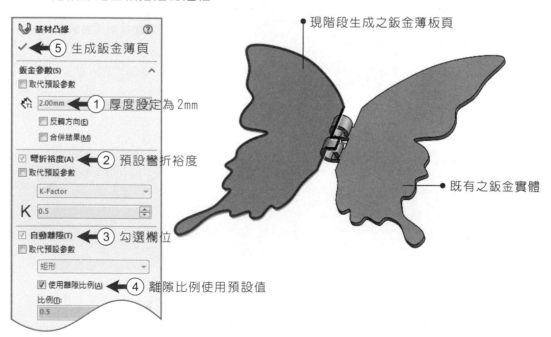

●──── 現階段生成之鈑金薄板頁

Ⅴ 基材凸緣   ⑦
✓ ←──⑤ 生成鈑金薄頁

鈑金參數(S)   ∧
☐ 取代預設參數
🔧 2.00mm ←──① 厚度設定為2mm
   ☐ 反轉方向(E)
   ☐ 合併結果(M)

☑ 彎折裕度(A) ←──② 預設彎折裕度
☐ 取代預設參數
   K-Factor   ▼
K 0.5   ⬆⬇

☑ 自動離隙(T) ←──③ 勾選欄位
☐ 取代預設參數
   矩形   ▼
☑ 使用離隙比例(A) ←──④ 離隙比例使用預設值
比例(T):
0.5

●──── 既有之鈑金實體

STEP
20
當鈑金薄頁生成實體後,使用「左鍵」點選【 ▨ 摺邊】指令,並於功能表欄位中輸入 ① — ⑥ 項次的參數。倘若凸板摺邊的方向與使用者預設的結果迥異,則能選擇相同立面中的其他邊線以取得適當的設計變更。

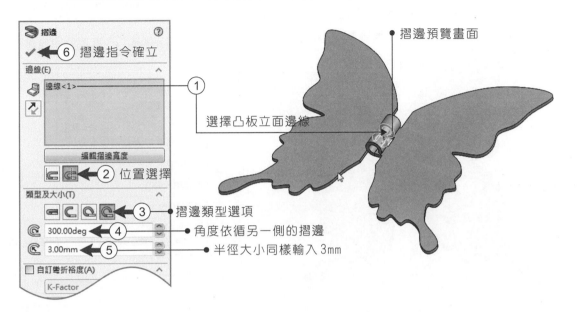

摺邊預覽畫面

⑥ 摺邊指令確立

① 選擇凸板立面邊線

② 位置選擇

③ 摺邊類型選項

④ 角度依循另一側的摺邊

⑤ 半徑大小同樣輸入 3mm

STEP
21
在兩邊的蝴蝶造形鈑金實體摺邊皆已完成後,續接著可以進入螺孔製作的流程。以【 ▷ 選取工具】點擊鈑金薄頁平面,以其作為草圖繪製的基準面,並於草圖啟動後轉正視角方位;繼而繪製垂直與水平的【 ◢ 中心線】後,再以【 ◉ 圓】指令於第一象限位置繪製兩個圓形,且在尺寸與限制設定後【 ▥ 鏡射】於水平線下方。

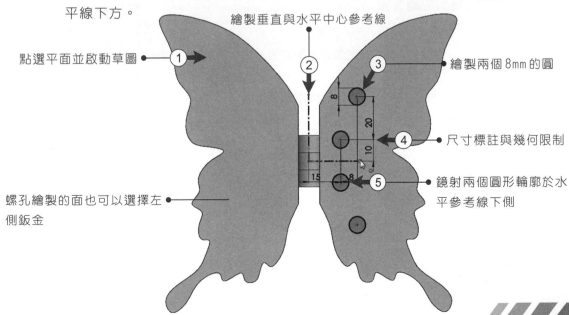

繪製垂直與水平中心參考線

① 點選平面並啟動草圖

③ 繪製兩個8mm的圓

④ 尺寸標註與幾何限制

⑤ 鏡射兩個圓形輪廓於水平參考線下側

螺孔繪製的面也可以選擇左側鈑金

STEP 22

延續上一階段的草圖鏡射。於此透過框選右側所有圖元,並以 Ctrl + 「左鍵」取消已經框選的水平中心線;垂直的中心線是圖元鏡射的參考線,所以務必要加以選取。待草圖鏡射至左側後執行【 伸長除料】指令貫穿圓孔。

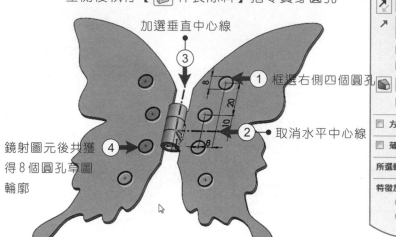

加選垂直中心線
③

② 取消水平中心線

① 框選右側四個圓孔

④ 鏡射圖元後共獲得8個圓孔草圖輪廓

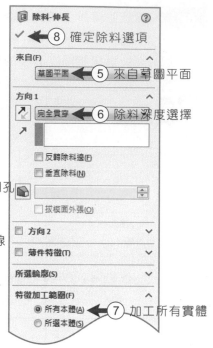

除料-伸長

✓ ← ⑧ 確定除料選項

來自(F)
草圖平面 ← ⑤ 來自草圖平面

方向1
完全貫穿 ← ⑥ 除料深度選擇

☐ 反轉除料邊(F)
☐ 垂直除料(N)

☐ 拔模面外張(O)

☐ 方向2
☐ 薄件特徵(T)
所選輪廓(S)

特徵加工範圍(F)
◉ 所有本體(A) ← ⑦ 加工所有實體
◯ 所選本體(S)

STEP 23

至於蝴蝶造形絞鍊的軸心繪製,使用者得透過特徵樹內建的【 右基準面】啟動【 草圖】並進入草繪程序。首先選擇【 直線工具】繪製垂直轉軸與水平線段,最後以【 三點定弧】連結直線後再標註尺寸即完成輪廓的繪製。

繪製垂直的實線作為軸心
①

再以三點定弧連結開放的直線輪廓 ← ③

同樣再以直線工具繪製一條垂直與兩條水平的線段 ← ②

以三點定弧繪製下側的圓弧連結直線輪廓 ← ④

20

2.50

50

⑤ 以智慧型尺寸標註相關的參數

STEP
24 於草圖繪製完備後，選擇特徵指令中的【⬛ 旋轉成型】將圖元繞著軸心全週旋轉。如果使用者對成型後的效果不甚滿意，可再於特徵上啟動草圖編輯程序，並在設計變更後點擊【✔ 確定】指令即完成。

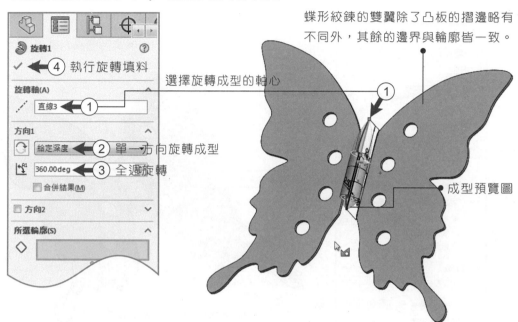

蝶形絞鍊的雙翼除了凸板的摺邊略有不同外，其餘的邊界與輪廓皆一致。

選擇旋轉成型的軸心

旋轉1

✔ ← ④ 執行旋轉填料

旋轉軸(A)

直線3 ← ①

方向1

給定深度 ← ② 單一方向旋轉成型

360.00deg ← ③ 全週旋轉

☐ 合併結果(M)

☐ 方向2

所選輪廓(S)

◇

成型預覽圖

STEP
25 安置螺絲的穴孔，通常為了鎖固性考量皆會在邊界導出約30度的斜角。以「左鍵」選擇右邊翅膀的四個螺孔邊線，並設定如功能表欄位 ①—⑦ 的參數。左側翅膀由於與右邊互未結合，所以須個別執行【⬛ 導角】的指令。

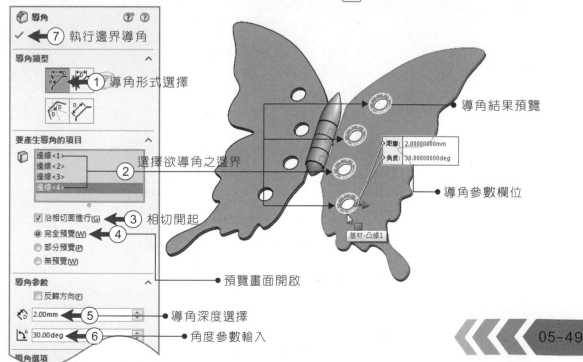

導角

✔ ← ⑦ 執行邊界導角

導角類型

① 導角形式選擇

要產生導角的項目

邊線<1>
邊線<2>
邊線<3>
邊線<4>

② 選擇欲導角之邊界

☑ 沿相切面進行(G) ← ③ 相切開起

◉ 完全預覽(W) ← ④
◎ 部分預覽(P)
◎ 無預覽(W)

導角參數

☐ 反轉方向(F)

2.00mm ← ⑤ 導角深度選擇

30.00deg ← ⑥ 角度參數輸入

導角選項

導角結果預覽

距離: 2.00000000mm
角度: 30.00000000deg

導角參數欄位

基材-凸緣1

預覽畫面開啟

STEP
26

關於鈑金蝶形絞鍊最後的製作階段,即是邊界潤飾與銳角磨光的步驟。以「左鍵」點選特徵指令——【 圓角】,並參酌下列功能表輸入 ①—⑥ 的選項參數,在「半徑」欄位輸入 1mm 的數值後,畫面即能預視指令完成後之狀態。

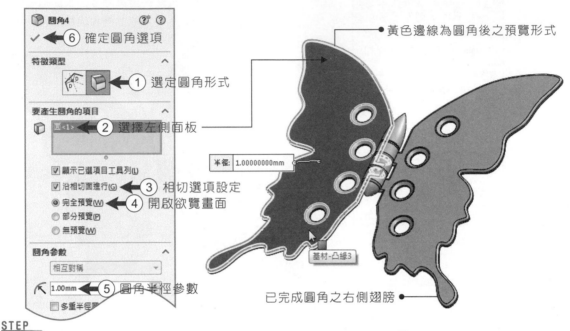

圓角4
✓ ← ⑥ 確定圓角選項
特徵類型 ∧
← ① 選定圓角形式
要產生圓角的項目 ∧
面<1> ← ② 選擇左側面板
☑ 顯示已選項目工具列(L)
☑ 沿相切面進行(G) ← ③ 相切選項設定
◉ 完全預覽(W) ← ④ 開啟欲覽畫面
◯ 部分預覽(P)
◯ 無預覽(W)
圓角參數 ∧
相互對稱
1.00mm ← ⑤ 圓角半徑參數
☐ 多重半徑圓

黃色邊線為圓角後之預覽形式
半徑: 1.00000000mm
基材-凸緣3
已完成圓角之右側翅膀

STEP
27

進入模型彩現程序;透過SolidWorks的附加模組【 Photoview360】編輯模型【 :外觀】與【 :全景】。下方為蝶形絞鍊實體複製成三個後,搭配素色場景與反射地板之渲染完成圖照。

蝶形絞鍊彩現完成圖

5-5 六角鈑金燈檯成型

◎ 要點提醒　　　**本範例為綠色版參考教學檔--請使用雲端連結**

本範例教學視訊檔案：SolidWorks/基礎&實務/CH05目錄下/5-5 鈑金燈檯.avi
本範例製作完成檔案：SolidWorks/基礎&實務/CH05目錄下/5-5 鈑金燈檯.SLDPRT

5-5 六角鈑金燈檯製作

本單元與前四個章節最大的不同點在於鈑金的生成順序，之前的四個章節皆藉由草圖輪廓續接【：基材凸緣】來製作鈑金薄頁；而在燈檯製作的流程中，則是以實體薄件長出後再轉換成鈑金。並藉由【 展平】、【 折疊】與【 掃出凸緣】等薄頁成型指令製作六角燈檯的外觀型態。由下方建模進程之圖例中可概略知道本章節中鈑金加工的思路前後與對應關係。

建模進程：

Process-1

薄件生成並轉換成鈑金

Process-2

蜂巢網狀除料

Process-3

燈檯底座鈑金完成

Process-6

材質編輯與彩現

Process-5

燈檯製作完成

Process-4

燈檯上端鈑金製作

關於六角燈檯概可分成燈座、燈罩與燈蓋三個主要元件。通常建模的概念都是如同蓋房子一樣的由下而上繪製；但如果模型輪廓的繪製有主從的對應關係，則建議可以由中間的元件開始製作。一開始即選擇【🔲：上基準面】作為草繪的紙張，並由【🔎：原點】繪製一個高度 100mm 的六角形草圖，再透過【🔲：草圖圓角】導出邊角 15mm 的圓弧半徑。

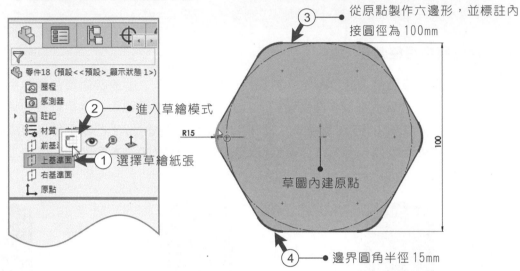

從原點製作六邊形，並標註內接圓徑為 100mm

進入草繪模式

選擇草繪紙張

草圖內建原點

邊界圓角半徑 15mm

待草圖完全定義後再執行【📦：伸長填料】特徵指令。於「深度」選項輸入 150mm；而薄件特徵的厚度則以 1.5mm 的參數取代。當特徵功能執行後，目前的本體還不算是鈑金薄板。

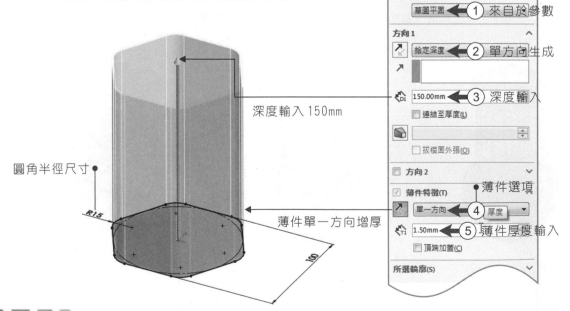

深度輸入 150mm

圓角半徑尺寸

薄件單一方向增厚

確定伸長選項

來自於參數

單方向生成

深度輸入

薄件選項

厚度

薄件厚度輸入

STEP
03

目前的實體猶如「抽拉成型」加工後的素材，若要將其變成鈑金薄板頁，則須透過離隙的「裂口」合理化製程。於範例中的實體平面上啟動草圖，並選擇平面的左側垂直線後應用【 📦 :參考圖元】指令，待線段參考完成即可【 ⎣↵ :保留草圖

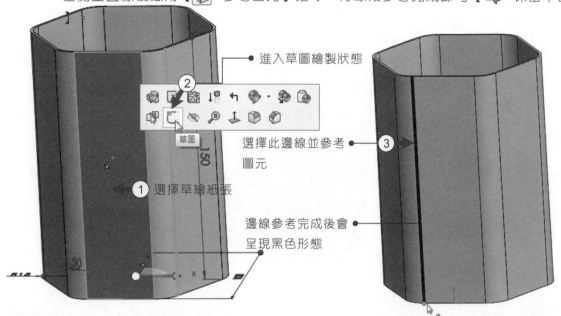

進入草圖繪製狀態

草圖

選擇此邊線並參考圖元

③

選擇草繪紙張

①

邊線參考完成後會呈現黑色形態

STEP
04

選擇【 📦 轉換為鈑金】指令，並輸入如下方圖例中 ① — ⑧ 的參數選項。

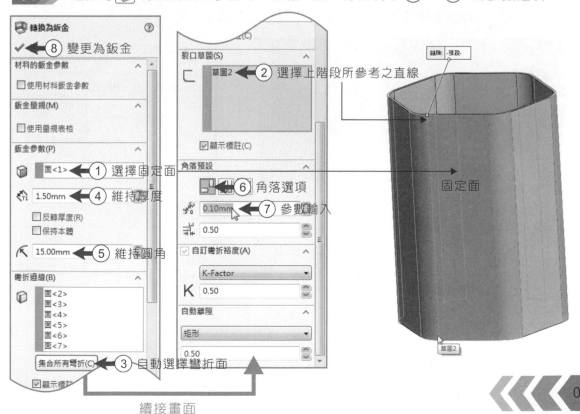

🛡 轉換為鈑金

✔ ⑧ 變更為鈑金

材料的鈑金參數
☐ 使用材料鈑金參數

鈑金量規(M)
☐ 使用量規表格

鈑金參數(P)
📦 面<1> — ① 選擇固定面
✎ 1.50mm — ④ 維持厚度
☐ 反轉厚度(R)
☐ 保持本體
📐 15.00mm — ⑤ 維持圓角

彎折邊線(B)
📦 面<2>
面<3>
面<4>
面<5>
面<6>
面<7>
集合所有彎折(C) — ③ 自動選擇彎折面
☑ 顯示標註

裂口草圖(S)
⎣ 草圖2 — ② 選擇上階段所參考之直線

☑ 顯示標註(C)

角落預設
📐 — ⑥ 角落選項
✎ 0.10mm — ⑦ 參數輸入
📏 0.50

☑ 自訂彎折裕度(A)
K-Factor
K 0.50

自動離隙
矩形
0.50

線路: -預設-

固定面

草圖2

續接畫面

STEP
05

在實體轉換成薄板頁後，續接著啟動【 🖨 展開】功能視窗。同樣如上階段的設定，於「固定面」選擇並點選「集合所有彎折」按鍵，讓彎折面自動加選進視窗欄位，再選擇【✔:確定後】即能展開鈑金（板金）。

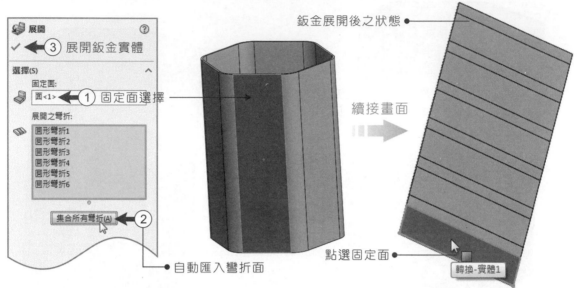

鈑金展開後之狀態

③ 展開鈑金實體

選擇(S)

固定面：
面<1> ← ① 固定面選擇

展開之彎折：
圓形彎折1
圓形彎折2
圓形彎折3
圓形彎折4
圓形彎折5
圓形彎折6

集合所有彎折(A) ← ②

● 自動匯入彎折面

續接畫面

點選固定面 ●

轉換-實體1

STEP
06

續接上一階段的鈑金展開程序。以「左鍵」點選鈑金固定面並【 🖾 啟動草圖】，繼而選擇【 ⬡ :多邊形工具】於面板左下角繪製兩個六邊形（水平線須加以限制），最後透過【 ◇ 智慧型尺寸】標註如右圖之參數。

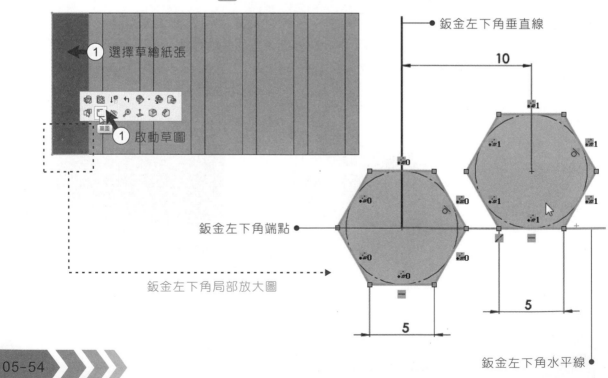

① 選擇草繪紙張

① 啟動草圖

鈑金左下角端點 ●

鈑金左下角局部放大圖

● 鈑金左下角垂直線

10

5

5

● 鈑金左下角水平線

STEP
07
待草圖定義完成後,執行鈑金模組中【▣:除料】指令(同特徵模組中的除料功能)。由於本階段是要製作滿佈著六角網格的鈑金燈罩,所以使用者可以選擇在草圖中直接複製圖元,或如同本範例先執行除料進程。

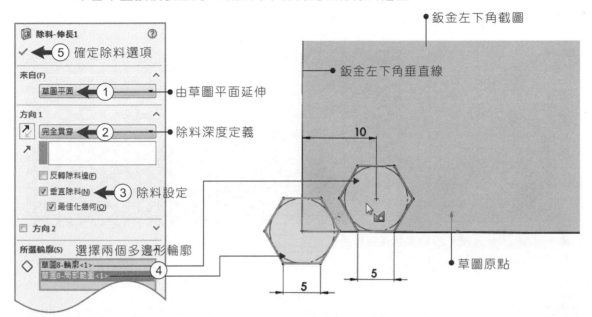

STEP
08
關於六角網格的鈑金燈罩,使用者得以於草圖階段直接複製成大量的六角圖元,或者如同本範例中的進程——先行除料後再透過【▦:直線複製排列】陣列貫穿的六角孔洞。

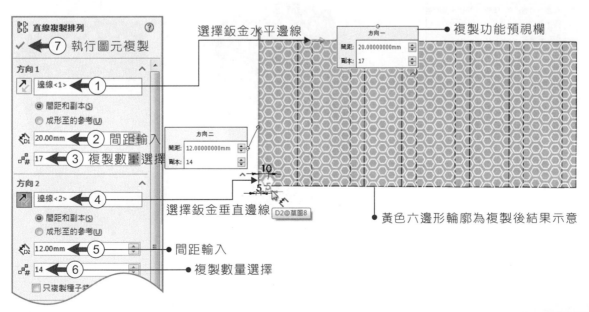

STEP 09

於鈑金薄板頁除料穿孔後,繼而須將攤平的鈑金平面再還原成六角立柱型態。以「左鍵」執行【 🖼 摺疊】功能,在「固定面」的選項欄位同樣點選鈑金最左側的平面,而「集合所有彎折」指令鍵在點選後則會自動選擇鈑金中剩餘的平面,最後再點擊【✔:確定選項】即完成該步驟。

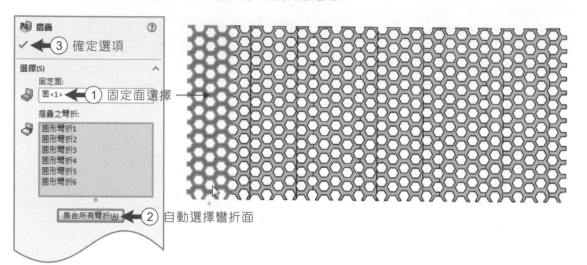

⑶ 確定選項
① 固定面選擇
② 自動選擇彎折面

STEP 10

此階段中欲藉由特徵樹中的既有草圖來產生新的偏移輪廓。如下方圖例中的進程:先點選【 🗔 :上基準面】並啟動草繪程序,接著指定草圖1後再執行草圖功能中的【 🗔 :參考圖元】或【 🗗 :偏移圖元】,偏移的參數可隨著自己的觀感而適性調整。

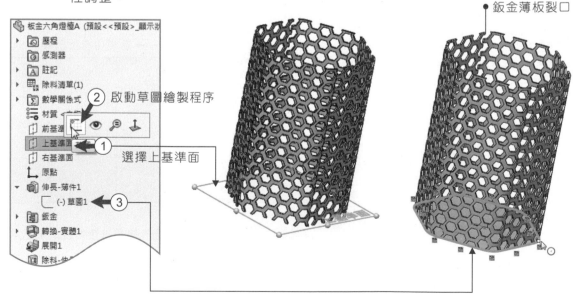

② 啟動草圖繪製程序
① 選擇上基準面
③
鈑金薄板裂口

由特徵樹底下選擇草圖1並執行參考圖元指令

STEP
11

接續上頁步驟。現階段將參考邊界所得來的六邊形圖元轉換成鈑金薄板頁，以「左鍵」點選【🅤：基材凸緣】指令，並將厚度設定為 1.5mm 左右，其他之附屬選項則維持內建參數。

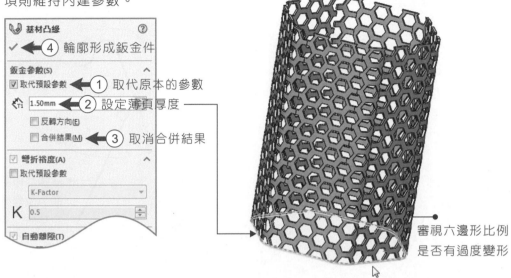

- ④ 輪廓形成鈑金件
- ① 取代原本的參數
- ② 設定薄頁厚度
- ③ 取消合併結果

審視六邊形比例
是否有過度變形

STEP
12

當六邊形薄板頁成型後，開啟參考幾何中的【🔲：基準面】，並以該實體邊線做為「第一參考」要件；再點選該水平邊線做為「第二參考」。當兩個參考要件選擇後，即可產生一張草繪基準面且垂直於參考線的線端。

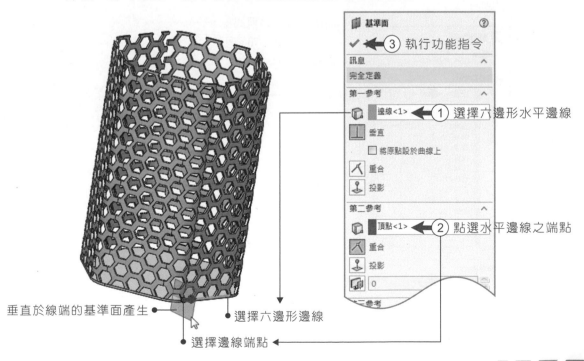

- ③ 執行功能指令
- ① 選擇六邊形水平邊線
- ② 點選水平邊線之端點

垂直於線端的基準面產生
選擇六邊形邊線
選擇邊線端點

STEP
13

選擇上階段製作的基準面繼而啟動草繪程序。待轉正繪
製視角後，以【 ✏ 直線工具】沿著線端描繪如圖例之
線段，並標註如右圖之參考尺寸。

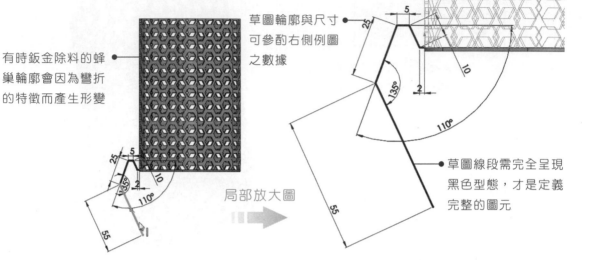

草圖輪廓與尺寸
可參酌右側例圖
之數據

有時鈑金除料的蜂
巢輪廓會因為彎折
的特徵而產生形變

局部放大圖

草圖線段需完全呈現
黑色型態，才是定義
完整的圖元

STEP
14

接續上一階段編輯中的草圖，並且執行鈑金功能指令中的【 ▣ 掃出凸緣】，此
功能如同是特徵指令中的【 ♪ 掃出】。「輪廓」選擇的是上階段完成的草圖；
而「路徑」則是選取六邊形的邊界線段，並設定半徑為 2mm，其掃出後之形態如
例圖預覽。

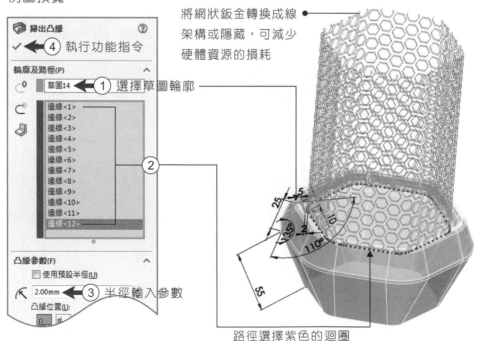

將網狀鈑金轉換成線
架構或隱藏，可減少
硬體資源的損耗

掃出凸緣

④ 執行功能指令

輪廓及路徑(P)

草圖14 ← ① 選擇草圖輪廓

邊線<1>
邊線<2>
邊線<3>
邊線<4>
邊線<5>
邊線<6>
邊線<7>
邊線<8>
邊線<9>
邊線<10>
邊線<11>
邊線<12>

②

凸緣參數(F)

☐ 使用預設半徑(U)

2.00mm ← ③ 半徑輸入參數

凸緣位置(L)

路徑選擇紫色的迴圈

STEP
15

在SolidWorks的系統中，只要是平板的區塊即可成為草圖繪製的基準。現階段選擇蜂巢網格鈑金的上方平面，並且啟動草圖繪製程序。首先點選燈座的六邊形平面且向外【⊏：偏移圖元】2.5mm；而第二個步驟同樣再選擇上述的平面並偏移輪廓，不同的是這次的指令是讓草圖輪廓往內偏移2.5mm的線段迴圈。現階段的草圖會呈現兩個六邊形的黑色迴圈。

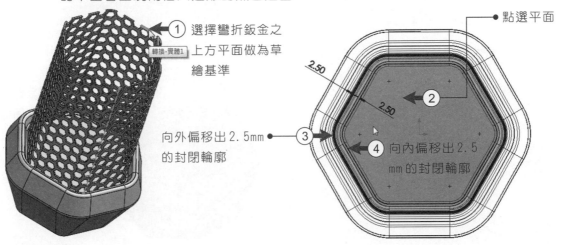

① 選擇彎折鈑金之上方平面做為草繪基準

● 點選平面

③ 向外偏移出2.5mm的封閉輪廓

② 2.50

④ 向內偏移出2.5mm的封閉輪廓

STEP
16

接續上一個草圖編輯的程序。執行【基材凸緣】指令，並參酌 ①—⑧ 的圖例參數。鈑金現階段伸長的方向為向上成型，並且將內建的「合併結果」選項取消，讓鈑金在成型後不與現階段的實體熔接，成為一個獨立的本體。

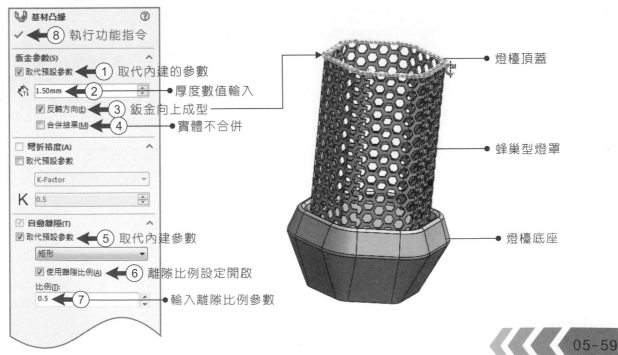

基材凸緣

⑧ 執行功能指令

鈑金參數(S)
☑ 取代預設參數 ① 取代內建的參數
1.50mm ② 厚度數值輸入
☑ 反轉方向(E) ③ 鈑金向上成型
☐ 合併結果(M) ④ 實體不合併

彎折裕度(A)
☐ 取代預設參數
K-Factor
K 0.5

☑ 自動離隙(T)
☑ 取代預設參數 ⑤ 取代內建參數
矩形
☑ 使用離隙比例(A) ⑥ 離隙比例設定開啟
比例(T):
0.5 ⑦ 輸入離隙比例參數

● 燈檯頂蓋

● 蜂巢型燈罩

● 燈檯底座

STEP
17

現階段欲藉由燈蓋的水平邊線製作垂直於線段的【🔲：基準面】。首先選擇燈蓋邊界的線段，繼而再點選線段的任一側端點，即可製作一草繪紙張垂直於線端。

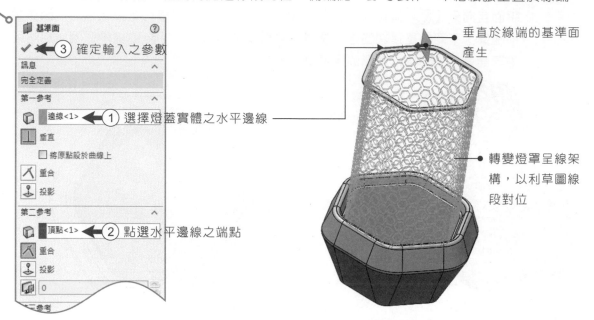

🔲 基準面
✓　③ 確定輸入之參數
訊息
完全定義
第一參考
　🔲 邊線<1>　① 選擇燈蓋實體之水平邊線
　⊥ 垂直
　☐ 將原點設於曲線上
　⚒ 重合
　⚓ 投影
第二參考
　🔲 頂點<1>　② 點選水平邊線之端點
　⚒ 重合
　⚓ 投影
　📐 0

垂直於線端的基準面產生

轉變燈罩呈線架構，以利草圖線段對位

STEP
18

以「左鍵」點選上階段成型的【🔲 基準面】並且啟動草圖繪製程序。先使用【／ 直線工具】由線端的【🠻 原點】向右側繪製出 Ⓐ — Ⓓ 四條線段，再透過尺寸標列出如圖例之參考數值。

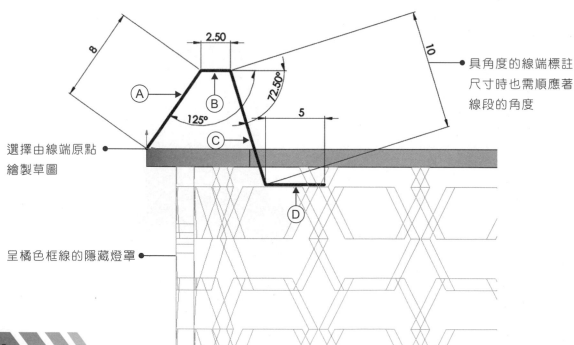

具角度的線端標註尺寸時也需順應著線段的角度

選擇由線端原點繪製草圖

呈橘色框線的隱藏燈罩

STEP
19

接續上一階段。待草圖繪製完備後執行鈑金【 📦 掃出凸緣】指令，輪廓為上階段繪製的草圖線段；而路徑即選擇六邊形的外環輪廓線段。當參數輸入完整後即可於預覽畫面看見掃出的黃色鈑金薄頁。

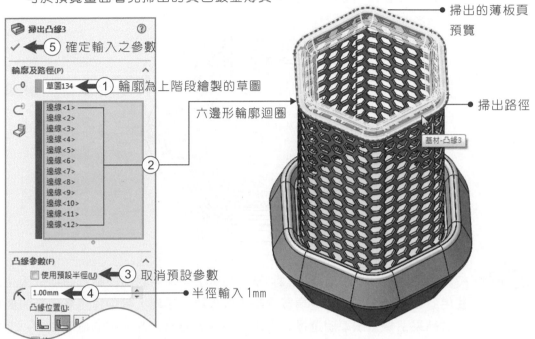

🍵 掃出凸緣3   ⑦

✓ ← ⑤ 確定輸入之參數

輪廓及路徑(P) ∧

⌒⁰ [草圖134] ← ① 輪廓為上階段繪製的草圖

⌒ 邊線<1>
   邊線<2>
   邊線<3>
   邊線<4>
   邊線<5>
   邊線<6>
② 邊線<7>
   邊線<8>
   邊線<9>
   邊線<10>
   邊線<11>
   邊線<12>

凸緣參數(F) ∧

☐ 使用預設半徑(U) ← ③ 取消預設參數

🗲 1.00mm ← ④   ● 半徑輸入 1mm

凸緣位置(L)

● 掃出的薄板頁預覽

六邊形輪廓迴圈

● 掃出路徑

基材-凸緣3

STEP
20

關於燈蓋的部份，在薄板頁掃出後，需再增加頂端的鈑金實體。以【 ⬚：選取工具】點選燈蓋掃出的平面處做為草圖繪製的基準，繼而透過【 ⬆：正視於】指令對位圖元描繪的視角。由於燈罩、燈座與燈蓋皆是獨立的個體，所以在實體成型時的「合併結果」選項皆須取消。

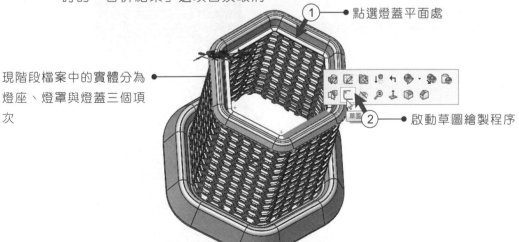

① ● 點選燈蓋平面處

現階段檔案中的實體分為燈座、燈罩與燈蓋三個項次

② ● 啟動草圖繪製程序

STEP
21

延續上一階段之轉正視角程序。使用 Ctrl ＋「左鍵」重複加選平面的六邊形外緣線段，繼而應用【⬡：參考圖元】將選擇的邊框轉成實線。草圖輪廓的實線部份須避免交錯或重疊的圖元，否則易造成系統錯誤的判讀。

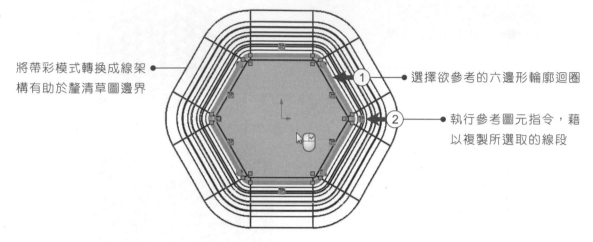

將帶彩模式轉換成線架
構有助於釐清草圖邊界

① 選擇欲參考的六邊形輪廓迴圈

② 執行參考圖元指令，藉以複製所選取的線段

STEP
22

待草圖完備後，即可執行【⬇：基材凸緣】功能將封閉的輪廓轉換成鈑金薄頁。使用者可參考下方功能選項數值輸入薄板頁之定義，其中特別要提點的要鍵為「合併結果」欄位須取消選擇，否則將導致實體融合為一體的概況。

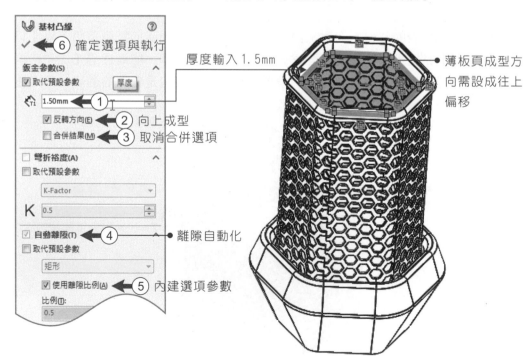

⑥ 確定選項與執行

厚度輸入 1.5mm

①

② 向上成型

③ 取消合併選項

④ 離隙自動化

⑤ 內建選項參數

薄板頁成型方
向需設成往上
偏移

STEP
23

以【 ⬚ 選取工具】點選上一階段成型的薄板頁面,並且於草圖啟動後轉正視角。接續著藉由【 ⬚ 偏移圖元】內縮兩個 20 與 23.5mm 的六邊形輪廓;在草圖呈現黑色形態即代表已經完全定義。

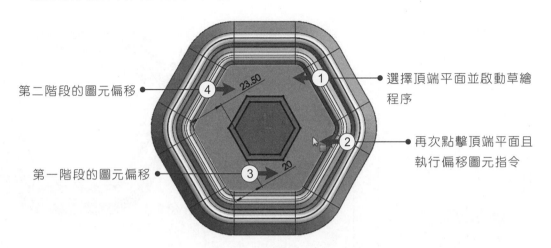

第二階段的圖元偏移 ●────── ④

①────● 選擇頂端平面並啟動草繪程序

②────● 再次點擊頂端平面且執行偏移圖元指令

第一階段的圖元偏移 ●────── ③

STEP
24

接續上一階段的編輯中之草圖且執行【 ⬚ :伸長除料】指令,並參酌圖例中之相關設定。於「特徵加工範圍」選項中啟用「所選本體」欄位,再將頂蓋的實體列為除料的範圍即可【 ✔ 確定選項】。

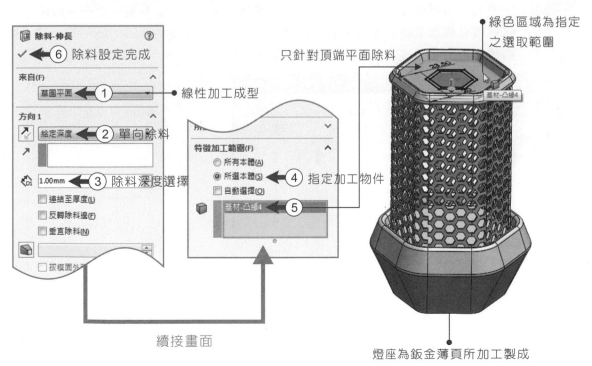

綠色區域為指定之選取範圍

只針對頂端平面除料

⑥ 除料設定完成

① ── 線性加工成型

② 給定深度 ── 單向除料

③ 1.00mm ── 除料深度選擇

④ ── 指定加工物件

⑤ 基材-凸緣4

續接畫面

燈座為鈑金薄頁所加工製成

STEP 25

同樣再點選頂端平面並啟動草圖繪製程序。點選【 🅰 文字工具】後輸入文字串（中英文皆可），若使用者欲變更字型與字級，則可依循著下方範例的流程進入下一階段之功能視窗。

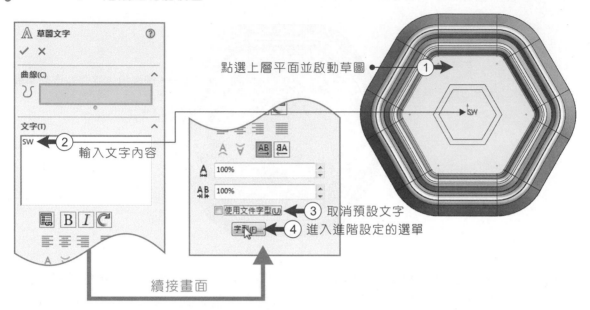

點選上層平面並啟動草圖 ①

② 輸入文字內容

③ 取消預設文字

④ 進入進階設定的選單

續接畫面

STEP 26

接續上一階段的【 🅰 :文字工具】功能視窗設定。於CAD軟體中欲將平面的文字轉換成立體加工時，應避免圖元輪廓的重疊，所以系統內建的「細明體」與「標楷體」建議置換成粗黑體的樣式與類型。

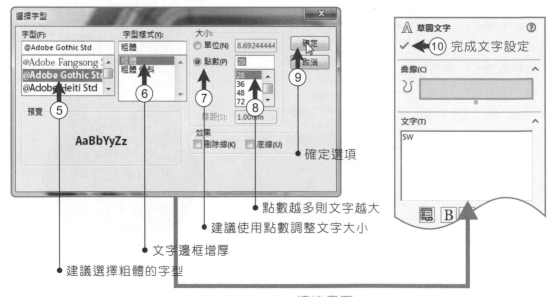

⑩ 完成文字設定

⑨ 確定選項

點數越多則文字越大

建議使用點數調整文字大小

⑧ 文字邊框增厚

建議選擇粗體的字型

續接畫面

STEP 27

在上階段的文字設定完成後繼而啟動【 : 伸長除料】特徵。於下方功能視窗選項的「特徵加工範圍」需改成「所選本體」，並指定除料的本體為頂蓋的部份。由黃色的除料預覽畫面可以看見特徵加工後之型態。

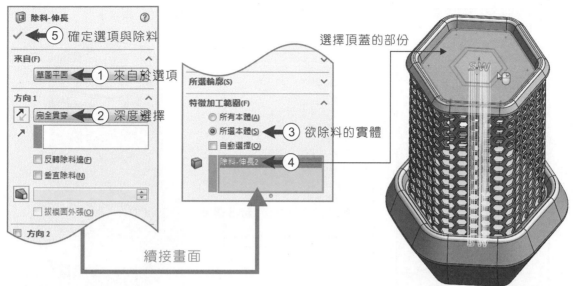

除料-伸長

5 確定選項與除料

來自(F)

草圖平面 — 1 來自於選項

方向1

完全貫穿 — 2 深度選擇

□ 反轉除料邊(F)

□ 垂直除料(N)

□ 拔模面外張(O)

□ 方向 2

所選輪廓(S)

特徵加工範圍(F)

○ 所有本體(A)

◉ 所選本體(S) — 3 欲除料的實體

□ 自動選擇(O)

除料-伸長2 — 4

續接畫面

選擇頂蓋的部份

STEP 28

文字的部份也可用填料形成浮凸的文字。現階段針對檯燈頂蓋施以【 圓角】指令，而其它實體也可以分段式執行。於SolidWorks的系統中，未連接的本體即視為不同的組件，所以不能一次性的修飾邊界。

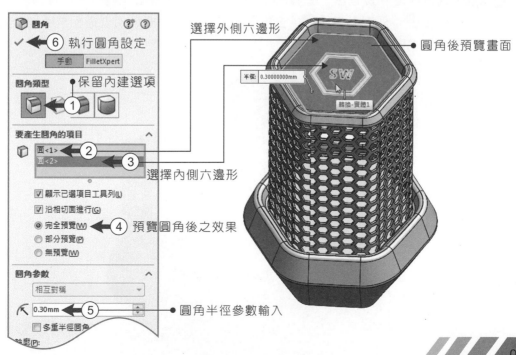

圓角

6 執行圓角設定

手動 FilletXpert

圓角類型 —1 保留內建選項

要產生圓角的項目

面<1> — 2

面<2> — 3 選擇內側六邊形

☑ 顯示已選項目工具列(L)

☑ 沿相切面進行(G)

◉ 完全預覽(W) — 4 預覽圓角後之效果

○ 部分預覽(P)

○ 無預覽(W)

圓角參數

相互對稱

0.30mm — 5 圓角半徑參數輸入

□ 多重半徑圓角

輪廓(P):

選擇外側六邊形

半徑: 0.30000000mm

轉換-實體1

圓角後預覽畫面

STEP 29

待所有的建模程序完成後，使用者可以於介面左側瀏覽與編輯特徵樹中的子項參數。通常實體建模最後都會有【🗔：薄殼】的步驟來減少本體的材積、成本與重量，但鈑金薄頁加工的製品則可免去這多餘的進程。

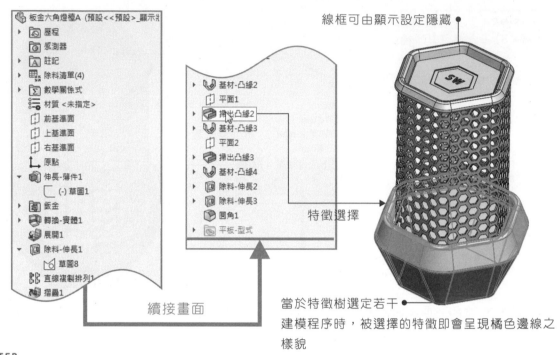

線框可由顯示設定隱藏

特徵選擇

續接畫面

當於特徵樹選定若干建模程序時，被選擇的特徵即會呈現橘色邊線之樣貌

STEP 30

進入模型彩現程序；透過SolidWorks的附加模組【● Photoview360】編輯模型【●：外觀】與【🖼：全景】。下方為六角檯燈模型搭配素色場景與地板之渲染完成圖照。

六角燈檯彩現完成圖

5-6 鈑金椅設計與製作

⊙ 要點提醒　　本範例為綠色版參考教學檔──請使用雲端連結

本範例教學視訊檔案：SolidWorks/基礎＆實務/CH05目錄下/5-6 鈑金椅.avi
本範例製作完成檔案：SolidWorks/基礎＆實務/CH05目錄下/5-6鈑金椅.SLDPRT

5-6 鈑金椅設計

歷經前面五個鈑金相關單元的練習，深信各位讀者對於鈑金薄頁與後續加工製程已有了一定的認知；如前文所提及的，鈑金加工是台灣產品設計與製造的一大版圖。於本單元中，試著藉由鈑金薄頁與【 草圖繪製彎折】、【 伸長除料】與【 圓角】等指令製作一張工序簡單卻富含設計要項的鈑金座椅。雖然繞指柔的塑膠當下產值已超越了百煉鋼，鈑金傢俱亦逐漸式微，但其加工的型式仍是值得我們學習與臨摹的要點。

建模進程：

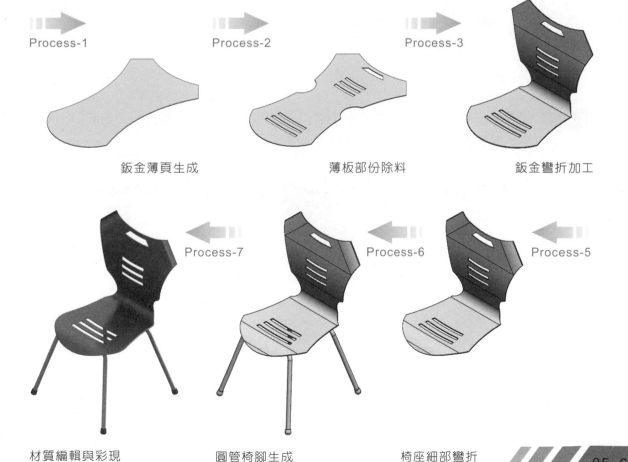

Process-1　鈑金薄頁生成
Process-2　薄板部份除料
Process-3　鈑金彎折加工
Process-5　椅座細部彎折
Process-6　圓管椅腳生成
Process-7　材質編輯與彩現

STEP 01

鈑金椅繪製的初始圖面建議選擇【🔳 上基準面】（或是使用者慣用的前向基準）。若要繪製兩側對稱的圖元即需透過【✏️ : 中心線】製作一垂直於中點的參考；繼而以【✏️ 直線工具】與【⌒ 三點定弧】完成如左下圖面之線段，再透過【🔲 : 選取工具】框選後【🔲 鏡射圖元】。

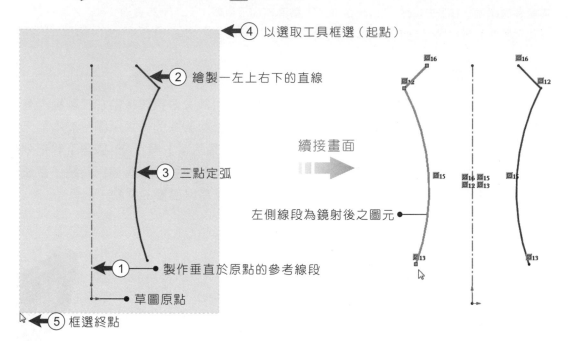

④ 以選取工具框選（起點）

② 繪製一左上右下的直線

③ 三點定弧

① 製作垂直於原點的參考線段

草圖原點

⑤ 框選終點

續接畫面

左側線段為鏡射後之圖元

STEP 02

接續上一階段的草圖，並使用【⌒ 三點定弧】連結圖元裡上與下的缺口。草圖中的參數設定可於輪廓線段完成後再做標列。

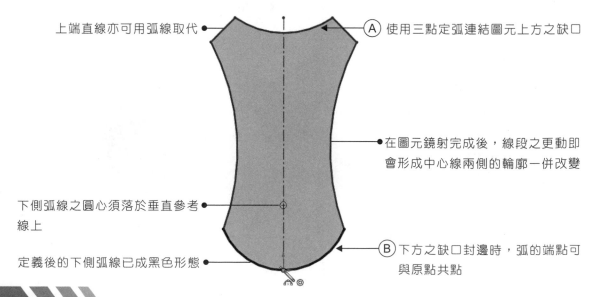

上端直線亦可用弧線取代

Ⓐ 使用三點定弧連結圖元上方之缺口

在圖元鏡射完成後，線段之更動即會形成中心線兩側的輪廓一併改變

下側弧線之圓心須落於垂直參考線上

定義後的下側弧線已成黑色形態

Ⓑ 下方之缺口封邊時，弧的端點可與原點共點

STEP 03 接續上個步驟。以【 🖊 智慧型尺寸】標註如右方圖例之相關參數。如果數值需做修正,則可在數字上點選左鍵直接變更。

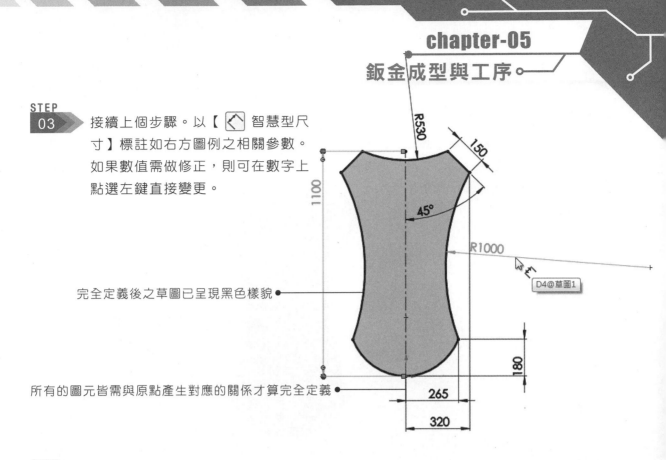

R530
150
1100
45°
R1000
D4@草圖1
完全定義後之草圖已呈現黑色樣貌
180
所有的圖元皆需與原點產生對應的關係才算完全定義
265
320

STEP 04 當平面草圖已完成輪廓繪製與參數標註後,即可轉換為立體的模型生成。以「左鍵」點選【 🖊 基材凸緣】並依下例功能視窗 ① — ⑥ 的數據設定,即能見到淺黃色的鈑金薄頁生成之畫面預覽。

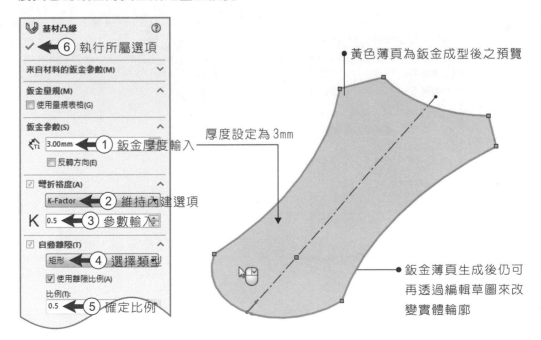

🖊 基材凸緣 ⑦
✓ ◀ ⑥ 執行所屬選項

來自材料的鈑金參數(M) ∨

鈑金量規(M) ∧
☐ 使用量規表格(G)

鈑金參數(S) ∧
🖊 3.00mm ◀ ① 鈑金厚度輸入
☐ 反轉方向(E)

☑ 彎折裕度(A) ∧
K-Factor ◀ ② 維持內建選項
K 0.5 ◀ ③ 參數輸入

☑ 自動離隙(T) ∧
矩形 ◀ ④ 選擇類型
☑ 使用離隙比例(A)
比例(T):
0.5 ◀ ⑤ 確定比例

厚度設定為 3mm

黃色薄頁為鈑金成型後之預覽

鈑金薄頁生成後仍可再透過編輯草圖來改變實體輪廓

STEP 05

待鈑金薄頁生成後，使用【 ⌖ 選取工具】點擊薄板平面並進入草圖繪製程序。於CAD系統中可假定所有的平面皆是繪製草圖的紙張（包含實體、鈑金、基準面或平直的曲面）；倘若使用者欲在具曲度的面上製作草圖輪廓，則需透過立體草圖或是輪廓投影來生成。

被指定的平面會呈現藍色之樣貌 •

② ● 進入草圖繪製程序

① ● 選擇鈑金平面

STEP 06

延續上一階段的草圖程序——選擇鈑金薄頁上側的弧線後並啟動【 偏移圖元 】，確定所選擇的弧線向下偏移後【 ✔ 執行】選項。假如讀者不透過草圖偏移，也可以重新繪製適宜的線段構築自己意向的形態輪廓。

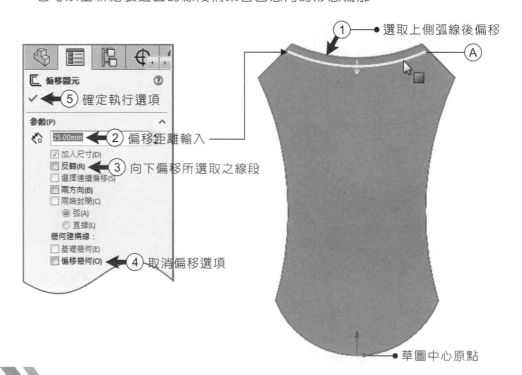

① ● 選取上側弧線後偏移
Ⓐ

偏移圖元
✔ ⬅ ⑤ 確定執行選項

參數(P)
25.00mm ◄ ② 偏移距離輸入
☑ 加入尺寸(D)
☐ 反轉(R) ③ 向下偏移所選取之線段
☐ 選擇連續偏移(S)
☐ 兩方向(B)
☐ 兩端封閉(C)
◉ 弧(A)
○ 直線(L)
幾何建構線：
☐ 基礎幾何(E)
☐ 偏移幾何(O) ④ 取消偏移選項

● 草圖中心原點

STEP
07
延續上一階段偏移出 Ⓐ 的草圖程序。如同下方圖例點選上側的輪廓線段，並透過【☐ 偏移圖元】向下複製出 Ⓑ 弧線。且接二連三的重複上述之步驟，藉以複製出 Ⓒ — Ⓝ 的弧線。所偏移出來的間距可依自己的觀感而適當調整。

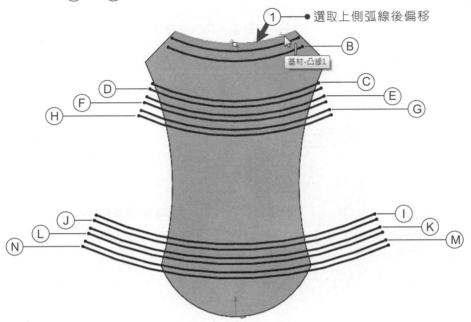

① ● 選取上側弧線後偏移

基材-凸緣1

STEP
08
延續上一步驟的草圖，繼而選取鈑金薄頁右上角的斜線（左上右下之邊界），並設定偏移距離為 150mm（可視概況而調整）。下方圖例中黃色的線段為偏移後之輪廓預覽，當確定偏移選項後 Ⓞ 即轉成黑色形態。

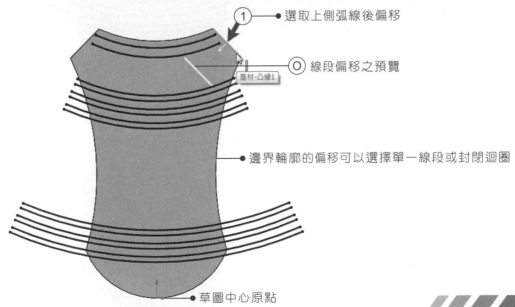

① ● 選取上側弧線後偏移

Ⓞ 線段偏移之預覽

基材-凸緣1

● 邊界輪廓的偏移可以選擇單一線段或封閉迴圈

● 草圖中心原點

STEP
09

延續上頁未完備的草圖。使用【�:選取工具】拖曳 ⓞ 線端上側的端點並往左上角延伸,直至超過 Ⓐ 線端之輪廓為止。假設本線段未與其他線段交錯,則無法透過【✂ 修剪工具】縫合欲保留下的圖元。

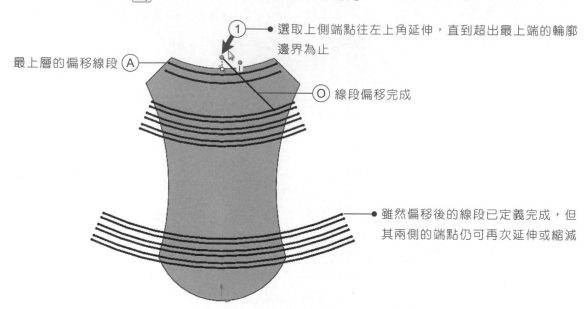

① 選取上側端點往左上角延伸,直到超出最上端的輪廓邊界為止

最上層的偏移線段 Ⓐ

ⓞ 線段偏移完成

雖然偏移後的線段已定義完成,但其兩側的端點仍可再次延伸或縮減

STEP
10

再一次的參考薄板頁的邊界輪廓,並且向左側偏移出 150mm 的線段 Ⓟ。接續著以草繪工具的【✎:中心線】繪製一條垂直於【⊹:原點】的參考基準。

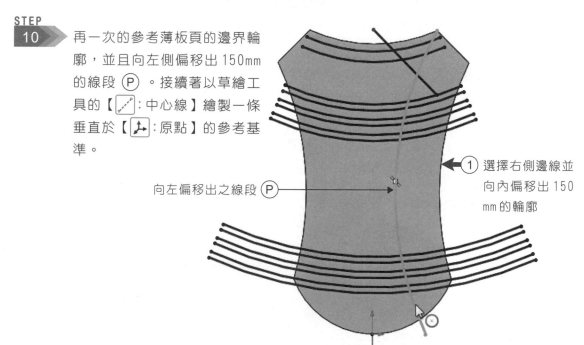

① 選擇右側邊線並向內偏移出 150 mm 的輪廓

向左偏移出之線段 Ⓟ

繪製一條垂直於原點的中心參考線 ②

STEP
11
於右側兩條輪廓線 Ⓞ Ⓟ 完成後，繼而是反向複製的階段。使用 Ctrl ＋「左鍵」點選兩條偏移的線段，並加選垂直於【 🡴 原點】的【 ⟋ 中心線】且執行草圖指令【 🔲 鏡射圖元】，即可得到如下方例圖之結果。

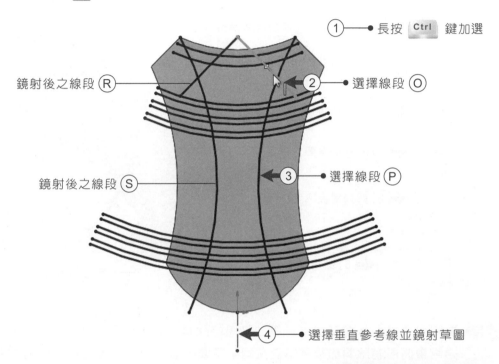

① ● 長按 Ctrl 鍵加選

鏡射後之線段 Ⓡ
② ● 選擇線段 Ⓞ

鏡射後之線段 Ⓢ
③ ● 選擇線段 Ⓟ

④ ● 選擇垂直參考線並鏡射草圖

STEP
12
續接上一階段進行中的草圖。應用【 ✂ 修剪圖元】工具並剔除交錯且多餘的線段。右側圖例為修剪後輪廓，藍色線段為可以再編輯之邊界。

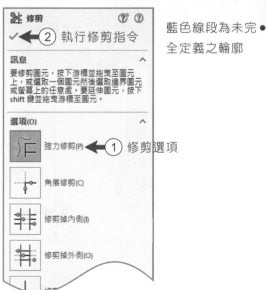

✂ 修剪   ⟲ ⊘
✓ ← ② 執行修剪指令

訊息   ⌃
要修剪圖元，按下游標並拖曳至圖元
上，或選取一個圖元然後選取邊界圖元
或螢幕上的任意處。要延伸圖元，按下
shift 鍵並拖曳游標至圖元。

選項(O)   ⌃
[強力修剪圖示] 強力修剪(P) ← ① 修剪選項

[角落修剪圖示] 角落修剪(C)

[修剪掉內側圖示] 修剪掉內側(I)

[修剪掉外側圖示] 修剪掉外側(O)

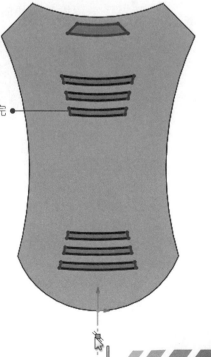

藍色線段為未完 ●
全定義之輪廓

STEP 13
待草圖輪廓完備後啟動特徵【⬛ 伸長除料】指令。貫穿本體的設定可參酌功能選項 ① 一 ⑥ 的建議數值,並由右下例圖中檢視除料的方向與結果;特徵執行後仍可再次的編輯草圖與設變。

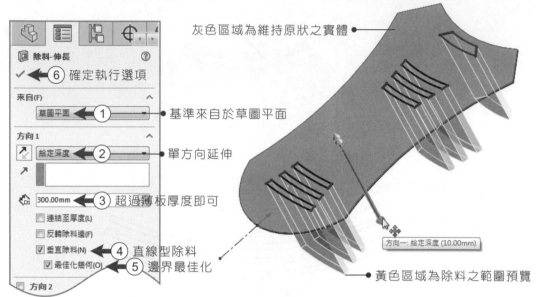

灰色區域為維持原狀之實體

除料-伸長

✓ ← ⑥ 確定執行選項

來自(F)
草圖平面 ← ① ━● 基準來自於草圖平面

方向1
給定深度 ← ② ━● 單方向延伸

300.00mm ← ③ 超過薄板厚度即可

☐ 連結至厚度(L)
☐ 反轉除料邊(F)
☑ 垂直除料(N) ← ④ 直線型除料
☑ 最佳化幾何(O) ← ⑤ 邊界最佳化

☐ 方向2

方向一: 給定深度 (10.00mm)

黃色區域為除料之範圍預覽

STEP 14
現階段欲針對鈑金薄頁進行第二階段的除料,如果已熟用SolidWorks的使用者通常會將所有除料的輪廓繪製在同一草圖,並進行一次性的貫穿特徵指令;但有時為了後續編輯與便於修改的顧慮,筆者會刻意將圖元分散於幾個階段製作。

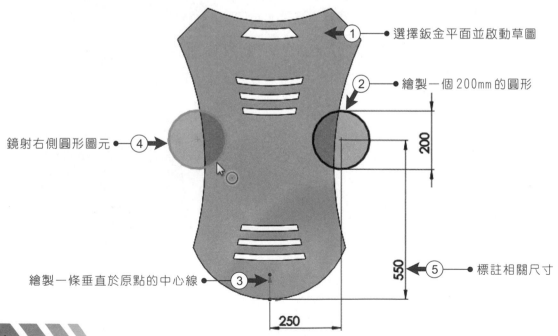

① ━● 選擇鈑金平面並啟動草圖

② ━● 繪製一個200mm的圓形

鏡射右側圓形圖元 ━● ④

200

繪製一條垂直於原點的中心線 ━● ③

550 ← ⑤ ━● 標註相關尺寸

250

STEP
15

在兩個圓形輪廓定義後，即可執行【🔲：伸長除料】指令。建模程序並沒有絕對的進程與前後關聯，有些使用者會在單向的圓孔貫穿後再透過【🔄：鏡射】特徵來複製除料的步驟。很多初學者會將特徵與草圖的複製指令混淆，但只要謹記特徵指令是針對立體加工的形式即可釐清其差異。

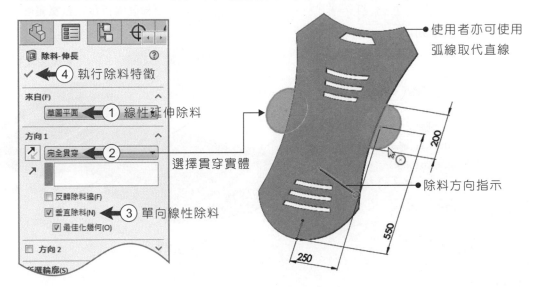

使用者亦可使用弧線取代直線

除料-伸長

④ 執行除料特徵

來自(F)
草圖平面 ① 線性延伸除料
選擇貫穿實體

方向1
完全貫穿 ②
除料方向指示

反轉除料邊(F)
垂直除料(N) ③ 單向線性除料
最佳化幾何(O)

方向2

選輪廓(S)

200

550

250

STEP
16

【📋 草圖繪製彎折】是鈑金加工最常執行的指令之一，也是薄板頁家用品中顯而易見的形態。同樣選擇座椅平面後進入【🔲 草圖】，以「左鍵」點選草圖中的【✏ 直線工具】並繪製一條水平線段由左至右穿過本體。

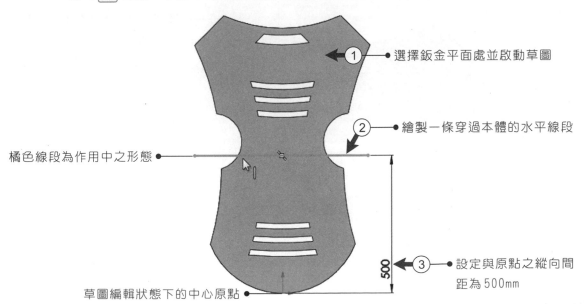

① 選擇鈑金平面處並啟動草圖

② 繪製一條穿過本體的水平線段

橘色線段為作用中之形態

③ 設定與原點之縱向間距為500mm

500

草圖編輯狀態下的中心原點

STEP
17

執行【🖥:草圖繪製彎折】加工指令。在「彎折參數」的固定面欄位選擇直線下側之平面,即可顯示座椅彎折後之預覽畫面。如果彎折的直線未穿過鈑金,則無法形成現階段加工之程序。

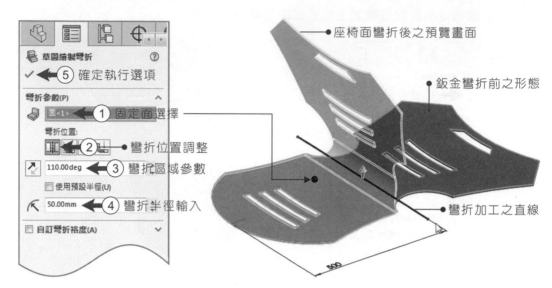

座椅面彎折後之預覽畫面

鈑金彎折前之形態

彎折加工之直線

- 草圖繪製彎折
- ✓ ⑤ 確定執行選項
- 彎折參數(P)
- 面<1> ① 固定面選擇
- 彎折位置:
- ② 彎折位置調整
- 110.00deg ③ 彎折區域參數
- □ 使用預設半徑(U)
- 50.00mm ④ 彎折半徑輸入
- □ 自訂彎折裕度(A)

STEP
18

這一次點選鈑金座椅上側平面做為草圖繪製基準,並且經由【↥ 正視於】指令將繪圖區域轉正。以「左鍵」點選【✏ 直線工具】,落款一條水平線穿越鈑金兩側的輪廓(建議水平線高度設定在草圖中心點上下 10mm 內;後續階段的草圖編輯可由特徵管理員下方執行選項)。

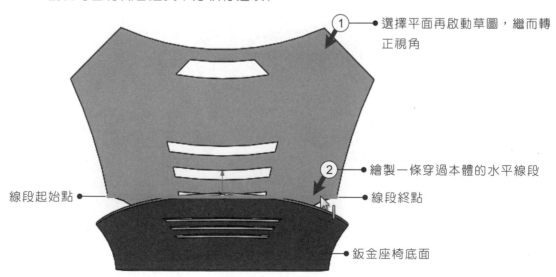

① 選擇平面再啟動草圖,繼而轉正視角

② 繪製一條穿過本體的水平線段

線段起始點

線段終點

鈑金座椅底面

STEP 19

為了使垂直的椅背向後彎折成適合人體靠背的曲度，現階段執行【 🖻 草圖繪製彎折】將硬直的線段加工成具曲度的弧線鈑金；如果要讓彎折的曲度更為圓滑，則適合將「彎折半徑」的欄位填入200mm以上的數值。

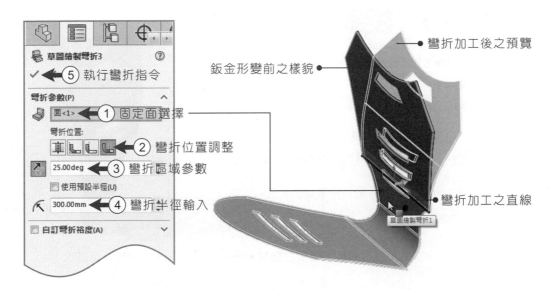

彎折加工後之預覽

鈑金形變前之樣貌

🖻 草圖繪製彎折3

⑤ 執行彎折指令

彎折參數(P)
① 固定面選擇

彎折位置：
② 彎折位置調整

25.00deg ③ 彎折區域參數

□ 使用預設半徑(U)

300.00mm ④ 彎折半徑輸入

□ 自訂彎折裕度(A)

彎折加工之直線

草圖繪製彎折1

STEP 20

椅子的座面為了迎合坐姿與腿部的曲度，所以亦須要透過彎折來潤飾平直的椅面。如下方圖例所示：選擇鈑金椅座面並啟動【 🖿 草圖】，繼而經由【 ⬆ 正視於】指令對位繪圖的視角，接續著製作一條穿過椅子座面的水平線，且經由尺寸設定線段與【 🔽 原點】之間距為100mm。

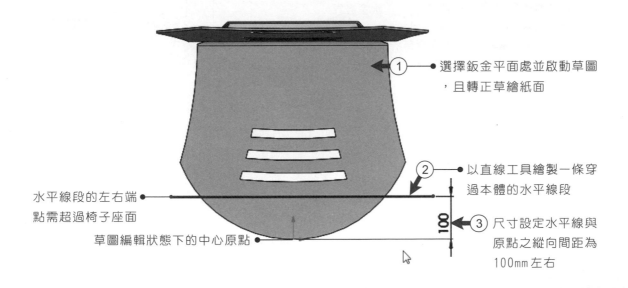

① 選擇鈑金平面處並啟動草圖，且轉正草繪紙面

水平線段的左右端點需超過椅子座面

② 以直線工具繪製一條穿過本體的水平線段

草圖編輯狀態下的中心原點

③ 尺寸設定水平線與原點之縱向間距為100mm左右

STEP
21

鈑金薄頁歷經數次的彎折之後，椅面已越來越符合人體工學的坐姿。如果有部份的彎折程序讀者覺得可以簡化，即不需完全依循著書中之進程一步步的製作，畢竟在形體好壞的取決上全仰賴於個人的感官判讀。

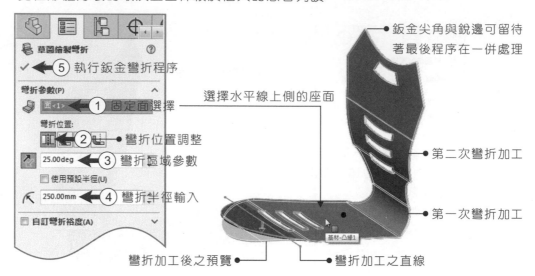

執行鈑金彎折程序 (5)

彎折參數(P)

面<1> (1) 固定面選擇

彎折位置:

(2) 彎折位置調整

25.00deg (3) 彎折區域參數

使用預設半徑(U)

250.00mm (4) 彎折半徑輸入

自訂彎折裕度(A)

選擇水平線上側的座面

鈑金尖角與銳邊可留待著最後程序在一併處理

第二次彎折加工

第一次彎折加工

基材-凸緣1

彎折加工後之預覽

彎折加工之直線

STEP
22

現階段選取鈑金座椅最上側之平直面，並且進入草圖繪製進程，在繪製視角轉正之後以【✏:直線工具】參酌例圖繪製一條左上右下之線段，並以 Ctrl + 「左鍵」重複加選鈑金椅右上角的邊界輪廓線段，續接著將限制條件設定為【◣:平行】。

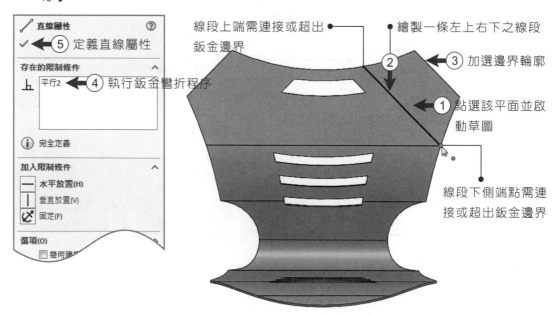

直線屬性

定義直線屬性 (5)

存在的限制條件

平行2 (4) 執行鈑金彎折程序

完全定義

加入限制條件

水平放置(H)

垂直放置(V)

固定(F)

選項(O)

幾何建構

線段上端需連接或超出鈑金邊界

繪製一條左上右下之線段

(2)

(3) 加選邊界輪廓

(1) 點選該平面並啟動草圖

線段下側端點需連接或超出鈑金邊界

STEP
23

在欲加工的草圖線段繪製後,續接著啟用【 📇 草圖繪製彎折】功能。首先於功能欄中選擇固定面,並輸入彎折的角度為50度,而彎折的半徑則設定120mm。彎折參數輸入完整後,即可見到鈑金座椅彎折的概況預覽;若要調整特徵選項可再回到彎折特徵上啟用編輯。

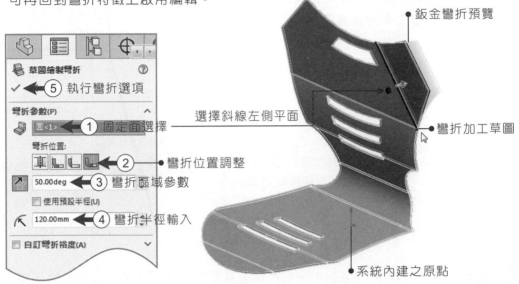

鈑金彎折預覽

選擇斜線左側平面

① 固定面選擇

② 彎折位置調整

③ 彎折區域參數

④ 彎折半徑輸入

⑤ 執行彎折選項

彎折加工草圖

系統內建之原點

STEP
24

於右上側的椅背彎折後,本階段是左上角的椅背彎折程序。如同前項步驟的製作流程,以斜線草圖當成【 📇 :草圖繪製彎折】的基準線,唯一不同之處在於此階段的草圖與上階段是鏡向上的差異(右上左下的斜線)。由於鈑金加工的鏡射複製限制繁瑣,所以重新繪描草圖後再製作彎折之進程會更具效益。

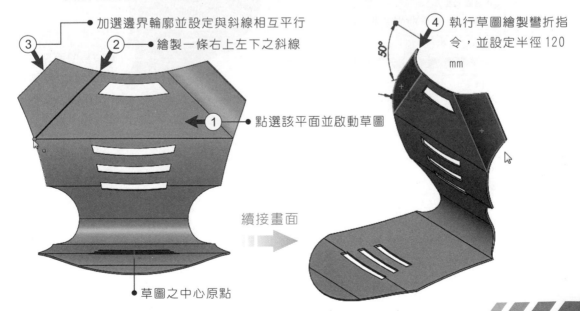

③ 加選邊界輪廓並設定與斜線相互平行

② 繪製一條右上左下之斜線

① 點選該平面並啟動草圖

④ 執行草圖繪製彎折指令,並設定半徑120mm

50°

續接畫面

草圖之中心原點

椅背之彎折曲度過大時,將
增加人體背部的不適感

STEP 25
當座椅完成彎折之後,續接著是製作椅腳的部份。
選擇系統中之【■:右基準面】(或側向基準)做為
草圖繪製的紙張,並使用【／ 中心線】與【／ 直
線工具】放樣如右側例圖之線段,再透過【◇ 智慧
型尺寸】指令定義圖元即可。

線段上側端點可置
於椅面

中心原點

繪製一條右上左下的斜線,並設
定與中心線之夾角為 15 度

① ① 繪製一條垂直中心線

15°

500

STEP 26
於SolidWorks系統中,製作草繪基準的方式有許多,例如面的偏移、點的放樣
、線的架構……等常見的形式;而在此階段中,筆者所使用的是應用【◆:伸長
曲面】來創建草圖平面。以曲面做為基準面,可讓草圖直接建構於曲面上;延伸
的面深度不拘,但以容易選取的要點為前提。

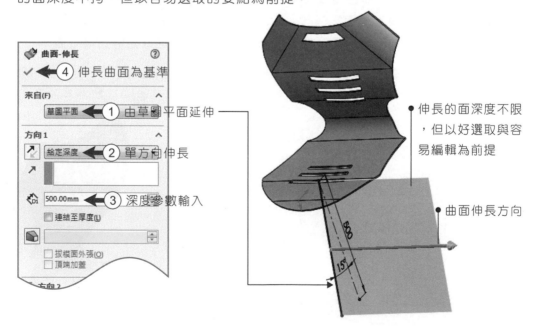

曲面-伸長 ②
✓ ← ④ 伸長曲面為基準

來自(F)
草圖平面 ← ① 由草圖平面延伸

方向 1
↗ 給定深度 ← ② 單方向伸長
↗
◇ 500.00mm ← ③ 深度參數輸入
□ 連結至厚度(L)
▣
□ 拔模面外張(O)
□ 頂端加蓋

伸長的面深度不限
,但以好選取與容
易編輯為前提

曲面伸長方向

500

15°

STEP
27

以【🔍：選取工具】點選曲面平板，並啟動草繪程序。當畫面中有過多的本體或線段，可能會影響草圖繪製時的檢視與對位，建議使用者可以將檢視模式更改為【⬠：線架構】樣貌，以俾利後續圖元製作。

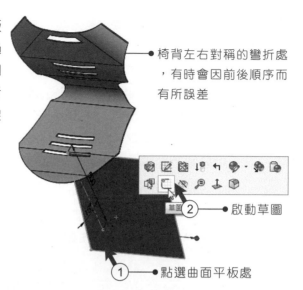

● 椅背左右對稱的彎折處，有時會因前後順序而有所誤差

② ──● 啟動草圖

① ──● 點選曲面平板處

STEP
28

關於椅腳繪製的部份，先以【✏：中心線】由【📍：原點】向下延伸一條垂直參考線，繼而以【╱ 直線工具】於參考線右側（可參酌下方圖例之位置）製作一條左上右下之斜線，並重複加選兩線段後【⊪：鏡射圖元】。接續前階段，繪製一水平線連結左右兩線段後，再於連結處執行【⌐ 草圖圓角】指令。

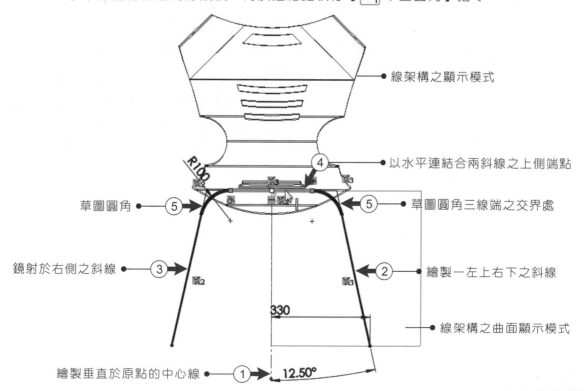

● 線架構之顯示模式

④ ──● 以水平連結合兩斜線之上側端點

草圖圓角 ●──⑤ ──● 草圖圓角三線端之交界處

鏡射於右側之斜線 ●──③ ──② ──● 繪製一左上右下之斜線

● 線架構之曲面顯示模式

繪製垂直於原點的中心線 ●──① 12.50°

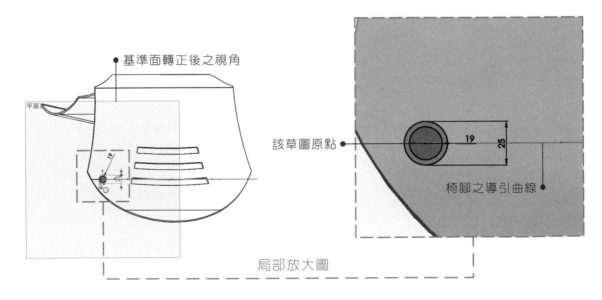

STEP
29

鈑金座椅之配件選用最常見的是鋼管形式，而鋼管的橫剖面為同心圓輪廓。現階段需於椅腳的線狀草圖上建構一個垂直於線端的【📒:基準面】。啟動界面上【📦:參考幾何】中的面，並於設定的條件中選擇右側斜線與下方端點，即可見到一草繪紙張垂直於線端。

實體帶彩模式

① 選擇右側斜線

基準面亦可以設定於左側斜線上

垂直於斜線線端的基準面形成

再選擇斜線底部端點

②

STEP
30

轉正上階段所創建之【📒:基準面】並啟動草繪程序，且於線端處之【⚓:原點】以【◎:圓工具】繪製兩個同心圓，再執行【◇:智慧型尺寸】功能標註外圓之直徑為 25mm；內圓之直徑為 19mm。當兩個內外輪廓同時製作於同一草圖上，於特徵成型後即會產生鏤空之形體；若使用者欲在草圖上建構一實心的本體，則可以透過「所選輪廓」的欄位加以設定。

基準面轉正後之視角

平面

該草圖原點

19
25

椅腳之導引曲線

局部放大圖

STEP 31

執行【🌀 掃出成型】特徵,並執行如下方功能視窗之參酌選項。特別需要注意的是「合併結果」選項需要「取消」,以俾利後續進程之設計變更。

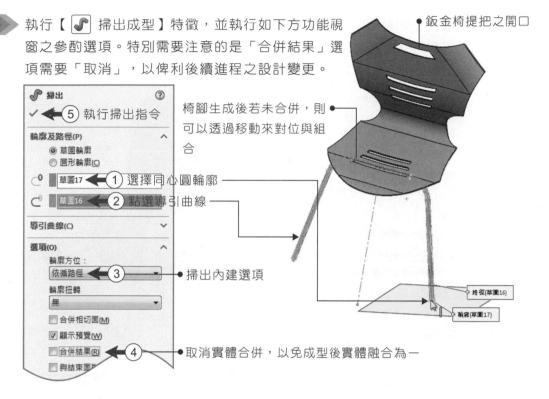

鈑金椅提把之開口

椅腳生成後若未合併,則可以透過移動來對位與組合

⑤ 執行掃出指令

輪廓及路徑(P)
◉ 草圖輪廓
◉ 圓形輪廓(C)

草圖17 ← ① 選擇同心圓輪廓
草圖16 ← ② 點選導引曲線

導引曲線(C)

選項(O)

輪廓方位:
依循路徑 ← ③ ● 掃出內建選項

輪廓扭轉
無

☐ 合併相切面(M)
☑ 顯示預覽(W)
☐ 合併結果(R) ← ④ ● 取消實體合併,以免成型後實體融合為一
☐ 與結束面

路徑(草圖16)
輪廓(草圖17)

STEP 32

同樣點選前頁製作的【▦ 基準面】並啟動草繪程序。以【╱ 直線工具】與【◠ 三點定弧】完成如右下方例圖之線段;椅腳底墊的旋轉軸需與鋼管中心共線,方能在迴轉後與鋼管椅腳貼合。

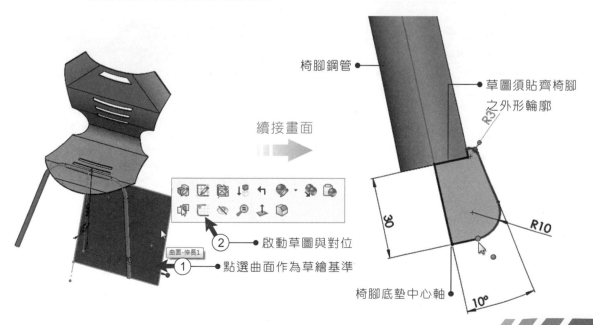

續接畫面

② ● 啟動草圖與對位
① ● 點選曲面作為草繪基準
曲面-伸長1

椅腳鋼管
草圖須貼齊椅腳之外形輪廓
R3
30
R10
椅腳底墊中心軸
10°

STEP 33

延續上一個草圖製作階段。執行【🌀：旋轉成型】特徵指令，並指定與鋼管共線的直線為旋轉軸心；而於「合併結果」選項需取消指定，以免底墊成型後與鋼管融合為一體。關於參數設定，使用者可於特徵管理員中選擇編輯與再設計。

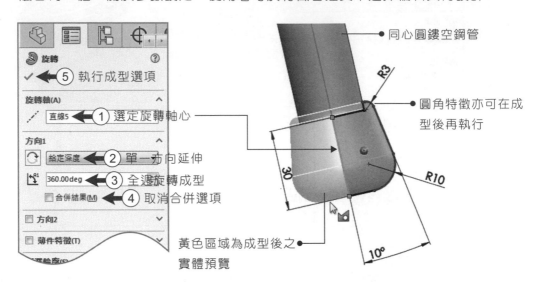

同心圓鏤空鋼管

圓角特徵亦可在成型後再執行

⑤ 執行成型選項

旋轉軸(A)
① 選定旋轉軸心 ← 直線5

方向1
② 單一方向延伸 ← 給定深度
③ 全週旋轉成型 ← 360.00deg
④ 取消合併選項 ← ☐合併結果(M)

☐ 方向2
☐ 薄件特徵(T)

黃色區域為成型後之實體預覽

STEP 34

啟動【🪞：鏡射】指令，並使用「左鍵」點擊【🔲：右基準面】做為參考基準，繼而選擇右側底墊完成鏡射程序。筆者於教學十多年的經驗中常見到學員使用草圖的【🔲：鏡射圖元】來複製特徵，而造成一再而再的反覆錯誤與系統空置。其實僅要牢記「2D在草圖；3D在特徵」的口訣即可避免此類型的貽誤。

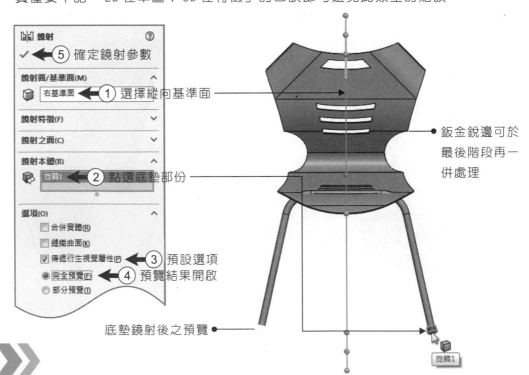

鏡射

⑤ 確定鏡射參數

鏡射面/基準面(M)
① 選擇縱向基準面 ← 右基準面

鏡射特徵(F)
鏡射之面(C)

鏡射本體(B)
② 點選底墊部份 ← 旋轉1

選項(O)
☐ 合併實體(R)
☐ 縫織曲面(K)
☑ 傳遞衍生視覺屬性(P) ← ③ 預設選項
◉ 完全預覽(F) ← ④ 預覽結果開啟
◯ 部分預覽(T)

鈑金銳邊可於最後階段再一併處理

底墊鏡射後之預覽

旋轉1

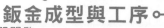

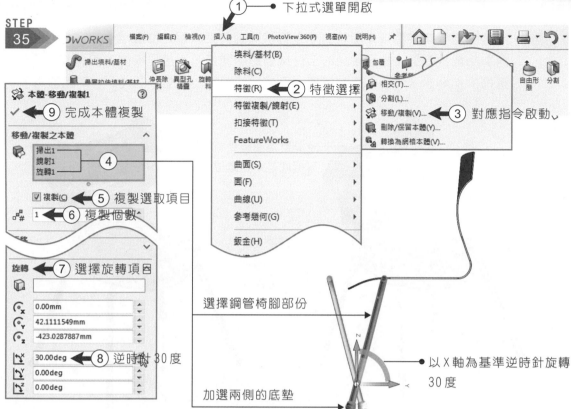

STEP 35

① 下拉式選單開啟

② 特徵選擇

③ 對應指令啟動

⑨ 完成本體複製

移動/複製之本體
- 掃出1
- 鏡射1
- 旋轉1

④

☑ 複製(C) ⑤ 複製選取項目

⑥ 複製個數　1

旋轉 ⑦ 選擇旋轉項目

- X　0.00mm
- Y　42.1111549mm
- Z　-423.0287887mm

- X　30.00deg ⑧ 逆時針 30 度
- Y　0.00deg
- Z　0.00deg

選擇鋼管椅腳部份

加選兩側的底墊

以 X 軸為基準逆時針旋轉 30 度

STEP 36

同樣如上個步驟，使用【◄ :選取工具】點選【◄ :移動 / 複製本體】指令。這一次是選擇「平移」欄位所屬之參數，使用者可直接以「左鍵」拖曳欲移動之本體至定點，或直接透過 Y 軸欄位輸入 500mm 之位移參數。

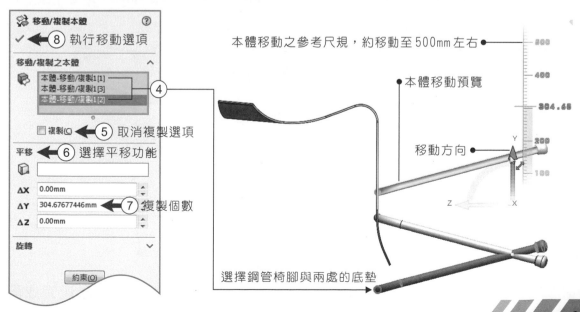

移動/複製本體

⑧ 執行移動選項

移動/複製之本體
- 本體-移動/複製1[1]
- 本體-移動/複製1[3]
- 本體-移動/複製1[2]

④

☐ 複製(C) ⑤ 取消複製選項

平移 ⑥ 選擇平移功能

- ΔX　0.00mm
- ΔY　304.67677446mm ⑦ 複製個數
- ΔZ　0.00mm

旋轉

約束(O)

本體移動之參考尺規，約移動至 500mm 左右

本體移動預覽

移動方向

選擇鋼管椅腳與兩處的底墊

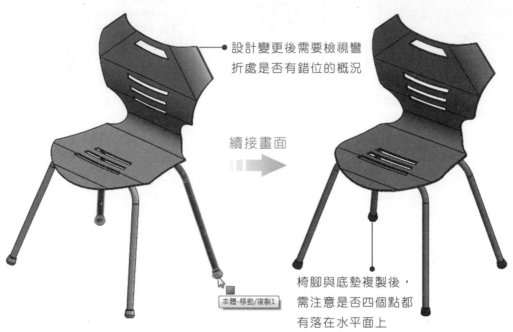

STEP 37 於鈑金座椅建模的最後階段,除了調整椅腳與坐椅面之位置,也可透過【🗔:圓角】功能針對鈑金椅面銳角的部份做適當的潤飾;由於是模型的銳角修飾,所以選擇的指令是「特徵」中的選項,而非是「草圖」欄位中的【🗔 草圖圓角】。

設計變更後需要檢視彎折處是否有錯位的概況

續接畫面

本體-移動/複製1

椅腳與底墊複製後,需注意是否四個點都有落在水平面上

STEP 38 進入模型彩現程序。透過SolidWorks的附加模組【● Photoview360】編輯模型【●:外觀】與【●:全景】。建議鈑金座椅可以搭配較為素色的環境與燈光,讓金屬的光澤不至於太紊亂,頁面中為鈑金座椅彩現後之完成圖例。

鈑金座椅彩現完成圖

5-7 重點習題（題解請參考附檔）

5-7.1 舞者系列書擋

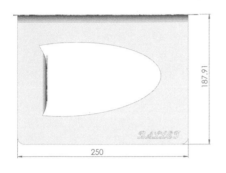

◎練習要點：實體高度160mm
鈑金厚度1mm
形態參數可自訂
舞者草圖如附檔

5-7.2 六角鈑金花燈

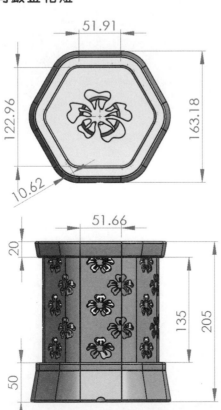

◎練習要點：實體高度205mm
花飾形態可自行設變
圓角參數可自訂

重點筆記

SOLIDWORKS

實體設計
Solid design

06

基礎&實務

6-1 水晶門把製作

⊙要點提醒　　　本範例為綠色版參考教學檔--請使用雲端連結

本範例教學視訊檔案：SolidWorks/基礎&實務/CH06目錄下/6-1 水晶門把.avi
本範例製作完成檔案：SolidWorks/基礎&實務/CH06目錄下/6-1 水晶門把.SLDPRT

6-1 水晶門把建模

於本章節的實作範例中，除了有基礎特徵的指令操作，也會融入部份的曲面應用。於「水晶門把」單元之建模進程如圖例所示：歷經幾個階段的實體生成與【　:圓角】修飾，繼而再透過【　:旋轉成型】製作門把柱腳。水晶門把柱兩側對稱長出後，可透過特徵中的功能扭轉，使之產生門把柱常見的流線型外觀。單元中的門把座與門把柱是以多本體的模式製作，所以在彩現模組內【　編輯外觀】時可直接用本體架構做分色處理。

建模進程：

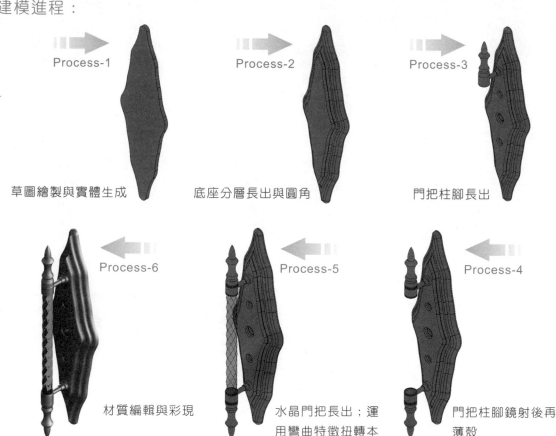

Process-1　草圖繪製與實體生成

Process-2　底座分層長出與圓角

Process-3　門把柱腳長出

Process-6　材質編輯與彩現

Process-5　水晶門把長出；運用彎曲特徵扭轉本體

Process-4　門把柱腳鏡射後再薄殼

STEP 01

關於水晶門把建模的進程也同如其他的實體製作般,先點選【🚪 前基準面】後執行草圖繪製程序;使用【✏ 中心線】由【⊥ 原點】延伸出水平與垂直參考線,並透過【◇ 智慧型尺寸】設定180mm與35mm的參數。

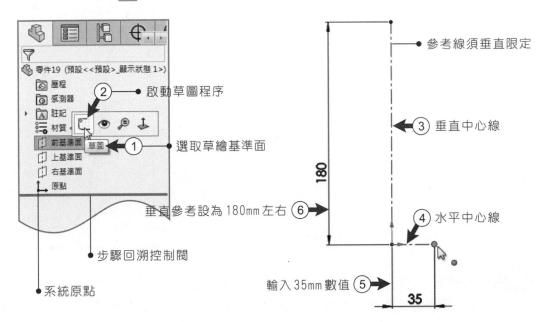

STEP 02

使用【⌒ 三點定弧】或【∿ 不規則曲線】,繪製出 Ⓐ — Ⓔ 五條線段,並透過【◇:智慧型尺寸】設定弧線與中心線由上往下的距離為25mm、30mm、35.5mm、39.5mm,下方線段端點與原點之垂直距離設定為15mm,而五條線段總長為175mm;從左至右線段分別為8.5mm、35mm、50mm(如下圖例所示)。

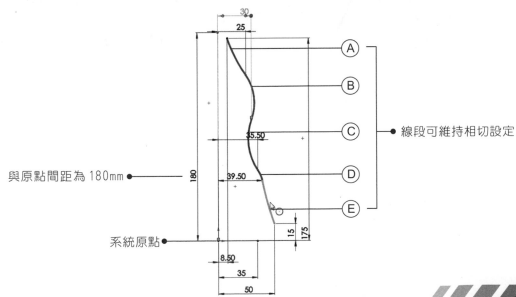

STEP
03

接續上頁草圖。於線段調整完成後
，使用【 ⬚ 選取工具】以右上左
下之軌跡選取 Ⓐ 線段與垂直中心線，
並進入草圖複製程序。

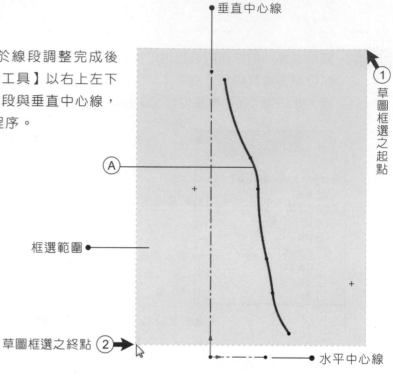

垂直中心線

① 草圖框選之起點

Ⓐ

框選範圍

草圖框選之終點 ②

水平中心線

STEP
04

延續上一階段，選取方才所繪製的草圖輪廓（包含【 ✎ 中心線】），並執行【
⊩⊣ 鏡射圖元】來複製線段；繼而使用【 ⌒ 三點定弧】連接 Ⓐ — Ⓑ 兩條線段
。Solidworks系統會自主性【 人 重合 / 共點】連接點。

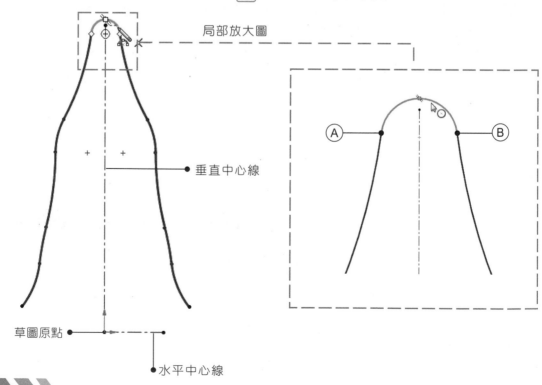

局部放大圖

垂直中心線

Ⓐ   Ⓑ

草圖原點

水平中心線

STEP 05

需再次使用【 ⬚ 選取工具】，循右上左下軌跡框選線段，接著重複加選（ Ctrl ＋「左鍵」）取消垂直中心線，以免系統判讀錯誤（於CAD系統中草圖鏡像複製僅容許一條中心參考線）。

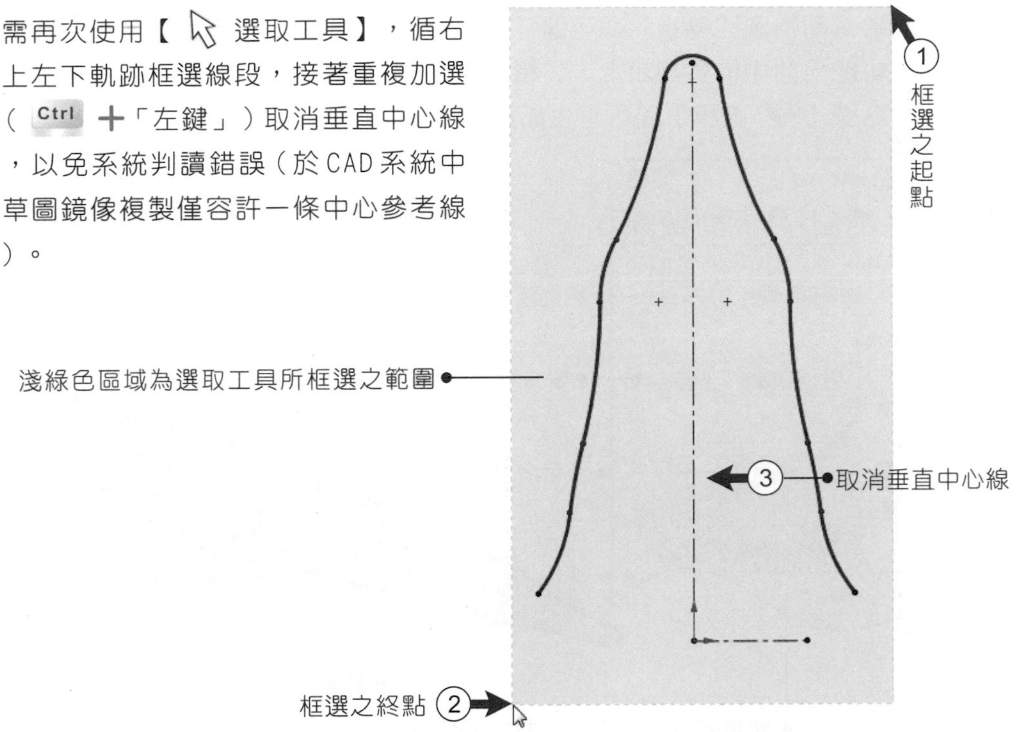

淺綠色區域為選取工具所框選之範圍 ●

① 框選之起點

③ ● 取消垂直中心線

框選之終點 ②

STEP 06

延續步驟5的草圖繪製，點選【 ▐◀▶ : 鏡射圖元】指令來複製圖元，接著選取【 ⌓ : 三點定弧】，連接右側圖元中左右兩側的開口（如 Ⓐ 與 Ⓑ 兩處的線段開口），當草圖輪廓封閉後，系統即會啟動實體生成的預覽。

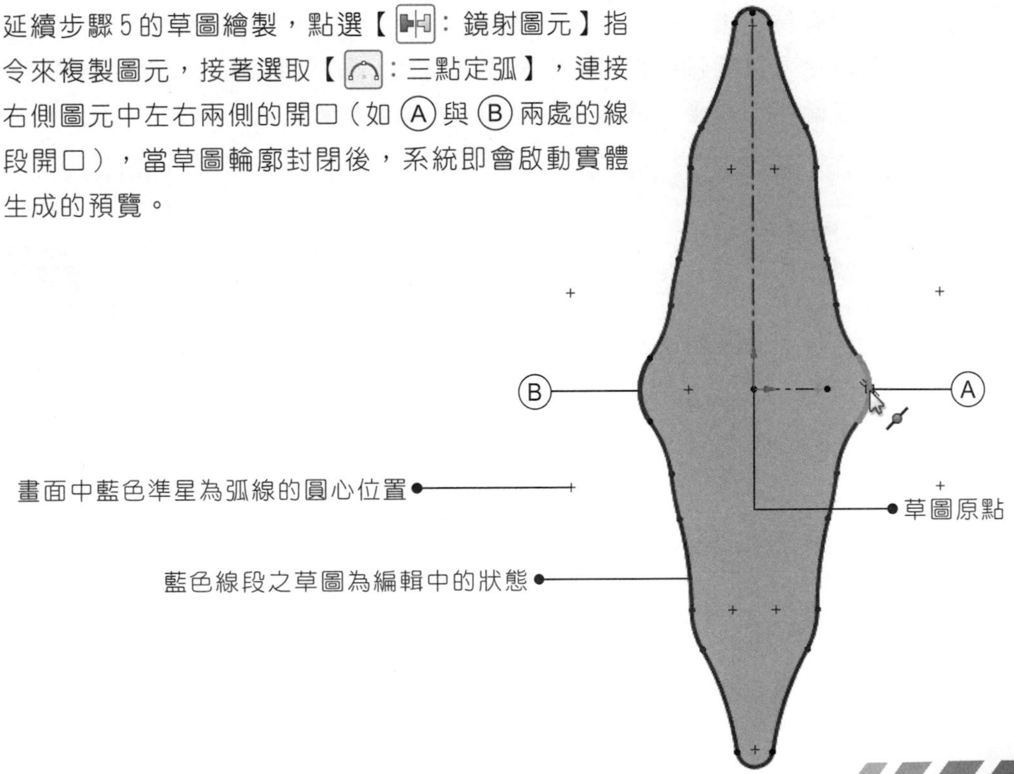

Ⓑ ● Ⓐ

● 草圖原點

畫面中藍色準星為弧線的圓心位置 ● +

藍色線段之草圖為編輯中的狀態 ●

STEP 07

當草圖輪廓完備後,即可執行【🖹:伸長填料】之特徵指令。使用者可參考左下功能視窗中的數據設定,「給定深度」為7mm(讀者可依觀感適性調整),完備後點選【✔ 確認】即可產生成實體。

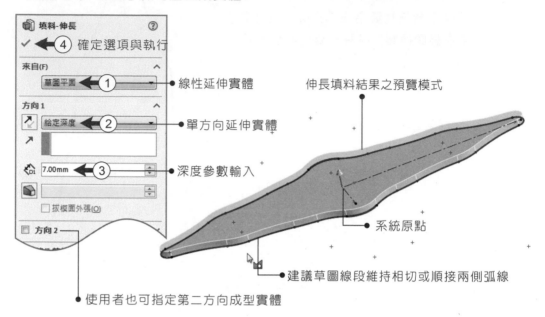

填料-伸長
✔ ◄—④ 確定選項與執行
來自(F)
草圖平面 ◄—① ● 線性延伸實體
方向 1
↗ 給定深度 ◄—② ● 單方向延伸實體
↗
✇ 7.00mm ◄—③ ● 深度參數輸入
🔲
☐ 拔模面外張(O)
☐ 方向 2 ◄———
● 使用者也可指定第二方向成型實體

● 伸長填料結果之預覽模式

● 系統原點

● 建議草圖線段維持相切或順接兩側弧線

STEP 08

於實體長出後,以「左鍵」選取上側平面並啟動草圖,繼而執行【🗍:偏移圖元】指令。其相關參數如下方左圖之設定,偏移預覽會呈現黃色線段(線段 Ⓐ),而在偏移完成後則是「完全定義」的黑色型態。

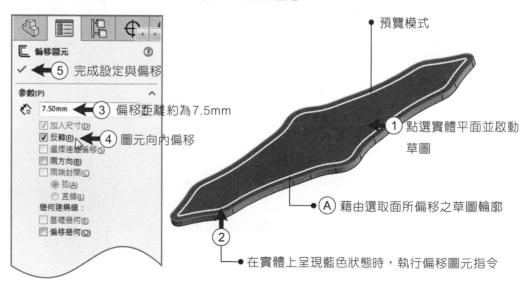

🗍 偏移圖元
✔ ◄—⑤ 完成設定與偏移
參數(P)
✇ 7.50mm ◄—③ 偏移距離約為7.5mm
☑ 加入尺寸(D)
☑ 反轉(R) ◄—④ 圖元向內偏移
☐ 選擇連鎖偏移(S)
☐ 兩方向(B)
☐ 兩端封閉(C)
  ◉ 弧(A)
  ○ 直線(L)
幾何建構線:
☐ 基礎幾何(E)
☐ 偏移幾何(O)

● 預覽模式

① 點選實體平面並啟動草圖

Ⓐ 藉由選取面所偏移之草圖輪廓

● 在實體上呈現藍色狀態時,執行偏移圖元指令

STEP
09
如下圖所示:使用【🗐 伸長填料】功能生成第二層的實體。點選上方的草圖進行延伸,此步驟須注意功能視窗中的「合併結果」要選取融合所有項次,因為在加工過程中所繪製的物體是一體成型,所以需要合併兩階段生成的底座;完成選項設定後點選【 ✔ 確認】即可執行填料指令。

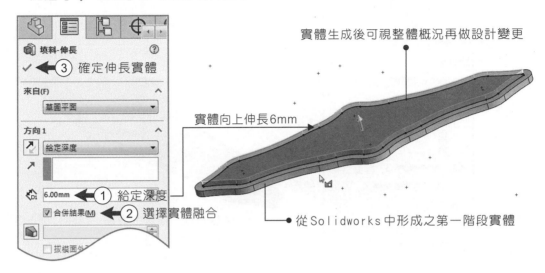

實體生成後可視整體概況再做設計變更

實體向上伸長6mm

從Solidworks中形成之第一階段實體

填料-伸長
✔ ③ 確定伸長實體
來自(F)
草圖平面
方向1
↗ 給定深度
↗
🗓 6.00mm ① 給定深度
☑ 合併結果(M) ② 選擇實體融合
□ 拔模面外

STEP
10
參考步驟8進行【🗌 偏移圖元】設定。如下方黃色框線部分,偏移過程為下方圖示之設定,偏移預覽為黃色框線,完成設定後之線段為黑色框線形態。

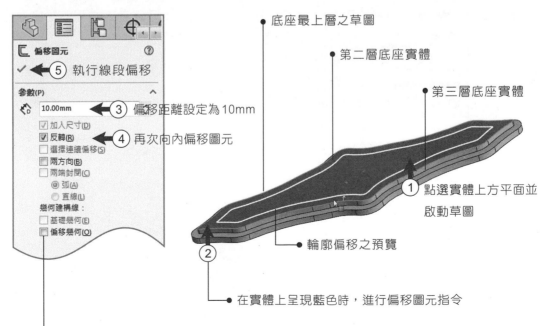

偏移圖元
✔ ⑤ 執行線段偏移
參數(P)
🗓 10.00mm ③ 偏移距離設定為10mm
☑ 加入尺寸(D)
☑ 反轉(R) ④ 再次向內偏移圖元
□ 選擇連續偏移(S)
□ 兩方向(B)
□ 兩端封閉(C)
◉ 弧(A)
○ 直線(L)
幾何建構線:
□ 基礎幾何(E)
□ 偏移幾何(O)

底座最上層之草圖

第二層底座實體

第三層底座實體

① 點選實體上方平面並啟動草圖

輪廓偏移之預覽

② 在實體上呈現藍色時,進行偏移圖元指令

偏移幾何亦可製作新的建構輪廓

STEP 11

以「左鍵」點選【 伸長填料】指令。於特徵對話框出現後設定如下方功能視窗，並點選上一步驟所偏移的草圖進行伸長（黃色區塊部份為預覽模式），完成後即可生成實體。

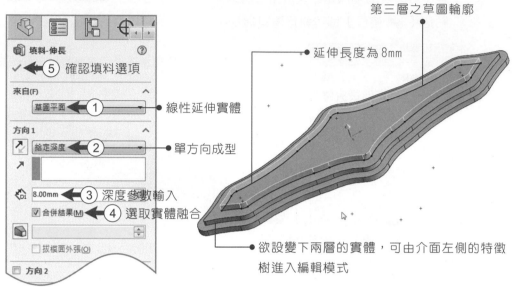

第三層之草圖輪廓

延伸長度為 8mm

填料-伸長

✓ ← ⑤ 確認填料選項

來自(F)

草圖平面 ← ① ● 線性延伸實體

方向 1

給定深度 ← ② ● 單方向成型

8.00mm ← ③ 深度參數輸入

☑ 合併結果(M) ← ④ 選取實體融合

□ 拔模面外張(O)

□ 方向 2

● 欲設變下兩層的實體，可由介面左側的特徵樹進入編輯模式

STEP 12

當水晶門把底座最上層實體完成後，繼而執行【 圓角】指令。選擇右下圖的黃色框線部分（邊線Ⓐ），設定圓角半徑的距離（可參考下方圖示設定），也可以依讀者感官做適宜的調整。

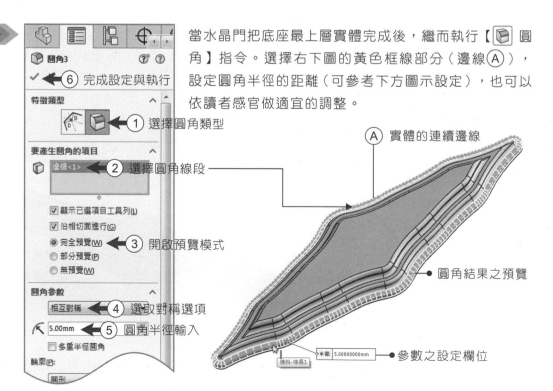

圓角3

✓ ← ⑥ 完成設定與執行

特徵類型

① 選擇圓角類型

要產生圓角的項目

邊線<1> ← ② 選擇圓角線段

☑ 顯示已選項目工具列(L)

☑ 沿相切面進行(G)

◉ 完全預覽(W) ← ③ 開啟預覽模式

○ 部分預覽(P)

○ 無預覽(W)

圓角參數

相互對稱 ← ④ 選取對稱選項

5.00mm ← ⑤ 圓角半徑輸入

□ 多重半徑圓角

輪廓(P):

圓形

Ⓐ 實體的連續邊線

● 圓角結果之預覽

半徑: 5.00000000mm

填料-伸長1

● 參數之設定欄位

STEP
13

此階段欲製作底座螺孔的部份。選取實體之上側平面並開啟草圖，使用【 ⊙ 圓形工具】繪製三個輪廓，且設定圓心都在同一水平線上；接著點選【 ◇ 智慧型尺寸】進行對應參數標註，由左至右分別為 10mm、15mm、10mm，而水平之間距皆設定為 50mm。

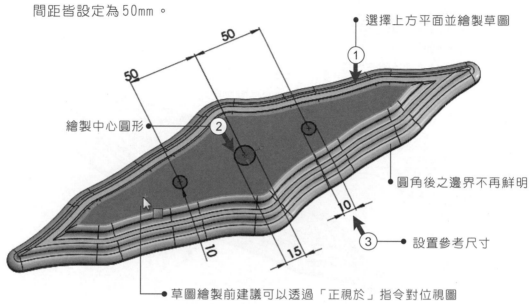

- 選擇上方平面並繪製草圖 ①
- 繪製中心圓形 ②
- 圓角後之邊界不再鮮明
- ③ 設置參考尺寸
- 草圖繪製前建議可以透過「正視於」指令對位視圖

STEP
14

於三個草圖輪廓完成後，以「左鍵」點選【 ▣ 伸長除料】指令。在功能視窗中輸入深度 5mm 進行除料的設定（讀者可自行適量調整），除料的預覽會呈現黃色區塊，在參數輸入完成後點選【 ✔ 確定】以執行選項。

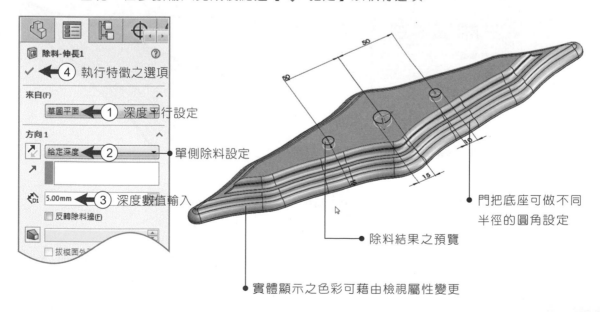

除料-伸長1

✔ ④ 執行特徵之選項

來自(F)
草圖平面 ① 深度平行設定

方向 1
給定深度 ② — 單側除料設定

5.00mm ③ 深度數值輸入
□ 反轉除料邊(F)

□ 拔模面外

- 門把底座可做不同半徑的圓角設定
- 除料結果之預覽
- 實體顯示之色彩可藉由檢視屬性變更

STEP
15

再次以底座上方平面作為草繪紙張。選取剛剛所除料的 3 個面並點選「左鍵」【⊏ 偏移圖元】，繼而參考下方功能視窗中 ③ — ⑤ 的步驟，偏移距離分別為 2 mm 與 3mm，需分三階段性的選擇執行，且於參數設置完成後再點選【✔ 確定】。

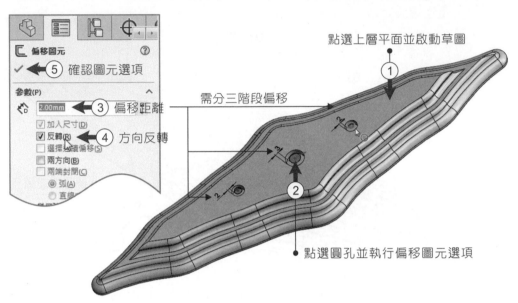

STEP
16

延續上一階段偏移圖元的過程，繼而以「左鍵」點擊【⬡ 選取工具】並執行【▣ 伸長除料】指令，使用者可參酌功能視窗之設定，選取「完全貫穿」進行除料程序，完成設定後再選擇【✔ 確定】以執行除料加工。

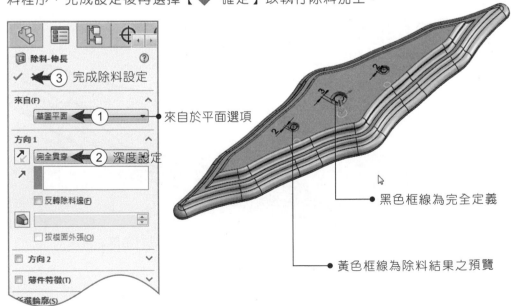

STEP
17

模型銳利的邊角即以【🔲 圓角】特徵來加以修飾，選擇圓內的邊線進行後製。
使用者可酌參下圖的選項 ②，並設定 2mm 的參數，如果過大的參數無法成型，
則可以變更圓角的半徑參數（如 1.5mm 或 1mm）後再次執行指令。

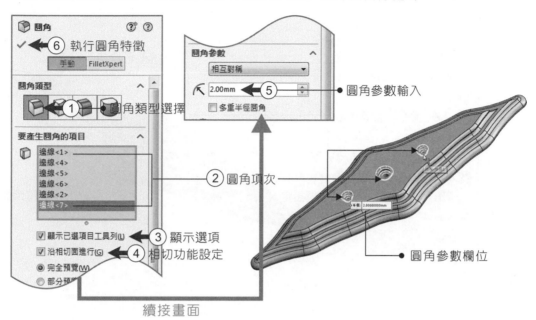

續接畫面

STEP
18

選擇【▣ 前基準面】並進入草圖階段。使用
【╱ 直線工具】繪製如下方例圖的線段，並
且點選【◇ 智慧型尺寸】標示輪廓中的相關
參數。

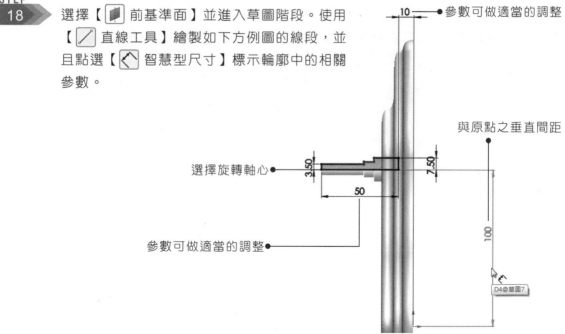

以下畫面省略

STEP 19

待2D的圖面完備後,接著開始進行3D立體塑型的指令。選擇【🔄 旋轉填料】特徵,而【／旋轉軸】的部份則直接選擇圖面中的垂直線段,並設定「給定深度」為360度(全週旋轉),且執行「合併結果」之選項。

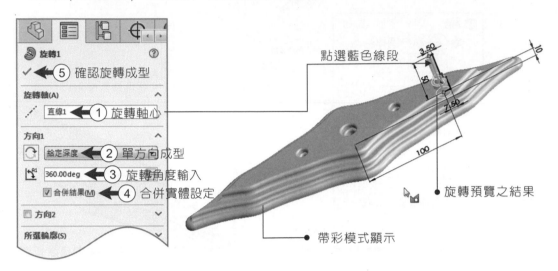

旋轉1

✓ ← ⑤ 確認旋轉成型

旋轉軸(A)

／ 直線1 ← ① 旋轉軸心

方向1

🔄 給定深度 ← ② 單方向成型

📏 360.00deg ← ③ 旋轉角度輸入

☑ 合併結果(M) ← ④ 合併實體設定

☐ 方向2

所選輪廓(S)

點選藍色線段

3.50

10

5

7.50

100

旋轉預覽之結果

帶彩模式顯示

STEP 20

再一次選擇【🔲 前基準面】並繪製草圖,以【／直線工具】和【◠ 三點定弧】繪製(如下方例圖之輪廓線段),並進行尺寸標註以確定草圖完全定義,設定完所有尺寸後即可進行【🔄 旋轉成型】指令。

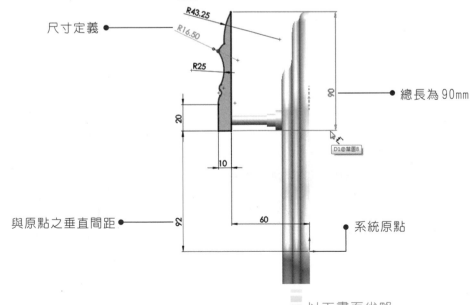

尺寸定義

R43.25

R16.50

R25

20

10

90

總長為90mm

D1@草圖8

與原點之垂直間距

92

60

系統原點

以下畫面省略

STEP
21

於 Solidworks 系統中通常只要是直線就可以成為【🌀：旋轉成型】的參考軸。在功能視圖的【／ 旋轉軸】部份，選擇圖面中的水平線段，並設定「給定深度」為 360 度；如果圖面生成的預覽模式想轉成透視型態，可藉由按壓「滾輪」且移動指標來改變視角。

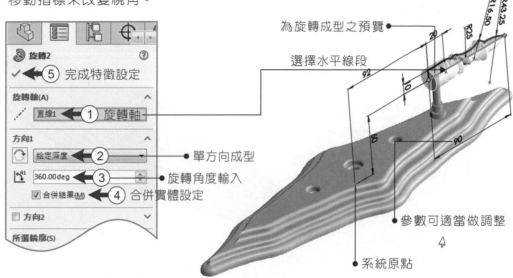

為旋轉成型之預覽

選擇水平線段

⑤ 完成特徵設定

① 旋轉軸

② 單方向成型

③ 旋轉角度輸入

④ 合併實體設定

參數可適當做調整

系統原點

STEP
22

如果再針對上階段轉出的輪廓二次加工，可選擇側向的紙面繪製草圖，並以【🖋 智慧型尺寸】標註相互對應的尺寸後進行【🖼 旋轉除料】指令，其相關設定請酌參下方之功能視窗數值。

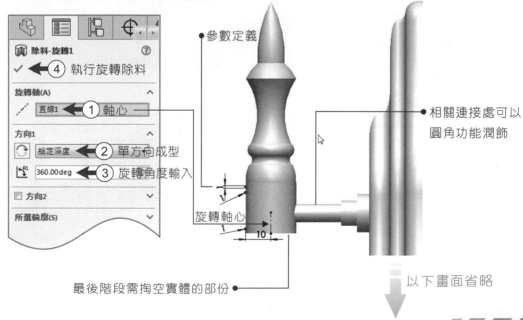

參數定義

④ 執行旋轉除料

① 軸心

② 單方向成型

③ 旋轉角度輸入

相關連接處可以圓角功能潤飾

旋轉軸心

最後階段需掏空實體的部份

以下畫面省略

STEP
23

待上階段特徵完成後，以「左鍵」點選【∰ 鏡射】功能進行複製程序。鏡射特徵可參考下圖中的② — ④ 選項，鏡射面選擇上基準面（會因繪製視角的不同而有所迥異）。

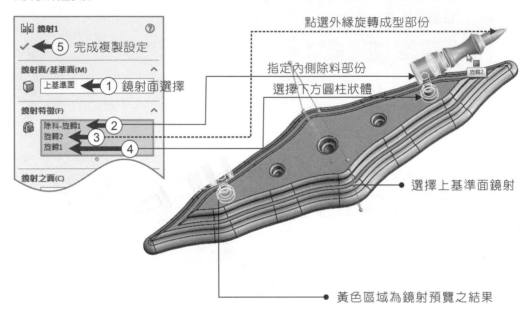

點選外緣旋轉成型部份

指定內側除料部份

選擇下方圓柱狀體

選擇上基準面鏡射

黃色區域為鏡射預覽之結果

STEP
24

工業產品通常需要減少積材、成本與重量，所以點選【∰ 薄殼】功能執行後製程序。下方呈現藍色之區域為我們要薄殼與掏空的面，可參考下方圖例② ③④ 的設定，將要汰除的三個面重複加選（讀者可依觀感自行設定該選項）。

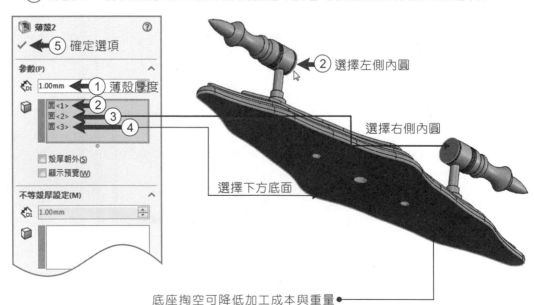

② 選擇左側內圓

選擇右側內圓

選擇下方底面

底座掏空可降低加工成本與重量

STEP 25

同樣再選擇特徵樹中的【 📄 上基準面 】，並啟動草圖繪製進程；繼而點選【 ⬡ 六邊形 指令 】，以圓心為中點向外延伸出一內接圓之六邊形，且執行【 📐 智慧型尺寸 】設定（左右兩角點之寬度為 17.5mm）。

● 參數可做些微調整

17.50

● 圓心需與原點垂直限制

旋轉成型之實體 ●

● 下方直線需設為水平放置

帶框帶彩之檢視型態 ●

● 系統原點

STEP 26

在上階段的六邊形草圖繪製完成後，即透過【 🖼 伸長填料 】指令生成柱狀長桿之實體。於特徵選項設定上（可參考下方功能視窗選項的 ① — ⑤ 步驟），指定 210mm 的對稱方向填料，直至六角柱延伸進兩側的實體內。

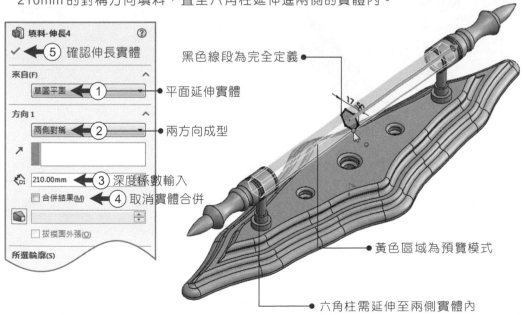

🖼 填料-伸長4   ❓

✓ ⬅ ⑤ 確認伸長實體   黑色線段為完全定義 ●

來自(F)   ∧

　草圖平面 ⬅ ①   ● 平面延伸實體

方向 1   ∧

　兩側對稱 ⬅ ②   ● 兩方向成型

↗ [   ]

🔼 210.00mm ⬅ ③ 深度係數輸入

　☐ 合併結果(M) ⬅ ④ 取消實體合併

🔲 [   ] ⬆⬇

　☐ 拔模面外張(O)

所選輪廓(S)

17.50

● 黃色區域為預覽模式

● 六角柱需延伸至兩側實體內

STEP 27

執行下拉式選單中「插入」特徵中的【 🗟 彎曲】指令,並依循下方圖例中的① ─⑤ 設定參數進行操作。黃色區塊部份為完成後之預覽畫面,並可於成型後再啟動特徵變更「扭轉」之相關參數。

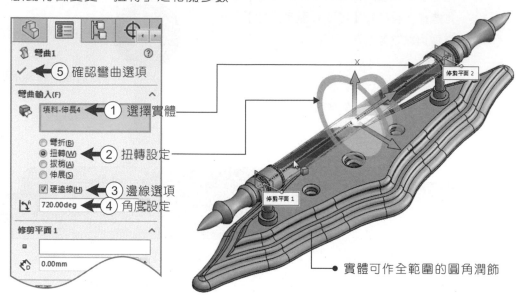

STEP 28

進入模型彩現程序,首先開啟【 ⬤ Photoview360 】 模組並選取適合的材質附貼,下方為水晶門把模型搭配素色場景與地板之渲染完成圖。完成後可嘗試做不同材質及色彩的變更。

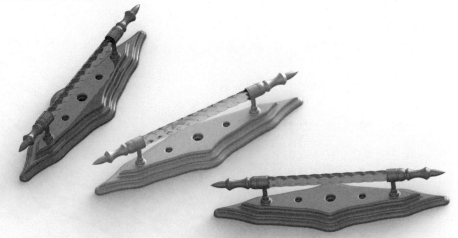

水晶門把彩現完成圖

6-2 紫砂壺模型建構

◎ 要點提醒　　　**本範例為綠色版參考教學檔－－請使用雲端連結**

本範例教學視訊檔案：SolidWorks/基礎＆實務/CH06目錄下/6-2 紫砂壺.avi
本範例製作完成檔案：SolidWorks/基礎＆實務/CH06目錄下/6-2 紫砂壺.SLDPRT

6-2 紫砂壺建模

紫砂壺的建模程序除了涵蓋著草圖應用與特徵生成外，也附加了主體分件和個別薄殼的步驟。模型建構的進程主要如下方例圖所示：先透過【 🌀 :旋轉成型】產生本體，繼而再用輪廓與導引曲線執行【 ⬇ :疊層拉伸】指令以生成提把與壺嘴部份；至於壺蓋與壺身的分件則應用【 🔲 分割】功能製作。最後點擊【 🔲 薄殼】圖標並個別對分件等厚設定的掏空與成型。

建模進程：

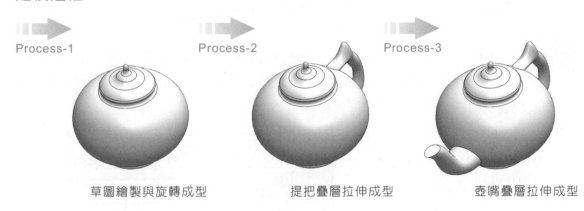

Process-1 　　　　　　　　Process-2 　　　　　　　　Process-3

草圖繪製與旋轉成型　　　提把疊層拉伸成型　　　壺嘴疊層拉伸成型

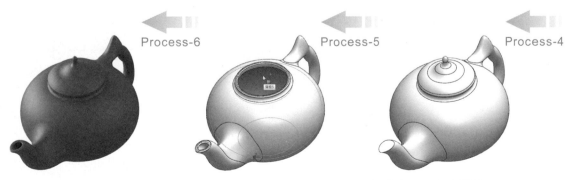

Process-6 　　　　　　　　Process-5 　　　　　　　　Process-4

材質編輯與彩現　　　　　壺身薄殼處理與分件　　　實體邊界圓角與潤飾

STEP 01

關於壺身的生成，一開始先以【▣ 前基準面】繪製草圖，繼而點選【✎：直線工具】指令，以原點為中心向上繪製垂直線段及水平線段（可參考右下圖面之直線），並透過【◇ 智慧型尺寸】標註線段Ⓐ—Ⓒ之相關參數。

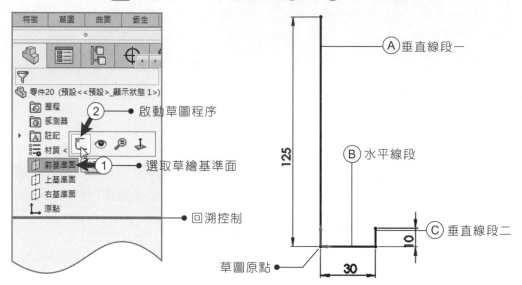

② ● 啟動草圖程序
① ● 選取草繪基準面
● 回溯控制

Ⓐ垂直線段一
Ⓑ水平線段
Ⓒ垂直線段二
125
10
30
草圖原點

STEP 02

點選【⌒ 三點定弧】或【Ⲛ：不規則曲線】繪製Ⓐ—Ⓗ八段弧線（使用者可酌參範例中之形態且自行設變），並透過【◇：智慧型尺寸】設定各弧線與中心軸之間的距離（可參考下圖例之尺寸）。

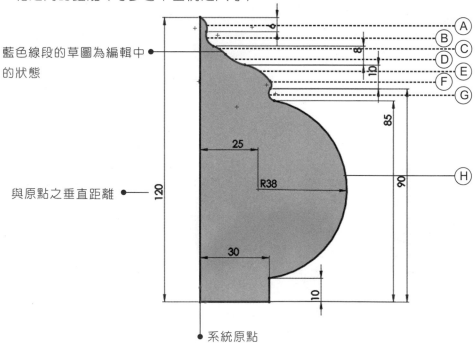

藍色線段的草圖為編輯中的狀態

與原點之垂直距離

系統原點

Ⓐ Ⓑ Ⓒ Ⓓ Ⓔ Ⓕ Ⓖ Ⓗ
8
10
85
90
25
R38
120
30
10

STEP
03

待草圖輪廓完成後,即可執行【 🌀 旋轉成型】之特徵指令。點選垂直於原點的直線作為旋轉軸,並使用上階段所繪製的草圖輪廓進行旋轉,且設定「給定深度」為360度(全週旋轉)。

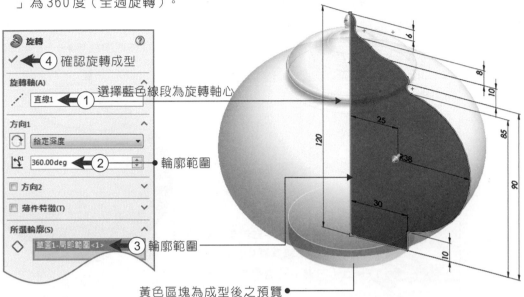

🌀 旋轉 ⑦

✓ ← ④ 確認旋轉成型

旋轉軸(A)

╱ 直線1 ← ① 選擇藍色線段為旋轉軸心

方向1

🔄 給定深度 ▾

↕ R1 360.00deg ← ② ● 輪廓範圍

☐ 方向2

☐ 薄件特徵(T)

所選輪廓(S)

◇ 草圖1-局部範圍<1> ← ③ 輪廓範圍

黃色區塊為成型後之預覽 ●

STEP
04

於壺身實體旋轉成型後,繼而使用【 📘 右基準面】向右側偏移出新的參考基準面。當特徵選項設定後,畫面如下圖示——藍色線段為預覽視圖,完成後點選【✔ 確認】即可新建一草繪平面。

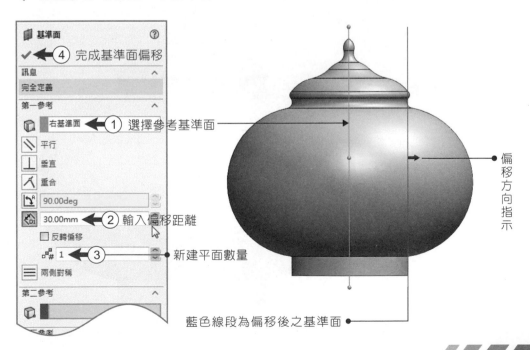

📘 基準面 ⑦

✓ ← ④ 完成基準面偏移

訊息 ∧

完全定義

第一參考 ∧

📦 右基準面 ← ① 選擇參考基準面

◥ 平行

⊥ 垂直

⊼ 重合

↕ R1 90.00deg

📐 D1 30.00mm ← ② 輸入偏移距離

☐ 反轉偏移

⊞# 1 ← ③ ● 新建平面數量

☰ 兩側對稱

第二參考 ∧

📦

偏移方向指示

藍色線段為偏移後之基準面 ●

STEP 05

延續上一步驟,點擊特徵樹中的「平面1」,以「左鍵」啟動【 ▦ 草圖】,系統不會將畫面轉成正對電腦螢幕之第一人稱視角(於Solidworks系統中只有第一個草圖繪製時會自動對位畫面;而在第二個草圖後,須使用者執行【 ↥ 正視於】指令才能轉正紙面)。

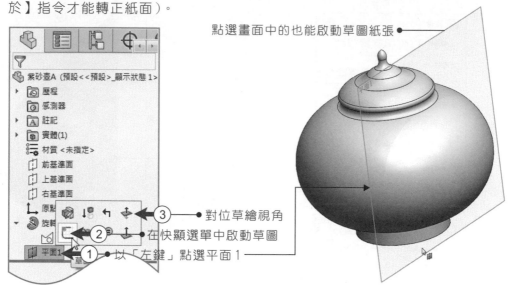

點選畫面中的也能啟動草圖紙張

③ —● 對位草繪視角

② ● 在快顯選單中啟動草圖

① —● 以「左鍵」點選平面1

STEP 06

選取【 ↥ 正視於】後,使草圖基準面轉正並開始繪製。透過【 ⊘ 橢圓形工具】及【 ◎ :圓形工具】放樣兩輪廓(兩圖元之圓心需與原點設置為垂直放置);接著再以【 ◇ 智慧型尺寸】設定參數值。

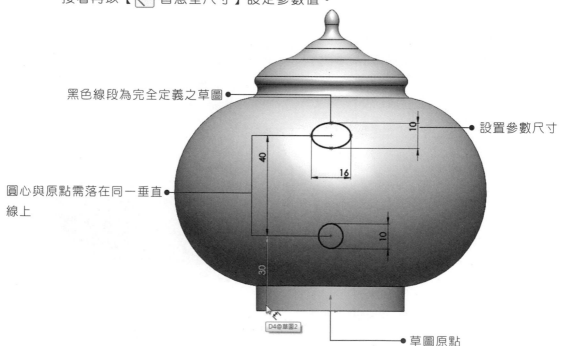

黑色線段為完全定義之草圖 ●

● 設置參數尺寸

圓心與原點需落在同一垂直線上

40

16

10

30

D4@草圖2

● 草圖原點

STEP
07
完備圓形及橢圓輪廓後保留草圖。接著點選特徵樹中的【█ 前基準面】並啟動【▦ 草圖】，且執行【↥：正視於】指令轉正草繪視角。

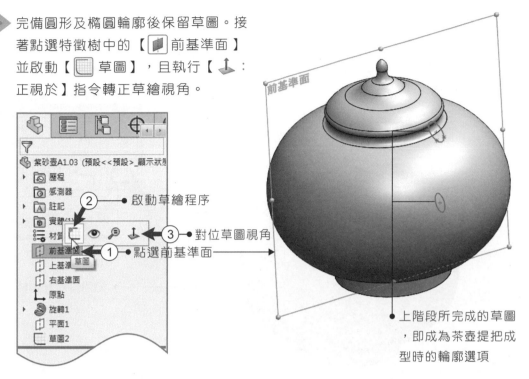

啟動草繪程序

對位草圖視角

點選前基準面

前基準面

上階段所完成的草圖，即成為茶壺提把成型時的輪廓選項

STEP
08
透過左鍵與位移滑鼠來繪製【Ⓝ 不規則曲線】，線段編輯時可利用曲線節點做細部調整。導引曲線放樣時可參考下方圖例之形態（讀者也得自行適量調整圖元的曲度與造形）。

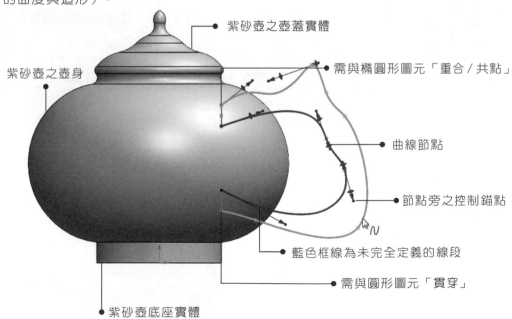

紫砂壺之壺蓋實體

需與橢圓形圖元「重合／共點」

紫砂壺之壺身

曲線節點

節點旁之控制錨點

藍色框線為未完全定義的線段

需與圓形圖元「貫穿」

紫砂壺底座實體

STEP 09

待輪廓與導引曲線就緒後,即可執行【⬇:疊層拉伸】或【📦:邊界填料】指令生成實體。而本範例是選用【⬇:疊層拉伸】製作紫砂壺提把。首先選擇封閉迴圈(圓形及橢圓形)作為實體成型之輪廓,可參酌下方視窗中的①—⑥步驟進行設定。

於邊界填料時,導引曲線之項次即成為「方向2」

③ ⑥ ● 確定選擇

② ⑤ 選擇封閉的迴圈

● 選擇封閉迴圈

① ④ ● 分兩階段點選輪廓

STEP 10

延續上一步驟之進程,繼而選取導引曲線(開放迴圈)並合併相切面功能設定時,建議開啟預覽模式,確認無誤後即可點擊【✔ 確認】以完成紫砂壺提把。

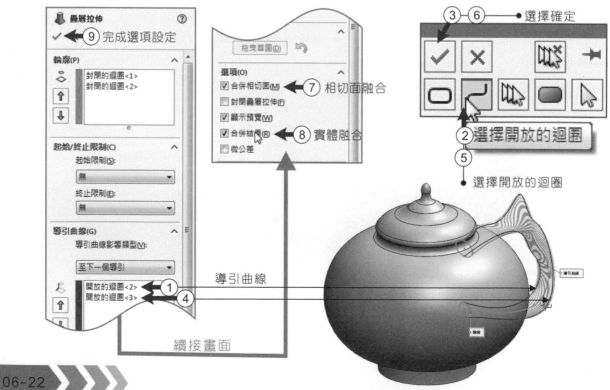

疊層拉伸

✔ ⑨ 完成選項設定

輪廓(P)
封閉的迴圈<1>
封閉的迴圈<2>

起始/終止限制(C)
起始限制(S):
無
終止限制(E):
無

導引曲線(G)
導引曲線影響類型(V):
至下一個導引

開放的迴圈<2> ①
開放的迴圈<3> ④

續接畫面

拖曳草圖(D)

選項(O)
☑ 合併相切面(M) ⑦ 相切面融合
☐ 封閉疊層拉伸(F)
☑ 顯示預覽(W)
☑ 合併結果(R) ⑧ 實體融合
☐ 微公差

③ ⑥ ● 選擇確定

② 選擇開放的迴圈 ⑤
● 選擇開放的迴圈

導引曲線

STEP
11
完成紫砂壺提把後，即可著手繪製壺嘴的部份。「左鍵」點擊特徵樹的【📘 上基準面】，繼而再選擇【🔲 參考幾何】中的【📘 基準面】，並且向上偏移出相距約 85mm 的新草繪紙張。

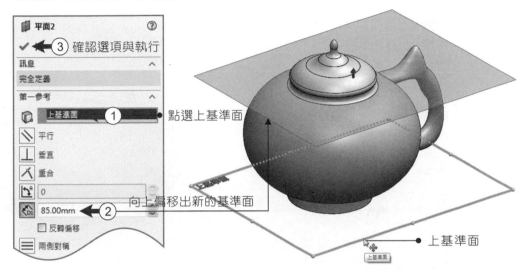

STEP
12
選取上階段偏移後的基準面後並啟動草圖，再透過【⬆ 正視於】令對位圖面。使用【⌒ 三點定弧】在【人 原點】左側繪製一鳥喙形態之圖元，並設定尺寸與參數。

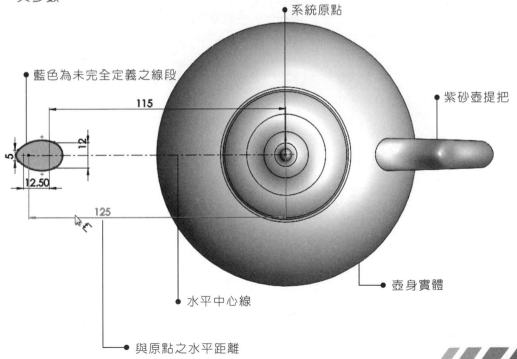

STEP 13

如步驟 11 的偏移草繪基準。以左鍵點擊【 ⭢ 選取工具】並執行【 ▣ 右基準面 】向壺身外側偏移 40mm 的指令,使用者可參考下方功能視窗中 ① — ③ 的步驟 ,於參數設定完成後再點選【 ✔ 確認 】執行。

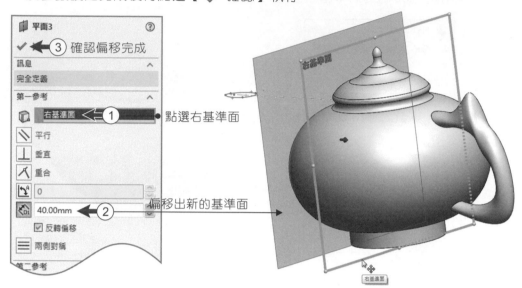

STEP 14

接續上階段步驟,選取偏移面啟動【 ▦ 草圖】並轉正視角。使用【 ◯ 橢圓形 】工具。繪製一個寬 40mm、高 30mm 的圖元,並設定圓心與【 ⚓ 原點】垂直放 置。

STEP
15
當草圖完成後，由系統內建紙面中選一個可以貫穿兩個草圖的基準面，於此範例中筆者判讀是【▣ 前基準面】，以「左鍵」點選並啟動【▦:草圖】，再透過【⬆ 正視於】對位草繪基準。

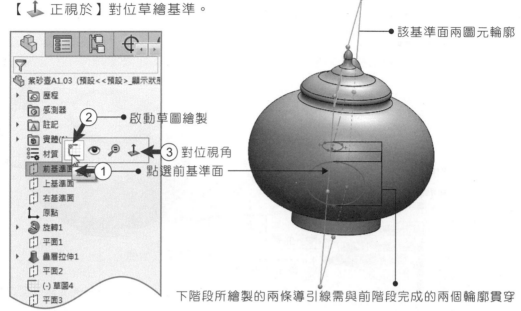

② ● 啟動草圖繪製
③ 對位視角
① ● 點選前基準面

該基準面兩圖元輪廓

下階段所繪製的兩條導引線需與前階段完成的兩個輪廓貫穿

STEP
16
點擊【ᴎ 不規則曲線】繪製壺嘴連接壺身處，此步驟須注意弧線的左右側端點要與草圖輪廓【🖉 貫穿】（圓形圖元）；曲線節點均可進行微調，完成後保留現階段之草圖。

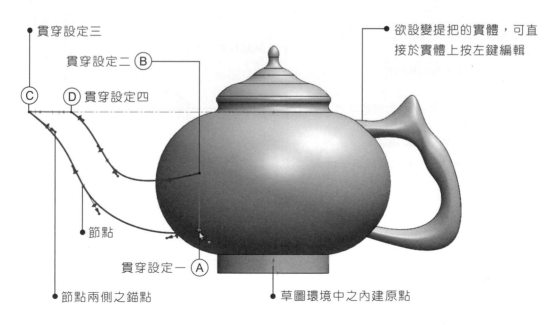

● 貫穿設定三

貫穿設定二 (B)

(C)   (D) 貫穿設定四

● 節點

貫穿設定一 (A)

● 節點兩側之錨點

欲設變提把的實體，可直接於實體上按左鍵編輯

● 草圖環境中之內建原點

STEP
17

待草圖輪廓相繼完成後,即可執行【 疊層拉伸】指令,並參考下方圖例中的 ① — ⑤ 設定參數進行操作。黃色區塊部份為拉神後之預覽模式,並可於成型後再啟動變更之相關參數。

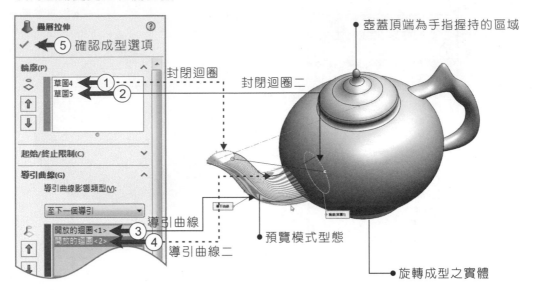

壺蓋頂端為手指握持的區域
封閉迴圈
封閉迴圈二
導引曲線
導引曲線二
預覽模式型態
旋轉成型之實體

STEP
18

當紫砂壺外觀完備後,可於特徵管理員中內建的【 前基準面】啟動草圖。利用【 直線工具】繪製一條水平線;此線段主要功能為分割壺身及壺蓋之本體,完成草圖後點選【 確認】。

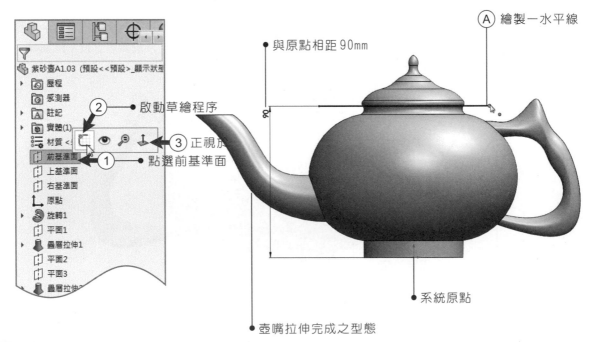

Ⓐ 繪製一水平線
與原點相距90mm
啟動草繪程序
正視於
點選前基準面
系統原點
壺嘴拉伸完成之型態

STEP 19

如下圖所示：使用下拉式選單中的【 分割】功能離合紫砂壺之上下本體。使用水平線（草圖7）進行分割，需點選 圖標（或「檔案」欄位下方的空格），才會出現下方「成型本體」可以勾選的欄位。在完成設定選項後點選【 ✔ 確認 】即可執行本體解構。

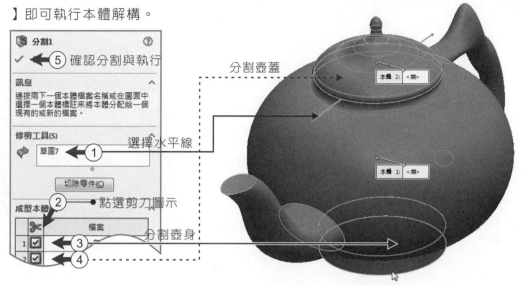

STEP 20

為了繪製壺蓋中的細節，在壺身上單擊滑鼠「左鍵」（或右鍵）後（此時壺身本體會亮藍光），即出現下方浮動功能視窗列，再以「左鍵」選擇【 隱藏】可將壺身隱匿，在此境況下編輯較不易影響到模型的邊界辨識。

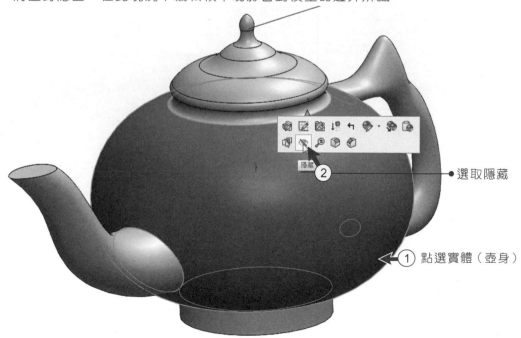

STEP
21

直接選擇壺蓋底部的平面進行草圖繪製,並且點選【 ⬆ 正視於】對位草繪紙張。使用【 ◎ 圓形工具】繪製兩個【 ◎ 同心圓/弧】,繼而執行【 ◈ 智慧型尺寸】標註相關參數。完成定義後圖元即呈現黑色樣貌。

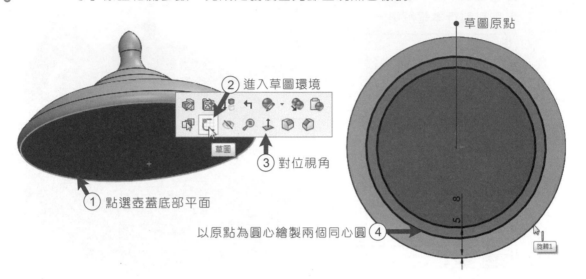

② 進入草圖環境

草圖

③ 對位視角

① 點選壺蓋底部平面

草圖原點

以原點為圓心繪製兩個同心圓 ④

旋轉1

STEP
22

當草圖輪廓完備後,即可執行【 🗋 伸長填料】之特徵。使用者得參考左下功能視窗中的係數設定:深度設定為 6mm,並啟動「合併結果」選項;待設置就序後點選【 ✔ 確認】即可生成實體。

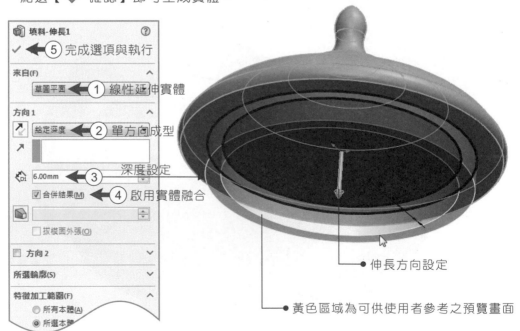

填料-伸長1

⑤ → 完成選項與執行

來自(F)

草圖平面 ← ① 線性延伸實體

方向1

給定深度 ← ② 單方向成型

6.00mm ← ③ 深度設定

☑ 合併結果(M) ← ④ 啟用實體融合

□ 拔模面外張(O)

□ 方向2

所選輪廓(S)

特徵加工範圍(F)
◯ 所有本體(A)
◉ 所選本體

伸長方向設定

黃色區域為可供使用者參考之預覽畫面

STEP
23

待蓋子的壺唇生成後，繼而點選上端平面進行【🔲 薄殼】指令。啟用特徵並設定相關選項：厚度輸入為 3mm，而破除面的選項則是壺蓋內平面的部份，完成後點擊【✔：確認】執行。（筆者設定之係數僅為參考使用，讀者可自行更改並做適宜的調整）。

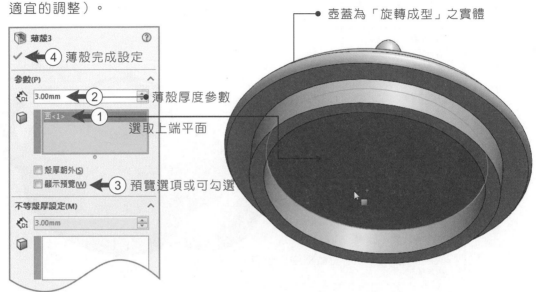

壺蓋為「旋轉成型」之實體

- ④ 薄殼完成設定
- ② 薄殼厚度參數
- ① 選取上端平面
- ③ 預覽選項或可勾選

STEP
24

紫砂壺蓋的建模程序已經完成，至於邊界的線段可施以【🔲 圓角】修飾。選擇壺唇與壺蓋底部之邊線，並設定 1mm 的參數。（如果 1mm 參數無法生成，可改為較小之參數並再次執行指令）。

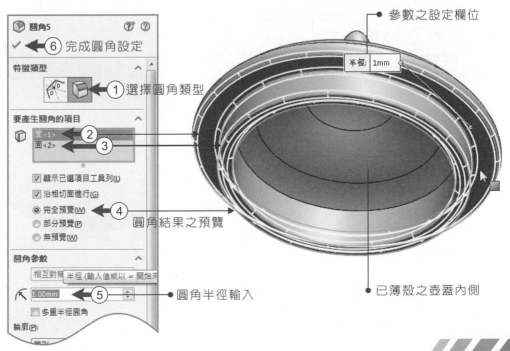

參數之設定欄位

- ⑥ 完成圓角設定
- ① 選擇圓角類型
- ② ③ 面<1> 面<2>
- ④ 圓角結果之預覽
- ⑤ 圓角半徑輸入
- 已薄殼之壺蓋內側

STEP
25

以「左鍵」選取特徵樹中需顯示的實體【 分割 1】，繼而執行【 顯示】指令（使用者可參考下方功能視窗）。接下來需對壺身做圓角與薄殼等後製程序，因此顯示壺身做進一步編輯。為了讓使用者可清楚的檢視草圖概況，建議以「左鍵」點擊作業區左方【 隱藏】的選項，隱藏已完備之壺蓋。

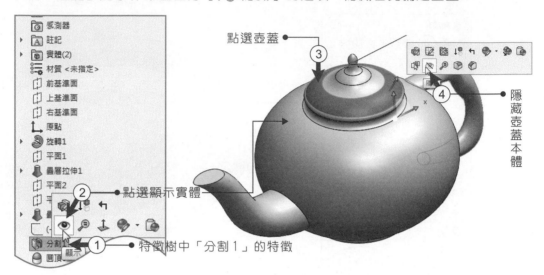

點選壺蓋

③

④

隱藏壺蓋本體

②　　　點選顯示實體

①　　　特徵樹中「分割 1」的特徵

STEP
26

待紫砂壺蓋完成隱藏模式後，繼而點選【 圓角】選項並參酌下列左側 ① — ⑤ 步驟設定特徵，且可開啟「完全預覽」以確認實體修飾後之概況。若圓角之半徑過量，則會造成實體邊界模糊與不合理之觀感。

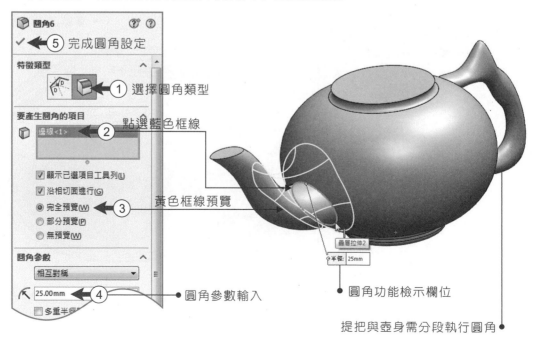

圓角6

⑤ 完成圓角設定

特徵類型

① 選擇圓角類型

要產生圓角的項目

點選藍色框線

邊線<1>　②

☑ 顯示已選項目工具列(L)
☑ 沿相切面進行(G)
◉ 完全預覽(W)　③
◯ 部分預覽(P)
◯ 無預覽(W)

黃色框線預覽

圓角參數

相互對稱

25.00mm　④

☐ 多重半徑

圓角參數輸入

疊層拉伸2

半徑: 25mm

圓角功能檢示欄位

提把與壺身需分段執行圓角

STEP
27

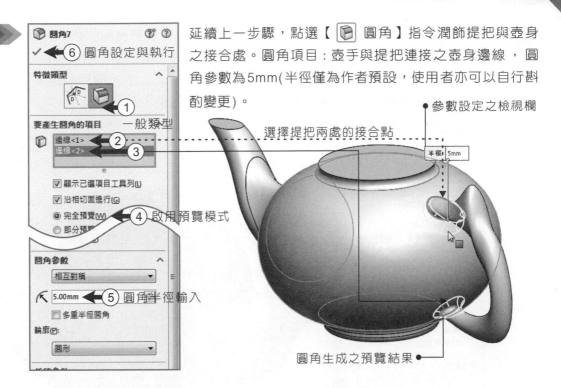

延續上一步驟，點選【 圖 圓角】指令潤飾提把與壺身之接合處。圓角項目：壺手與提把連接之壺身邊線，圓角參數為5mm(半徑僅為作者預設，使用者亦可以自行斟酌變更)。

圓角7

⑥ 圓角設定與執行

特徵類型

① 一般類型

要產生圓角的項目

邊線<1> ②
邊線<2> ③

☑ 顯示已選項目工具列(L)
☑ 沿相切面進行(G)
◉ 完全預覽(W) ④ 啟用預覽模式
◎ 部分預覽

圓角參數

相互對稱

5.00mm ⑤ 圓角半徑輸入

☐ 多重半徑圓角

輪廓(P):

圓形

參數設定之檢視欄

選擇提把兩處的接合點

半徑 5mm

圓角生成之預覽結果

STEP
28

壺口凹陷處的容納空間及出水口可選擇除料或【 ⬛ ：薄殼】製作而成，筆者這裡選用後者做示範。通常瓷與陶製品殼厚為3~5mm，當然讀者也能依個人觀感做適宜的變更。最後再點選【 ✔ 確認】即完成此階段程序。

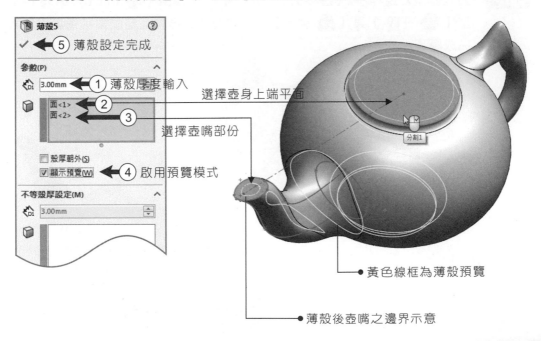

薄殼5

⑤ 薄殼設定完成

參數(P)

3.00mm ① 薄殼厚度輸入

面<1> ②
面<2> ③

☐ 殼厚朝外(S)
☑ 顯示預覽(W) ④ 啟用預覽模式

不等殼厚設定(M)

3.00mm

選擇壺身上端平面

選擇壺嘴部份

分割1

黃色線框為薄殼預覽

薄殼後壺嘴之邊界示意

STEP
29

關於紫砂壺最後的製作階段,即是邊界潤飾與銳角磨光的步驟。以滑鼠「左鍵」點選特徵指令——【🗄 圓角】,並參考下方功能表輸入選項,在「半徑」欄位中輸入1mm數值後,畫面即能預視指令完成後之狀態,繼而點選【✔ 確認】執行。續接顯示方才所隱藏的壺蓋,則得到完整的紫砂壺模型。

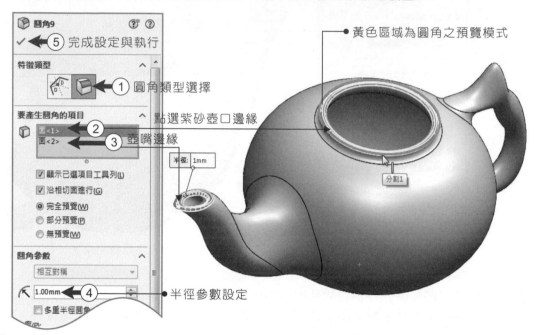

- ⑤ 完成設定與執行
- ① 圓角類型選擇
- ② 點選紫砂壺口邊緣
- ③ 壺嘴邊緣
- ④ 半徑參數設定
- 黃色區域為圓角之預覽模式

STEP
30

進入模型彩現程序:透過Solidworks的附加模組【🔵 Photoview360】編輯模型【🌐 外觀 】與【🎨 全景】。下方為紫砂壺模型搭配素色場景與地板渲染之完成圖照。

紫砂壺彩現完成圖

6-3 外星人榨汁器

⊙ 要點提醒　　本範例為綠色版參考教學檔 -- 請使用雲端連結

本範例教學視訊檔案：SolidWorks/基礎＆實務/CH06目錄下/6-3 榨汁器.avi
本範例製作完成檔案：SolidWorks/基礎＆實務/CH06目錄下/6-3 榨汁器.SLDPRT

6-3 外星人榨汁器建模

「外星人榨汁器」是菲利浦史塔克的傑作代表，也是工業設計的不敗經典。本單元於建模的進程中先透過【 ⌇ 掃出】指令製作榨汁器的主體，繼而執行【 ⬇ 疊層拉伸】功能以生成角柱的部份，且歷經【 ⊞：環狀複製】陣列出足以立身的結構。於主體分件皆一一成型後，再啟動【 ▦：結合】熔接所有的本體；並經由【 ● Photoview360】彩現模組編輯模型的外觀與場景——渲染範例建構後之實體外觀。

建模進程：

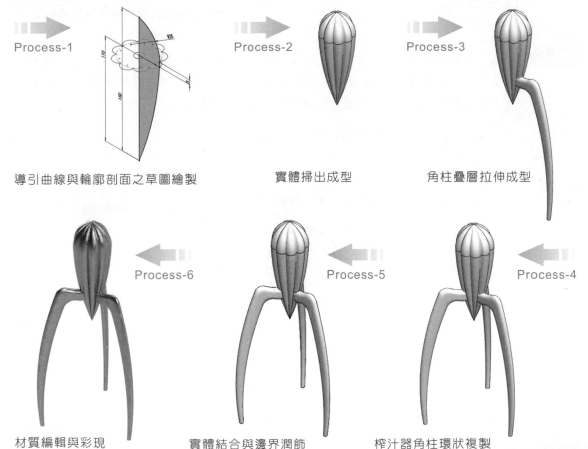

Process-1 　導引曲線與輪廓剖面之草圖繪製

Process-2 　實體掃出成型

Process-3 　角柱疊層拉伸成型

Process-6 　材質編輯與彩現

Process-5 　實體結合與邊界潤飾

Process-4 　榨汁器角柱環狀複製

STEP 01

首先選擇基準面開始繪製。通常作圖的觀念是選擇一個我們看該產品的視角啟動草圖進行繪製程序；例如本單元是放在廚房桌上或櫃子上的榨汁器，因此我們看它的視角理應是由上往下俯視，所以筆者慣性以【■：上基準面】來作為初始的草繪基準面，繼而點選【◎：圓形工具】由【↓：原點】向外繪製兩個同心圓（這裡需特別注意，外圓須變更為「幾何建構線」）。

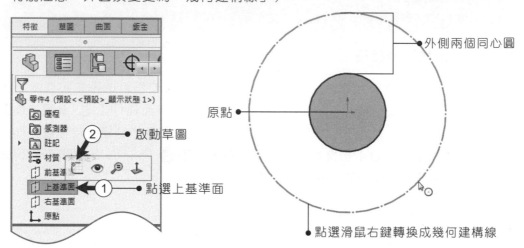

STEP 02

延續上一草圖程序。點選【◇ 智慧型尺寸】進行同心圓的參數標註，且繪製三條【／ 中心線】，由【↓ 原點】向右繪製一水平線，另外兩條為水平線上方及下方之路徑，三條參考線分別連接到外圍的建構圓上。

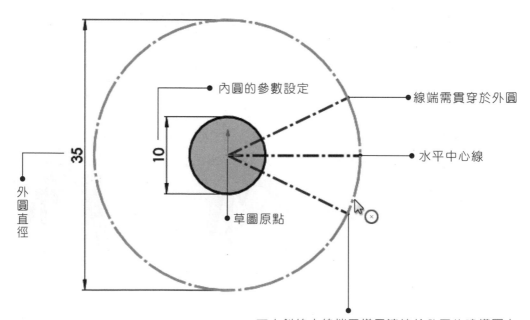

STEP
03

接續上階段未完成的草圖。使用【🔲 三點定弧】繪製榨汁機剖面輪廓。在上方
和下方的建構線交會處繪製弧線，並且向右延伸圓徑（如下方參考圖例所示），
繼而以【🔲 智慧型尺寸】設定三條中心線的角度及三點定弧之外圓半徑。

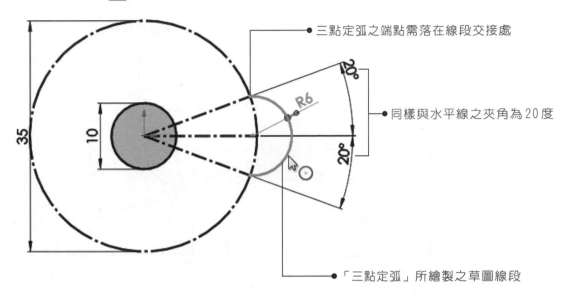

三點定弧之端點需落在線段交接處

同樣與水平線之夾角為20度

「三點定弧」所繪製之草圖線段

STEP
04

點選三點定弧的圖元（似花瓣），並利用【🔲 環狀複製排列】指令製作成圓的剖
面草圖，且輸入適當的參數後執行特徵指令。如功能視窗所示：選擇【🔲：原點
】，以全週角360度複製出9個圖元，繼而設定為同等間距（因為一個圓弧為40
度，360度除以40度等於9個圓弧）。也在開啟預覽模式後檢視弧線陣列後的結
果。

環狀複製選項檢視

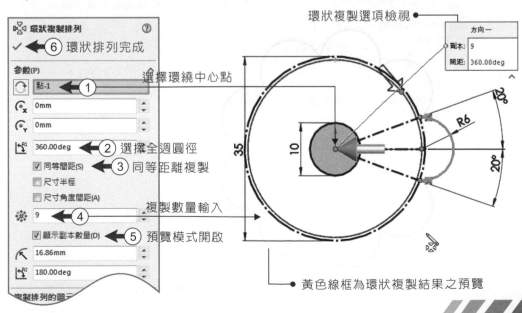

選擇環繞中心點
選擇全週圓徑
同等距離複製
複製數量輸入
預覽模式開啟

黃色線框為環狀複製結果之預覽

STEP 05

在完成步驟 01— 04 之後，結果會呈現如下圖例之形態。若有修正參數之需求，可以選擇介面左側的特徵樹——顯示特徵尺寸，點選樹狀圖中欲變更之項次，且在設變完成後點選介面上之【🔘重新計算】指令更新圖元。

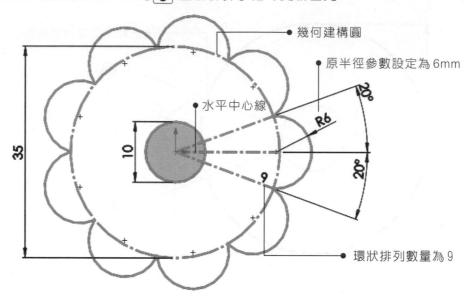

- 幾何建構圓
- 原半徑參數設定為 6mm
- 水平中心線
- 環狀排列數量為 9

STEP 06

待草圖確認無誤後即可保留草圖。再以【▥:前基準面】作為草繪紙張且啟動【▦草圖】，繼而選取【⟋中心線】由原點向右繪製出一條「水平中心線」（設定為水平放置）。

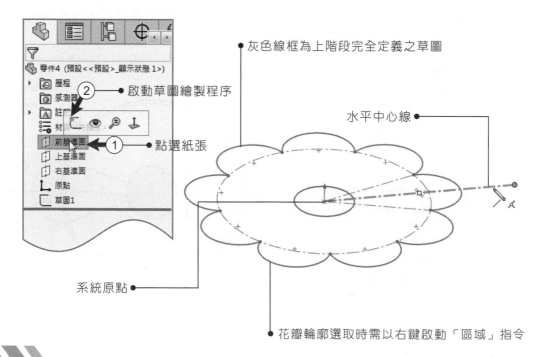

- ② 啟動草圖繪製程序
- ① 點選紙張
- 灰色線框為上階段完全定義之草圖
- 水平中心線
- 系統原點
- 花瓣輪廓選取時需以右鍵啟動「區域」指令

STEP 07

延續上一個草圖啟動的步驟，且以 `Ctrl` ＋「左鍵」重複加選上階段所繪製的「水平中心線」與花瓣圖元，並執行【 🖋 貫穿】指令。讀者可在端詳文字敘述的同時佐以圖片步驟導引，如此得更明晰模型建構的進程。

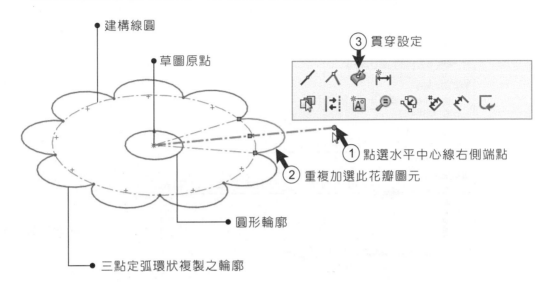

- 建構線圓
- 草圖原點
- ③ 貫穿設定
- ① 點選水平中心線右側端點
- ② 重複加選此花瓣圖元
- 圓形輪廓
- 三點定弧環狀複製之輪廓

STEP 08

延續上一階段未完之草圖程序，點選【 ⬆ : 正視於】指令對位草繪紙張。使用【 ⌒ 三點定弧】、【 Ｎ 不規則曲線】以及【 ／ 直線工具】繪製出 Ⓐ—Ⓒ 三線段，於此需特別注意的是繪製線段的同時需與步驟 06 之「水平中心線」右側端點【 人 重合 / 共點】，並透過【 智慧型尺寸】定義相關參數後再保留草圖。

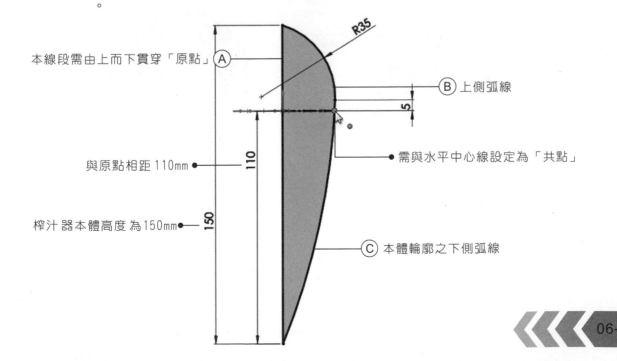

- 本線段需由上而下貫穿「原點」 Ⓐ
- R35
- Ⓑ 上側弧線
- 5
- 需與水平中心線設定為「共點」
- 與原點相距 110mm
- 110
- 榨汁器本體高度 為150mm
- 150
- Ⓒ 本體輪廓之下側弧線

STEP
09

欲想讓草圖輪廓沿著路徑線段成型為實體,可執行特徵中的【 🖋 掃出成型】指令製作榨汁機的主要實體。設定選項大致如下所示,但須特別強調的是⑤「合併平滑面」需要勾選;當對應的選項依序填入後即可按下【 ✔ 確認】執行。

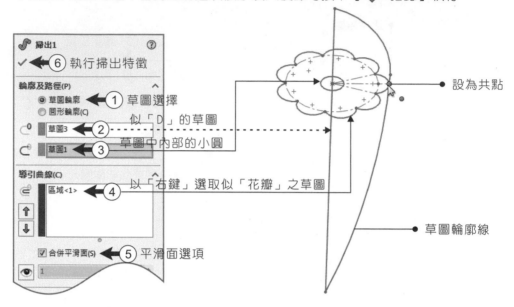

STEP
10

下圖左側為【 🖋 掃出成型】的「過程」;而右側則為特徵執行後之「結果」。在預覽階段若發現與想像中有所落差,則可以立即更改導引曲線或路徑的草圖輪廓;倘若已經成型後想要再次修正,即至左側特徵樹中編輯圖元以達成設計變更之目的。

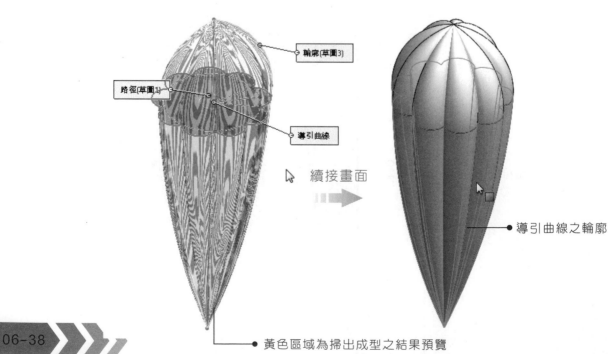

STEP
11

在主體完成後，續接的進程則是製作榨汁器的三處角柱。現階段選擇系統中內建的【 上基準面】，再點選【 參考幾何】中的【 基準面】，使之偏移出約 260mm 的草繪紙張（如下圖功能視窗表的 ①—④ 設定步驟）。

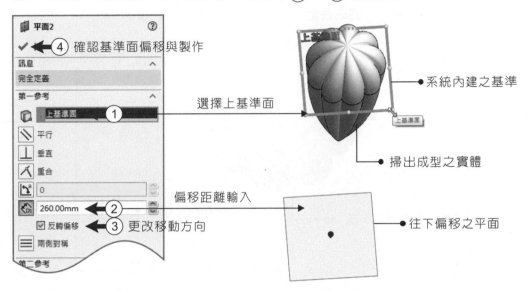

平面2

✓ ← ④ 確認基準面偏移與製作

訊息

完全定義

第一參考

上基準面 ① ——— 選擇上基準面

平行

垂直

重合

0

260.00mm ② ——— 偏移距離輸入

☑ 反轉偏移 ③ 更改移動方向

兩側對稱

第二參考

系統內建之基準

掃出成型之實體

往下偏移之平面

STEP
12

待上階段的紙面製作後可備用於後續步驟。點選【 ：右基準面】並啟動草圖，再透過【 ：正視於】對位圖面且開始繪製。以【 ：直狹槽工具】繪製圖元，其中點與圓心設定為【 垂直放置】，繼而執行【 智慧型尺寸】設定其相關參數。

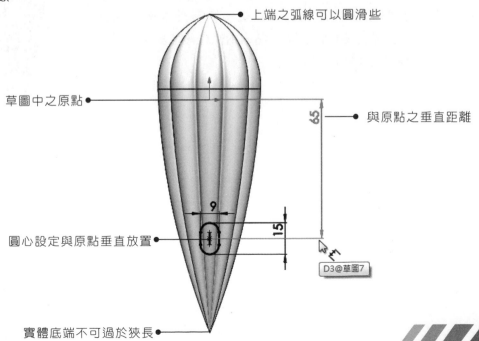

上端之弧線可以圓滑些

草圖中之原點

與原點之垂直距離

65

9

15

圓心設定與原點垂直放置

D3@草圖7

實體底端不可過於狹長

STEP
13
保留上階段之圖元，繼而以步驟11所製作之【 📙 基準面】進入草圖之環境，且【 ⚓ 正視於】草繪紙張。透過【 ⊙ 圓形工具】建構一外徑5mm的圖元，並設定其圓心與【 ⅃ 原點】相距65mm，接續執行【 ― 水平放置】指令（可以用快捷鍵 Alt ＋ V 完成設定），最後再個別設定線段參數即可。

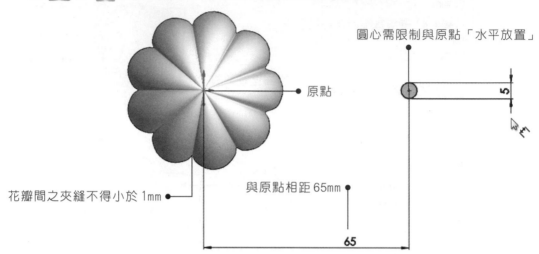

圓心需限制與原點「水平放置」

原點

與原點相距65mm

花瓣間之夾縫不得小於1mm

5

65

STEP
14
選擇系統中的【 📙 前基準面】啟動草繪程序，並以【 ⌒ 三點定弧】或【 〰 :不規則曲線】串聯兩圖元。（使用不規則曲線有一個小秘訣，當線段要轉彎時點選滑鼠左鍵；而在繪製完成時，以【 ⇖ : 選取工具】於「節點」做曲度微調，建議多練習幾次後即可上手）。這裡也要特別強調一點，兩條線段需與上方及下方之圓弧【 👆 貫穿】。

「點工具」可以進行微調、修正

藍色線段為草圖編輯中的狀態

線端需「貫穿」於兩個輪廓之圓弧，才得以執行「疊層拉伸」的後續進程

線端與輪廓需設定為「貫穿」

STEP 15
於榨汁機角柱大致的輪廓描繪完整後，繼而執行【△：智慧型工具】定義所有的線段（這裡不是指重新設定尺寸，而是取接近的整數輸入，例如：參數可能是R402mm，此時讀者可變更半徑成R400mm，並在定義完成後按下【✔ 確認】）。

倒若讀者於草圖保留後欲再設變，得將游標移到特徵樹的草圖，點選「左鍵」（或右鍵）執行「編輯草圖」，即可重新啟動圖元。

STEP 16
執行【⬇ 疊層拉伸】特徵，將角柱的實體塑造出來。製作程序：在輪廓處按照順序選取（可使用結構樹反饋或點選繪圖區之草圖），並加選2條導引曲線使之產生實體；且開啟預覽模式檢視角柱之生成結果。

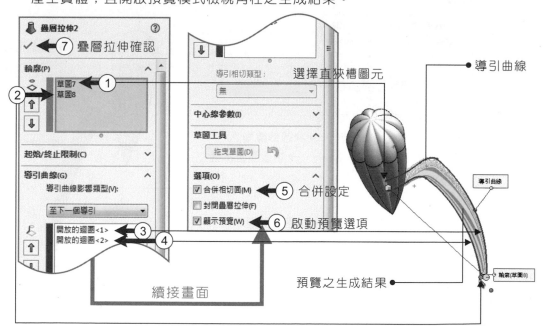

續接畫面

輪廓 ② 選擇底線之草圖圓

STEP
17

常有學員問我：如何簡便的設定【 ✏ 基準軸】。其實有很多方式可以快捷的建構；但現階段可選擇系統內建的兩平面，兩個面的交會處即為軸心。因為「中心軸」需定位在實體中點處，因此選用【 ▦ 前基準面】及【 ▦ 右基準面】定義垂直於【 ⯅ 原點】的參考軸（黃色線段為新定位軸線之預覽）。

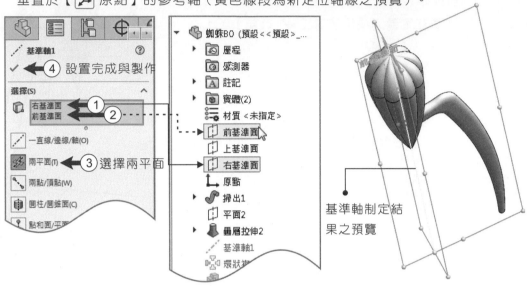

基準軸制定結果之預覽

STEP
18

在中心軸就緒後，即可執行【 ⊞ 環狀複製排列】指令。選定新【 ✏ 基準軸】當軸心，以同等間距複製出3根角柱；而複製本體則選擇在步驟16所繪製完成的角柱實體。

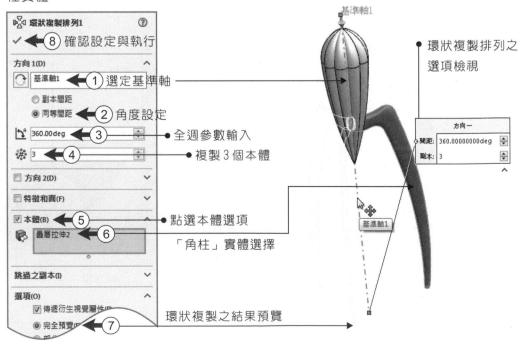

環狀複製排列之選項檢視

STEP
19

由於此類型榨汁機在工業製造時皆為「一體成型」，因此我們需以【 ⬉ ：選取工具】循右上往左下之軌跡框選模型中所有實體，在Solidworks系統中被選到的項次會出現淺綠色之樣貌。

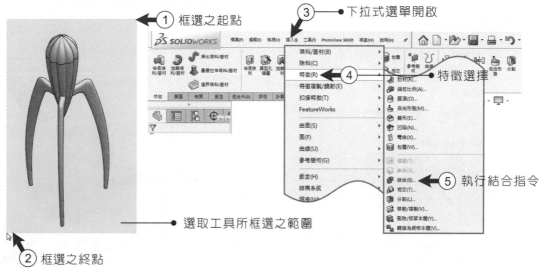

① 框選之起點

③ 下拉式選單開啟

④ ← 特徵(R)

特徵選擇

⑤ 執行結合指令

選取工具所框選之範圍

② 框選之終點

STEP
20

延續上個未完成之步驟，點選【 🗇 結合】選項，建請酌參 ①—⑦ 步驟後執行。（下列功能視窗也許與使用者之介面不盡相同）「結合之本體」欄位沒有順序之分，只需要把所有欲結合之本體選取即可。使用者可啟用視窗中「顯示預覽」選項，以確認所有本體皆已融合。

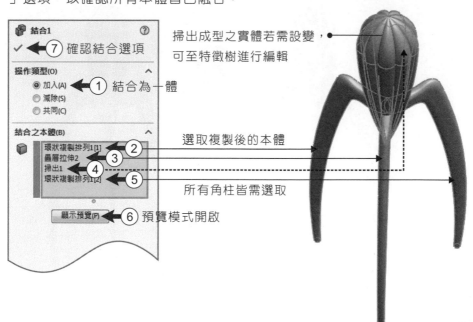

⑦ 確認結合選項

掃出成型之實體若需設變，可至特徵樹進行編輯

操作類型(O)
⊙ 加入(A) ① 結合為一體
○ 減除(S)
○ 共同(C)

結合之本體(B)
環狀複製排列1[1] ②
疊層拉伸2 ③
掃出1 ④
環狀複製排列1[2] ⑤

選取複製後的本體

所有角柱皆需選取

顯示預覽(P) ⑥ 預覽模式開啟

STEP 21

外星人榨汁機基本外型大致已完成，最後再利用【 🗇 圓角】指令潤飾邊界。於下方功能視窗選項的「圓角項目」點選三處角柱的底端邊線，繼而在「半徑」輸入1mm的數值後開啟預覽模式，畫面即能預視指令完成後之狀態。

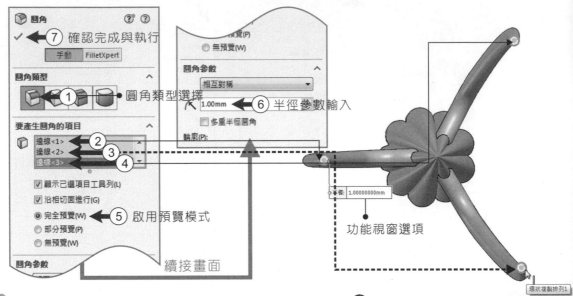

STEP 22

進入模型彩現程序：透過Solidworks的附加模組【 ⚫ Photoview360 】編輯模型【 🔴 外觀】與【 🖼 全景】。下方為外星人榨汁器模型整合素色場景之渲染完成圖照。

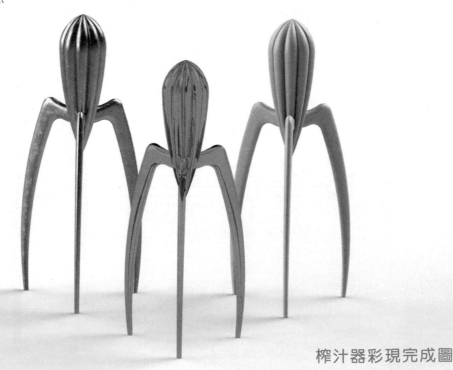

榨汁器彩現完成圖

6-4 螺絲起子設計

◉ 要點提醒　　**本範例為綠色版參考教學檔--請使用雲端連結**

本範例教學視訊檔案：SolidWorks/基礎＆實務/CH06目錄下/6-4　螺絲起子.avi
本範例製作完成檔案：SolidWorks/基礎＆實務/CH06目錄下/6-4　螺絲起子.SLDPRT

6-4 螺絲起子建模

螺絲起子是最常見的手工具之一，也是台灣爭取外銷訂單的大宗手工具產品。起子主體的部份可藉由一次性的【 🌀 掃出成型】或多段式的拉伸，並在生成實體後再【 🌀 旋轉成型】起子前端，且經由下拉式選單中的【 🗐：分割】特徵區隔握把的細部，最後附貼材質與算圖渲染。於在此單元中，可以學習到單一輪廓與多層圖元的【 🌀：掃出成型】方法與應用差異，期許使用者可以在此單元中多花點時間琢磨。

建模進程：

Process-1　　Process-2　　Process-3　　Process-4　　Process-5

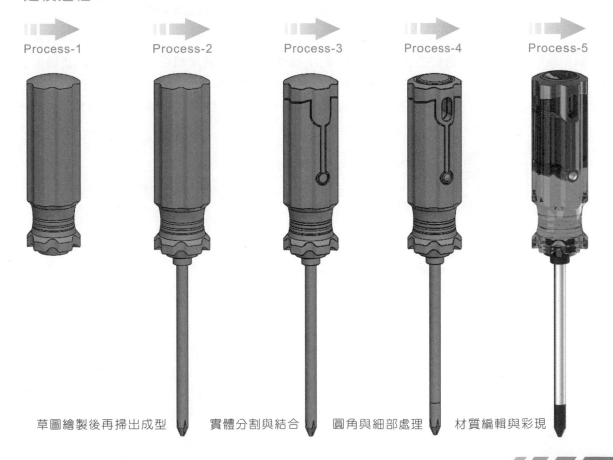

草圖繪製後再掃出成型　　實體分割與結合　　圓角與細部處理　　材質編輯與彩現

STEP 01

螺絲起子的建模進程建議由握把的橫向剖面開始著手。選擇【📘：上基準面】繪製【🟦 草圖】，並使用【⊙ 圓形工具】經【⅄ 原點】繪製 2 個同心圓，外圓須轉換成「幾何建構線」。接續著以中點向右延伸 3 條【⁄：中心線】，分別上下設定與水平線夾角各為 15 度，繼而點選【✔ 確定】保留草圖（與前一個榨汁器範例作法類似）。

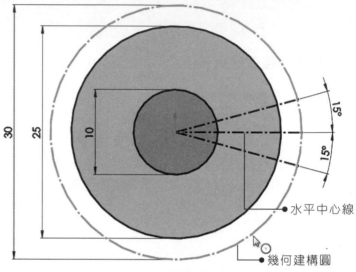

STEP 02

使用【⯑ 選取工具】點擊【📘 上基準面】並啟動草繪程序，且【⬆ 正視於】草圖紙張（若讀者想繪製對應視角的另外一面，即需「再一次」點選【⬆ 正視於】指令對位，使其畫面中的模型反轉 180 度），點選外圓輪廓（建構線）並執行【🔲 參考圖元】複製封閉之迴圈。

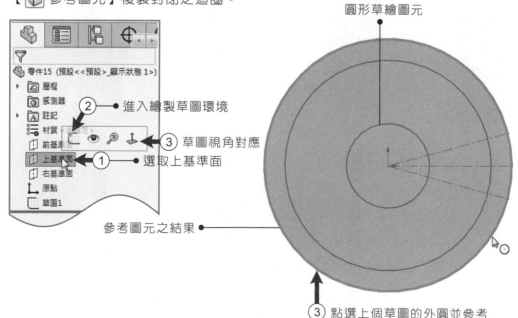

STEP 03

延續上一階段之草圖。於參考圖元完成後,使用【 三點定弧】工具繪製弧線,在右側的上與下參考線段繪製一個往內偏移的弧線,此線段兩端點需與「幾何建構線」【 重合 / 共點】,繼而以【 智慧型尺寸】定義參數即可。

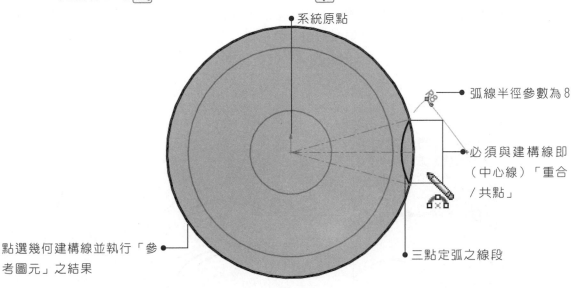

系統原點

弧線半徑參數為 8

必須與建構線即
(中心線)「重合
/ 共點」

點選幾何建構線並執行「參
考圖元」之結果

三點定弧之線段

STEP 04

在弧線完全定義後 , 以指標點選【 環狀複製排列】特徵,並參酌視窗功能表中 ① ─ ⑥ 的參數設定。欲使所選擇的線段環型陣列成 6 個,需在下表中直接勾選同等間距,其複製數量設定為 6 即可。

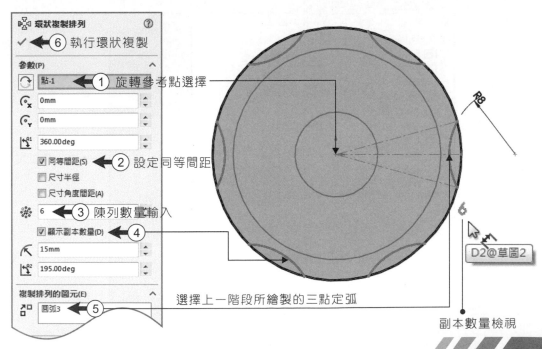

環狀複製排列

⑥ 執行環狀複製

參數(P)

點-1 ← ① 旋轉參考點選擇

x 0mm

Y 0mm

R1 360.00deg

☑ 同等間距(S) ← ② 設定同等間距

☐ 尺寸半徑

☐ 尺寸角度間距(A)

6 ← ③ 陳列數量輸入

☑ 顯示副本數量(D) ← ④

15mm

R2 195.00deg

複製排列的圖元(E)

圓弧3 ← ⑤

選擇上一階段所繪製的三點定弧

R8

D2@草圖2

副本數量檢視

STEP 05

為使草圖定義與合理化，須將圖元中重複交縱的輪廓刪除。此階段需用到草圖工具列中的【✂ 修剪工具】剔除重疊的草圖線段。雖然修剪的功能指令可以分為「強力修剪」、「角落修剪」……等項次，但筆者通常僅會選擇視窗最上端的修剪指令。這裡特別說明：【 ⌇ 強力修剪】」是一種路徑式的修剪工具，在非線段上按壓「左鍵」並拖曳滑鼠，其指標行徑所接觸的線段皆會消弭與剔除。

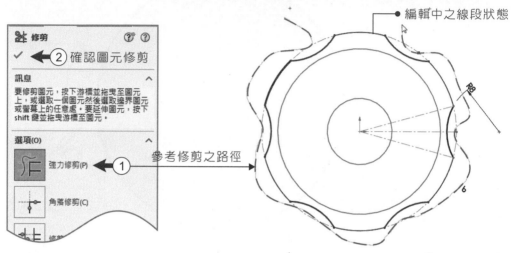

STEP 06

選擇【▣ 右基準面】並進入草圖繪製環境。點擊工具列中的【╱ 直線工具】及【⌒ 三點定弧】按鈕，以【 ⊥ 原點】為起點繪製如下之圖元。

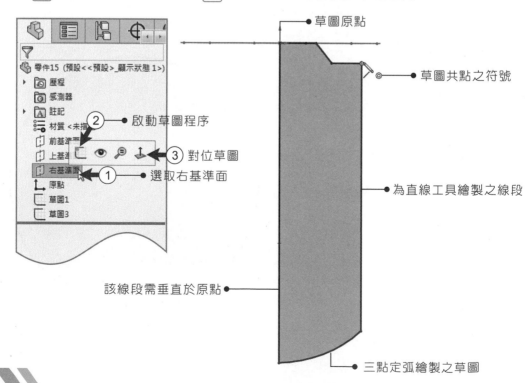

STEP 07
延續上階段未完成的草圖，再次選擇【 ⁄ 直線工具】及【 ⌒ 三點定弧】指令繪製 Ⓐ — Ⓒ 之線段（如左下圖），繼而執行【 强力修剪】刪除重複交疊的部份（如右下圖），並依序設定其相關參數。

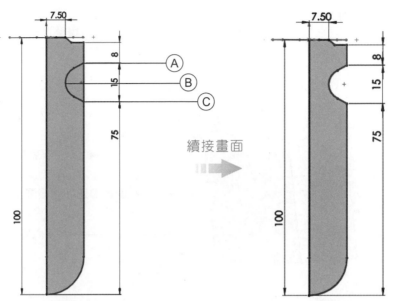

續接畫面

STEP 08
執行【 ⁄ : 中心線】草圖工具，繪製兩條垂直建構線，這裡需要特別強調：「兩條中心線須加入【 ▌垂直放置】以及與草圖輪廓【 ⩘ 重合／共點】等限制條件，後續實體才能順利生成」。

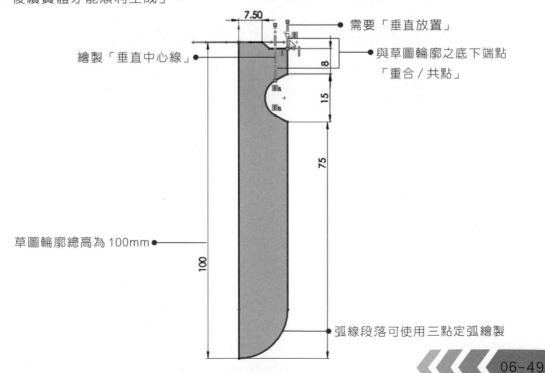

繪製「垂直中心線」

需要「垂直放置」

與草圖輪廓之底下端點「重合／共點」

草圖輪廓總高為 100mm

弧線段落可使用三點定弧繪製

STEP 09

本階段所設定的兩條【 ∕ 中心線 】，需【 ✦ :貫穿】於上視圖所繪製的草圖輪廓，可從下方圖例清楚看出中心線與草圖輪廓的對應關係。執行步驟： `Ctrl` ＋ 中心線 ＋ 外（內）圈草圖輪廓（此步驟需執行兩次，因為兩條中心線皆需指定為貫穿限制）。

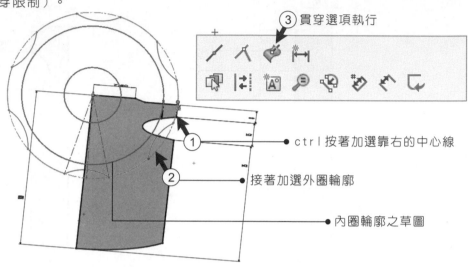

③ 貫穿選項執行

① ● ctrl 按著加選靠右的中心線

② ● 接著加選外圈輪廓

● 內圈輪廓之草圖

STEP 10

讀者可利用滑鼠「滾輪」及「左鍵」來進行縮放及位移，移動至使用者容易辨識的視角，並端詳是否與範例的圖示相仿。當有其必要性需針對個別圖元進行設變時，可在視窗左側特徵樹中的「草圖3」進行編輯。

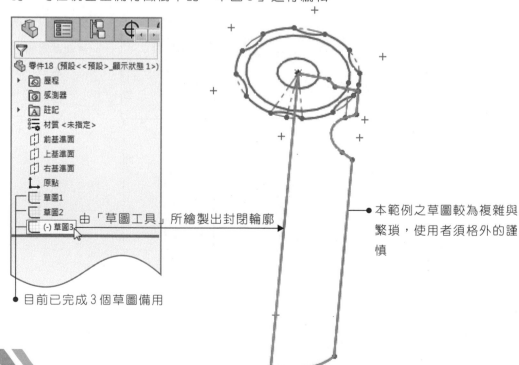

由「草圖工具」所繪製出封閉輪廓

● 本範例之草圖較為複雜與繁瑣，使用者須格外的謹慎

● 目前已完成 3 個草圖備用

STEP
11

當草圖完備後執行【 🖋 掃出填料 】特徵，即可進入指令功能視窗。指定「輪廓及路徑」項次並選擇「草圖輪廓」，而輪廓則選擇「草圖3」（封閉迴圈），使用者可酌參下方步驟指示進行

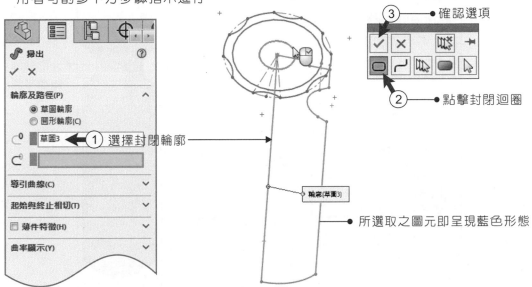

③ ● 確認選項
② ● 點擊封閉迴圈
① 選擇封閉輪廓
輪廓[草圖3]
● 所選取之圖元即呈現藍色形態

STEP
12

延續上一步驟未完成之特徵指令，以【 🗕 :選取工具】選擇路徑以及導引曲線的迴圈，繪圖區會出現預覽選項，「勾選」後即可檢視實體之生成結果；設定後再點選【 ✔ 確認】以執行特徵功能。

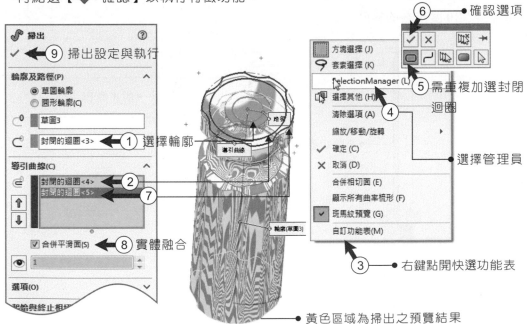

⑥ ● 確認選項
⑨ 掃出設定與執行
① 選擇輪廓
⑤ 需重複加選封閉迴圈
④ ● 選擇管理員
② ⑦
⑧ 實體融合
③ ● 右鍵點開快選功能表
● 黃色區域為掃出之預覽結果

STEP 13

螺絲起子握把處藉由掃出特徵成型後,接續即著手前端「起子」的製作。選擇【📙 前基準面】當作草繪紙張並啟動【▦ 草圖】,繼而點選【↥ 正視於】對位視角。

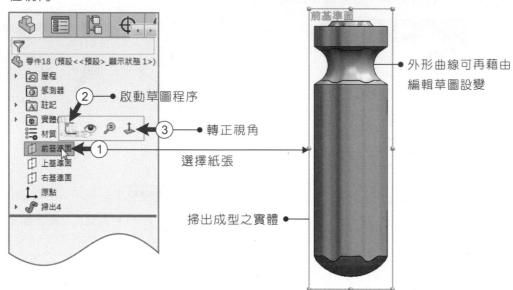

啟動草圖程序
轉正視角
選擇紙張
掃出成型之實體
前基準面
外形曲線可再藉由編輯草圖設變

STEP 14

使用【╱:直線工具】繪製螺絲「起子」的草圖輪廓,以【↧ 原點】為基準向上繪製如範例之圖元,且執行【◇:智慧型尺寸】針對線段做參數設定。本單元示範的是「十字型螺絲起子」,此類產品鑒於對應的螺絲與扭力等因素,需設定20度左右的斜度。

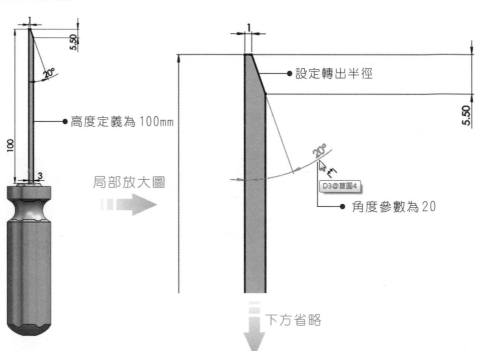

5.50
20°
高度定義為 100mm
100
3
局部放大圖
1
設定轉出半徑
5.50
20°
D3@草圖4
角度參數為 20
下方省略

STEP
15

執行【🍥：旋轉填料】指令並指定「垂直線」為迴轉的軸心，於「給定深度」與
「成型角度」欄位則維持360度全週成型的預設選項；而「合併結果」欄位則不
需啟用，以免前後成型的本體融合為一。

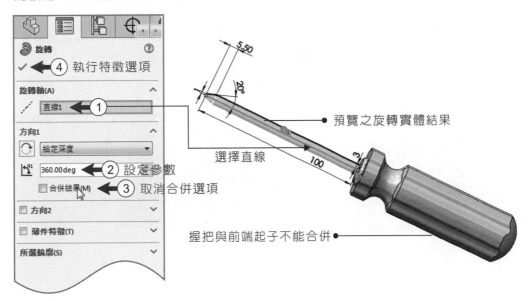

STEP
16

起子完成旋轉成型後，以【📄 前基準面】啟動【🟦 草圖】並【⬆ 正視於】對
位。現階段欲繪製起子的十字外型輪廓，選擇【🖊 中心線】與【🖊 直線工具】
，且依照下圖範例繪製出輪廓線段及設定相關參數。

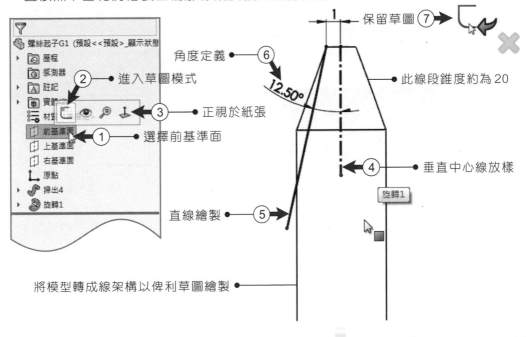

⬇ 下方省略

STEP
17

現階段欲在起子頭前端設定一個新的平面。點選【 📖 參考幾何】中的【 📄 基準面】指令,繼而選取上一步驟所繪製的直線與其前方端點,並且參酌下方功能視窗表中 ① — ③ 之項次指示。

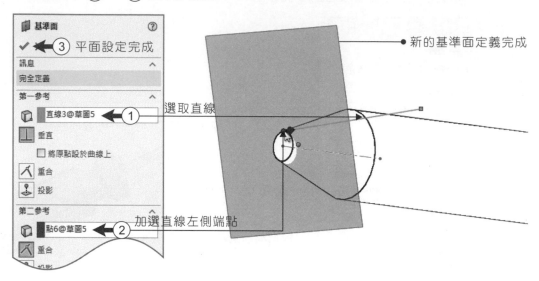

新的基準面定義完成

🞄 基準面 ⑦
✓ ← ③ 平面設定完成
訊息 ∧
完全定義
第一參考 ∧
📦 直線3@草圖5 ← ①   選取直線
🔲 垂直
☐ 將原點設於曲線上
📐 重合
⚖ 投影
第二參考 ∧
📦 點6@草圖5 ← ②   加選直線左側端點
📐 重合
投影

STEP
18

選擇上階段製作的平面並進入草圖繪製程序。使用【 ✏ 直線工具】、【 ◠ 三點定弧】以及【 ⟋ 中心線】描繪一個似「扇形」之封閉輪廓,繼而點選【 ◇ 智慧型尺寸】設定扇形的外張角度為135度。

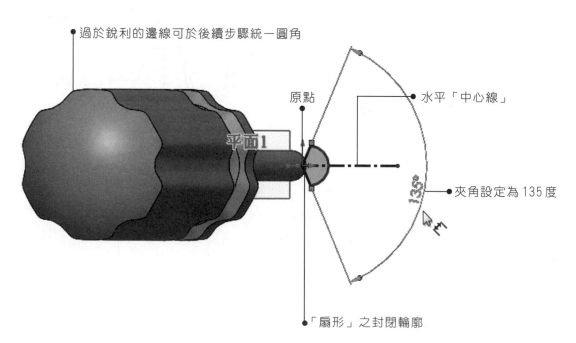

過於銳利的邊線可於後續步驟統一圓角

原點

水平「中心線」

平面1

135°

夾角設定為135度

「扇形」之封閉輪廓

STEP
19
待扇形的草圖輪廓繪製完成後，再點選【 🗐 伸長除料 】特徵進行除料程序。下方功能視窗中的方向選擇「完全貫穿」，而特徵加工範圍則設定「所選本體」，並指定旋轉成型的起子實體。

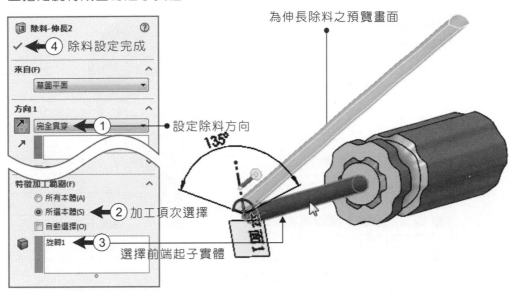

為伸長除料之預覽畫面

🗐 除料-伸長2

✓ ← ④ 除料設定完成

來自(F)
草圖平面

方向 1
完全貫穿 ← ① ● 設定除料方向

特徵加工範圍(F)
○ 所有本體(A)
◉ 所選本體(S) ← ② 加工項次選擇
☐ 自動選擇(O)
旋轉1 ← ③
選擇前端起子實體

STEP
20
在十字起子單向除料後，繼而是環狀陣列除料部份的步驟，以【 ⬚ 選取工具 】啟動介面上方的【 ◉ 隱藏 / 顯示 】，待下拉式選單出現後，再點選「檢視暫存軸」項次來顯示中心參考線。

檢視開啟檢視選項 ①

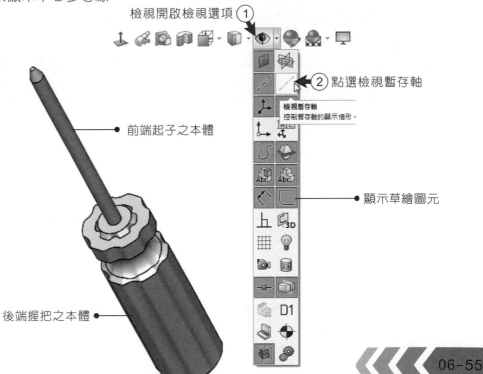

② 點選檢視暫存軸

檢視暫存軸
控制暫存軸的顯示情形。

前端起子之本體

顯示草繪圖元

後端握把之本體

STEP 21

顯示【✎ 中心線】後，執行【🔁 環狀複製排列】指令來陣列上階段除料的局部。設定旋轉參考項次為暫存基準軸，由於製作的是「十字型螺絲起子」，因此副本數量為 4；特徵和面則選擇步驟 19 的除料進程。

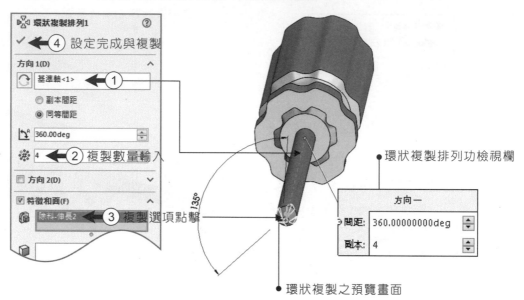

環狀複製排列功檢視欄

環狀複製之預覽畫面

STEP 22

待十字起子部份完成，下一階段即是握把實體分割的程序。點選【🔲：前基準面】啟動草圖。應用草圖工具中的【✎ 中心線】、【◎ 圓形工具】以及【◉ 直狹槽工具】描繪如下圖之輪廓線段；下方狹槽中點與上方圓心需與原點設定為「垂直限制」，並且標註其相關尺寸。

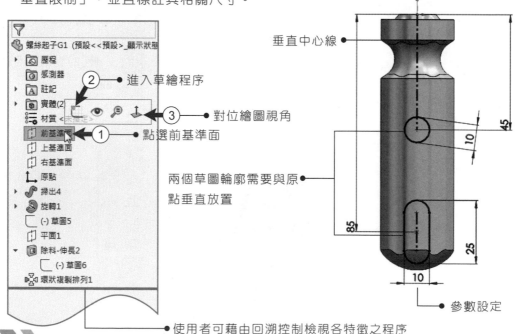

垂直中心線

兩個草圖輪廓需要與原點垂直放置

參數設定

使用者可藉由回溯控制檢視各特徵之程序

STEP
23

延續上階段未完成的草圖輪廓。點選【□ 中心矩形】連接上下兩個圖元，繼而選取【◠ 三點定弧】繪製如範例中之曲線，並以【正 強力修剪】刪除交疊的線段（完成後如右下圖例所示）。

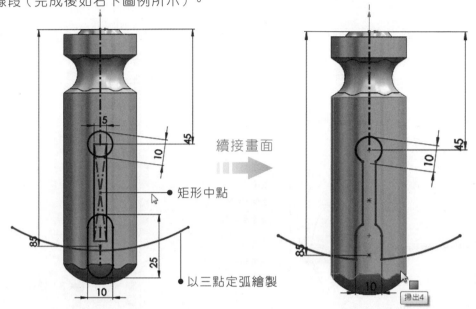

續接畫面

矩形中點

以三點定弧繪製

STEP
24

點選【◉ 圓形工具】與【◎ 直狹槽工具】，在下方例圖中對應之位置繪製（如 Ⓐ Ⓑ 兩草圖輪廓，中心點分別與外側草圖【人：重合／共點】）。繼而以【◇ 智慧型尺寸】標註相關參數：上方圓形草圖為直徑 6mm，下方直狹槽寬度為 5mm。再選擇【／ 直線工具】，在起子處繪製一條與【⊥ 原點】相距 87mm 的水平線段。

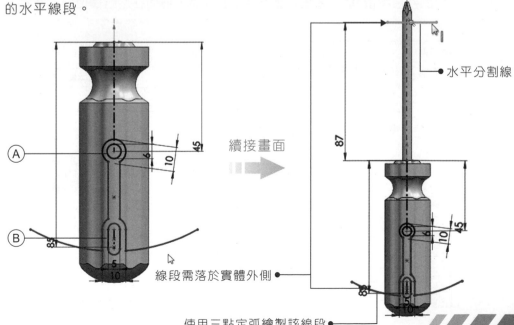

續接畫面

水平分割線

線段需落於實體外側

使用三點定弧繪製該線段

06-57

STEP 25

上階段所繪製的草圖輪廓為起子分割的邊界輪廓。物件的分割可以將零件中的實體拆解成多個本體,而每個本體都可視為單一零件檔案。分割指令啟動可以參照下方 ① ── ③ 的步驟。

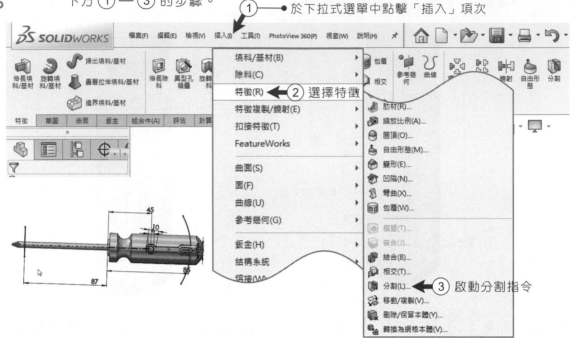

① ● 於下拉式選單中點擊「插入」項次

② 選擇特徵

③ 啟動分割指令

STEP 26

執行【 📄 分割 】指令,畫面會出現對應的功能視窗,修剪工具欄位點選特徵樹──草圖7(為步驟24所繪製之草圖)。這裡需要特別注意的是點選 ✂ 「剪刀」圖示(或下方的空白欄位)後,系統才會進入分割程序;繼而在下方欄位勾選需離合之實體即可。

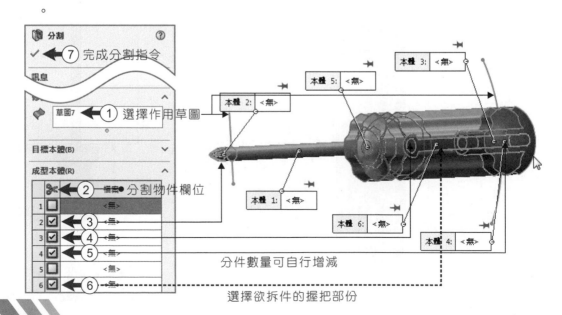

⑦ 完成分割指令

① 選擇作用草圖

② 分割物件欄位

分件數量可自行增減

選擇欲拆件的握把部份

STEP
27

螺絲起子建模程序已大致完成。最後階段同樣是進行模型的邊界修飾,【 🗔 圓角】特徵可令起子整體性更加精緻。執行步驟如下:點選握把處的分割物件,設定「圓角半徑」為 0.5,並啟用預覽模式再點選【 ✔ 確認】即可執行圓角程序。

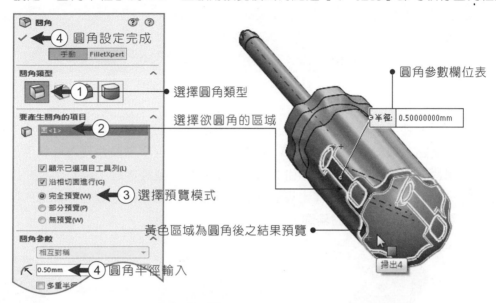

STEP
28

進入模型彩現程序:透過Solidworks之附加模組【 ● Photoview360 】編輯模型【 ● 外觀】與【 🎆:全景】;起子握把部份可以選擇透明塑膠,而起子頭部份則附貼金屬材質。下方為兩個螺絲起子之模型融合素色場景之渲染完成圖照。

螺絲起子彩現完成圖

6-5 蓮蓬頭模型建構

◎要點提醒　　本範例為綠色版參考教學檔--請使用雲端連結

本範例教學視訊檔案：SolidWorks/基礎&實務/CH06目錄下/6-5 蓮蓬頭.avi
本範例製作完成檔案：SolidWorks/基礎&實務/CH06目錄下/6-5 蓮蓬頭.SLDPRT

6-5 蓮蓬頭建模

蓮蓬頭是日常接觸頻率最高的衛浴用品之一，其握把適切的曲度成型與花灑孔的陣列是本單元練習之要點。關於握把輪廓【⬇ 疊層拉伸】的進程，需要由側向基準匯入參酌的【🖼 草圖圖片】，並藉由依附的導引曲線與連結的圖元型塑本體；再經【🌀 旋轉成型】、【📦 分割】等特徵功能建構出具體的蓮蓬頭模型。為避免外觀邊界銳邊的瑕疵，可藉由【📦 圓角】指令修飾實體輪廓。

建模進程：

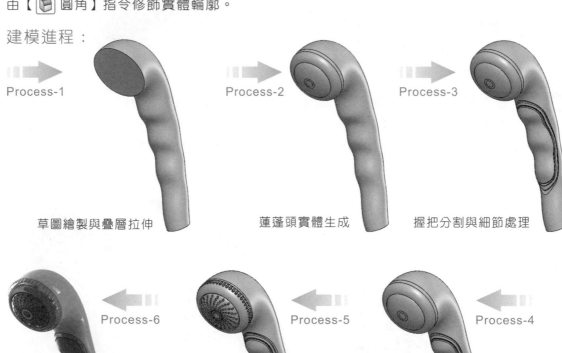

Process-1　草圖繪製與疊層拉伸
Process-2　蓮蓬頭實體生成
Process-3　握把分割與細節處理
Process-6　蓮蓬頭材質編輯與彩現
Process-5　花灑孔製作與邊界圓角
Process-4　水管接頭完成

蓮蓬頭實體生成的第一個階段為花灑前端之放樣，選擇【🔲 上基準面】並啟動草圖繪製程序，以【↧ 原點】為中心向外繪製一圓形輪廓，繼而選擇【◇ 智慧型尺寸】設定圓形直徑為75mm，並保留草圖。

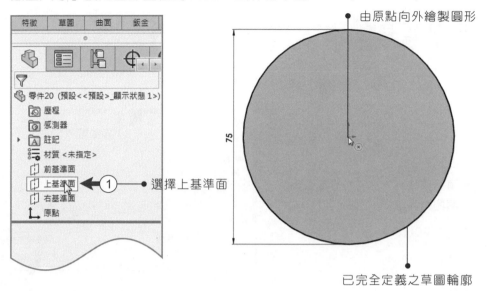

由原點向外繪製圓形

選擇上基準面

已完全定義之草圖輪廓

第二個步驟欲附貼底圖作為曲線延伸的參考邊界，以【🔲：右基準面】啟動草繪程序，並執行【↧ 正視於】指令對位視角，再用【✎ 中心線】繪製一條260mm的水平建構線（由原點左側向右延伸），且此條水平線需貫穿畫面中之【↧ 原點】。

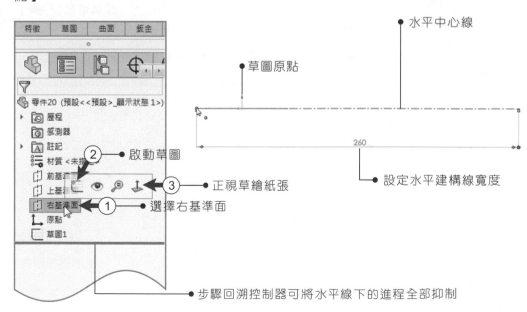

水平中心線

草圖原點

啟動草圖

正視草繪紙張

選擇右基準面

設定水平建構線寬度

步驟回溯控制器可將水平線下的進程全部抑制

STEP
03從介面上方的下拉式選單點擊「工具」，並執行「草圖工具」中的【🖼 草圖圖片】指令。在對話方塊中瀏覽圖片檔案並按下開啟，所選項次即被插入到編輯中的【📘 基準面】上。

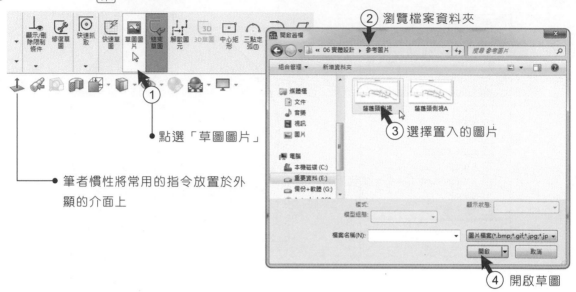

- ② 瀏覽檔案資料夾
- ③ 選擇置入的圖片
- ④ 開啟草圖
- 點選「草圖圖片」
- 筆者慣性將常用的指令放置於外顯的介面上

STEP
04圖片開啟後，讀者可在畫面中拖曳底圖的控制點來縮放比例，或依照下方步驟調整圖面尺寸；在長寬欄位中輸入想要的數值，建議要勾選「鎖住長寬比」，否則所置入的圖片容易變形；完成後選擇【✔ 確認】並保留草圖。

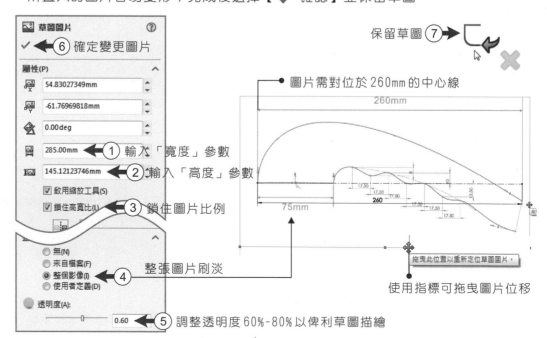

- ⑥ 確定變更圖片
- ① 輸入「寬度」參數
- ② 輸入「高度」參數
- ③ 鎖住圖片比例
- ④ 整張圖片刷淡
- ⑤ 調整透明度60%-80%以俾利草圖描繪
- ⑦ 保留草圖
- 圖片需對位於260mm的中心線
- 使用指標可拖曳圖片位移

STEP 05

點選【 ▣ 右基準面】進入草繪程序,並【 ⬆ 正視於】圖面視角。使用草圖工具中的【 ⟋⟍ 不規則曲線】指令,繪製如範例中之曲線(可參酌橘色與藍色線段之放樣)。

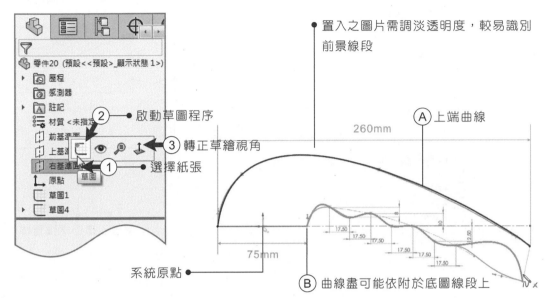

置入之圖片需調淡透明度,較易識別前景線段

② ← 啟動草圖程序

③ ← 轉正草繪視角

① ← 選擇紙張

系統原點 ●

(A) 上端曲線

260mm

(B) 曲線盡可能依附於底圖線段上

75mm

STEP 06

依附的曲線大致循邊描繪後,可利用「左鍵」點選【 ⬚ 選取工具】,特別針對錨點(不規則曲線節點兩側的藍色控制閥)進行曲度調整(如同「向量式」軟體的「貝茲線」),完成後保留此草圖。

保留草圖 ② ➤

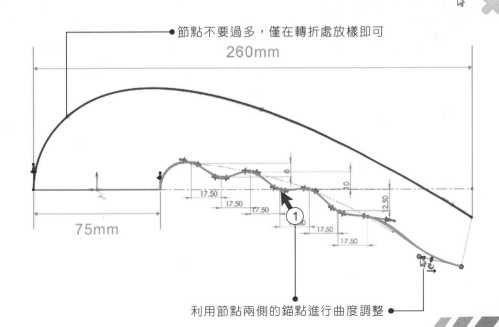

節點不要過多,僅在轉折處放樣即可

260mm

17.50
17.50
17.50
12.50
①
17.50
17.50

75mm

利用節點兩側的錨點進行曲度調整 ●

STEP
07

透過曲面延伸可迅速的生成基準平面。選擇【 ▣ 右基準面】並啟動【 ▦ 草圖】
，使用【 ╱ 直線工具】繪製兩條線段 Ⓐ ✛ Ⓑ（此線段即是草繪平面的放樣基
準）。

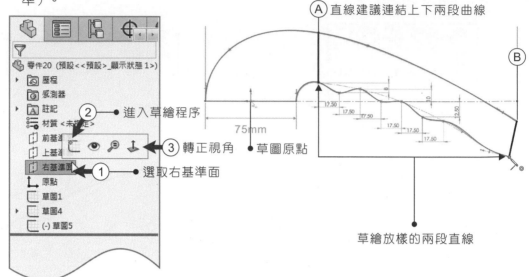

Ⓐ 直線建議連結上下兩段曲線

Ⓑ

② ● 進入草繪程序

③ 轉正視角 ● 草圖原點

① 選取右基準面

草繪放樣的兩段直線

75mm

STEP
08

延續上階段之草圖，並執行【 ▨ 伸長曲面】指令。使用者得參照功能視窗中的
①—⑤ 項次進行設定，曲面延伸距離不需刻意限制，只要便於選取與編輯即
可在Solidworks系統中繪製草圖。

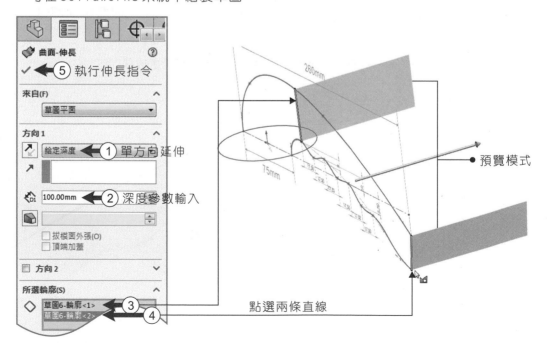

曲面-伸長   ②

✓ ⑤ 執行伸長指令

來自(F)   ∧

草圖平面   ▾

方向1   ∧

↗ 給定深度 ① 單方向延伸

↗

🗁Di 100.00mm ② 深度參數輸入   ● 預覽模式

▢

☐ 拔模面外張(O)
☐ 頂端加蓋

☐ 方向2   ⌄

所選輪廓(S)   ∧

◇ 草圖6-輪廓<1> ③
  草圖6-輪廓<2> ④   點選兩條直線

260mm

75mm

STEP
09

以「左鍵」點擊新建立的前側【📖 基準面】，待選取面呈現藍色形態時加選【🔲 草圖】進入草繪程序，使用者即可於紙面上繪製圖元（如果欲增加曲面數量，可在編輯草圖時設變）。

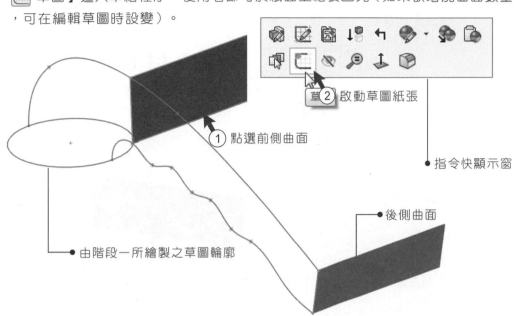

草 ② 啟動草圖紙張

① 點選前側曲面

指令快顯示窗

後側曲面

由階段一所繪製之草圖輪廓

STEP
10

待草圖啟動後選擇【⬆ 正視於】指令對位平面，繼而以【⊘ 橢圓形工具】繪製一個寬度50mm的草圖輪廓；其圓心需與【✚ 原點】設定為【│ 垂直放置】，最後再進行參數確認即可保留此階段草圖。

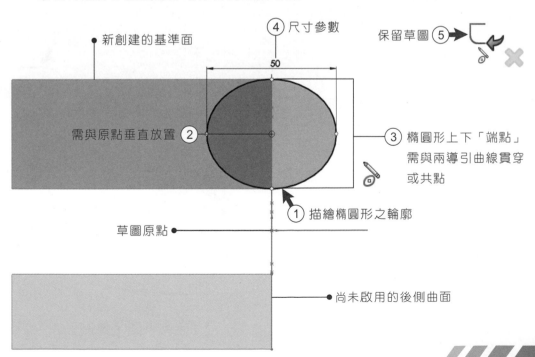

④ 尺寸參數

保留草圖 ⑤

新創建的基準面

50

需與原點垂直放置 ②

③ 橢圓形上下「端點」需與兩導引曲線貫穿或共點

① 描繪橢圓形之輪廓

草圖原點

尚未啟用的後側曲面

STEP
11
待上階段圖元完成後,以「左鍵」點選後側之【 📘 基準面】進入草繪程序。使用者可參酌下方圖例順序及文字進行階段性的草圖設定。關於蓮蓬頭的剖面,建議至少放樣前、中、後三個輪廓。

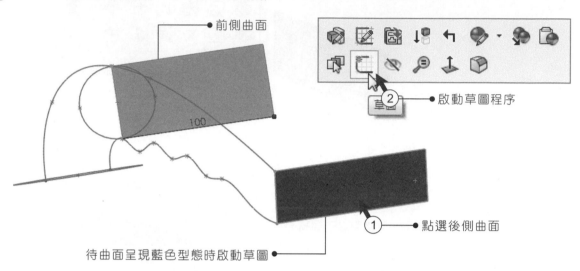

前側曲面

② ● 啟動草圖程序

① ● 點選後側曲面

待曲面呈現藍色型態時啟動草圖 ●

STEP
12
為俾利使用者繪製草圖,建議點選【 ⬆ 正視於】對位平面,繼而以【 ◎ 圓形工具】指令繪製一個迴圈;其圓心需與【 📐 原點】限制為垂直放置。而圓形的上下邊界需與兩條曲線設定為【 🐭 貫穿】限制。

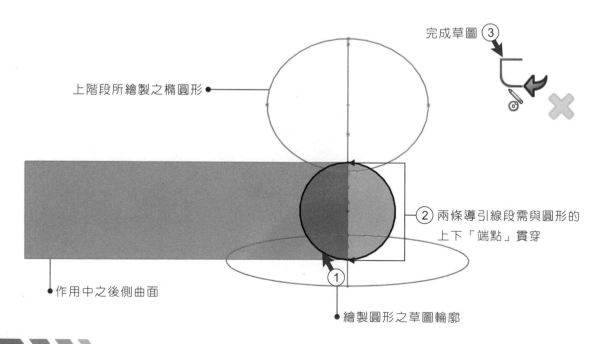

完成草圖 ③

上階段所繪製之橢圓形 ●

② 兩條導引線段需與圓形的上下「端點」貫穿

● 作用中之後側曲面

● 繪製圓形之草圖輪廓

STEP
13
草圖輪廓完備後即執行【 :疊層拉伸】特徵。現階段草圖之封閉輪廓為3個、導引曲線為2條。讀者可參酌拉伸功能視窗中的① —⑦步驟,並開啟顯示預覽,最後再點選【 ✔ 確認】即可執行指令。

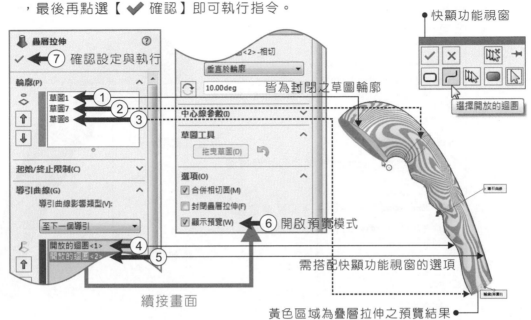

快顯功能視窗

選擇開放的迴圈

皆為封閉之草圖輪廓

⑦ 確認設定與執行

⑥ 開啟預覽模式

需搭配快顯功能視窗的選項

續接畫面

黃色區域為疊層拉伸之預覽結果

STEP
14
現階段蓮蓬頭的雛型大致已完成,繼而需著手輪廓細部的結構設計。首先,以【 ⊿ 選取工具】點選「花灑頭出水口的面」進行草圖繪製。

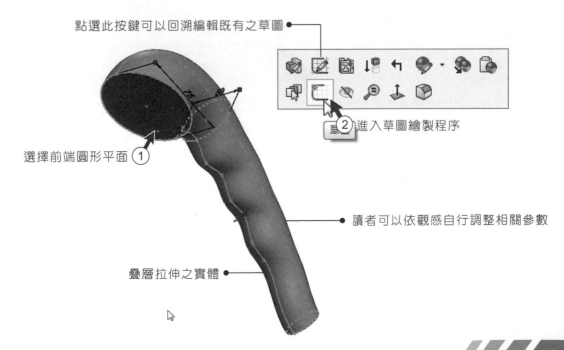

點選此按鍵可以回溯編輯既有之草圖

② 進入草圖繪製程序

選擇前端圓形平面①

讀者可以依觀感自行調整相關參數

疊層拉伸之實體

STEP
15

由上階段選取的「面」繪製「花灑頭」部份。其相關步驟如下：先點選蓮蓬頭的「面」，繼而執行【 參考圖元】指令複製所選取之輪廓，接續以【 伸長填料】向下延伸 15mm 之實體；而「合併結果」需取消啟用，才不會導致本體融合為一的概況。

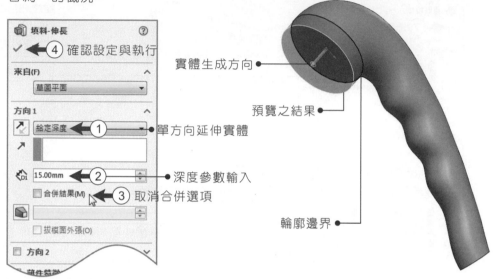

填料-伸長
(4) 確認設定與執行

來自(F)
草圖平面

方向1
給定深度 —(1)—— 單方向延伸實體

15.00mm —(2)—— 深度參數輸入
☐ 合併結果(M) —(3) 取消合併選項
☐ 拔模面外張(O)

☐ 方向2

實體生成方向
預覽之結果
輪廓邊界

STEP
16

使用【 右基準面】進行草圖繪製。以【 三點定弧】在手把處繪製 1 條弧線並設定 102mm 半徑與相關尺寸，繼而選擇【 偏移圖元】指令，向上偏移出約 4mm 之圓弧，待線段完全定義後進行本體分件之進程。

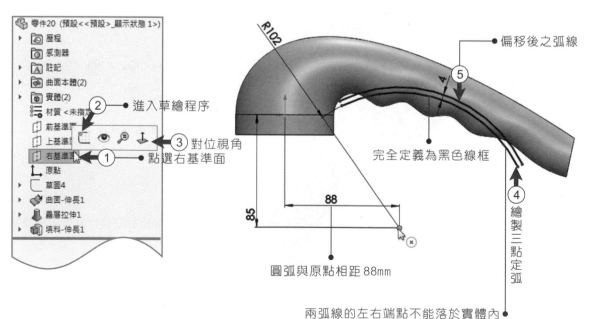

零件20 (預設<<預設>_顯示狀態 1>)
▶ 歷程
感測器
▶ A 註記
▶ 曲面本體(2)
▶ 實體(2)
—(2)—— 進入草繪程序
材質<未指定
前基準面
上基準面 —(3) 對位視角
右基準面 —(1)—— 點選右基準面
原點
草圖4
▶ 曲面-伸長1
▶ 疊層拉伸1
▶ 填料-伸長1

R102
偏移後之弧線
(5)
完全定義為黑色線框
(4) 繪製三點定弧
88
85
圓弧與原點相距 88mm
兩弧線的左右端點不能落於實體內

STEP
17

透過下拉式選單「插入 / 特徵」選項中的【🗐：分割】指令，將手把切割成三個本體。其「修剪工具」選擇上階段所繪製的草圖，使用者可透過游標的點擊將手把分割成多個元件，繼而點選【✔ 確認】以完成該指令。

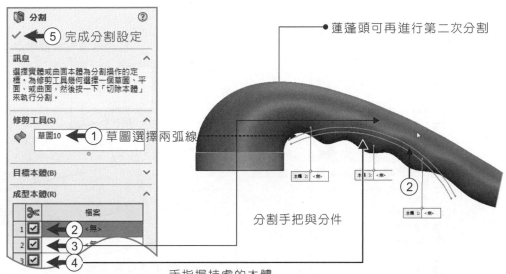

蓮蓬頭可再進行第二次分割

分割手把與分件

手指握持處的本體

STEP
18

以「左鍵」點擊【🗐 薄殼】特徵指令，選擇後端的面進行掏空與除料。使用者可參考下方功能視窗表的 ① — ④ 步驟進行加工。掏空面與殼厚設定得適性的調整與變更。

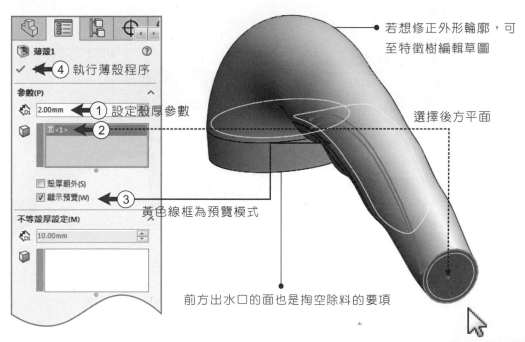

若想修正外形輪廓，可至特徵樹編輯草圖

選擇後方平面

黃色線框為預覽模式

前方出水口的面也是掏空除料的要項

STEP 19

同樣選擇【 ▤ 右基準面】繪製握把底端部份（可把實體轉成「線架構」模式以俾利檢視草圖繪製與對位）。使用【 ／ 直線工具】製作如下方範例之輪廓，端點需與【 ↡ 原點】產生對應的限制，繼而點選【 ◇ 智慧型尺寸】標示圖元各相關參數。

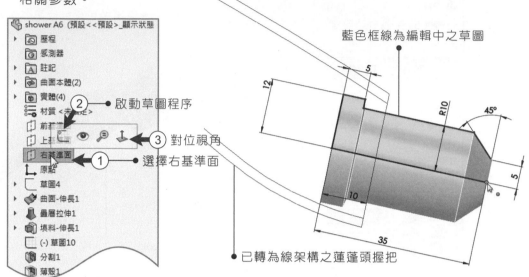

藍色框線為編輯中之草圖

啟動草圖程序
對位視角
選擇右基準面

shower A6 (預設<<預設>_顯示狀態
歷程
感測器
註記
曲面本體(2)
實體(4)
材質<未指定>
前基準面
上基準面
右基準面
原點
草圖4
曲面-伸長1
疊層拉伸1
填料-伸長1
(-) 草圖10
分割1
薄殼1

已轉為線架構之蓮蓬頭握把

STEP 20

待 2D 草圖輪廓完成，點選【 ⟳ 旋轉成型】工具製作實體。迴轉軸可選擇水平線段（直線 1），並進行 360 度全週角旋轉成型（預覽模式為下方黃色區域）；取消「合併選項」讓特徵生成獨立個體，因為加工製造時，兩者是由不同之項次進行組裝。

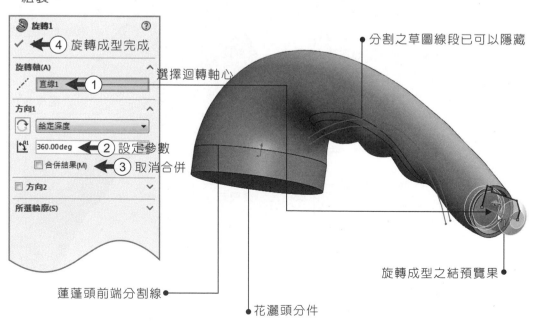

旋轉1
旋轉成型完成
旋轉軸(A)
直線1 — 選擇迴轉軸心
方向1
給定深度
360.00deg — 設定參數
合併結果(M) — 取消合併
方向2
所選輪廓(S)

分割之草圖線段已可以隱藏

蓮蓬頭前端分割線

花灑頭分件

旋轉成型之結預覽果

STEP
21
　續接製作蓮蓬頭後端的【⌯ 螺旋曲線】。點選上一步驟迴轉成型之後方平面進
行草圖繪製，待啟動【▦ 草圖工具】指令後，即可繪製圖元於該選擇之實體平
面。

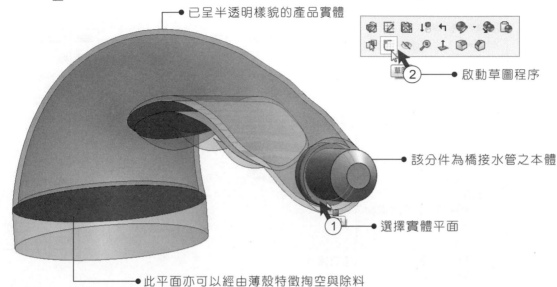

●已呈半透明樣貌的產品實體

② ● 啟動草圖程序

●該分件為橋接水管之本體

① ● 選擇實體平面

●此平面亦可以經由薄殼特徵掏空與除料

STEP
22
　延續上一階段之草圖，選擇【↧ 正視於】指令對位平面以進行圖元繪製。使用
滑鼠「左鍵」點選外圈輪廓（可參考左下圖橘色框線部份），繼而執行【▣：參
考圖元】複製此實體線段。

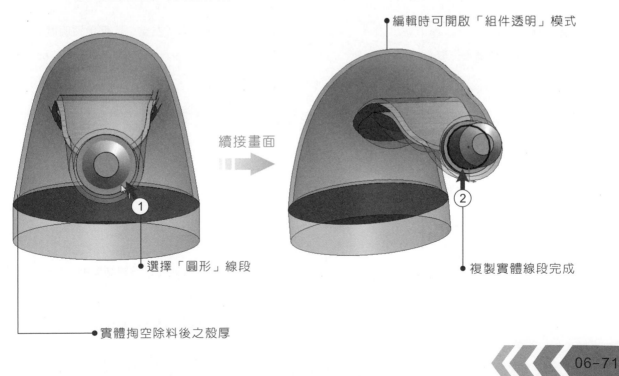

●編輯時可開啟「組件透明」模式

續接畫面

① ● 選擇「圓形」線段

② ● 複製實體線段完成

●實體掏空除料後之殼厚

STEP 23

由下拉式選單執行【♫ 曲線】中之【⊗ 螺旋曲線】。並將「固定螺距」之參數設定為 5mm，而旋轉的 5 圈線段則以順時針方向成型；其製作後之形態即如例圖預覽所示。

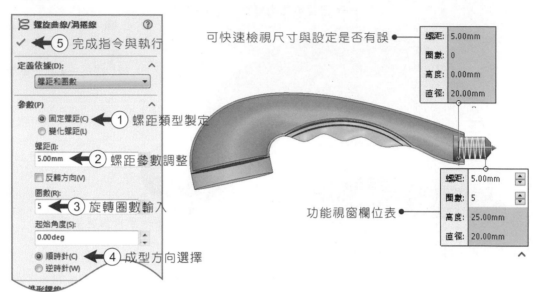

⊗ 螺旋曲線/渦捲線　　　⑦

✓　← ⑤ 完成指令與執行

定義依據(D):　　　　　∧
　螺距和圈數　　　　　▼

參數(P)　　　　　　　∧
　◉ 固定螺距(C)　← ① 螺距類型製定
　◯ 變化螺距(L)
　螺距(I):
　5.00mm　← ② 螺距參數調整
　☐ 反轉方向(V)
　圈數(R):
　5　← ③ 旋轉圈數輸入
　起始角度(S):
　0.00deg　　　　　▲▼
　◉ 順時針(C)　← ④ 成型方向選擇
　◯ 逆時針(W)
　錐形螺旋

可快速檢視尺寸與設定是否有誤 ●

螺距:	5.00mm
圈數:	0
高度:	0.00mm
直徑:	20.00mm

功能視窗欄位表 ●

螺距:	5.00mm
圈數:	5
高度:	25.00mm
直徑:	20.00mm

STEP 24

使用【🔖 選取工具】點擊【🔲 參考幾何】中的【🔲 基準面】，且在【⊗ 螺旋曲線】上製作一個垂直於線端節點的「草繪平面」。讀者可參考下方功能視窗表的參數進行設定。

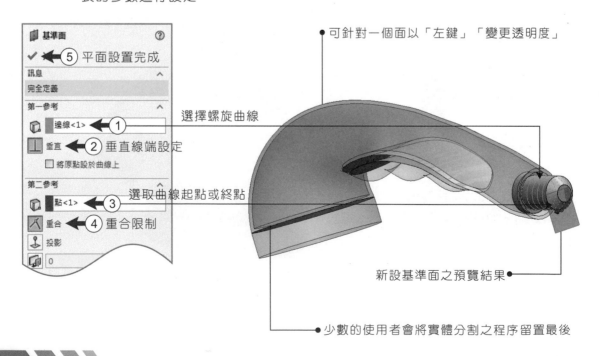

🔲 基準面　　　　　⑦

✓　← ⑤ 平面設置完成

訊息　　　　　　　∧
完全定義

第一參考　　　　　∧
📐 邊線<1>　← ① 選擇螺旋曲線
⊥ 垂直 ← ② 垂直線端設定
　☐ 將原點設於曲線上

第二參考　　　　　∧
📐 點<1>　← ③ 選取曲線起點或終點
⅄ 重合 ← ④ 重合限制
🔧 投影
🔲 0

● 可針對一個面以「左鍵」「變更透明度」

新設基準面之預覽結果 ●

● 少數的使用者會將實體分割之程序留置最後

STEP
25
讀者歷經多次草圖的繪製練習，相信對於圖元創建程序已不再陌生。現階段仍然選擇上階段所製作的【🔲：基準面】進入草繪環境，並經由【🔱：正視於】指令對位紙張。

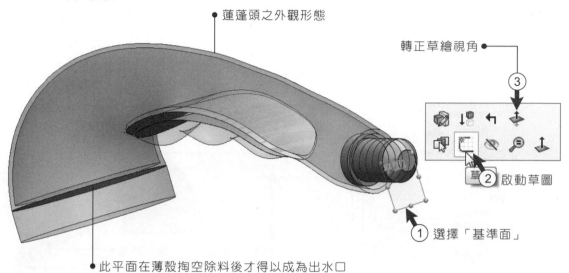

● 蓮蓬頭之外觀形態

轉正草繪視角 ●

③

② 啟動草圖

① 選擇「基準面」

● 此平面在薄殼掏空除料後才得以成為出水口

STEP
26
轉正草繪紙張後，以【／ 直線工具】繪製一個五邊形之草圖輪廓（亦可使用【⬡ 多邊形工具】建構一個六邊形後再剖對半）。其圖元中心點需與【⊥ 原點】設定為【☒ 重合/共點】或【☝ 貫穿】。

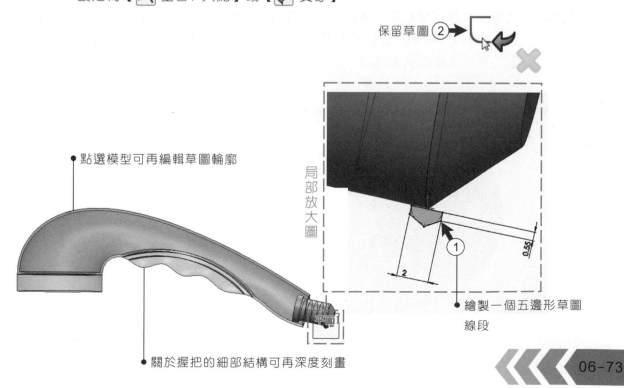

保留草圖 ②

● 點選模型可再編輯草圖輪廓

局部放大圖

① 繪製一個五邊形草圖線段

0.55

2

● 關於握把的細部結構可再深度刻畫

STEP
27

使用【🐛：掃出填料】進行特徵成型。執行步驟為：選擇「草圖輪廓」之五邊形
圖元；路徑則置入「螺旋曲線」；特徵加工範圍為「所選本體」——即旋轉成型
之實體，並點選「合併結果」融合指定之末段組件，至於其他參數則維持系統預
設即可。

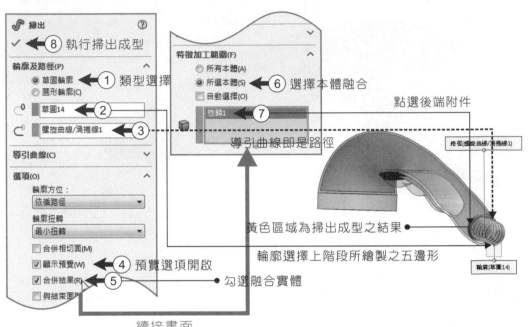

STEP
28

繪製完末端的螺紋後，繼而針對「花灑頭」後製加工。以滑鼠「左鍵」點選蓮蓬
頭上方的平面（為下方圖例之藍色區域），並執行快顯功能表中的【🖼 啟動草圖
】，即進入草圖繪製階段。

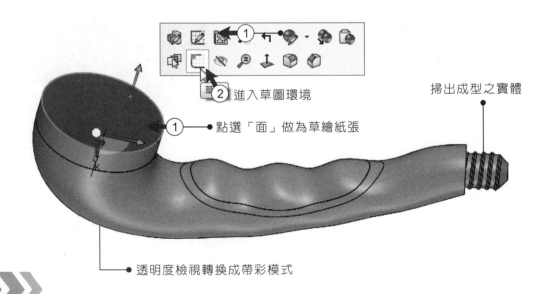

STEP
29
延續上一步驟之草圖。待選取面呈現藍色形態時點選【 偏移圖元】，且向內偏移 10mm 左右之線段。使用者可參考下方功能對話框之參數設定，完成後選擇【 ✔ 確認】執行指令。完整定義之圓形呈現黑色樣貌。

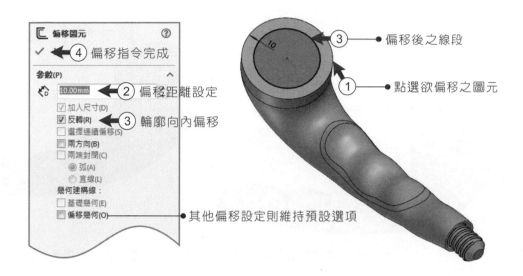

STEP
30
草圖輪廓定義後即選擇【 伸長除料】特徵進行除料進程。深度係數設定為 5mm，加工範圍同樣是設定為「所選本體」，且指定花灑之區塊；若未縝密的慎選相關參數，可能會發生除料結果不如預期之境況。

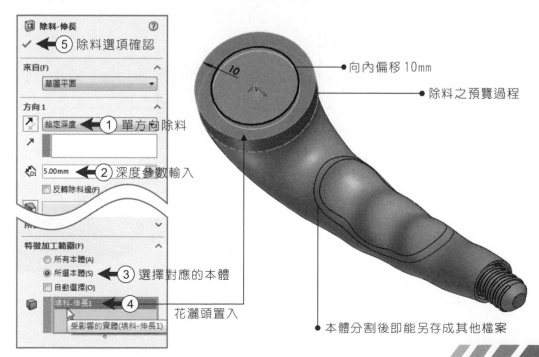

STEP
31

再次點選除料過後的平面並啟動【🔲 草圖】(以透視圖型態製作圖元),待選取面呈現藍色形態時(如左下圖例所示),進行【🔲 參考圖元】以複製圓形之封閉迴圈(執行後即如右下圖例之示意)。

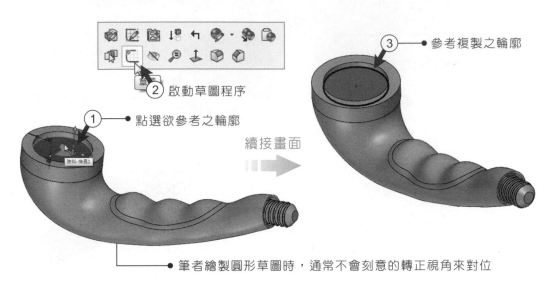

③ 參考複製之輪廓

② 啟動草圖程序

① 點選欲參考之輪廓

續接畫面

筆者繪製圓形草圖時,通常不會刻意的轉正視角來對位

STEP
32

延續上一階段之草圖並執行【🔳 伸長填料】指令,深度為向上延伸出 3.5mm 之實體。讀者可酌參下方 ①—④ 步驟設定相關選項。透過預覽模式檢視該模型生成之結果(如下圖黃色區域)。

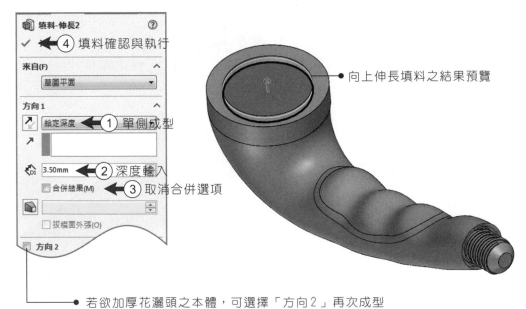

④ 填料確認與執行

來自(F)
草圖平面

方向1
① 單側成型
給定深度

② 深度輸入
3.50mm

③ 取消合併選項
□ 合併結果(M)

□ 拔模面外張(O)

□ 方向2

向上伸長填料之結果預覽

若欲加厚花灑頭之本體,可選擇「方向2」再次成型

STEP
33
以滑鼠「左鍵」點選上階段成型之實體，並經由下拉式選單「插入／特徵」中的
【 圓頂】①—⑤ 步驟執行後製加工。應用該指令得以同時在模型中產生一
或多個的弧面本體。

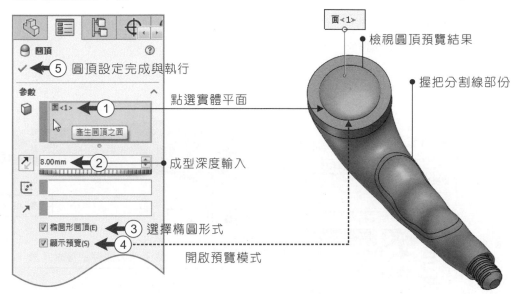

面<1>
檢視圓頂預覽結果
握把分割線部份

圓頂
⑤ 圓頂設定完成與執行
參數
面<1> ① 點選實體平面
產生圓頂之面
8.00mm ② 成型深度輸入
☑橢圓形圓頂(E) ③ 選擇橢圓形式
☑顯示預覽(S) ④
開啟預覽模式

STEP
34
待【 圓頂】特徵生成後，選擇外環之平面進行草圖繪製。使用【 角落矩形
】與【 圓形工具】，繪製一個四邊形與兩個同心圓在主體輪廓上（以【 原
點】作為圓心，並設定 12mm 與 15mm 之直徑）。

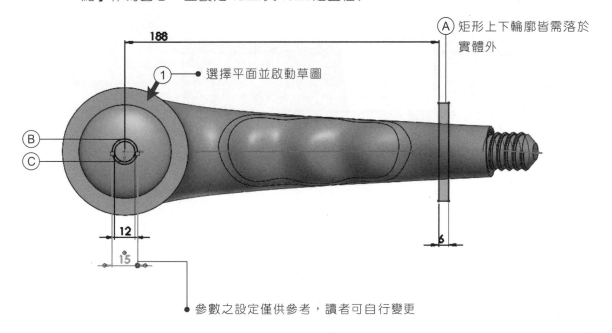

188

① 選擇平面並啟動草圖

Ⓐ 矩形上下輪廓皆需落於
實體外

Ⓑ
Ⓒ

12
15
6

參數之設定僅供參考，讀者可自行變更

STEP
35

延續上階段所繪製之草圖並進行【 🗐 分割】指令。蓮蓬頭「左側」分割成三個同心圓；而「右側」則離合成兩個零件。在「成型本體」欄位下方勾選欲成型之項目，待設定完備後按下【 ✔ 確認】即執行實體分割之程序。

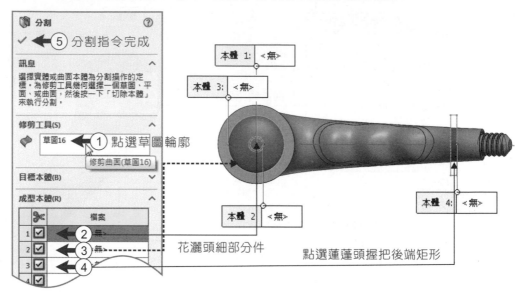

🗐 分割
✔ ←⑤ 分割指令完成

訊息
選擇實體或曲面本體為分割操作的定標，為修剪工具幾何選擇一個草圖、平面、或曲面，然後按一下「切除本體」來執行分割。

修剪工具(S)
◆ 草圖16 ←① 點選草圖輪廓
修剪曲面(草圖16)

目標本體(B)

成型本體(R)

✂	檔案
1 ☑	←② <無>
2 ☑	←③ <無>
3 ☑	←④
4 ☑	

本體 1: <無>
本體 3: <無>
本體 2 <無>
本體 4: <無>

花灑頭細部分件
點選蓮蓬頭握把後端矩形

STEP
36

選擇【 📄 :上基準面】進入草繪環境。使用【 ◠ :三點定弧】由「原點」向右延伸弧線並連結至外圓，且將線段轉為【 ⇄ 幾何建構線】。再點選【 ◎ 圓形工具】沿曲線繪製 5-6 個圓形，最後才進行相關尺寸設定（係數設定請讀者適性參考即可）。

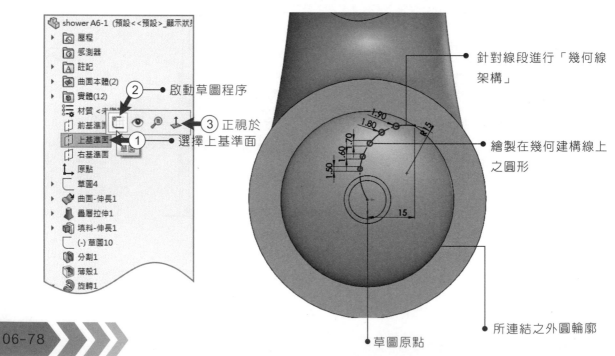

針對線段進行「幾何線架構」
繪製在幾何建構線上之圓形
所連結之外圓輪廓
草圖原點
② 啟動草圖程序
③ 正視於
① 選擇上基準面

STEP
37
接續上一步驟之未完草圖。點擊 Ctrl ＋「左鍵」重複加選五個圓形輪廓，繼而進行【 環狀複製排列 】指令。Solidworks預設之中心點為【 原點 】，並定義360度同等間距複製，且副本參數設定為20個。

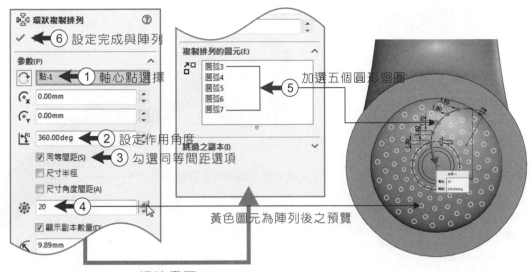

續接畫面

STEP
38
啟動【 伸長除料 】之特徵加工程序。方向選擇「完全貫穿」模式，且特徵加工範圍需改為「所選本體」，並點選圓頂之項次。建議使用者打開預覽模式來檢視成型之實體結果。

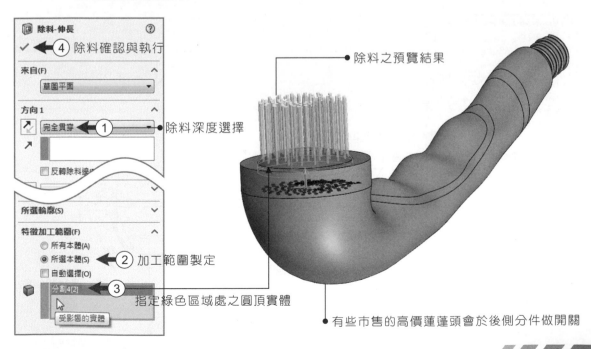

06-79

STEP
39

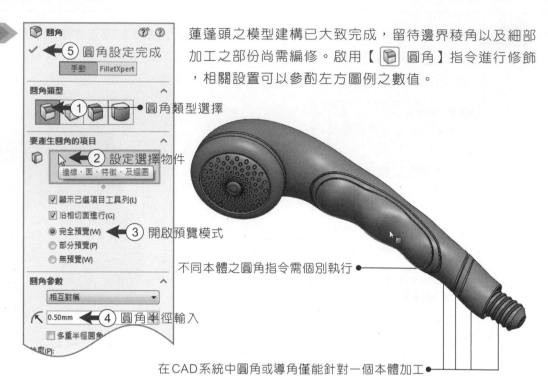

圓角

✓ ⑤ 圓角設定完成

手動　FilletXpert

圓角類型　　　　　　∧

① ●圓角類型選擇

要產生圓角的項目　　∧

② 設定選擇物件

邊線、面、特徵、及迴圈

☑ 顯示已選項目工具列(L)
☑ 沿相切面進行(G)
◉ 完全預覽(W) ◄ ③ 開啟預覽模式
○ 部分預覽(P)
○ 無預覽(W)

圓角參數　　　　　　∧

相互對稱　　　　　▼

⎰ 0.50mm ◄ ④ 圓角半徑輸入

□ 多重半徑圓角

偏移(P):

蓮蓬頭之模型建構已大致完成，留待邊界稜角以及細部加工之部份尚需編修。啟用【 🖻 圓角】指令進行修飾，相關設置可以參酌左方圖例之數值。

不同本體之圓角指令需個別執行 ●

在CAD系統中圓角或導角僅能針對一個本體加工 ●

STEP
40

為使繪圖過程中清楚看到實體輪廓，使用者可轉成「線架構」模式來對位與編輯。點選【 🔲 右基準面】進入草圖環境，並藉由【 ╱ 直線工具】與【 ◠ 三點定弧】描繪出一個如下側圖例之線段。

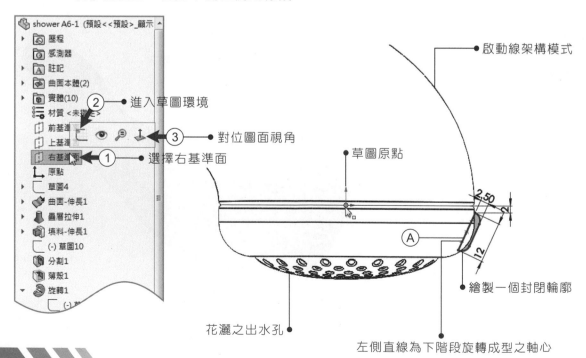

shower A6-1 (預設<<預設>_顯示 ▲

▸ 🕒 歷程
　 📷 感測器
▸ 🅰 註記
▸ 📄 曲面本體(2)
▸ 📄 實體(10) ② ●進入草圖環境
　 材質 <未選定>
　 🔲 前基準 🔲 👁 🔍 ↥ ③ ●對位圖面視角
　 🔲 上基準
　 🔲 右基準面 ◄ ① ●選擇右基準面
　 ⌐ 原點
▸ ⌐ 草圖4
▸ 🔶 曲面-伸長1
▸ 🔷 疊層拉伸1
▸ 🔶 填料-伸長1
　 ⌐ (-) 草圖10
　 🔷 分割1
　 🔷 薄殼1
▾ 🔷 旋轉1
　 ⌐ (-) 草

● 啟動線架構模式

● 草圖原點

2.50
2
12
Ⓐ

● 繪製一個封閉輪廓

花灑之出水孔 ●

左側直線為下階段旋轉成型之軸心

STEP
41 　接續上階段之草圖，並執行特徵中的【🌀 旋轉成型】指令。讀者可酌參功能
　　視窗中設定的數值及選項；而「合併結果」項目則點選花灑頭外側之實體。

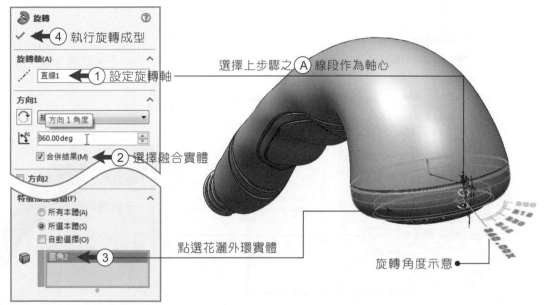

④ 執行旋轉成型

旋轉軸(A)
　直線1　①設定旋轉軸　　　　　選擇上步驟之 Ⓐ 線段作為軸心

方向1
　　方向1角度
　360.00deg
　☑ 合併結果(M)　②選擇融合實體

☐ 方向2

特徵加工範圍(F)
　○ 所有本體(A)
　● 所選本體(S)
　☐ 自動選擇(O)
　　圓角2　③　　　　　　點選花灑外環實體

旋轉角度示意

STEP
42 　前面章節中已講述過啟用「暫存軸」之程序。同樣點選下拉式選單的【👁 顯示
　　/隱藏】並打開「檢視暫存軸」，讓隱藏的中心基準外顯，以俾利後續之進程執
　　行。

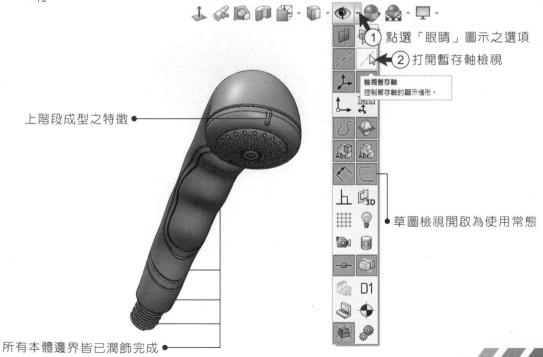

①點選「眼睛」圖示之選項

②打開暫存軸檢視

檢視暫存軸
控制暫存軸的顯示情形。

上階段成型之特徵

草圖檢視開啟為使用常態

所有本體邊界皆已潤飾完成

STEP
43

最後執行【 🖽 環狀複製排列】指令，以完成蓮蓬頭之模型建構。參考軸心點選
上一步驟所開啟的「暫存軸」；且指令輸入可酌參 ① — ⑧ 等步驟進行設定，
繼而選擇【 ✔ 確認】啟用特徵排列複製。

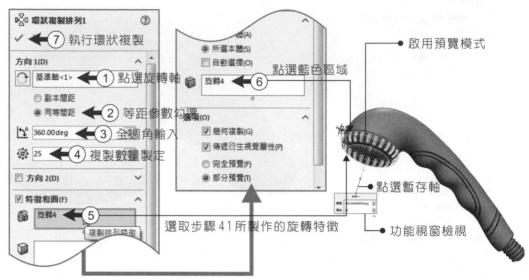

環狀複製排列1

✔ ← ⑦ 執行環狀複製

方向 1(D)
🔄 基準軸<1> ← ① 點選旋轉軸
◎ 副本間距
◉ 同等間距 ← ② 等距參數勾選
📐 360.00deg ← ③ 全週角輸入
❄ 25 ← ④ 複製數量製定

☐ **方向 2(D)**

☑ **特徵和面(F)**
🔩 旋轉4 ← ⑤
　　　複製排列特徵

選取步驟41所製作的旋轉特徵

　　　(A)
◉ 所選本體(S)
☐ 自動選擇(O)
🔲 旋轉4 ← ⑥　點選藍色區域

　　(O)
☑ 幾何複製(G)
☑ 傳遞衍生視覺屬性(P)
◎ 完全預覽(F)
◉ 部分預覽(T)

● 啟用預覽模式
● 點選暫存軸
● 功能視窗檢視

續接畫面

STEP
44

進入模型彩現程序：透過Solidworks的附加模組【 ⬤ Photoview360】編輯模
型【 🖌:外觀】與【 🖼:全景】。下方為兩個蓮蓬頭模型融合素色場景之渲染完
成圖照。

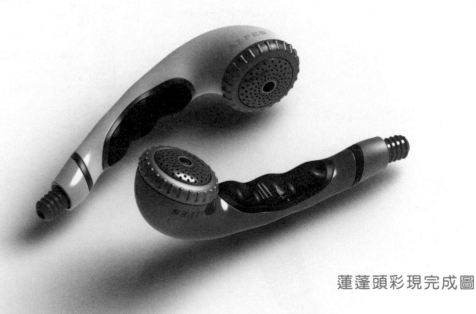

蓮蓬頭彩現完成圖

6-6 重點習題（題解請參考附檔）

6-6.1 水晶門把

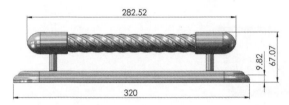

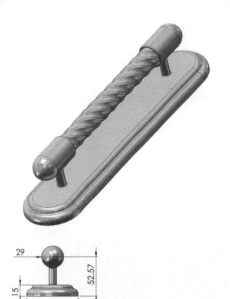

◎練習要點：實體高度67mm；圓角半徑自訂
扭轉角度600度；薄殼厚度2mm

6-6.2 花朵造型榨汁器

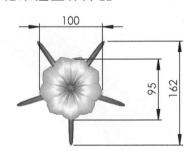

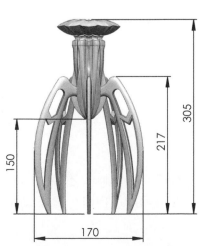

◎練習要點：實體高度305mm；寬度170mm
腳架數量5；圓角與造型自訂

6-6.3 浴缸

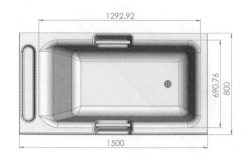

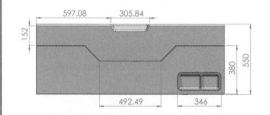

◎練習要點：實體高度 550mm；長度 1500mm
導角與圓角自訂；薄殼厚度 5mm

6-6.4 蓮蓬頭

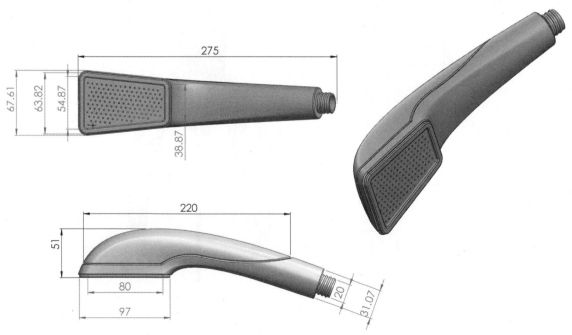

◎練習要點：實體高度 51mm；長度 275mm
花灑頭開口自訂；薄殼厚度 1.5mm

SOLIDWORKS

曲面應用
Surface application

07

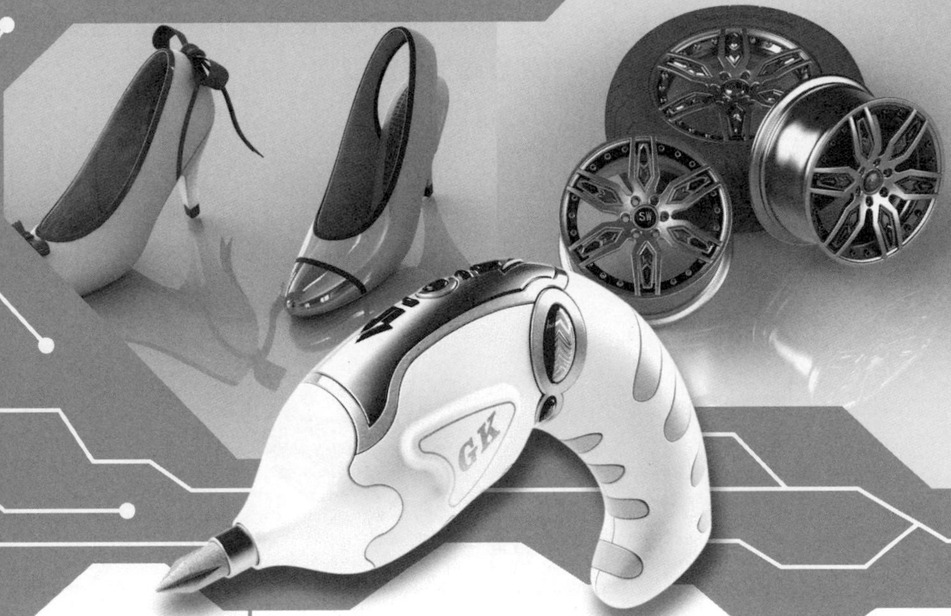

章節學習重點

草圖繪製與完全定義

實體特徵構成

曲面應用成型

匯入草圖圖片與描繪

多本體設計

7-1 滑鼠模型建構

⊙要點提醒　　本範例為綠色版參考教學檔－－請使用雲端連結

本範例教學視訊檔案：SolidWorks/基礎&實務/CH07目錄下/7-1 滑鼠建模.avi
本範例製作完成檔案：SolidWorks/基礎&實務/CH07目錄下/7-1 滑鼠建模.SLDPRT

7-1 滑鼠模型建構

滑鼠模型建構是曲面練習常見的一個課題。讀者可於書籍或網路影片蒐羅到繁多以SW或其它CAD繪製滑鼠外觀的教材；而範例中所提及的多是以【🔲 曲面縫織】與【🔷 修剪曲面】來構築滑鼠的輪廓。本單元想做的是有別於前述的建模進程，筆者主要經由實體特徵生成實體，僅藉由【⬇️：曲面疊層拉伸】切削出上殼的弧度。關於用實體佐以曲面建構滑鼠外觀之進程，概可分為下列幾個主要階段：

建模進程：

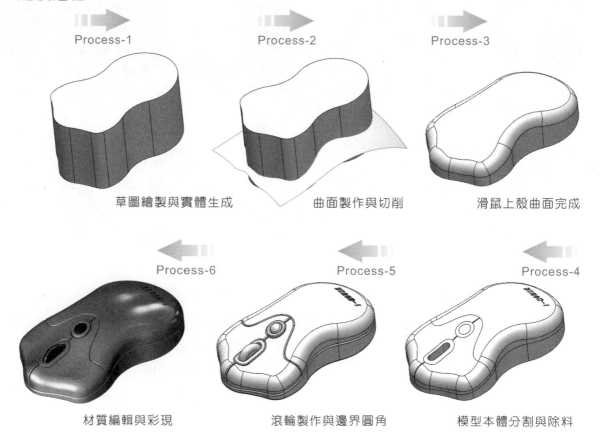

Process-1　　　　　　Process-2　　　　　　Process-3

草圖繪製與實體生成　　　曲面製作與切削　　　滑鼠上殼曲面完成

Process-6　　　　　　Process-5　　　　　　Process-4

材質編輯與彩現　　　滾輪製作與邊界圓角　　　模型本體分割與除料

STEP 01 關於滑鼠實體的生成，一開始先以【📄：上基準面】啟動草圖繪製程序。繼而點選【／中心線】指令放樣對應之路徑：分別為2條垂直軸與1條水平中心線，並透過【◇ 智慧型尺寸】設定三條參考線為100mm與30mm的參數值。

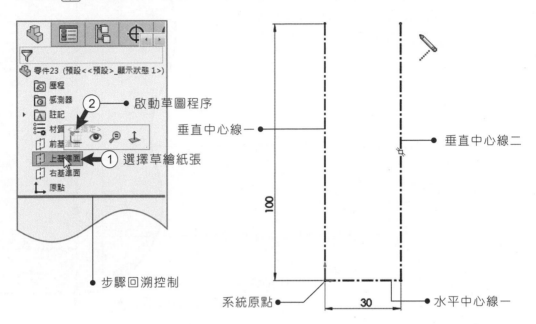

STEP 02 接續上階段之步驟。點選【⌓ 三點定弧】或【〰 不規則曲線】在垂直中心線右側（第一象限）繪製Ⓐ—Ⓓ 四條弧線，並透過【◇ 智慧型尺寸】設定各弧線與參考軸間的距離；接著再以【▸|◂ 鏡射圖元】複製此群集線段至第二象限。

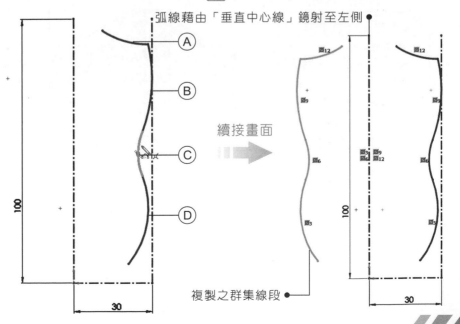

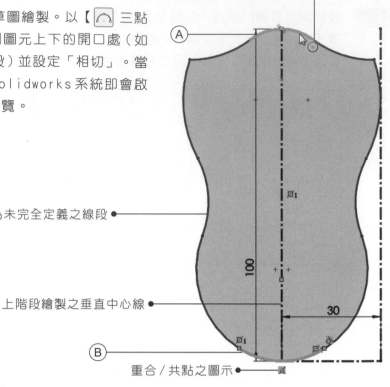

弧線交接處宜設定為相切

STEP
03

延續步驟 02 的草圖繪製。以【　三點定弧】連接右側圖元上下的開口處（如 Ⓐ 與 Ⓑ 兩線段）並設定「相切」。當輪廓封閉後，Solidworks 系統即會啟動實體生成之預覽。

藍色框線為未完全定義之線段

上階段繪製之垂直中心線

重合／共點之圖示

STEP
04

「相切」指令設定後，針對兩「角點」進行【　：草圖圓角】之程序，並設定圓角參數為 10mm，滑鼠的形態並不一定得參照圖例（讀者可適性參酌數值並自行微調）。

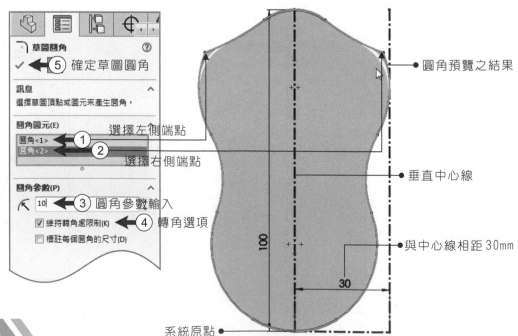

草圖圓角
⑤ 確定草圖圓角

訊息
選擇草圖頂點或圖元來產生圓角。

圓角圖元(E)
圓角<1>　①
圓角<2>　②
　　　　　　選擇左側端點
　　　　　　選擇右側端點

圓角參數(P)
10　③ 圓角參數輸入
☑ 維持轉角處限制(K)　④ 轉角選項
☐ 標註每個圓角的尺寸(D)

圓角預覽之結果

垂直中心線

與中心線相距 30mm

系統原點

STEP
05

待 2D 草圖完備即開始進行 3D 立體塑型指令。選擇【🗐 伸長填料】之特徵選項，伸長深度定義為 50mm，使用者可開啟預覽模式以檢視成型之結果，參數設定後點選【✔ 確認】即生成實體。

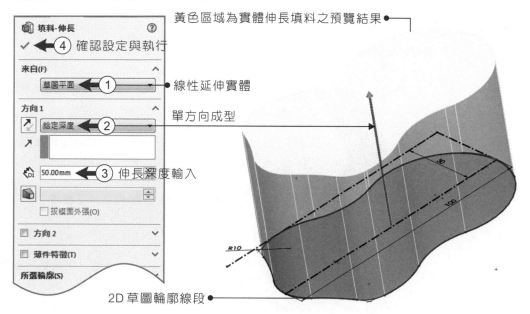

STEP
06

藉由【🗐：前基準面】偏移上中下三張平面，分別為滑鼠前端、滑鼠中節以及末段。讀者可參考下方功能對話框 ① — ⑤ 步驟設定之係數，完成後點擊【✔ 確認】以執行特徵（下圖以滑鼠前端基準面作示範）。

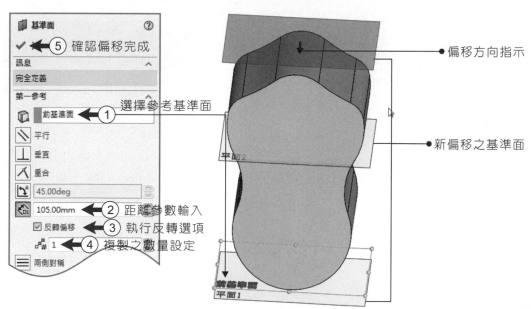

STEP
07

完成3次的基準面偏移後。以「左鍵」點選滑鼠前端平面,待紙張呈現藍色形態時啟動【▦ 草圖】並進入繪製程序。使用者可參酌下方圖例的順序及說明進行設定。

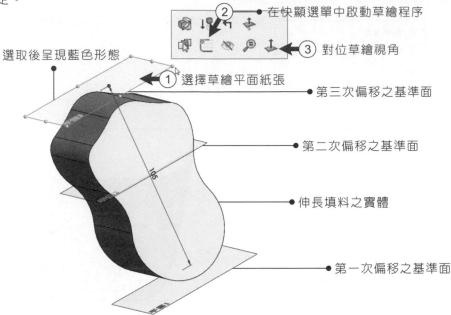

② 在快顯選單中啟動草繪程序

③ 對位草繪視角

選取後呈現藍色形態

① 選擇草繪平面紙張

第三次偏移之基準面

第二次偏移之基準面

伸長填料之實體

第一次偏移之基準面

STEP
08

製作【╱ 中心線】垂直於【⊥ 原點】,續接再點選【∿:不規則曲線】繪製一水平線段(使用者需注意的是:下方圖例中水平線看似直線,但其實是使用「不規則曲線」所描繪);繼而以【▯◁ 鏡射圖元】複製曲線於垂直參考線左側。

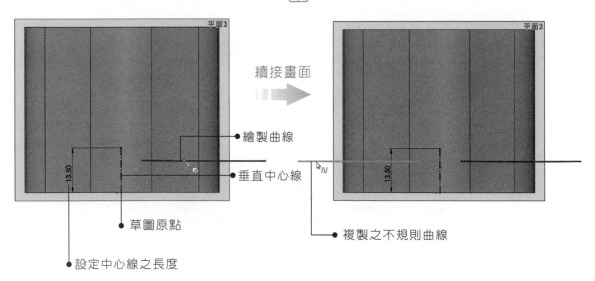

續接畫面

繪製曲線

垂直中心線

草圖原點

設定中心線之長度

複製之不規則曲線

STEP 09

延續上一階段，以【 $\bigwedge$ 不規則曲線】橋接兩線段之開口處（如下方橘色線段），Solidworks系統會自主性【 $\bigwedge$ 重合／共點】連接點，繪製完成後即與下方圖例相仿。

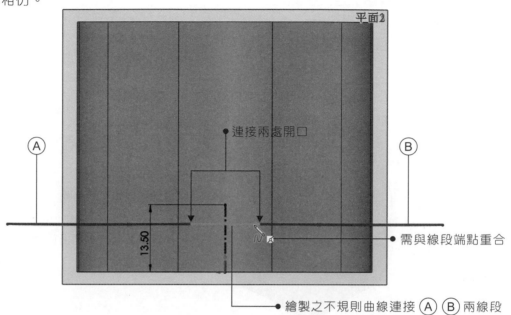

平面2

連接兩處開口

需與線段端點重合

13.50

繪製之不規則曲線連接 Ⓐ Ⓑ 兩線段

STEP 10

承繼步驟09的草圖繪製。建議讀者可先將實體轉換成「線架構」模式，以俾利檢視草圖與對位。使用【 $\searrow$ 選取工具】應用【 $\bigwedge$ 不規則曲線】做錨點控制，並以【 $\diamondsuit$ 智慧型尺寸】設定相關參數後，即可以保留草圖。

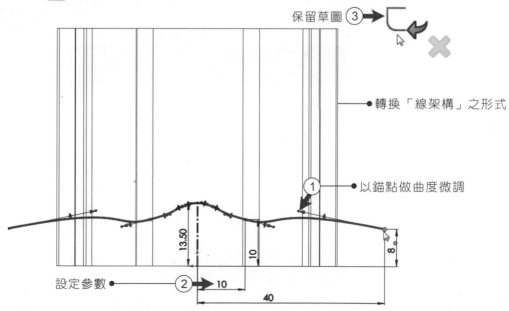

保留草圖 ③

轉換「線架構」之形式

① 以錨點做曲度微調

13.50

10

8

設定參數 ② 10

40

STEP 11

待前端基準面輪廓描繪完整後,下一階段即是中段平面草圖繪製之程序。使用【 ➤ 選取工具】選擇滑鼠中段之【 ▣:基準面】,繼而再執行快顯功能表中的【 ▦ 啟動草圖】進入草繪階段。

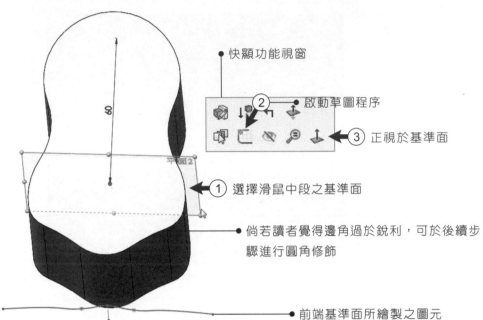

● 快顯功能視窗

② ● 啟動草圖程序

③ 正視於基準面

① 選擇滑鼠中段之基準面

● 倘若讀者覺得邊角過於銳利,可於後續步驟進行圓角修飾

● 前端基準面所繪製之圖元

STEP 12

待草圖基準面轉正後並開始繪製。透過【 ∕ 中心線】及【 ⌒ 三點定弧】描繪圖元(弧線上端需與垂直參考軸設定為「置於線段中點」;接續再以【 ◇ 智慧型尺寸】輸入參數值。

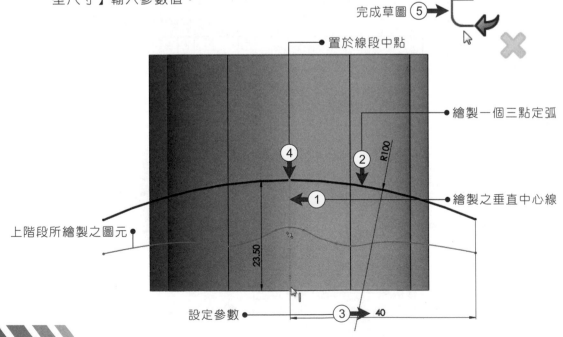

完成草圖 ⑤

● 置於線段中點

● 繪製一個三點定弧

● 繪製之垂直中心線

上階段所繪製之圖元 ●

設定參數 ●

STEP
13

參考步驟 11。以【 ↘ 選取工具】點擊特徵樹中所繪製之【 ▣ 基準面】——滑鼠尾端之平面,並且啟動【 ▦ 草圖】程序。建議使用者執行【 ↥ 正視於】指令轉正草繪紙張,以俾利作圖與對位之進程。

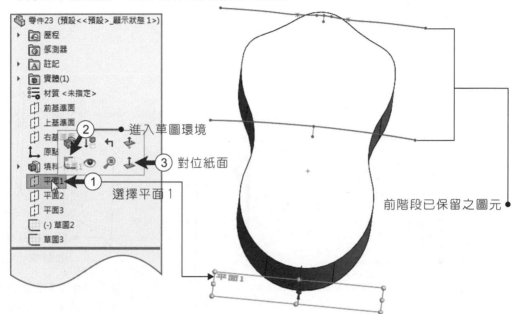

進入草圖環境
② 對位紙面
③
選擇平面 1 ①
前階段已保留之圖元

STEP
14

轉正視角後繪製如步驟 12 之草圖。再次點選【 ╱ 中心線】與【 ◠ 三點定弧】製作如圖例之輪廓,再依序設定其相關參數。(讀者可依繪圖概況自行轉換模型之檢視型態)。

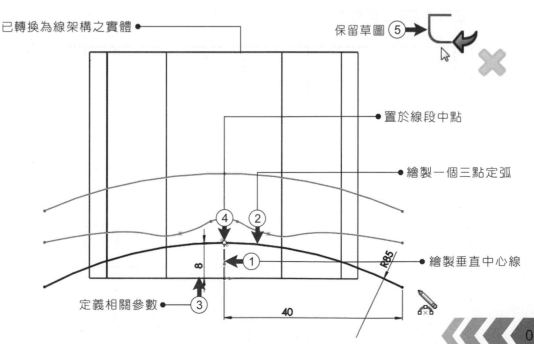

已轉換為線架構之實體
保留草圖 ⑤
置於線段中點
繪製一個三點定弧
繪製垂直中心線
定義相關參數 ③
8
R85
40

STEP 15

現階段欲建立備用的【🖊 導引曲線】。選擇一個可將所繪製的三個草圖串接起來的平面，建議點選系統中內見的【▣ 右基準面】（系統中共有三個基準面可供選擇）啟動【▦ 草圖】並開始繪製。

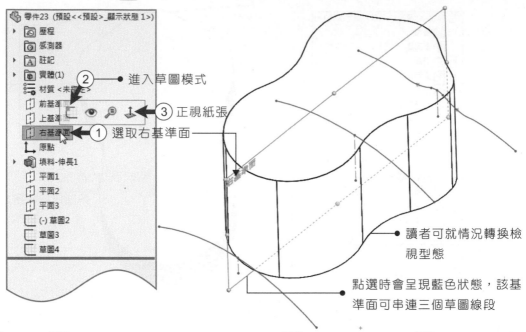

STEP 16

於【▣:右基準面】啟動草圖後，使用【◠ 三點定弧】或【〜 不規則曲線】建構導引曲線，繪製時依序放置三個點（如 Ⓐ — Ⓒ 的位置）。於此需特別注意：該弧線不能與上階段所繪製之弧線【人:重合/共點】，因系統判讀之定義與使用者需求可能有所迴異。

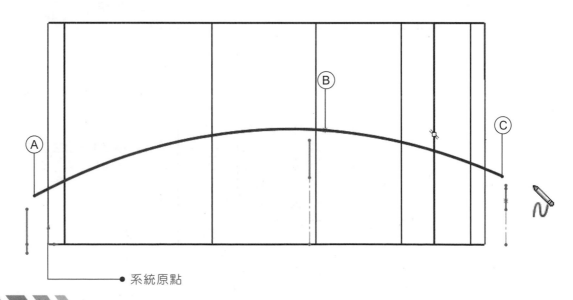

STEP
17
繪製導引線後需定義與其三個草圖的關聯性。首先選擇前方端點並按 Ctrl 加選前端之弧線，繼而再點擊【 🖰 貫穿】限制（中間與後方圖元也依照此程序執行，並以此類推），可參酌下方視窗中的 ① — ⑨ 步驟進行設定。

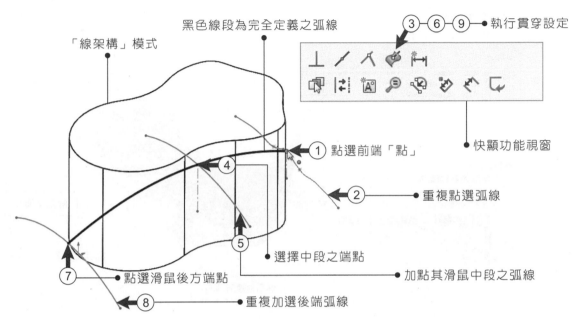

「線架構」模式
黑色線段為完全定義之弧線
③ ⑥ ⑨ ● 執行貫穿設定
① 點選前端「點」
② 重複點選弧線
快顯功能視窗
④
⑤ 選擇中段之端點
加點其滑鼠中段之弧線
⑦ 點選滑鼠後方端點
⑧ 重複加選後端弧線

STEP
18
貫穿定義完成即將視角轉為側向。利用「錨點」來調整弧線之曲度（節點兩側之控制閥均能設變曲度），調整後按下【 ✔ 確認】以保留草圖（若讀者後續想再次變更線段，可至左側特徵樹中進行編輯）。

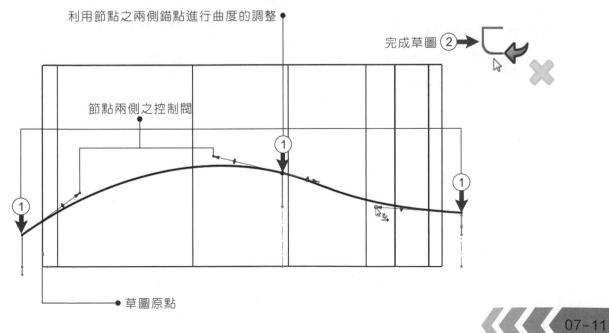

利用節點之兩側錨點進行曲度的調整
完成草圖 ②
節點兩側之控制閥
①
①
①
①
草圖原點

STEP 19

啟用曲面模組中【⬇ 疊層拉伸】之指令。同樣於功能視窗的「輪廓」項次選擇所繪製的3條弧線；導引曲線則是貫穿前者之圖元，設定後點選【✔ 確認】進行曲面生成。

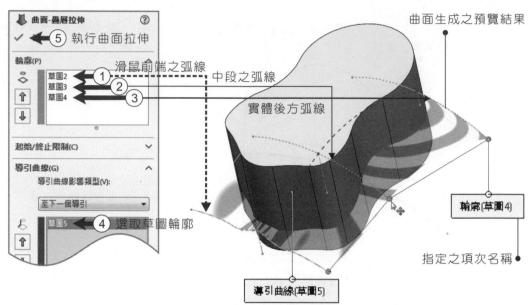

STEP 20

開啟下拉式選單「插入/除料」中的【📦 使用曲面】指令，進行滑鼠上殼弧線的製作進程。（讀者可參酌下方步驟 ① — ③ 進行設定）。

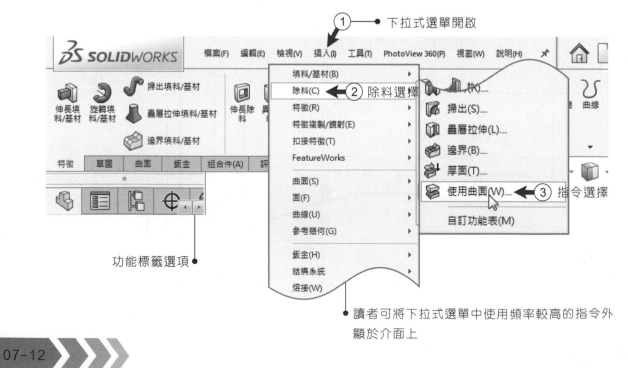

STEP
21

延續上階段之程序。【🗐：使用曲面除料】指令對話框出現後,酌參設定如下方
功能視窗,並選擇「向上」除料以消弭多餘的料塊。特徵應用後的滑鼠本體雛形
已大致成型。

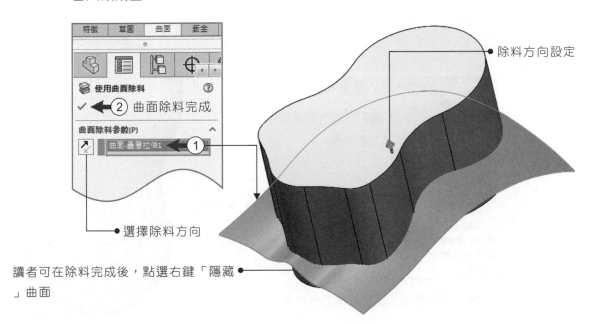

● 除料方向設定

特徵 草圖 曲面 鈑金

🗐 使用曲面除料 ⓘ
✓ ← ② 曲面除料完成

曲面除料參數(P)
↗ 曲面-邊管拉伸1 ← ①

● 選擇除料方向

讀者可在除料完成後,點選右鍵「隱藏 ●
」曲面

STEP
22

模型銳利的邊角以【🗐 圓角】特徵加以潤飾。選擇滑鼠弧面上端之邊線進行後
製(邊線Ⓐ)。使用者可在預覽模式開啟後檢視圓角之結果;而參數設定也得依
讀者觀感做適宜的調整。

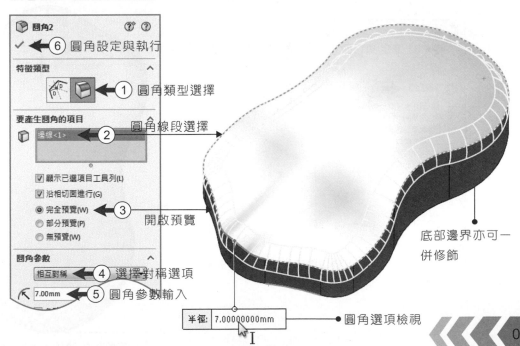

🗐 圓角2 ⓘ ⓘ
✓ ← ⑥ 圓角設定與執行

特徵類型 ⌃
🗐 ← ① 圓角類型選擇

要產生圓角的項目
🗐 邊線<1> ← ② 圓角線段選擇

☑ 顯示已選項目工具列(L)
☑ 沿相切面進行(G)
◉ 完全預覽(W) ← ③ 開啟預覽
◯ 部分預覽(P)
◯ 無預覽(W)

圓角參數 ⌃
相互對稱 ← ④ 選擇對稱選項
⌒ 7.00mm ← ⑤ 圓角參數輸入

● 底部邊界亦可一
併修飾

半徑: 7.00000000mm ● 圓角選項檢視

STEP
23

點擊【 🔲 上基準面】啟動【 ▦ 草圖】,並【 ↥ 正視於】紙張後開始描繪圖元。選擇【 ⊙ 直狹槽工具】繪製一圖元於滑鼠上側,繼而以【 ◈ 智慧型尺寸】設定其相關參數。

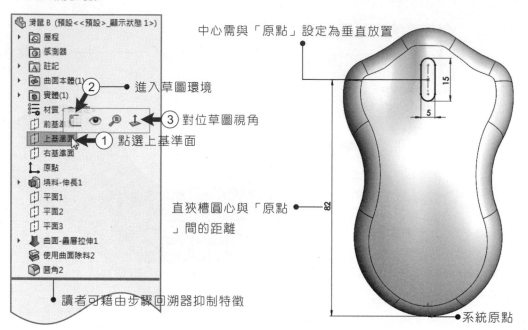

🐭 滑鼠 B (預設<<預設>_顯示狀態 1>)
▸ 🕐 歷程
  📷 感測器
▸ 🄰 註記
▸ 🗇 曲面本體(1)   進入草圖環境 ②
▸ 📦 實體(1)
  ≣ 材質
  🗇 前基...   ③ 對位草圖視角
  🗇 上基準面   ① 點選上基準面
  🗇 右基準面
  ⌙ 原點
▸ 🏙 填料-伸長1
  🗇 平面1
  🗇 平面2   直狹槽圓心與「原點
  🗇 平面3   」間的距離
▸ 🗇 曲面-疊層拉伸1
  🍥 使用曲面除料2
  📦 圓角2

讀者可藉由步驟回溯器抑制特徵

中心需與「原點」設定為垂直放置

15
5
82
系統原點

STEP
24

延續上一步驟之進程。選取上階段所繪製之狹槽,繼而執行【 ⊏ 偏移圖元】指令,其相關參數如下方左圖所示。偏移後的輪廓會呈現黃色線段(迴圈 Ⓐ),且於確認後轉變為完全定義之黑色形態。

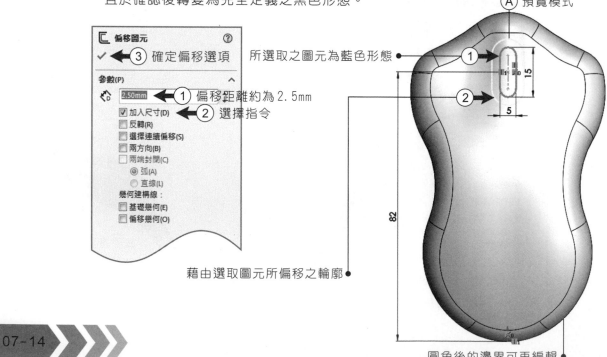

⊏ 偏移圖元   ⑦
✓ ← ③ 確定偏移選項   所選取之圖元為藍色形態 ●

參數(P)   ∧
◈ 2.50mm ← ① 偏移距離約為 2.5mm
☑ 加入尺寸(D) ← ② 選擇指令
☐ 反轉(R)
☐ 選擇連續偏移(S)
☐ 兩方向(B)
☐ 兩端封閉(C)
   ◉ 弧(A)
   ○ 直線(L)
幾何建構線:
☐ 基礎幾何(E)
☐ 偏移幾何(O)

藉由選取圖元所偏移之輪廓 ●

Ⓐ 預覽模式

15
5
82

圓角後的邊界可再編輯 ●

STEP
25
如下圖所示：使用下拉式選單的【 分割】功能離合滑鼠「滾輪」處，將模型切割成2個本體。在「修剪工具」中選擇上階段所繪製之圖元。使用者得以透過「成型本體」欄位勾選欲分割之物件，繼而點選【✔ 確認】以執行該指令。

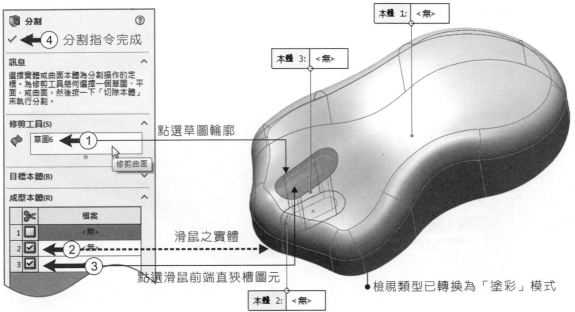

本體 1: ＜無＞
本體 3: ＜無＞

分割
④ 分割指令完成
訊息
選擇實體或曲面本體為分割操作的定標。為修剪工具幾何選擇一個草圖、平面、或曲面，然後按一下「切除本體」來執行分割。
修剪工具(S)
草圖6 ①
點選草圖輪廓
修剪曲面
目標本體(B)
成型本體(R)
	檔案
1	＜無＞
2 ✓ ②	＜無＞
3 ✓ ③	

滑鼠之實體
點選滑鼠前端直狹槽圖元
檢視類型已轉換為「塗彩」模式
本體 2: ＜無＞

STEP
26
現階段欲將滑鼠外殼分割成上下模。以【 選取工具】點擊【 右基準面】並啟動【 草圖】進入描繪程序；再選擇【 不規則曲線】指令繪製如例圖Ⓐ—Ⓒ的輪廓線段。

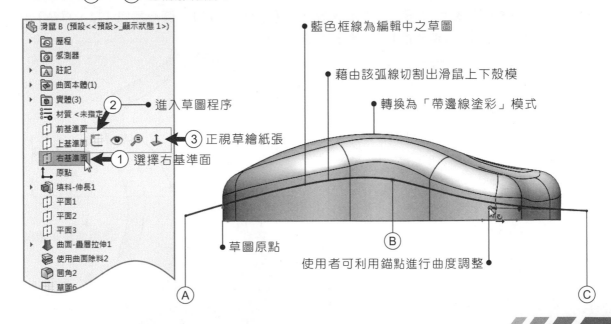

滑鼠 B (預設＜＜預設＞_顯示狀態 1＞)
歷程
感測器
註記
曲面本體(1)
實體(3)
② 進入草圖程序
材質 ＜未指定
前基準面
上基準面
③ 正視草繪紙張
右基準面 ① 選擇右基準面
原點
填料-伸長1
平面1
平面2
平面3
曲面-疊層拉伸1
使用曲面除料2
圓角2
草圖6

藍色框線為編輯中之草圖
藉由該弧線切割出滑鼠上下殼模
轉換為「帶邊線塗彩」模式
草圖原點
Ⓐ Ⓑ Ⓒ
使用者可利用錨點進行曲度調整

STEP
27

參考步驟 25。再次執行【 🗐 分割】指令,畫面即出現對應的功能視窗,將滑鼠
實體切割為上下兩個本體。於此需特別注意:點選 ✂:「剪刀」圖示後(或下方
的空白欄位),系統才會啟動分割程序。

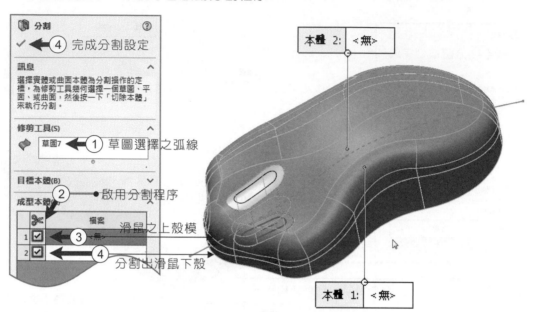

STEP
28

由【 📄 上基準面】進行階段性草圖繪製。以【 Ⓝ 不規則曲線】在前端處繪製
1 條弧線(或繪製半邊弧線再使用【 ▶◀ 鏡射圖元】複製成對向輪廓),曲線編輯
時得利用曲線節點(兩側控制閥)調整曲度。圖元建構可參考下方範例之形態
,繼而選擇【 ◎ 圓形工具】製作 2 個【 ◎ 同心圓】(圓心需與【 ⼈ 原點】設
定為【 ∣ 垂直放置】),最後再標註其相關參數。

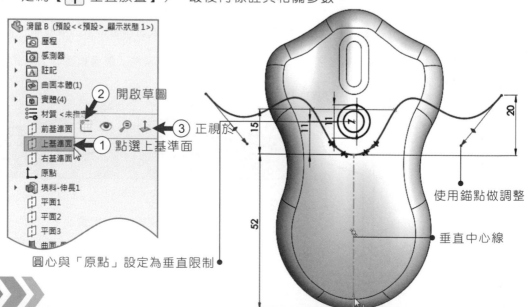

STEP 29

延續上階段所繪製之草圖輪廓並進行【🗐 分割】特徵程序。滑鼠「再次」離合成四個物件。使用者可透過游標的點擊切割模型，待設定完成後按下【✔ 確認】即執行實體分割之指令。

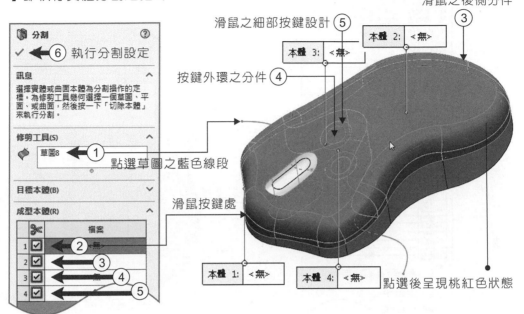

滑鼠之後側分件 ③
滑鼠之細部按鍵設計 ⑤
本體 2: <無>
本體 3: <無>
按鍵外環之分件 ④

🗐 分割
✔ ← ⑥ 執行分割設定
訊息
選擇實體或曲面本體為分割操作的定標。為修剪工具幾何選擇一個草圖、平面、或曲面，然後按一下「切除本體」來執行分割。
修剪工具(S)
🢂 草圖8 ← ①
點選草圖之藍色線段
目標本體(B)
成型本體(R)
✂	檔案
1 ☑	← ② 無
2 ☑	← ③
3 ☑	← ④
4 ☑	← ⑤

滑鼠按鍵處
本體 1: <無>   本體 4: <無>
點選後呈現桃紅色狀態

STEP 30

選擇【🗐 上基準面】啟動【▦:草圖】，轉正紙張即可開始描繪輪廓。利用【▢:中心矩形】在原點上方繪製一長柱形態。而文字製作程序：以「左」鍵點擊「工具/草圖圖元/文字」，在Property Manager的欄位下，輸入欲顯示之內容即可。

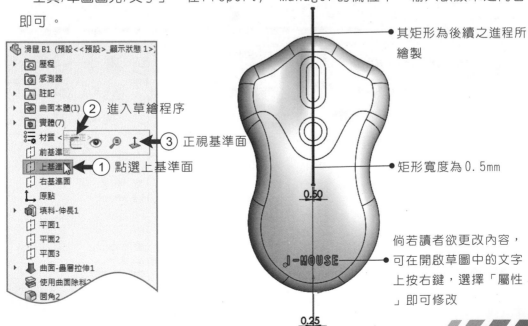

滑鼠 B1 (預設<<預設>_顯示狀態 1>)
▸ 🔲 歷程
🔲 感測器
▸ 🅰 註記
▸ 🔲 曲面本體(1) ② 進入草繪程序
▸ 🔲 實體(7)
🔲 材質 < ③ 正視基準面
🔲 前基準
🔲 上基準 ① 點選上基準面
🔲 右基準面
🔲 原點
▸ 🔲 填料-伸長1
🔲 平面1
🔲 平面2
🔲 平面3
▸ 🔲 曲面-疊層拉伸1
🔲 使用曲面除料
🔲 圓角2

其矩形為後續之進程所繪製
矩形寬度為0.5mm
0.50
J-MOUSE
倘若讀者欲更改內容，可在開啟草圖中的文字上按右鍵，選擇「屬性」即可修改
0.25

STEP 31

分割 ③ 確認分割選項

訊息

選擇實體或曲面本體為分割操作的定標。為修剪工具幾何選擇一個草圖、平面、或曲面，然後按一下「切除本體」來執行分割。

修剪工具(S)

草圖10 ① ← 點選藍色虛線

目標本體(B)

成型本體(R)

✂	檔案
7 ☑	<無>
8 ☑	<無>
9 ☑	<無>
10 ☑	<無>
11 ☑	<無>
12 ☑	<無>
13 ☑	<無>

② ← 分割文字之實體

自動指定名稱(T)

☐ 用掉切除的本體(U)

☐ 傳遞衍生視覺屬性

本體: 1-10

再次執行下拉式選單的【 分割】功能。修剪工具選擇上階段繪製之圖元。讀者可參考下方範例之分割項次依序勾選。

本體 5: <無>　本體 1: <無>

本體 4: <無>

本體 3: <無>

本體 14: <無>

本體 2: <無>

本體 6: <無>

本體 15: <無>

本體 11: <無>

本體 9: <無>

本體 12: <無>

本體 7: <無>

本體 13: <無>

本體 8: <無>

本體 10: <無> ← 點選後呈現橘色區域狀態

STEP 32

完成分割指令後，繼而以「左鍵」啟用下拉式選單進行組件刪除程序。步驟如下：啟用「插入/特徵」的【 刪除/保留本體】，相關設定可參考下方圖例之步驟。

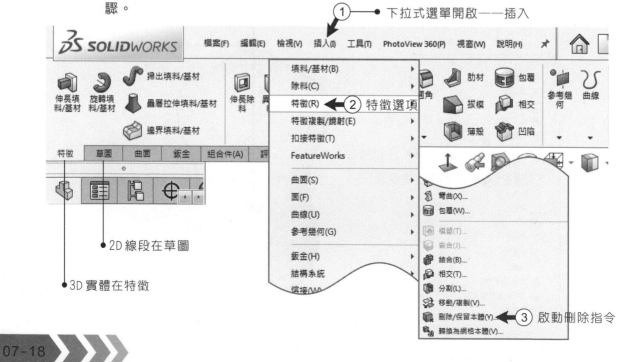

① ● 下拉式選單開啟——插入

SOLIDWORKS　檔案(F)　編輯(E)　檢視(V)　插入(I)　工具(T)　PhotoView 360(P)　視窗(W)　說明(H)

填料/基材(B)

除料(C)

特徵(R) ← ② 特徵選項

特徵複製/鏡射(E)

扣接特徵(T)

FeatureWorks

曲面(S)

面(F)

曲線(U)

參考幾何(G)

鈑金(H)

結構系統

熔接(W)

掃出填料/基材

旋轉填料/基材　疊層拉伸填料/基材　伸長除料　異

遠界填料/基材

伸長填料/基材

肋材　包覆

參考幾何　曲線

拔模　相交

薄殼　凹陷

特徵　草圖　曲面　鈑金　組合件(A)　評

彎曲(X)...

包覆(W)...

模塑(T)...

嵌合(J)...

結合(B)...

相交(T)...

分割(L)...

移動/複製(V)...

刪除/保留本體(Y)... ← ③ 啟動刪除指令

轉換為網格本體(V)...

● 2D 線段在草圖

● 3D 實體在特徵

STEP 33

延續上階段未完成之指令。於對應之功能視窗選取需刪除的本體（為下方藍色形態之物件：分別為【 ⊡ 直狹槽 】及【 ⬜ 矩形 】）。狹槽處是放置滑鼠「滾輪」的空間；而線狀圖元為滑鼠「左右按鍵」之分界。

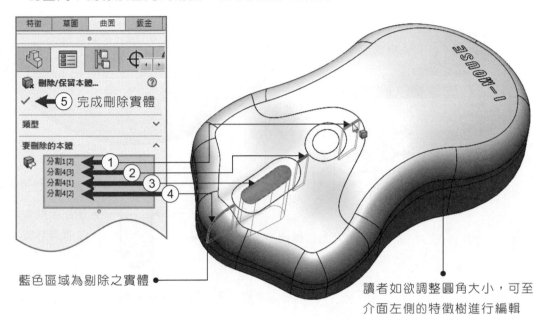

藍色區域為剔除之實體 ●

讀者如欲調整圓角大小，可至介面左側的特徵樹進行編輯

STEP 34

滑鼠本體完成後，續接的是滾輪的製作程序。選擇【 ▦ 上基準面】於【 ⊥ 原點】下方繪製一狹槽，並標註尺寸為寬 4.9mm、高 16mm；繼而描繪一條水平線段後再刪除上方之輪廓。

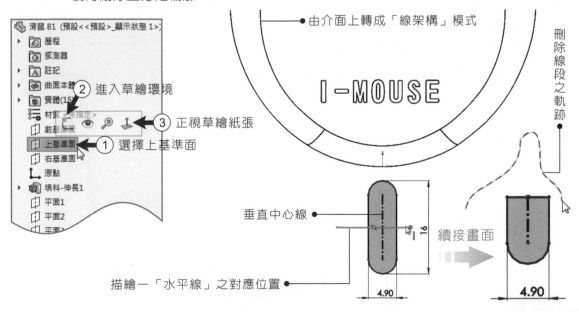

STEP 35

啟動【🥄：旋轉成型】之特徵指令。軸心為上階段所繪製的水平線段,且設定「給定深度」為360度(全週角成型)(讀者可酌參下方功能視窗 ① — ④ 步驟選擇進行)。

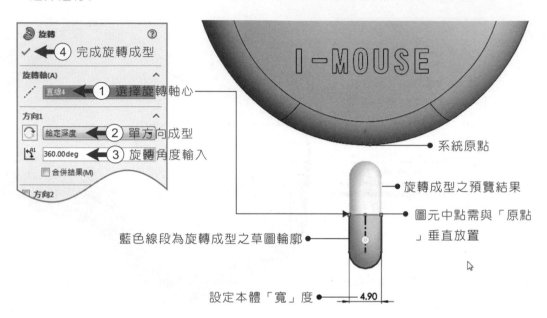

旋轉
✓ ← ④ 完成旋轉成型

旋轉軸(A)
／ 直線4 ← ① 選擇旋轉軸心
方向1
🔄 給定深度 ← ② 單方向成型
↕R1 360.00deg ← ③ 旋轉角度輸入
☐ 合併結果(M)
☐ 方向2

● 系統原點
● 旋轉成型之預覽結果
● 圖元中點需與「原點」垂直放置
藍色線段為旋轉成型之草圖輪廓 ●
設定本體「寬」度 ● 4.90

STEP 36

滾輪本體生成後,執行下拉式選單「插入/特徵」的【🎛 本體移動】指令。指定「滾輪」即出現箭頭座標(分別為XYZ軸三方向)供使用者進行本體位移,將滾輪移至放置處即可(可參考下方軸項之參數設定)。

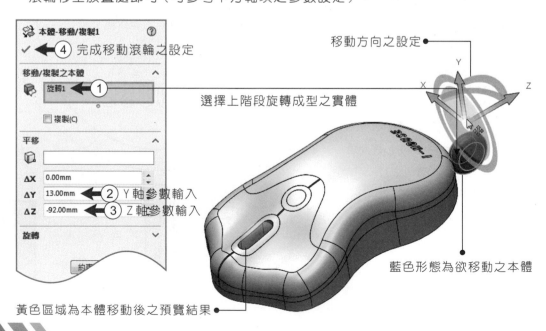

本體-移動/複製1
✓ ← ④ 完成移動滾輪之設定

移動/複製之本體
📦 旋轉1 ← ①
☐ 複製(C)

平移
▣
ΔX 0.00mm
ΔY 13.00mm ← ② Y軸參數輸入
ΔZ -92.00mm ← ③ Z軸參數輸入

旋轉 ⌄

約束

移動方向之設定 ●
選擇上階段旋轉成型之實體
藍色形態為欲移動之本體
黃色區域為本體移動後之預覽結果 ●

STEP
37　　滑鼠模型最後的製作階段即是邊界修飾與銳角磨光。執行特徵【 🗄 圓角】指令
　　，且輸入相關參數值。一般半徑約為 0.5mm 至 1mm 左右；但底殼或具曲度的邊界
　　可增加其半徑係數。

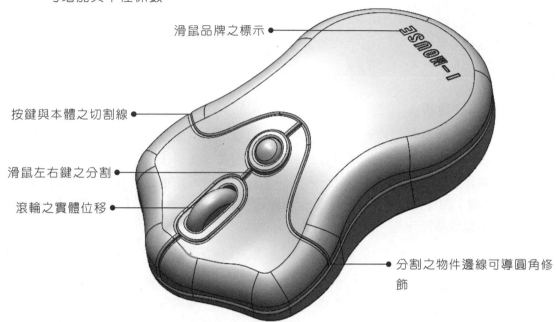

滑鼠品牌之標示

按鍵與本體之切割線

滑鼠左右鍵之分割

滾輪之實體位移

分割之物件邊線可導圓角修
飾

STEP
38　　進入模型彩現程序：透過 Solidworks 的附加模組【 🌐 Photoview360 】編輯模
　　型【 🎨 外觀 】與【 🖼 全景 】。下方為 2 個滑鼠模型搭配素色場景渲染之完成
　　圖照。

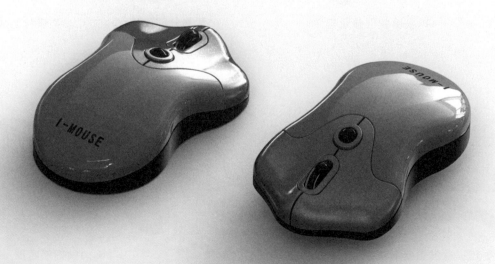

滑鼠彩現完成圖

7-2 袖珍型電動起子

⊙要點提醒　　本範例為綠色版參考教學檔 -- 請使用雲端連結

本範例教學視訊檔案：SolidWorks/基礎&實務/CH07目錄下/7-2 電動起子.avi
本範例製作完成檔案：SolidWorks/基礎&實務/CH07目錄下/7-2 電動起子.SLDPRT

7-2 電動起子建模

電動起子為了便於握持與操作，於外觀輪廓上是屬於全曲面的實體。在不考量內部的結構與機電整合配置的前提下，先以草圖輪廓搭配導引曲線生成【🔻 疊層拉伸】的特徵實體，繼而以圖元線段進行本體【📦 分割】。當整體外觀既定後，再藉由下拉式選單中的【🔧 移動本體】與【🔲 縮放比例】設變電動起子零配件；而歷經【📑 薄殼】與【📦 圓角】等後端進程後即可進入彩現之程序。

建模進程：

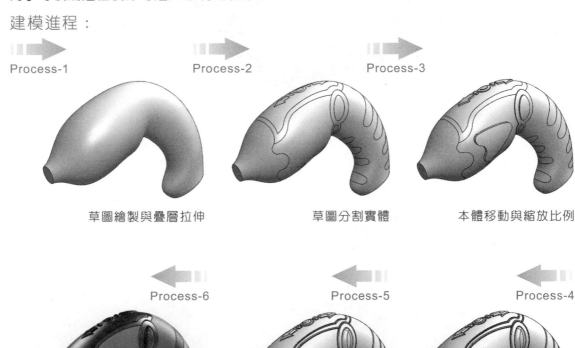

Process-1　　　　　　Process-2　　　　　　Process-3

草圖繪製與疊層拉伸　　　草圖分割實體　　　本體移動與縮放比例

Process-6　　　　　　Process-5　　　　　　Process-4

電動起子材質編輯與彩現　　起子頭與文字製作　　圓角與細節處理

STEP 01

首先選擇【▢ 前基準面】偏移出 50mm 的【▢ 草繪基準面】。此時可能讀者會有所疑惑：為什麼不直接在預設平面繪製呢？！是因為若使用前基準描繪，在附貼底圖並生成實體後，即會發現底圖已被實體覆蓋而無法識別。

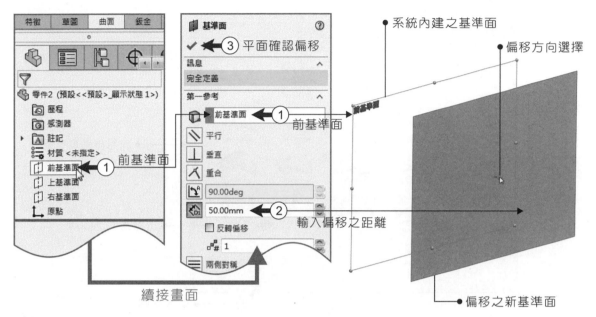

STEP 02

在偏移後的【▢ 基準面】——「平面 1」啟動【▦ 草圖】並繪製 3 條【╱ 中心線】；而尺寸標註為 100mm、130mm（與上一章節之滑鼠 01 步驟相仿，使用者可概略參酌），此參考線為後續草圖對位之放樣。

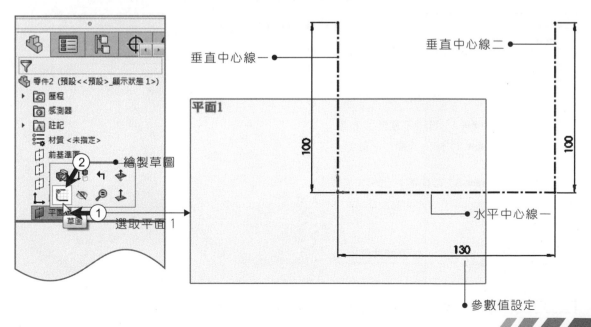

STEP 03

延續上階段未完成之草圖程序。使用者可從下拉式選單點擊「工具」，並執行「草圖工具」中的【 ▨ 草圖圖片】指令，且在檔案文件夾中選擇適合的彩稿附貼至【 ▨ 基準面】。

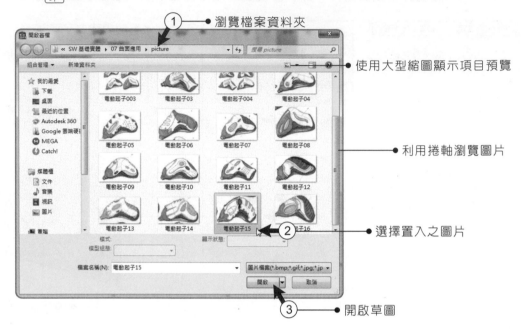

① ● 瀏覽檔案資料夾

● 使用大型縮圖顯示項目預覽

● 利用捲軸瀏覽圖片

② ● 選擇置入之圖片

③ ● 開啟草圖

STEP 04

圖片開啟後，可從畫面中拖曳底圖。依照上階段所繪製之中心線對位，建議使用者勾選「鎖住長寬比」，否則所置入之圖片容易變形（底圖須調整透明度以俾利作之程序），設定完成即可選擇【 ✔ 確認】並保留草圖。

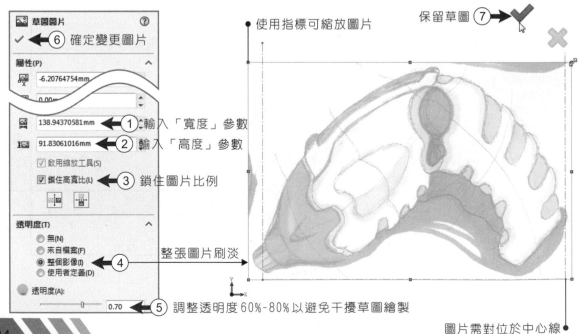

保留草圖 ⑦ ●

✔ ← ⑥ 確定變更圖片

● 使用指標可縮放圖片

① ▲ 輸入「寬度」參數

② 輸入「高度」參數

③ 鎖住圖片比例

④ 整張圖片刷淡

⑤ 調整透明度60%-80%以避免干擾草圖繪製

● 圖片需對位於中心線

STEP 05

點選【 🚪 前基準面】進入草繪程序,並【 ⬆ 正視於】圖面視角。使用草圖工具中的【 ⬚ :不規則曲線】指令繪製如範例中之兩段曲線(可參酌藍色線段之放樣,造形與細節不一定要完全參照底圖,因為彩稿為自由度甚高的手繪線條,與 CAD 軟體中的不規則曲線之邊界輪廓有所差異),完成後保留此草圖。

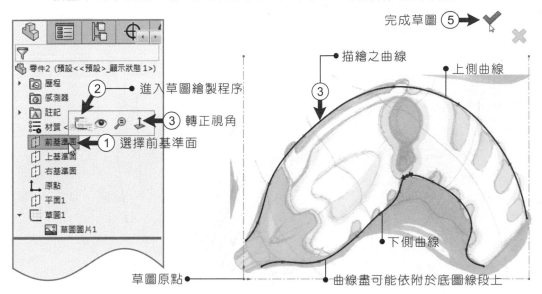

完成草圖 ⑤
描繪之曲線 ③
上側曲線
② 進入草圖繪製程序
③ 轉正視角
① 選擇前基準面
下側曲線
草圖原點
曲線盡可能依附於底圖線段上

STEP 06

待兩條不規則曲線繪製完成後,同樣選擇【 🚪 :前基準面】繪製 6 條直線;6 條線需連接到上階段所描繪的兩段曲線上,且設定為【 ⚖ 重合/共點】或【 🔗 貫穿】之限制。

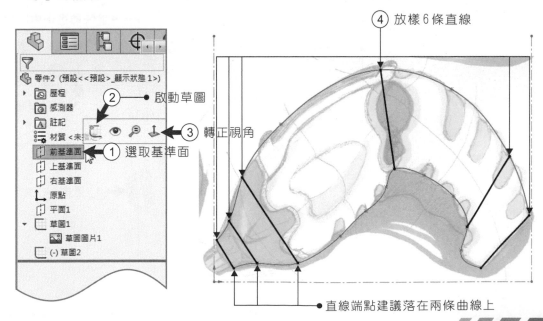

④ 放樣 6 條直線
② 啟動草圖
③ 轉正視角
① 選取基準面
直線端點建議落在兩條曲線上

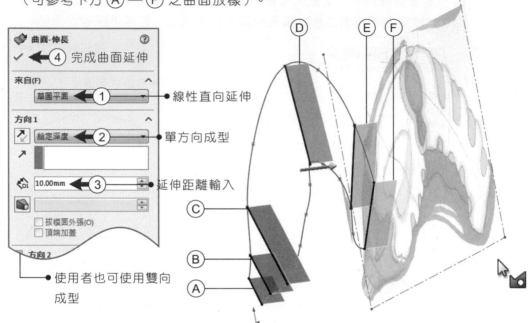

STEP 07

執行【⬛ 曲面伸長】指令,而新增之平面可作為草繪紙張使用。其深度不需刻意限制,只要便於選取與編輯等後續作動,即可在Solidworks系統中繪製草圖(可參考下方 Ⓐ — Ⓕ 之曲面放樣)。

曲面-伸長　　　⑦

✓ ← ④ 完成曲面延伸

來自(F)　　　　∧

草圖平面 ← ①　　　　● 線性直向延伸

方向1　　　　∧

🡕 給定深度 ← ②　　　　● 單方向成型

🡕

◈ 10.00mm ← ③　　　　● 延伸距離輸入

□ 拔模面外張(O)
□ 頂端加蓋

方向2

● 使用者也可使用雙向
　成型

STEP 08

現階段為依序針對各平面繪製草圖之放樣。首先選擇 Ⓐ 平面,待呈現藍色狀態時於快顯選單中啟動【⬛ 草圖】,並在【↥ 正視於】後即進入草繪程序。六張紙面中之輪廓尤以 Ⓐ 與 Ⓕ(頭與尾)最為重要。

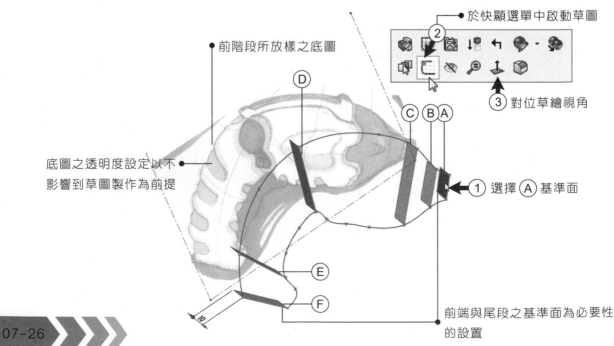

● 於快顯選單中啟動草圖

② 對位草繪視角 ③

● 前階段所放樣之底圖

底圖之透明度設定以不 ●
影響到草圖製作為前提

① 選擇 Ⓐ 基準面

前端與尾段之基準面為必要性
的設置

STEP 09

延續上階段之進程。以「左鍵」點擊【⊙：圓形工具】並繪製一封閉輪廓，其圓心需與【⊅ 原點】設定為【⎸ 垂直放置】，且邊緣需【⚓ 貫穿】弧線上下之兩側端點，待線段完全定義後即可保留草圖。

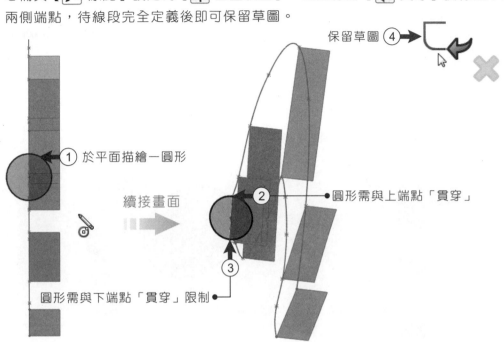

保留草圖 ④

① 於平面描繪一圓形

續接畫面

② 圓形需與上端點「貫穿」

③ 圓形需與下端點「貫穿」限制

STEP 10

由於 Ⓑ 平面為預留之曲面紙張，因此直接點選 Ⓒ 平面進入草繪環境並【↥：正視於】紙張，即可開始建構形態輪廓（使用者也可在 Ⓑ 平面描繪圖元，或增設更多的紙面製作草圖與備用）。

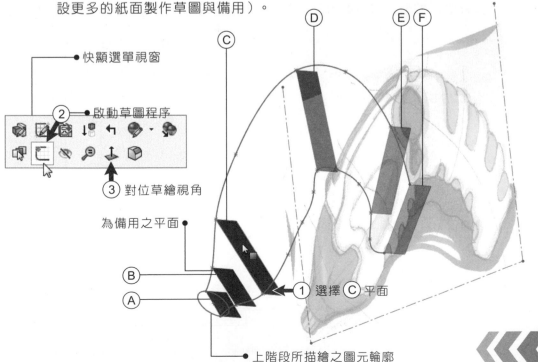

快顯選單視窗

② 啟動草圖程序

③ 對位草繪視角

為備用之平面

① 選擇 Ⓒ 平面

上階段所描繪之圖元輪廓

STEP 11

接續點選【⊘ 橢圓形工具】描繪草圖輪廓（與步驟 09 相仿），圖元皆需針對上下兩節點設定【🖱 貫穿】指令；並選擇【◇ 智慧型尺寸】輸入相關數值使之定義完整。

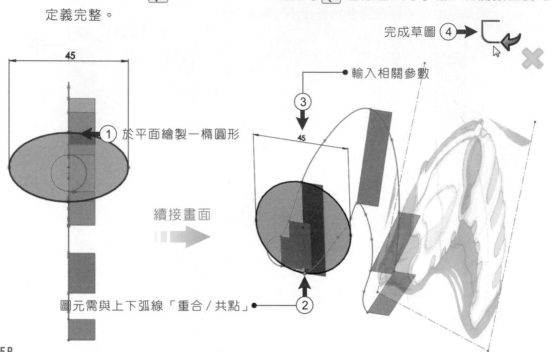

完成草圖 ④

輸入相關參數

③

① 於平面繪製一橢圓形

續接畫面

圖元需與上下弧線「重合 / 共點」 ②

STEP 12

後續步驟皆為相似，這裡即不再一一複述。除了 Ⓐ 平面之輪廓為「圓形」，其餘平面之草圖皆為「橢圓形」，並依序設定個別參數值。讀者可參考下方圖例設定其橢圓形數值，約為 45mm、32mm、30mm、25mm 左右（參考下圖 Ⓒ — Ⓕ）。

建議讀者轉換成「線架構」模式，藉以釐清草圖輪廓與導引線邊界

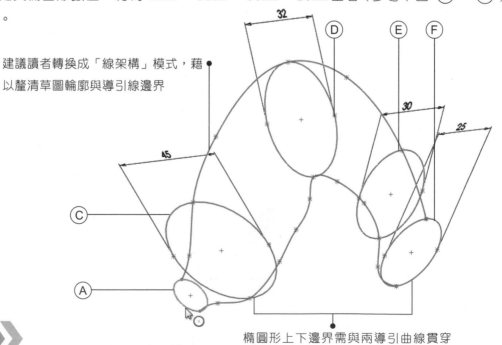

橢圓形上下邊界需與兩導引曲線貫穿

STEP
13
待草圖與輪廓完備後，啟動【 🔽 疊層拉伸】指令。5個輪廓分別由前至後選取
；而導引曲線即為上下2條弧線，並開啟「顯示預覽」檢視模型，最後再點選【
✔ 確認】即形成特徵。

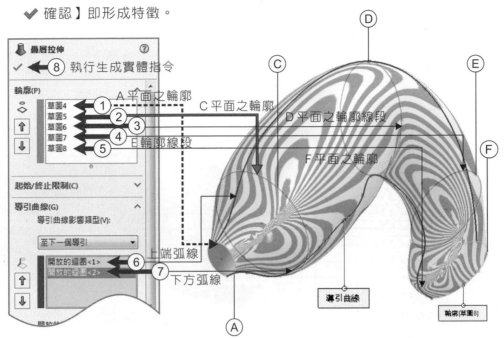

STEP
14
由【 🔳 前基準面】進行草圖繪製。使用【 〰 不規則曲線】及【 ⬭ 橢圓形工
具】描繪附貼底圖之分件輪廓，待線段完全定義後進行本體切割之進程（於範例
中之形態描繪僅供參考，讀者不須刻意依循）。

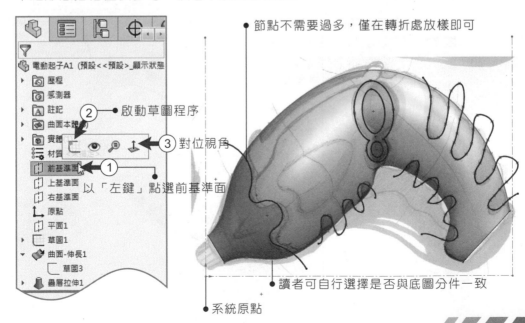

STEP
15

透過下拉式選單「插入/特徵」選項中的【 🗐 分割】
指令,將電動起子離合成多個本體;而在修剪工具中點
選上階段所繪製之輪廓。讀者可藉由【 � 選取工具】
點擊欲成型之項次。

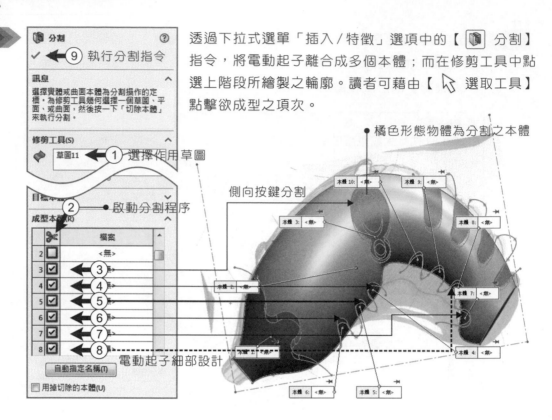

■ 分割 ⑦
✓ ⑨ 執行分割指令

訊息
選擇實體或曲面本體為分割操作的定
標。為修剪工具幾何選擇一個草圖、平
面、或曲面,然後按一下「切除本體」
來執行分割。

修剪工具(S)
◆ 草圖11 ← ① 選擇作用草圖

目標本體
② ● 啟動分割程序

成型本體(R)
✂	檔案
2 ☐	<無>
3 ☑ ← ③	
4 ☑ ← ④	
5 ☑ ← ⑤	
6 ☑ ← ⑥	
7 ☑ ← ⑦	
8 ☑ ← ⑧	

自動指定名稱(T)
☐ 用掉切除的本體(U)

橘色形態物體為分割之本體

側向按鍵分割

本體 10: <無>　本體 9: <無>
本體 3: <無>　　　　本體 8: <無>
本體 2: <無>　　　　本體 7: <無>
本體 6: <無>　本體 5: <無>　本體 4: <無>

電動起子細部設計

STEP
16

待分割完成再使用【 ▦ 前基準面】進入草繪環境。選擇【 〲 不規則曲線】描
繪如例圖之線段。該弧線主要功能為分割電動起子背部曲線之實體,完成草圖後
接續下一個本體分件之進程。

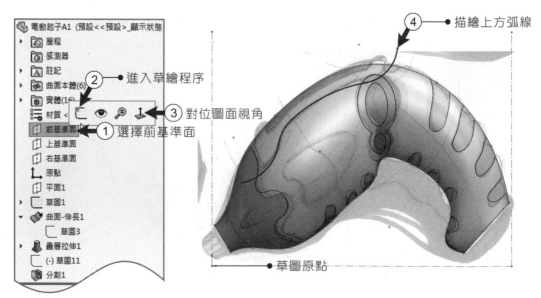

🍥 電動起子A1 (預設<<預設>_顯示狀態
▶ 🔟 歷程
　🔟 感測器
▶ 🅰 註記
▶ 🗐 曲面本體(6)　　② ● 進入草繪程序
▶ 🗐 實體(1)
　💠 材質 <　　　③ 對位圖面視角
　🗐 前基準面 ① 選擇前基準面
　🗐 上基準面
　🗐 右基準面
　⅃ 原點
　🗐 平面1
▶ 🗐 草圖1
▼ 💠 曲面-伸長1
　　🗐 草圖3
▶ 🦪 晶層拉伸1
　　🗐 (-) 草圖11
　🗐 分割1

④ ● 描繪上方弧線

● 草圖原點

STEP 17

再次啟動【🗐 分割】之特徵加工程序,畫面中即呈現對應的功能視窗。修剪欄位指定左側特徵樹——草圖12(或步驟16所繪製之草圖);使用者需點選 ✂ 圖示(或下方「檔案」欄位的空格處),系統才得以啟動主體分割之功能。

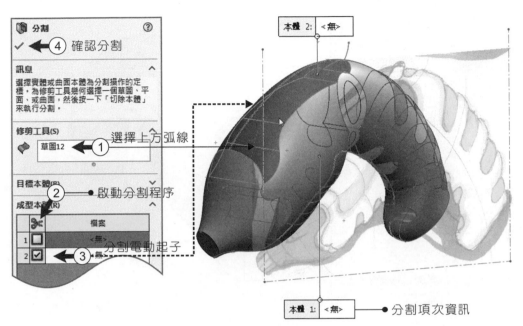

STEP 18

以滑鼠「游標」選擇特徵樹中的【🔲:前基準面】且啟動【🔳:草圖】,並執行【🡡 正視於】指令對位平面。點選【📏 直線工具】繪製一條由【🡥 原點】向右上角延伸之實線,其線段與水平線夾角定義為30度(此線段為「曲面伸長」之草圖放樣)。

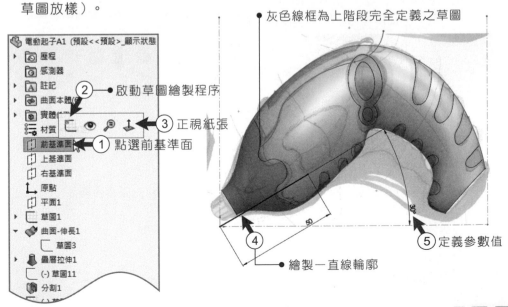

STEP
19

於線段放樣完成後，藉由【🖉 曲面伸長】鋪陳出 30mm 的平面（前章節有提及成型深度可自行設定），所選輪廓為上階段之草圖（草圖 14），參數輸入後點選【 ✔ 確認】即執行曲面放樣。

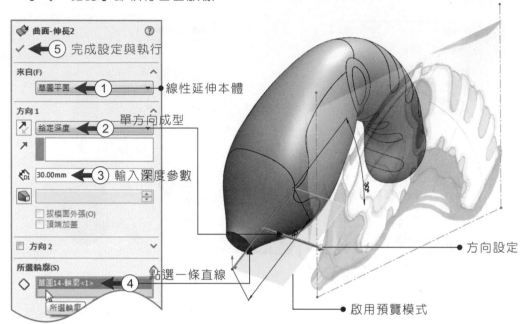

曲面-伸長2

✓ ← ⑤ 完成設定與執行

來自(F)
草圖平面 ← ① ── 線性延伸本體

方向 1
給定深度 ← ② ── 單方向成型

30.00mm ← ③ 輸入深度參數

☐ 拔模面外張(O)
☐ 頂端加蓋

☐ 方向 2

所選輪廓(S)
草圖14-輪廓<1> ← ④
所選輪廓

點選一條直線

方向設定

啟用預覽模式

STEP
20

選擇上階段所繪製之「平面」，繼而以【 ↖ 選取工具】啟動【▦ 草圖】指令（建議使用者可執行【 ↥ 正視於】對位以俾利草圖製作）。至於電動起子分件的離合，使用者概可酌參範例中之輪廓形態。

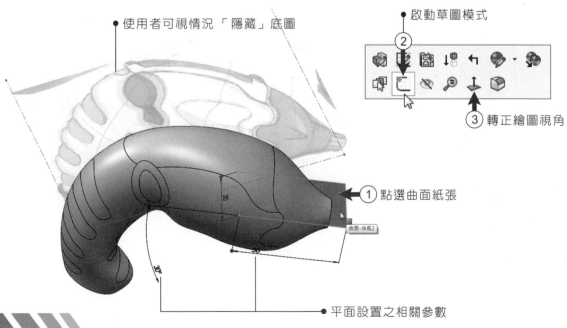

使用者可視情況「隱藏」底圖

啟動草圖模式
②

③ 轉正繪圖視角

① 點選曲面紙張
曲面-伸長2

平面設置之相關參數

STEP 21

選取電動起子上方的面並執行【 ⊏ 偏移圖元 】。讀者概可依循下方功能視窗中 ① — ④ 的步驟製作草圖。偏移距離輸入 3mm，且於參數欄位設定完整後再點選【 ✔ 確認 】執行。

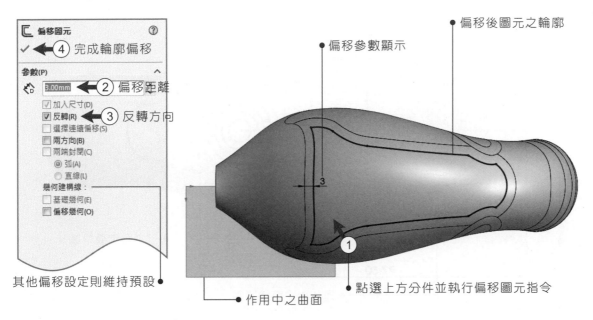

偏移後圖元之輪廓

偏移參數顯示

⊏ 偏移圖元 ⑦

✓ ← ④ 完成輪廓偏移

參數(P)

⟨ | 3.00mm ← ② 偏移距離
☑ 加入尺寸(D)
☑ ← ③ 反轉方向
反轉(R)
☐ 選擇連續偏移(S)
☐ 兩方向(B)
☐ 兩端封閉(C)
　◉ 弧(A)
　◎ 直線(L)
幾何建構線：
☐ 基礎幾何(E)
☐ 偏移幾何(O)

其他偏移設定則維持預設

作用中之曲面

點選上方分件並執行偏移圖元指令

STEP 22

延續上一步驟未完成之草圖，以【 ╱ 中心線 】指令從原點向右延伸一水平參考線，繼而點選【 ◎ 圓形工具 】描繪 5 個【 ◎ 同心圓 】，且圓心需與【 ⊥ 原點 】設定為【 ─ 水平放置 】，其相關尺寸可參酌本頁圖例之係數。

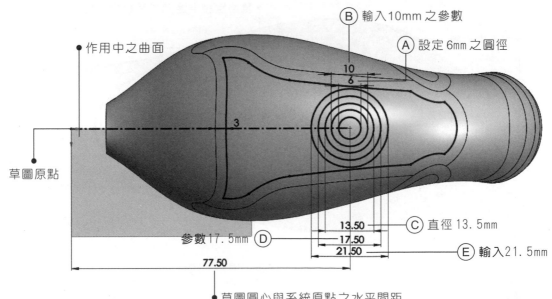

Ⓑ 輸入 10mm 之參數

Ⓐ 設定 6mm 之圓徑

作用中之曲面

草圖原點

Ⓒ 直徑 13.5mm

參數 17.5mm Ⓓ

Ⓔ 輸入 21.5mm

草圖圓心與系統原點之水平間距

STEP 23

現階段製作一「箭頭」符號於起子本體。讀者可直接描繪輪廓線段,也得以利用【 ✎ 中心線】執行【 ▣◀ 鏡射圖元】程序(先繪製上方輪廓再投射至下方以完成「箭頭」形態),繼而設定其尺寸參數。

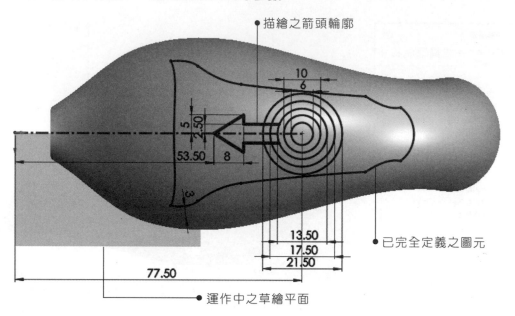

描繪之箭頭輪廓

10
6
5
2.50
53.50 8
3

13.50
17.50
21.50

77.50

已完全定義之圖元

運作中之草繪平面

STEP 24

藉由【 ✄ 修剪圖元】刪除線段後(消弭3個外圓交疊之線段),再以【 ✎ 中心線】於圓心處向下繪製一垂直參考軸,繼而點選【 ▣◀ 鏡射圖元】複製「箭頭」之輪廓至參考線右側。

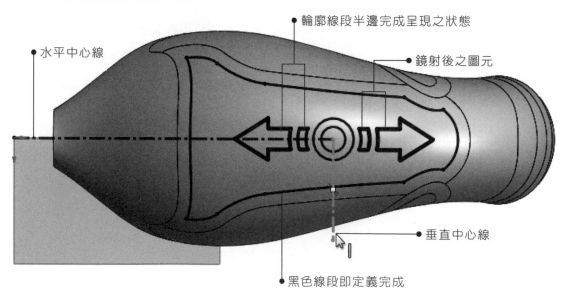

輪廓線段半邊完成呈現之狀態

水平中心線

鏡射後之圖元

垂直中心線

黑色線段即定義完成

STEP
25
同樣再執行【 🗐 分割】進程。藉由上階段所繪製之圖元將電動起子「上方」弧面切割成6個物件（使用者可透過游標選擇欲切割之物體）。

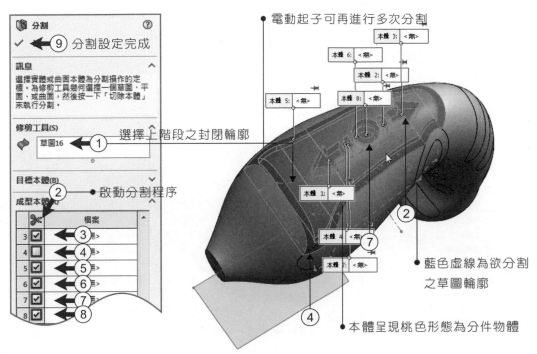

STEP
26
待分割完成後再接續進行移動本體之階段程序。透過下拉式選單「插入／特徵」中的【 🗐 移動／複製本體】，使用者可針對「箭頭」部份向上移動，而位移距離為X軸-0.65mm、Y軸1mm（此參數僅供參考）。

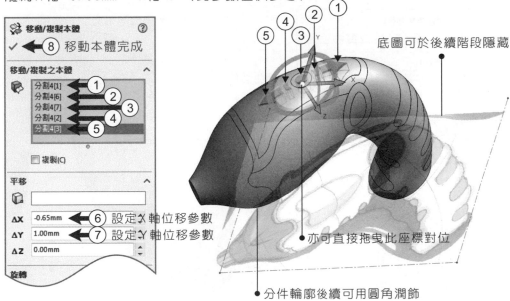

STEP 27

現階段欲做側向實體長出之程序。選擇【 ▣ 前基準面】進入草圖環境,使用【 ✏ 中心線】工具繪製一條與水平線呈 43 度夾角之參考線;繼而以【 ⌒ 三點定弧】描繪中心線上方輪廓後,執行【 ◫◫ 鏡射圖元】指令複製其弧線,最後再透過定弧封邊(如 ⑨ — ⑩)形成完整輪廓。

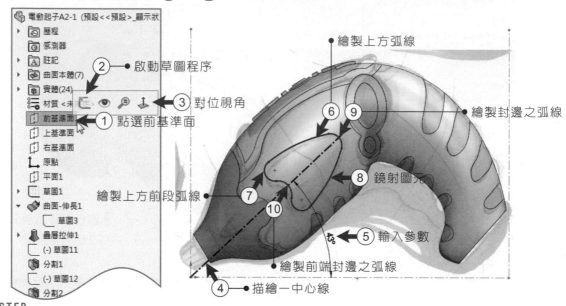

- 電動起子A2-1 (預設<<預設>_顯示狀
  - ▶ 歷程
  - 感測器
  - A 註記
  - ▶ 曲面本體(7)
  - ▶ 實體(24)
  - 材質 <未
  - ② 啟動草圖程序
  - ③ 對位視角
  - ① 前基準面 — ① 點選前基準面
  - 上基準面
  - 右基準面
  - 原點
  - 平面1
  - ▶ 草圖1
  - ▼ 曲面-伸長1
    - 草圖3
  - ▶ 疊層拉伸1
  - (-) 草圖11
  - 分割1
  - (-) 草圖12
  - 分割2

- 繪製上方弧線
- ⑥ ⑨ 繪製封邊之弧線
- ⑧ 鏡射圖元
- ⑦ 繪製上方前段弧線
- ⑩
- ⑤ 輸入參數
- 繪製前端封邊之弧線
- ④ 描繪一中心線

STEP 28

當草圖輪廓完備即執行【 ▣ :伸長填料】生成實體。如下圖所示:點選側邊草圖進行延伸,而伸長深度為 2.5mm。 此步驟須注意功能視窗中的「合併選項」需指定執行,待欄位參數輸入後點選【 ✔ 確認】即完成此步驟。

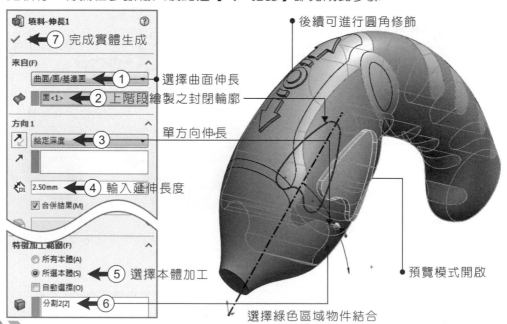

- 填料-伸長1
- ✔ ⑦ 完成實體生成
- 來自(F)
  - 曲面/面/基準面 ① 選擇曲面伸長
  - 面<1> ② 上階段繪製之封閉輪廓
- 方向1
  - 給定深度 ③ 單方向伸長
  - 2.50mm ④ 輸入延伸長度
  - ☑ 合併結果(M)
- 特徵加工範圍(F)
  - ○ 所有本體(A)
  - ● 所選本體(S) ⑤ 選擇本體加工
  - □ 自動選擇(O)
  - 分割2[2] ⑥

- 後續可進行圓角修飾
- 預覽模式開啟
- 選擇綠色區域物件結合

STEP 29

為了縮減建模之進程，建議使用者於此執行【🖥 縮放比例】指令。「縮放參數」選擇電動起子彎曲處的 2 個橢圓形圖元；而 Z 軸輸入 1.05 以放大之圖元（可前後對照步驟檢視模型之變化）。

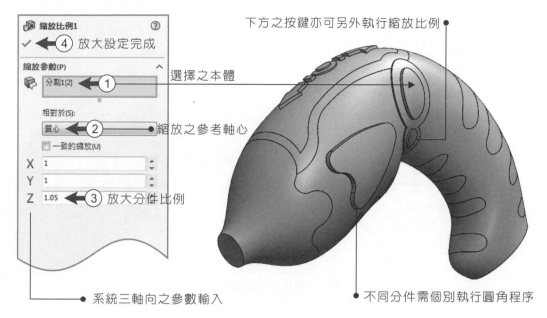

下方之按鍵亦可另外執行縮放比例

縮放比例1

④ 放大設定完成

縮放參數(P)

分割1[2] ① ← 選擇之本體

相對於(S):

質心 ② ← 縮放之參考軸心

□ 一致的縮放(U)

X 1
Y 1
Z 1.05 ③ 放大分件比例

系統三軸向之參數輸入

不同分件需個別執行圓角程序

STEP 30

使用【🟦 前基準面】並選擇「插入／除料」中的【🗄 使用曲面除料】。特徵加工範圍執行「所選本體」中的填料 - 伸長 1（可參酌 Ⓐ 實體），並向左延伸進行除料之進程（或可選擇先從對向面除料）。

欲針對此實體做加工 Ⓐ

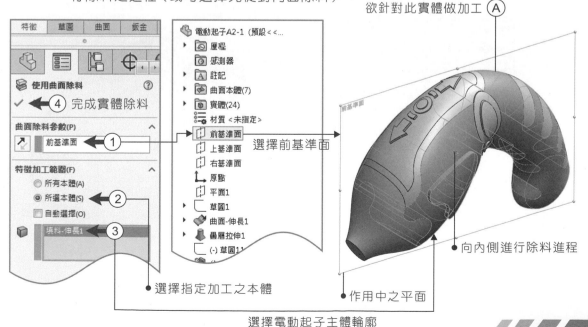

| 特徵 | 草圖 | 曲面 | 鈑金 |

使用曲面除料

④ ← 完成實體除料

曲面除料參數(P)

↗ 前基準面 ← ①

特徵加工範圍(F)

○ 所有本體(A)
◉ 所選本體(S) ← ②
□ 自動選擇(O)

填料-伸長1 ③

選擇指定加工之本體

🔧 電動起子A2-1 (預設 << ...
  ▸ 🕐 歷程
  📷 感測器
  ▸ 🅰 註記
  ▸ 📦 曲面本體(7)
  ▸ 📦 實體(24)
  🔩 材質 <未指定>
  🟦 前基準面 ← 選擇前基準面
  🟦 上基準面
  🟦 右基準面
  L 原點
  🟦 平面1
  ▸ 草圖1
  ▸ 🔷 曲面-伸長1
  ▸ 🔧 疊層拉伸1
  (-) 草圖11

向內側進行除料進程

作用中之平面

選擇電動起子主體輪廓

STEP 31

除料完成後主體僅剩下一側，於此可先針對頭部進行【 📦 薄殼】特徵。建議讀者參考 ① — ⑧ 步驟執行（功能視窗與範例也許不盡相同），「項次」欄位無順序之分，只需要把所有欲掏空之面選取即可。

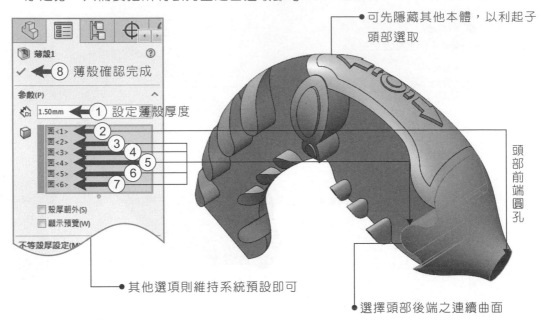

可先隱藏其他本體，以利起子頭部選取

頭部前端圓孔

📦 薄殼1

✓ ← ⑧ 薄殼確認完成

參數(P)

🔷 1.50mm ← ① 設定薄殼厚度

面<1> ②
面<2> ③
面<3> ④
面<4> ⑤
面<5> ⑥
面<6> ⑦

☐ 殼厚朝外(S)
☐ 顯示預覽(W)

不等殼厚設定(M)

其他選項則維持系統預設即可

選擇頭部後端之連續曲面

STEP 32

再次進行【 📦 薄殼】特徵。通常電動起子這類產品內部為放置「馬達」、「電池組」與「機電配件」之空間處，因此選擇【 📦 薄殼】執行除料程序。殼厚設定為 1.5mm 並開啟預覽（當然讀者可以依個人觀感做適宜的調整）。

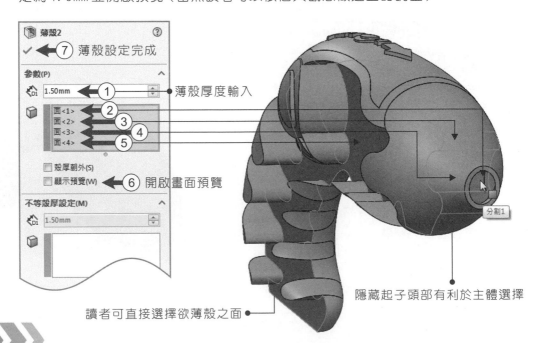

📦 薄殼2

✓ ← ⑦ 薄殼設定完成

參數(P)

🔷 1.50mm ← ① 薄殼厚度輸入

面<1> ②
面<2> ③
面<3> ④
面<4> ⑤

☐ 殼厚朝外(S)
☐ 顯示預覽(W) ← ⑥ 開啟畫面預覽

不等殼厚設定(M)

🔷 1.50mm

分割1

隱藏起子頭部有利於主體選擇

讀者可直接選擇欲薄殼之面

續接的進程則是執行【 鏡射圖元 】指令複製右殼模。鏡射面選擇模型中間之「參考面」——【 前基準面 】；鏡射本體為上階段薄殼後之實體。繪圖區會出現預覽選項，勾選後即可檢視實體之生成結果，繼而再點選【 ✔ 確認 】以執行特徵功能。

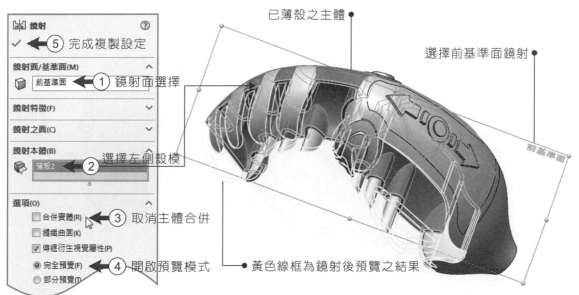

已薄殼之主體

選擇前基準面鏡射

前基準面

黃色線框為鏡射後預覽之結果

鏡射
⑤ 完成複製設定
鏡射面/基準面(M)
前基準面 ① 鏡射面選擇
鏡射特徵(F)
鏡射之面(C)
鏡射本體(B)
薄殼2 ② 選擇左側殼模
選項(O)
☐ 合併實體(R) ③ 取消主體合併
☐ 縫織曲面(K)
☑ 傳遞衍生視覺屬性(P)
◉ 完全預覽(F) ④ 開啟預覽模式
◯ 部分預覽(T)

電動起子建模程序已大致完成。最後階段同樣是進行【 圓角 】修飾，使物體整體性更加精緻。執行步驟如下：點外側之分割面且設定半徑為0.5mm，並啟用預覽模式，再選擇【 ✔ 確認 】即可執行圓角特徵。

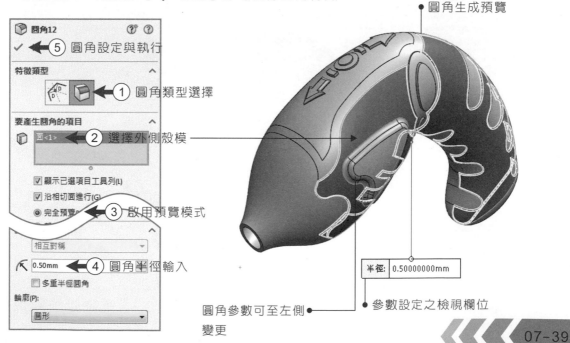

圓角生成預覽

圓角12
⑤ 圓角設定與執行
特徵類型
① 圓角類型選擇
要產生圓角的項目
面<1> ② 選擇外側殼模
☑ 顯示已選項目工具列(L)
☑ 沿相切面進行(G)
◉ 完全預覽 ③ 啟用預覽模式
相互對稱
↖ 0.50mm ④ 圓角半徑輸入
☐ 多重半徑圓角
輪廓(P)：
圓形

半徑： 0.50000000mm

圓角參數可至左側變更

參數設定之檢視欄位

STEP
35

最後再繪製一起子頭（可以參考第6章的螺絲起子頭建模之過程，這裡即不再冗長敘述）；而側邊「GK」可覆貼浮水印或以文字分割製作（可參酌本章17頁之滑鼠建模程序）。

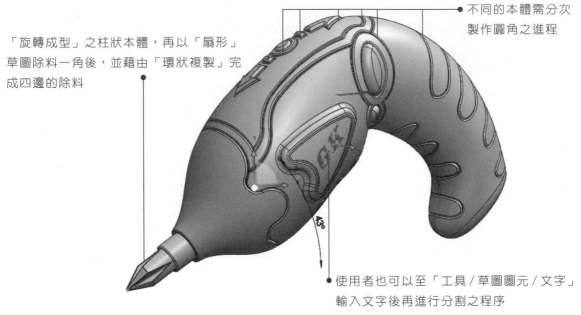

不同的本體需分次製作圓角之進程

「旋轉成型」之柱狀本體，再以「扇形」草圖除料一角後，並藉由「環狀複製」完成四邊的除料

使用者也可以至「工具/草圖圖元/文字」輸入文字後再進行分割之程序

STEP
36

進入模型彩現程序：透過Solidworks的附加模組【 Photoview360 】編輯模型【 外觀 】與【 全景 】。下方為電動起子搭配素色場景與地板渲染後之完成圖照。

電動起子彩現完成圖

7-3 座式電風扇

⊙ 要點提醒　　本範例為綠色版參考教學檔－－請使用雲端連結

本範例教學視訊檔案：SolidWorks/基礎＆實務/CH07目錄下/7-3 電風扇.avi
本範例製作完成檔案：SolidWorks/基礎＆實務/CH07目錄下/7-3 電風扇.SLDPRT

7-3 電風扇建模

電風扇是一個日常生活中常見的家電，其內含之組件成千上百，若要由頭至尾詳解其建模過程恐是罄竹難書。風扇的機電與機構部份並非是本範例的敘述要點，因此在頁面中的設計進程仍是著重在外觀模型的建構。轉動的扇葉經由實體生成後再透過【 🎛 環狀複製】陣列成需求之數量，其防護網的製作程序亦是如此。而關於主體的外殼型態，使用者概可酌參，不需全然的依循附圖之曲線描繪與成型。

建模進程：

 Process-1
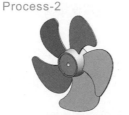 Process-2
Process-3
 Process-4

草圖繪製與扇葉成型　　扇葉環狀陣列完成　　防護網製作　　風扇主體旋轉成型

 Process-8
Process-7
Process-6
 Process-5

材質編輯與彩現　　風扇組件繪製完成　　風扇基座疊層拉伸　　風扇上下主體繪製

STEP 01

電風扇建模的第一個階段為扇葉成型之放樣。選擇【 📄 前基準面】並啟動草圖
繪製程序，以【 ⊥ 原點】為中心向下延伸一建構線，並製作一水平參考線貫穿
原點，繼而選擇【 ◇ 智慧型尺寸】設定水平【 ⁄ 中心線】為400mm，垂直線
段為300mm（接續下階段）。

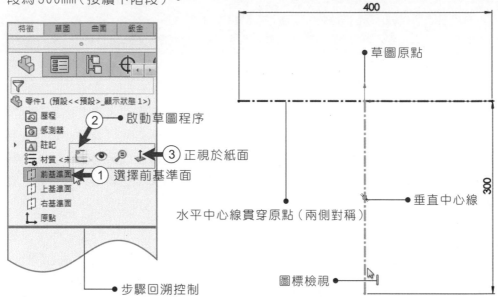

STEP 02

承繼上步驟。由下拉式選單點擊「工具」，並執行「草圖工具」裡中的【 🖼 ：草
圖圖片】指令。在對話方塊中瀏覽圖片檔案且按下開啟，草圖即被匯入至編輯中
的【 📄 基準面】上。

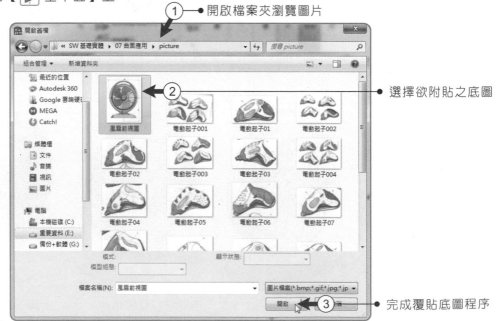

STEP
03
待圖片開啟後,可從畫面中拖曳底圖的控制點來縮放比例(或直接於下方功能視窗中輸入對應的參數值)。建議彩稿可調整透明度60%-80%,以俾利草圖繪製時依附與循邊,設定後再選擇【 ✔ 確認】保留草圖。

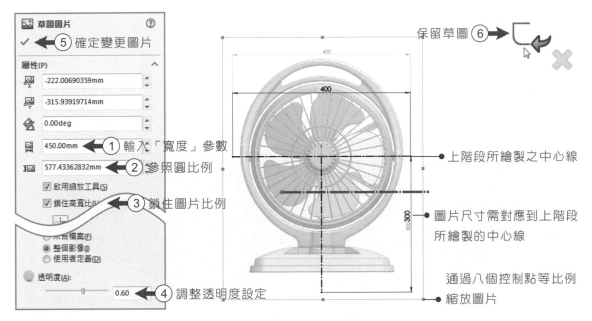

① 輸入「寬度」參數
② 參照圓比例
③ 鎖住圖片比例
④ 調整透明度設定
⑤ 確定變更圖片
⑥ 保留草圖
上階段所繪製之中心線
圖片尺寸需對應到上階段所繪製的中心線
通過八個控制點等比例縮放圖片

STEP
04
點選【 📄 右基準面】進入草繪程序,並【 ↥ 正視於】圖面方位。使用草圖中的【 ⟋ 中心線】由原點向右延伸一水平線;繼而選擇【 ⌒ 三點定弧】(或自由曲線)與【 ⟋ 直線工具】指令,繪製如範例中之封閉輪廓且設定參數。

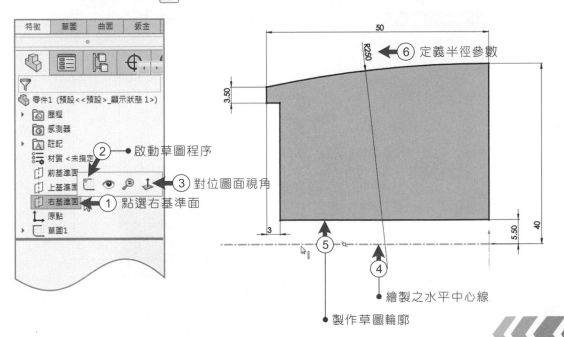

① 點選右基準面
② 啟動草圖程序
③ 對位圖面視角
④ 繪製之水平中心線
⑤ 製作草圖輪廓
⑥ 定義半徑參數

STEP
05

於Solidworks系統中，是直線即可成為【🗘：旋轉成型】之參考軸。在功能視圖的【╱：旋轉軸】部份，選擇上階段繪製之「水平中心線」。如果圖面生成之預覽模式欲轉換成透視型態，使用者可藉由按壓「滾輪」並移動指標來改變對位的視角。

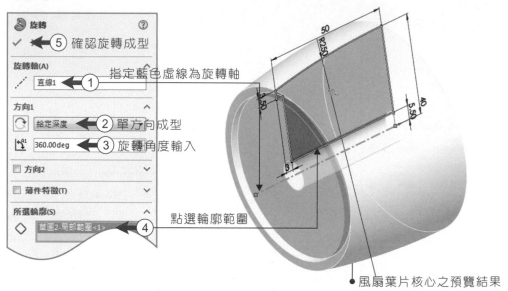

- ⑤ 確認旋轉成型
- 指定藍色虛線為旋轉軸 ①
- 單方向成型 ②
- 旋轉角度輸入 ③
- 點選輪廓範圍 ④
- 風扇葉片核心之預覽結果

STEP
06

當執行旋轉成型後，由系統內建的圖紙中選擇【▧ 右基準面】，再使用「左鍵」點選並啟動【▦ 草圖】。點擊【╱ 直線工具】由循右上左下之路徑繪製一線段，且以【◇ 智慧型尺寸】輸入其相關參數。

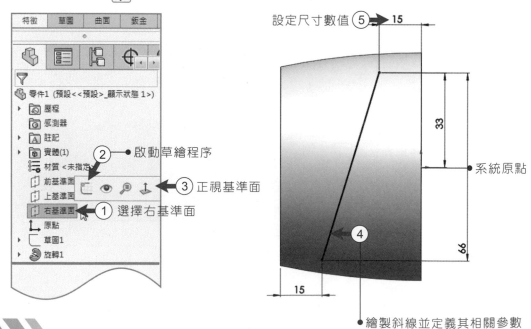

- 設定尺寸數值 ⑤
- 啟動草繪程序 ②
- 正視基準面 ③
- 選擇右基準面 ①
- 系統原點
- 繪製斜線並定義其相關參數

STEP
07

線段完成後的接續進程則是要製作曲面放樣。先選擇上階段所繪製之線段,並參酌伸長功能視窗中的①—④步驟,且開啟預覽模式;最後再點選【✔ 確認】即執行特徵指令。

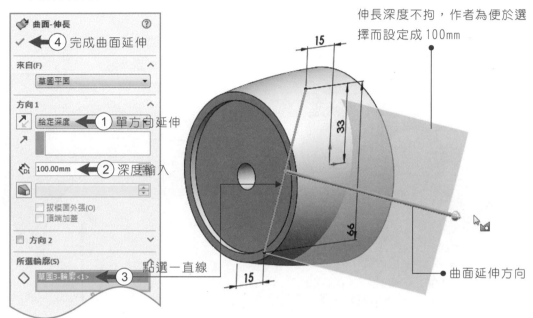

伸長深度不拘,作者為便於選擇而設定成100mm

15

33

66

曲面-伸長
✔ ←④ 完成曲面延伸

來自(F)
草圖平面

方向1
↗ 給定深度 ← ①單方向延伸
↗
⬮ 100.00mm ← ②深度輸入
◆
□ 拔模面外張(O)
□ 頂端加蓋

□ 方向2

所選輪廓(S)
◇ 草圖3-輪廓<1> ← ③ 點選一直線

15

曲面延伸方向

STEP
08

選擇方才製作的放樣曲面並進入草繪環境。使用【◎ 圓形工具】由【⊥ 原點】向外延伸2個【◎ 同心圓/弧】;繼而進行相關參數設定(尺寸定義可適性參考頁面中之範例)。

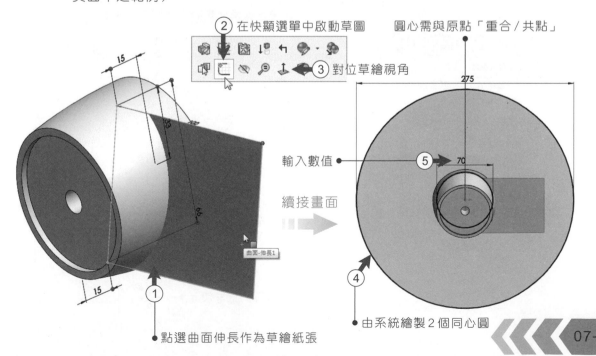

② 在快顯選單中啟動草圖　　圓心需與原點「重合/共點」

③ 對位草繪視角

15

275

輸入數值 ● ⑤ → 70

續接畫面

④

① 曲面-伸長1

15

①

點選曲面伸長作為草繪紙張

● 由系統繪製2個同心圓

STEP 09

延續上階段未結束之草圖，點選【🔲 三點定弧】或【🔲 不規則曲線】在圖元
上繪製 Ⓐ 與 Ⓑ 2 條弧線，需分別【🔲 重合／共點】至兩同心圓；繼而使用【
🔲 修剪工具】剔除扇葉外之迴圈。

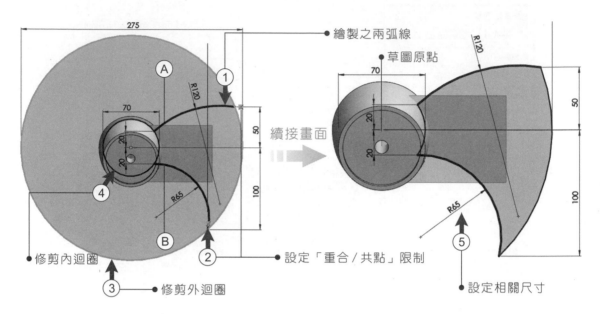

繪製之兩弧線
草圖原點
續接畫面
修剪內迴圈
設定「重合／共點」限制
修剪外迴圈
設定相關尺寸

STEP 10

接續執行【🔲 草圖圓角】指令，針對兩角點進行修飾（可參酌下方 Ⓒ 與 Ⓓ）
，下側圓角為 12.5mm；後方為 45mm（使用者需執行兩次圓角設定，因為此範例
為扇葉前緣圓角之程序）。

後方圓角參數設定如同前方步驟

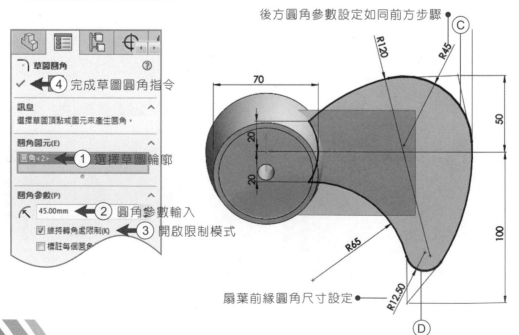

草圖圓角
④ 完成草圖圓角指令
訊息
選擇草圖頂點或圖元來產生圓角。
圓角圓元(E)
圓角<2> ① 選擇草圖輪廓
圓角參數(P)
45.00mm ② 圓角參數輸入
☑ 維持轉角處限制(K) ③ 開啟限制模式
☐ 標註每個圓角

扇葉前緣圓角尺寸設定

STEP 11

啟動【 🗐 伸長填料】之特徵加工程序。實體生成方向選擇「兩側對稱」模式，
且需勾選「合併結果」使本體融合為一。繪圖區出現預覽檢視選項時，勾選後即
可顯示特徵執行之結果。

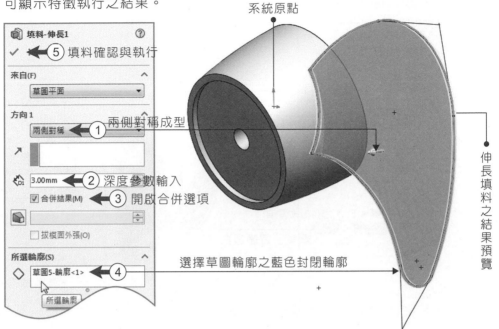

系統原點

🗐 填料-伸長1 ⑦

✓ ← ⑤ 填料確認與執行

來自(F) ∧
草圖平面 ▼

方向1 ∧
兩側對稱 ← ① 兩側對稱成型

↗

🗐 3.00mm ← ② 深度參數輸入
☑ 合併結果(M) ← ③ 開啟合併選項

🗐 ▲▼

□ 拔模面外張(O)

所選輪廓(S) ∧
◇ 草圖5-輪廓<1> ← ④
所選輪廓

選擇草圖輪廓之藍色封閉輪廓

伸長填料之結果預覽

STEP 12

在扇葉雙向實體生成後，繼而是環狀排列複製階段。以【 ⬚ 選取工具】啟動介
面上方的【 ⊕ 隱藏／顯示】，待下拉式選單出現後再點選【 ⁄ 檢視暫存軸】
項次來顯示中心軸。

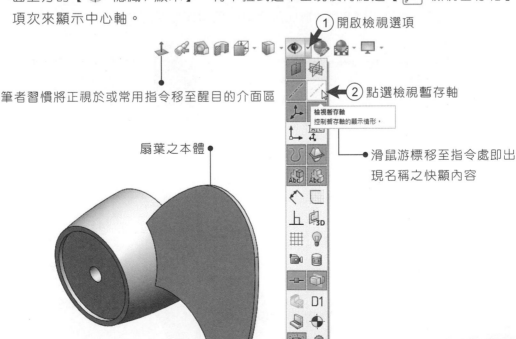

① 開啟檢視選項

筆者習慣將正視於或常用指令移至醒目的介面區

② 點選檢視暫存軸

檢視暫存軸
控制暫存軸的顯示情形。

扇葉之本體

滑鼠游標移至指令處即出
現名稱之快顯內容

STEP 13

指定【 ✏️ 中心線】後,執行【 🔧 環狀複製排列】指令以複製上階段生成的扇葉。通常風扇葉片為3到6片,於此定義副本數量為5;「特徵和面」項次則選擇步驟11的生成本體。

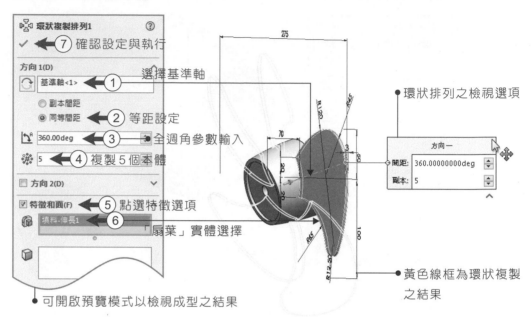

🔧 環狀複製排列1　　　　　　⑦

✓ ← ⑦ 確認設定與執行

方向 1(D)

🔄 基準軸<1> ← ① 選擇基準軸

◎ 副本間距
◉ 同等間距 ← ② 等距設定

↕️ 360.00deg ← ③ 全週角參數輸入

❄️ 5 ← ④ 複製5個本體

☐ 方向 2(D) ⌄

☑ 特徵和面(F) ← ⑤ 點選特徵選項

🔲 填料-伸長1 ← ⑥ 「扇葉」實體選擇

🔲 [　　　]

• 可開啟預覽模式以檢視成型之結果

• 環狀排列之檢視選項

方向一
間距: 360.00000000deg
副本: 5

• 黃色線框為環狀複製之結果

STEP 14

接下來要放樣風扇的「馬達」位置。先點選【 📐:右基準面】後啟動【 🔲:草圖 】,使用【 ✏️ 直線工具】繪製如下範例之線段,並點選【 ◇:智慧型尺寸】標示圖元中的相關參數(於此所建構的馬達僅作為對位使用,所以概略性的放樣即可)。

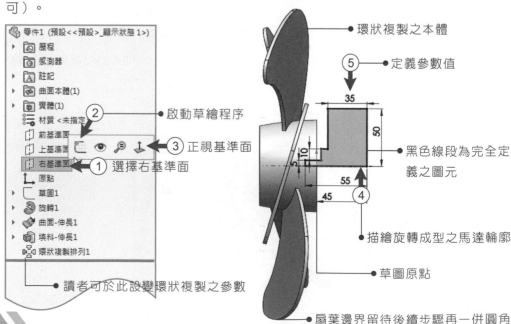

🔶 零件1 (預設<<預設>_顯示狀態1>)
▶ 📷 歷程
　 📷 感測器
▶ 🅰 註記
▶ 🔷 曲面本體(1)
▶ 🔷 實體(1)
　 🎨 材質 <未指定 ← ② 啟動草繪程序
　 📄 前基準面
　 📄 上基準面 ← ③ 正視基準面
　 📄 右基準面 ← ① 選擇右基準面
　 ⌐ 原點
▶ 🔷 草圖1
▶ 🔷 旋轉1
▶ 🔷 曲面-伸長1
▶ 🔷 填料-伸長1
　 🔧 環狀複製排列1

• 讀者可於此設變環狀複製之參數

• 環狀複製之本體

⑤ • 定義參數值

35
50
10
5
55
45 ④

• 黑色線段為完全定義之圖元

• 描繪旋轉成型之馬達輪廓

• 草圖原點

• 扇葉邊界留待後續步驟再一併圓角

STEP 15

2D 圖面完備後即進行 3D 立體塑造。選擇【🌀 旋轉成型】特徵指令，參考軸的部份則指定圖面中的垂直線段，並設為 360 度全週角成型，且取消「合併結果」項次以避免本體融合而一。

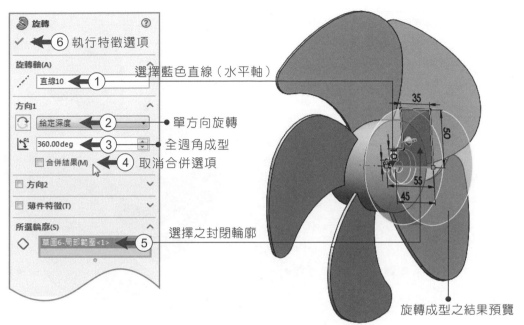

旋轉成型之結果預覽

STEP 16

為使繪圖過程中檢視實體輪廓與對位，使用者可轉換成「線架構」模式。點選【▯ 右基準面】進入草繪環境，並藉由【╱ 直線工具】與【▭ 矩形工具】製作 3 個如下所示的封閉圖元（Ⓐ—Ⓒ 為風扇防護網之剖面輪廓）。

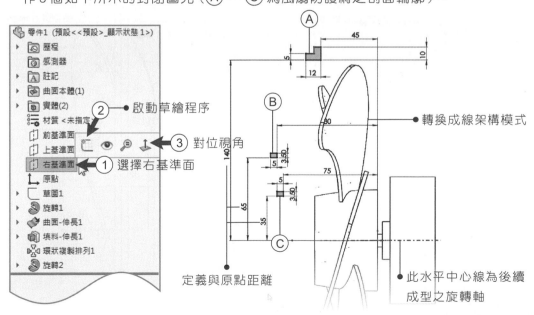

STEP
17
完成圖元放樣後，點選【 🔧：旋轉成型】針對 3 個封閉輪廓進行特徵指令。依照
功能視窗 ① — ④ 設定各參數，迴轉後的防護網外圍之基本架構已大致成型。

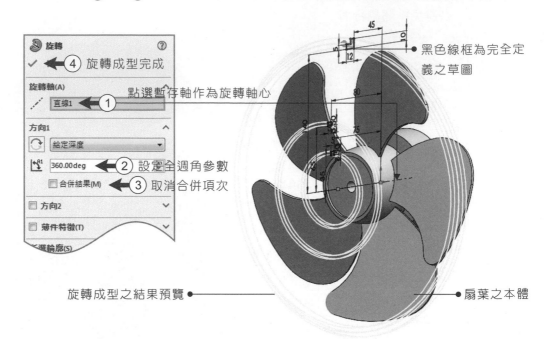

④ 旋轉成型完成

旋轉軸(A)
① 點選暫存軸作為旋轉軸心
直線1

② 設定全週角參數
360.00deg

③ 取消合併項次

黑色線框為完全定義之草圖

旋轉成型之結果預覽 ← ●

扇葉之本體 ← ●

STEP
18
續接的進程是製作防護網肋材的部份。選擇【 🔲 右基準面】啟動【 🔲 草圖】
，並以【 ⌒ 三點定弧】繪製 Ⓐ Ⓑ 2 條弧線；線段皆須串接至上階段所繪製的
3 個防護網本體上，定義完成後保留草圖。

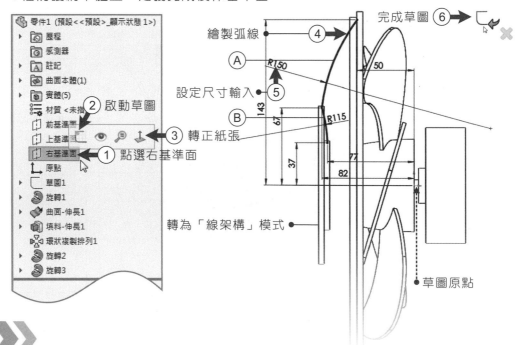

② 啟動草圖

③ 轉正紙張

① 點選右基準面

繪製弧線 ④

設定尺寸輸入 ⑤

完成草圖 ⑥

轉為「線架構」模式 ← ●

草圖原點 ← ●

STEP
19

於線端起點或終點處製作一【 📄 基準面】。先點選【 📄 參考幾何】指令，後
續執行步驟如下：於第一參考選擇外側弧線；第二參考項次則點選線端，完成後
即可產生一基準面放樣。

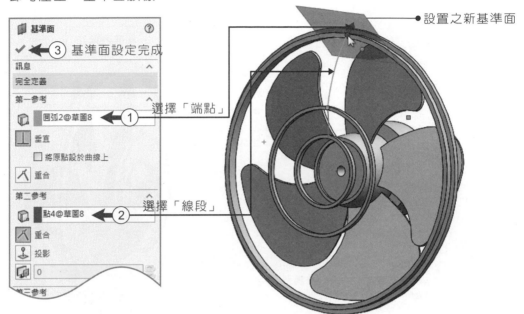

● 設置之新基準面

📓 基準面　　　　　　⑦

✔ ◄── ③ 基準面設定完成

訊息　　　　　　　　∧

完全定義

第一參考　　　　　　∧
　　　　　　　　　　　　　選擇「端點」
🔲 圓弧2@草圖8 ◄─①

⊥ 垂直

☐ 將原點設於曲線上

人 重合

第二參考　　　　　　∧
　　　　　　　　　　　　　選擇「線段」
🔲 點4@草圖8 ◄─②

人 重合

⬆ 投影

📐 0

第三參考

STEP
20

選擇上階段所製作的平面啟動【 ▦ 草圖】並進入繪圖環境。使用【 ◉ 直狹槽
工具】於線端處繪製圖元；繼而以【 ◈ 智慧型尺寸】標註相關參數，讀者設定
完成後點選【 ✔ 確認】即可保留輪廓。

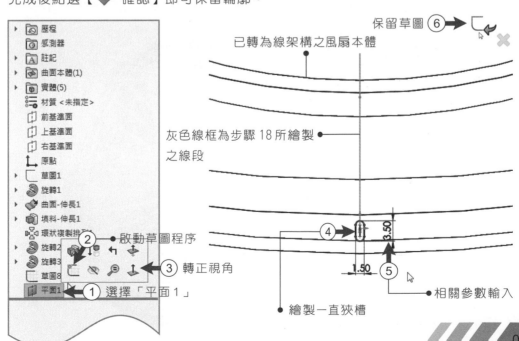

保留草圖 ⑥

已轉為線架構之風扇本體

灰色線框為步驟18所繪製
之線段

▸ 📷 歷程
　 📷 感測器
▸ 🅰 註記
▸ 📦 曲面本體(1)
▸ 📦 實體(5)
　 ⚙ 材質 <未指定>
　 📄 前基準面
　 📄 上基準面
　 📄 右基準面
　 ⌞ 原點
▸ ⌐ 草圖1
▸ 🌀 旋轉1
▸ 🎏 曲面-伸長1
▸ 📦 填料-伸長1
　 🔳 環狀複製排列
▸ 🌀 旋轉2　② ● 啟動草圖程序
▸ 🌀 旋轉3　
　 ⌐ 草圖8　③ 轉正視角
　 📄 平面1 ◄─① 選擇「平面1」

④

3.50

1.50 ⑤

● 相關參數輸入

● 繪製一直狹槽

STEP
21

執行【 掃出成型】特徵。草圖輪廓為「直狹槽」迴圈；而路徑則選擇 Ⓐ 之弧線使之產生實體（可使用結構樹反饋或指定繪圖區之草圖），且開啟預覽模式及合併結果，藉以檢視肋材之生成型態。

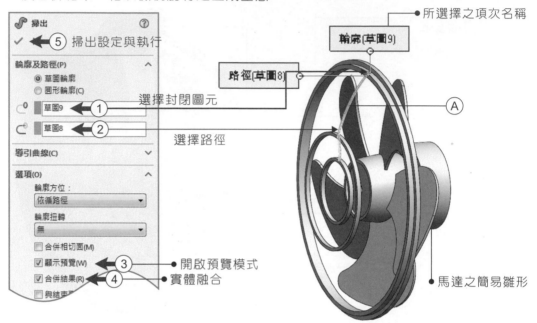

所選擇之項次名稱

輪廓(草圖9)

路徑(草圖8)

選擇封閉圖元

選擇路徑

Ⓐ

開啟預覽模式

實體融合

馬達之簡易雛形

STEP
22

完成一網狀實體後，即執行【 ：環狀複製排列】「防護網肋材」的部份。基準軸選擇步驟12中所開啟的【 暫存軸】並設定「同等間距」，副本數量總共為36個（讀者可適性增減）；而特徵加工範圍則設定「所選本體」並選擇掃出成型之實體。

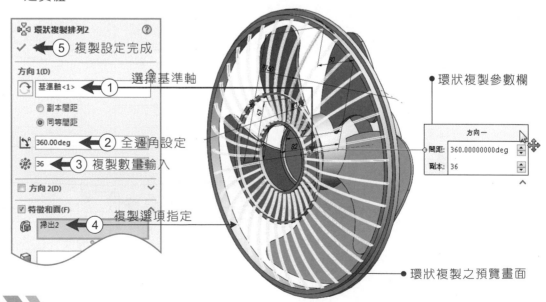

選擇基準軸

全週角設定

複製數量輸入

複製選項指定

環狀複製參數欄

方向一

間距：360.00000000deg
副本：36

環狀複製之預覽畫面

STEP 23

現階段欲製作風扇主體的外框。由【 🔗 原點】向右延伸一條【 🖊 :水平中心線】，並以草圖工具中的【 📐 直線工具】與【 ⌒ 三點定弧】繪製如右例圖之封閉輪廓。

🔧 風扇C1 (預設<<預設>_顯示狀態 1>)
▸ 📂 歷程
　 🔷 感測器
▸ Ⓐ 註記
▸ 🔶 曲面本體(1)
▸ 🔷 實體(3)
　 📊 材質 <未指定>　　②　● 啟動草圖程序
　 📄 前基準面
　 📄 上基準面　　　　　　③ 🔍 ⬍ ◀──③ 正視於基準面
　 📄 右基準面 ◀──①　以「左鍵」點選右基準面
　 📐 原點
▸ 📄 草圖1
▸ 🌀 旋轉1　　　　　　　● 「線架構」模式
▸ 🔶 曲面-伸長1
▸ 📦 填料-伸長1
　 ❖ 環狀複製排列1
▸ 🌀 旋轉2
▸ 🌀 旋轉3

讀者可先繪製一條弧線後，繼而選擇偏移圖元複製線段，再將空缺處連接即完成

中心線需與原點設定水平限制

STEP 24

草圖輪廓完成後再點選【 🌀 旋轉成型】指令製作實體。旋轉軸可指定步驟22所使用的【 🖊 :暫存軸】，並進行360度全週角旋轉成型。於此需取消「合併選項」，因為加工時風扇各部件需分段成型。

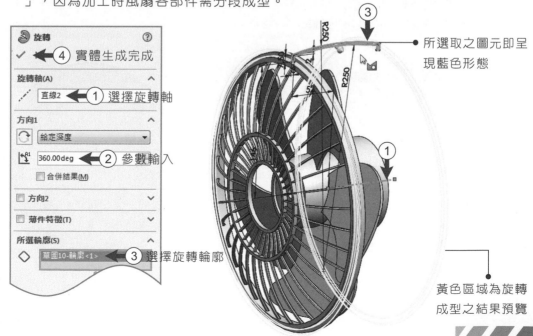

🌀 旋轉　　　　　　　　 ⑦
✓ ◀── ④ 實體生成完成

旋轉軸(A)　　　　　　　∧
🖊 直線2 ◀──① 選擇旋轉軸

方向1　　　　　　　　　∧
🔄 給定深度　　　　　▼
⬆ 360.00deg ◀──② 參數輸入
☐ 合併結果(M)

☐ 方向2　　　　　　　　∨
☐ 薄件特徵(T)　　　　　∨

所選輪廓(S)　　　　　　∧
◇ 草圖10-輪廓<1> ◀── ③ 選擇旋轉輪廓

③ ● 所選取之圖元即呈現藍色形態

黃色區域為旋轉成型之結果預覽

STEP 25

以左鍵點擊【📖 前基準面】並參考底圖放樣，使用【⊙ 圓形工具】由【⬈ 原點】向外延伸一封閉輪廓，繼而以【◇：智慧型尺寸】標註參數為 330mm，待線段呈現黑色形態時則已完成定義。

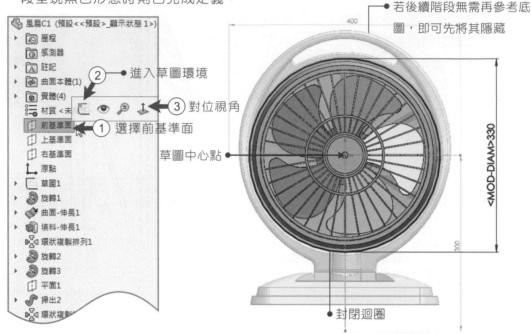

若後續階段無需再參考底圖，即可先將其隱藏

②─ 進入草圖環境

③ 對位視角

① 選擇前基準面

草圖中心點

封閉迴圈

STEP 26

建議讀者參考底圖並點選【⌒ 三點定弧】或【∿ 不規則曲線】，依循輪廓進行描繪電風扇「外殼」之程序，繼而以【▢ 矩形工具】繪製連接底座處之本體，最後再使用【✂ 修剪工具】剔除多餘線段，並使用【⌐ 草圖圓角】輸入 15mm 之參數（如 Ⓐ Ⓑ 弧線）。

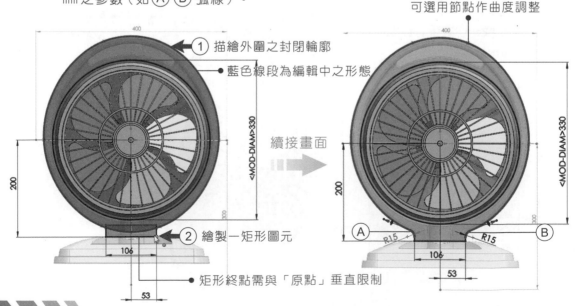

可選用節點作曲度調整

① 描繪外圍之封閉輪廓

藍色線段為編輯中之形態

續接畫面

② 繪製一矩形圖元

矩形終點需與「原點」垂直限制

STEP
27

延續上一階段之草圖輪廓。點選【　伸長填料】單向生成100mm之實體,且不
需勾選「合併結果」(「所選輪廓」部份若系統未自動選取,讀者即可指定模型
中的草圖輪廓成型)。

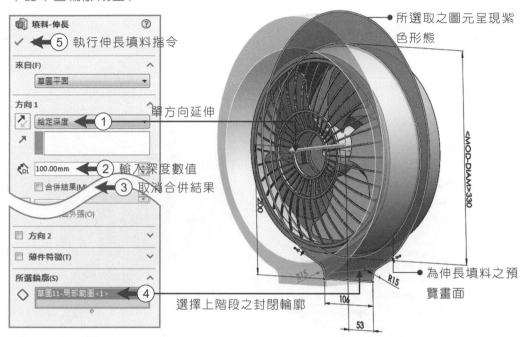

填料-伸長

✓ ← ⑤ 執行伸長填料指令

來自(F)　　　　　　　^
草圖平面

方向1　　　　　　　　^ 單方向延伸
↗ 給定深度 ← ①
↗
$\diamondsuit$ 100.00mm ← ② 輸入深度數值
□ 合併結果(M) ← ③ 取消合併結果
　　　　　面外張(O)

□ 方向2　　　　　　　∨
□ 薄件特徵(T)　　　　∨
所選輪廓(S)　　　　　^
◇ 草圖11-局部範圍<1> ← ④
　　　　　　　　　　　　選擇上階段之封閉輪廓

所選取之圖元呈現紫
色形態

為伸長填料之預
覽畫面

<MOD-DIAM>330

200

R15

R15

106

53

STEP
28

選擇特徵管理員中的【　:右基準面】並啟動草圖。使用【∿:不規則曲線】或
【⌒ 三點定弧】繪製 Ⓐ Ⓑ 2段弧線,且藉由【◇ 智慧型尺寸】設定其相關參
數。

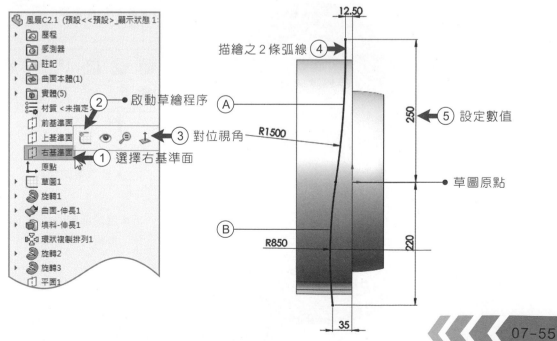

風扇C2.1 (預設<<預設>_顯示狀態1:
▸ 🕐 歷程
　 🔲 感測器
▸ Ⓐ 註記
▸ 🔲 曲面本體(1)
▸ 🔲 實體(5)
　 ❂ 材質 <未指定> ← ② ● 啟動草繪程序 Ⓐ
　 🗋 前基準面
　 🗋 上基準面　⃝ ◉ ⨁ ↥ ← ③ 對位視角
　 🗋 右基準面 ← ①　選擇右基準面
　 L 原點
▸ 🗋 草圖1
▸ 🌀 旋轉1
▸ 🌀 曲面-伸長1
▸ 🔲 填料-伸長1
　 🔲 環狀複製排列1
▸ 🌀 旋轉2
▸ 🌀 旋轉3
　 🗋 平面1

12.50

描繪之2條弧線 ④

④

R1500

250

⑤ 設定數值

草圖原點

Ⓑ

R850

220

35

STEP 29

使用上階段所繪製的弧面進行【 伸長除料】程序。方向選擇「完全貫穿」並設定成「反轉除料邊」；而特徵加工則指定下圖綠色形態之本體。讀者可開啟預覽功能進行特徵執行結果之檢視。

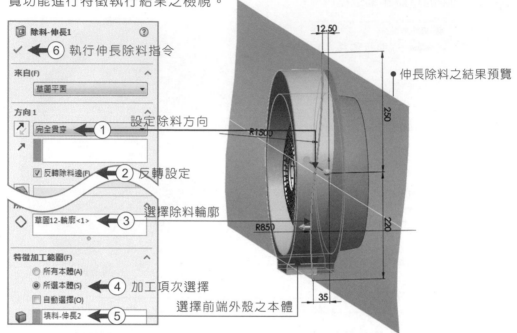

除料-伸長1

6 執行伸長除料指令

來自(F)
草圖平面

方向1
完全貫穿 — 1 設定除料方向

反轉除料邊(F) — 2 反轉設定

草圖12-輪廓<1> — 3 選擇除料輪廓

特徵加工範圍(F)
所有本體(A)
所選本體(S) — 4 加工項次選擇
自動選擇(O)
填料-伸長2 — 5 選擇前端外殼之本體

伸長除料之結果預覽

12.50
250
220
R1500
R850
35

STEP 30

選擇風扇底端之平面，待呈藍色形態時以【 選取工具】啟動【 草圖】程序；建議使用者可執行【 正視於】指令對位圖面方位。關於風扇之模型建構，讀者能適性的酌參與自主性的調整。

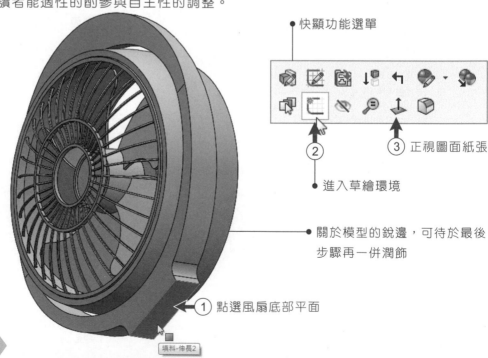

快顯功能選單

2 進入草繪環境
3 正視圖面紙張

關於模型的銳邊，可待於最後步驟再一併潤飾

1 點選風扇底部平面

填料-伸長2

STEP
31
轉正圖面紙張後,選擇【◎:圓形工具】於底端處繪製一迴圈,這裡需要注意的
是其圓心需與【↙ 原點】設定為【│ 垂直放置】,並以【◇ 智慧型尺寸】進
行相關參數標註。

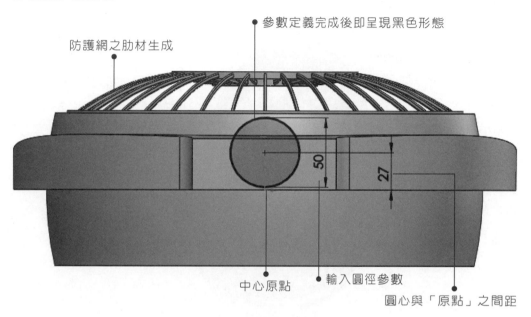

防護網之肋材生成

參數定義完成後即呈現黑色形態

50

27

中心原點

輸入圓徑參數

圓心與「原點」之間距

STEP
32
以滑鼠「左鍵」點擊【▣ 伸長填料】指令進行加工程序。這裡要請讀者特別注
意:方向需選擇「成形至某一面」(面為內徑粉紅色區域),成型之輪廓即會貼
合著曲度伸長本體。

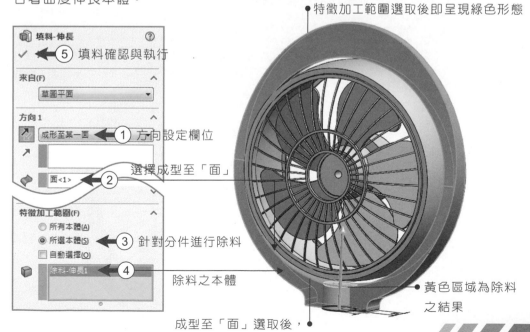

特徵加工範圍選取後即呈現綠色形態

填料-伸長   ⑦

✓ ← ⑤ 填料確認與執行

來自(F)   ∧
草圖平面   ▼

方向1   ∧
↗ 成形至某一面 ← ① 方向設定欄位
↗
◆ 面<1> ← ②   選擇成型至「面」

特徵加工範圍(F)   ∧
○ 所有本體(A)
◉ 所選本體(S)   ③ 針對分件進行除料
□ 自動選擇(O)
▣ 除料-伸長1 ← ④   除料之本體

黃色區域為除料
之結果

成型至「面」選取後,
所選項次呈粉紅色形態

STEP 33

點擊風扇實體轉出之平面，且以「左鍵」啟動【▦ 草圖】。系統不會將畫面轉成正對電腦螢幕之第一人稱視角（於Solidworks系統中只有第一個草圖繪製時會自動轉正圖紙；而第二個草圖後，需使用者執行【⬆ 正視於】指令才得以對位草繪圖面）。

讀者可依觀感自行調整相關參數

設置風扇防護網之目的在於避免人身或它物誤觸扇葉。讀者可適性調整間距（建議間距不要過大）

點選此按鍵可回溯與編輯既有之草圖

② 啟動草圖程序

③ 對位草圖視角

① 點選前端的平面

STEP 34

執行【⬆ 正視於】指令，使草圖基準面對位並開始繪製。透過【∿ 不規則曲線】刻劃出上部鵝蛋形圖元，繼而以【／ 中心線】於【⊥ 原點】下方描繪一垂直中心線，並依序設定其相關參數。

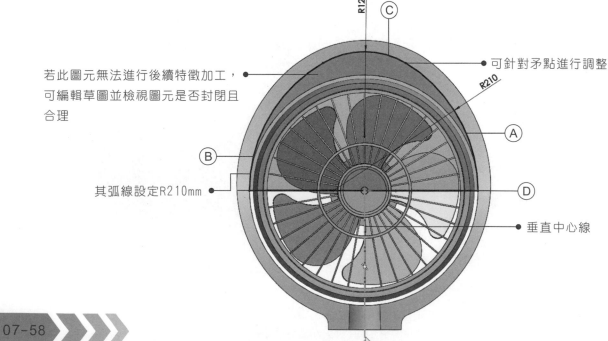

若此圖元無法進行後續特徵加工，可編輯草圖並檢視圖元是否封閉且合理

R120 ©

可針對矛點進行調整

Ⓐ

Ⓑ

R210

其弧線設定R210mm

Ⓓ

垂直中心線

STEP
35

透過【▣ 伸長除料】指令進行特徵程序。下方功能視窗中的方向選擇「至某面平移處」(點選後方粉紅色的面),平移參數為 5mm;而特徵加工範圍則設定為「所選本體」,且選擇前方填料之實體。

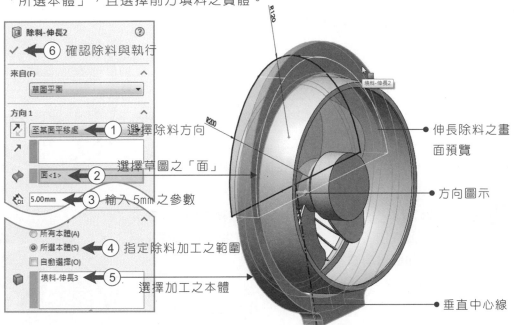

除料-伸長2	
✓ ⑥	確認除料與執行
來自(F)	
草圖平面	
方向1	
至某面平移處 ①	選擇除料方向
面<1> ②	選擇草圖之「面」
5.00mm ③	輸入 5mm 之參數
○ 所有本體(A)	
◉ 所選本體(S) ④	指定除料加工之範圍
□ 自動選擇(O)	
填料-伸長3 ⑤	選擇加工之本體

- 伸長除料之畫面預覽
- 方向圖示
- 垂直中心線

STEP
36

待除料完成後,選擇 ① 之平面啟動草繪且【↥ 正視於】紙張(若讀者想檢視另一面之輪廓,即需「再一次」點選【↥ 正視於】指令,畫面中的模型則會反轉 180 度,但其草圖作用面則維持不變)。

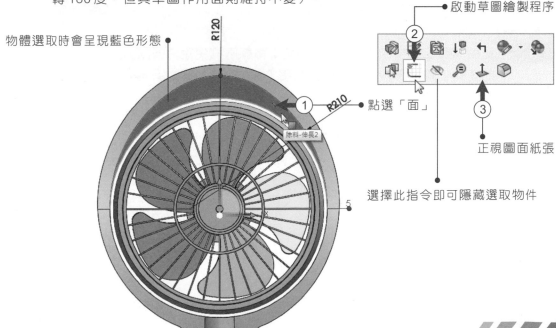

- 物體選取時會呈現藍色形態
- 啟動草圖繪製程序 ②
- ① 點選「面」
- ③ 正視圖面紙張
- 選擇此指令即可隱藏選取物件

握把處之形態可依循底圖邊
界或自行繪製

STEP
37

延續上一階段之草圖,並著手風扇「握把處」之繪
製。執行【 ⌒ 三點定弧】或【 N 不規則曲線】
指令描繪如右例圖之弧線(其弧線中點需與【
人 原點】設定為【 │ 垂直放置】)。

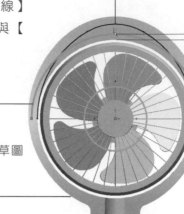

藍色線段為編輯中之草圖

讀者可依情況自由轉換檢視之模式

STEP
38

透過【 片:強力修剪】指令刪除重複之線段(在非
線段上長按「左鍵」並拖曳滑鼠,指標所行經之路
徑上的線段皆會被剔除。

修剪參考路徑

如果使用者覺得風扇平面過於刻板,
可於本體上再新增紋飾

STEP
39

藉由草圖工具中的【 ⌐ 草圖圓角】修飾兩側尖銳
的角點;圓角參數輸入 7mm 後點擊【 ✔ 確認】以
執行特徵指令。

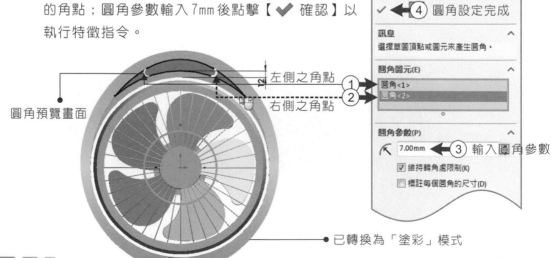

圓角預覽畫面

左側之角點
右側之角點

已轉換為「塗彩」模式

▔ 草圖圓角　　　　　⑦
✔ ◀─④ 圓角設定完成

訊息　　　　　　　∧
選擇草圖頂點或圖元來產生圓角。

圓角圖元(E)　　　∧
圓角<1>　─①
圓角<2>　─②

圓角參數(P)　　　∧
⌐ 7.00mm ◀─③ 輸入圓角參數
☑ 維持轉角處限制(K)
☐ 標註每個圓角的尺寸(D)

STEP
40
草圖輪廓定義完整後，即可選擇【 伸長除料】特徵進行加工程序。除料方向
設定為「完全貫穿」；加工範圍同樣是設定為「所選本體」。風扇提把處如除料
不完整，則易造成邊界卡餘料之境況。

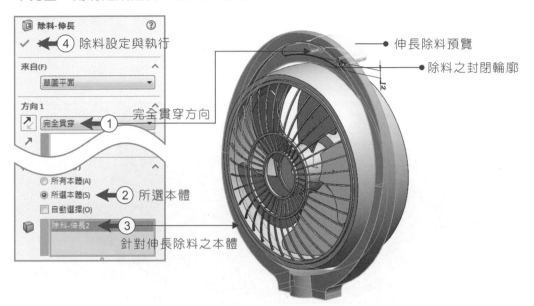

除料-伸長
✓ ← (4) 除料設定與執行
來自(F)
　草圖平面 ▼
方向1
↗ 完全貫穿 ← (1) 完全貫穿方向
↗
◯ 所有本體(A)
◉ 所選本體(S) ← (2) 所選本體
☐ 自動選擇(O)
　除料-伸長2 (3)
針對伸長除料之本體

伸長除料預覽
除料之封閉輪廓
l2

STEP
41
握把除料後，以「左鍵」點擊模型底端處的「面」，繼而再執行【 ：參考幾何
】中的【 基準面】指令，並向下偏移出相距約25mm的新草繪紙張。當特徵選
項定義完整，畫面即如下圖中藍色形態之樣貌，設定後點選【 ✔ 確認】即可新
建一草繪平面。

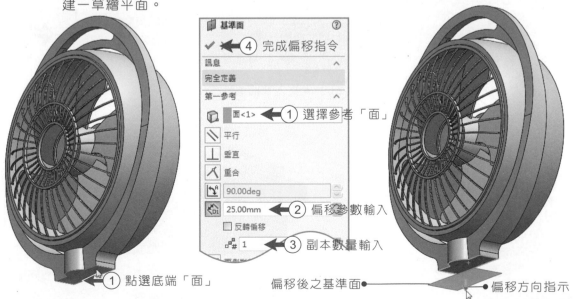

基準面
✓ ← (4) 完成偏移指令
訊息
完全定義
第一參考
　面<1> ← (1) 選擇參考「面」
◇ 平行
⊥ 垂直
∧ 重合
90.00deg
25.00mm ← (2) 偏移參數輸入
☐ 反轉偏移
1 ← (3) 副本數量輸入

(1) 點選底端「面」
偏移後之基準面
偏移方向指示

STEP
42

延續上一步驟，點擊上階段所製作之平面並啟動【▦:草圖】。選擇【▣:中心矩形】並以【⏢原點】為基準繪製圖元，且設定四邊圓角參數皆為20mm；接續再以【◇智慧型尺寸】輸入相關參數值。

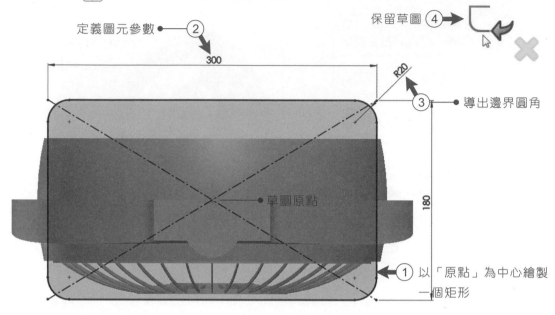

定義圖元參數 ②
保留草圖 ④
300
R20
③ 導出邊界圓角
180
草圖原點
① 以「原點」為中心繪製一個矩形

STEP
43

保留上階段之圖元。繼而以風扇底部平面繪製草圖，且執行【↥正視於】對位紙面。再次透過【▣中心矩形】建構一寬140mm、高90mm的圖元，並限制其中心與【⏢原點】為【人重合/共點】。

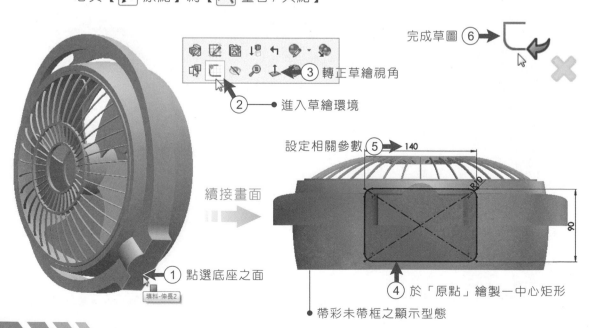

完成草圖 ⑥
③ 轉正草繪視角
② 進入草繪環境
設定相關參數 ⑤ 140
R10
90
④ 於「原點」繪製一中心矩形
帶彩未帶框之顯示型態
① 點選底座之面
填料-伸長2
續接畫面

STEP
44

使用【 ▦ 前基準面】並啟動草繪程序。選擇【 ⌒ 三點定弧】創建2段弧線（讀者也可以先繪製右側弧線並標註尺寸，弧線端點需與上、下2個矩形設定【 ✍ 貫穿】；接著再以【 ⊢⊣ 鏡射圖元】複製出左邊之弧線），繼而保留本草圖。

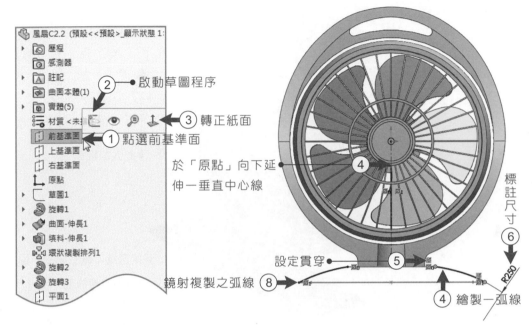

STEP
45

啟動【 ◤ 疊層拉伸】特徵，繼而選取輪廓（步驟42-43所繪製之圖元）與導引曲線（開放迴圈）。功能設定時可開啟預覽模式，確認無誤後點擊【 ✔ 確認】以完成電風扇底座之塑型。

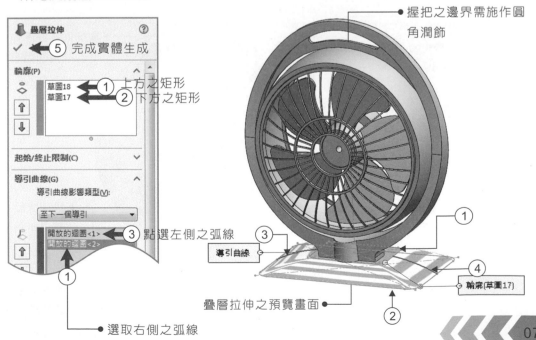

STEP
46

以【 ⬚ 選取工具】點擊上階段所成型本體之底面，待出現快顯功能視窗後啟動
【 ▦ 草圖】，再透過【 ⬆ 正視於】對位繪圖視角，待系統畫面轉正後即進入
草繪

② 進入草圖環境

③ 對位草繪視角

① 以滑鼠選擇本體底端的「面」

● 所選項次資訊欄

STEP
47

由前步驟選取的「面」繪製「底座」部份，其相關步驟如下：先點選底座的「面
」，繼而執行【 ▣ 參考圖元】指令複製所選取之輪廓，接續以【 ⬚ 伸長填料
】向下延伸15mm之實體；而「拔模面外張」欄位需輸入10deg之參數。

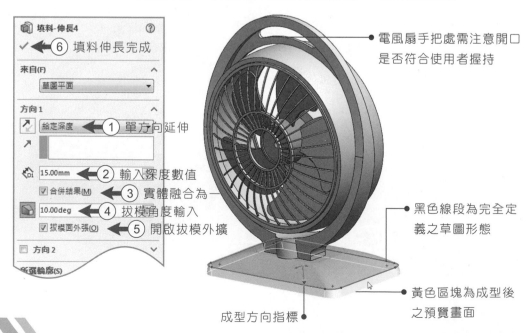

填料-伸長4

✓ ⑥ 填料伸長完成

來自(F)
草圖平面

方向1
給定深度 ⬅ ① 單方向延伸

15.00mm ⬅ ② 輸入深度數值
☑ 合併結果(M) ⬅ ③ 實體融合為一
10.00deg ⬅ ④ 拔模角度輸入
☑ 拔模面外張(O) ⬅ ⑤ 開啟拔模外擴

☐ 方向2

所選輪廓(S)

成型方向指標 ●

● 電風扇手把處需注意開口
是否符合使用者握持

● 黑色線段為完全定
義之草圖形態

● 黃色區塊為成型後
之預覽畫面

STEP
48
點選方才成型之風扇底座平面(為例圖之橘色框線
),並啟動【□ 草圖】進行草圖繪製階段。

筆者慣以上彩帶框模式檢視本體 ●

防護網之間距可再進入特徵樹編輯與設變 ●

選取後呈現橘色線框形態 ●

以游標點擊其平面 ① ② 啟動草繪程序

STEP
49
延續上一階段未完成之草圖,待選取面呈藍色時
點選介面上方的【□ 偏移圖元】,且向外偏移 10
mm 左右之輪廓。風扇底做的造型可自行調整,但
盡量避免有頭重腳輕之概況。

最後可施以導角或圓角修飾邊界 ●

偏移 10mm 之黑色線框 ● ③

偏移之參數輸入 ●

STEP
50
草圖輪廓定義確實後,即可執行【□ 伸長填料】
特徵。長出深度約為 5mm-10mm(讀者可適性調整
),待點選【 ✔ 確認】鍵即完成第 2 層底座。

讀者可適時以滾輪及滑鼠按壓方式轉換模型視角 ●

現階段生成之實體 ● ④

生成實體呈現藍色型態 ●

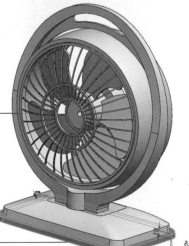

STEP
51
關於電風扇「底座」的部份，使用者可依觀感決定是否增加第2層。使用滑鼠「左鍵」點擊 Ⓐ 面（選取後即呈現橘色樣貌），並以快顯功能表中的【▦ 啟動草圖】進入草繪階段。

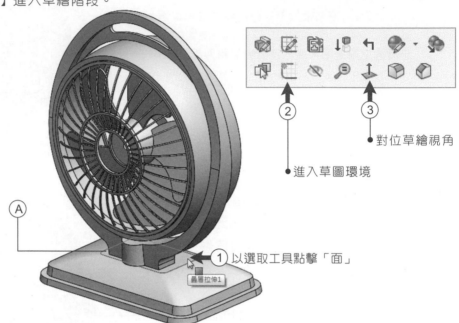

● 對位草繪視角

② 進入草圖環境

Ⓐ

① 以選取工具點擊「面」

薄層拉伸1

STEP
52
轉正視角後，選擇【⌒ 三點定弧】或【∿ 不規則曲線】描繪如下例圖 ① — ⑧ 之輪廓；接續再以【╱ 直線工具】繪製一水平線 ⑦ 封閉圖元（讀者也可透過鏡射完成圖元），並設定其相關數值。

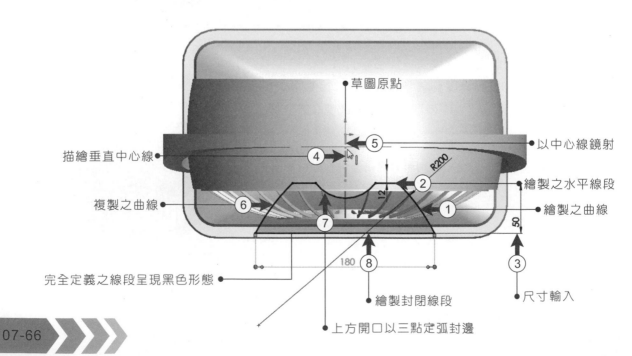

● 草圖原點

描繪垂直中心線 ● ④

● 以中心線鏡射

⑤

R200

繪製之水平線段

複製之曲線 ● ⑥

② 12

● 繪製之曲線

①

50

⑦

完全定義之線段呈現黑色形態 ●

180 ⑧

③

● 尺寸輸入

● 繪製封閉線段

● 上方開口以三點定弧封邊

STEP
53

啟動【🗊 伸長除料】之特徵加工程序。選擇向下除料 20mm，而特徵加工範圍則改成「所選本體」，並指定為底座之實體（建議使用者可開啟預覽來檢視成型之結果）。

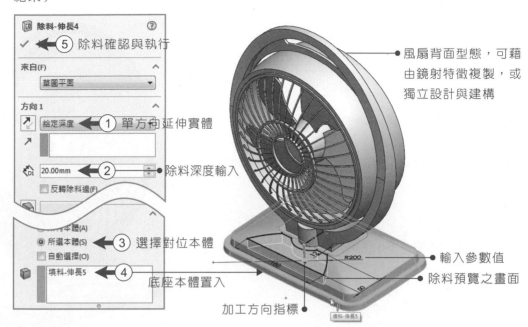

除料-伸長4

⑤ 除料確認與執行

來自(F)
草圖平面

方向1
給定深度 ← ① 單方向延伸實體

🔄 20.00mm ← ② 除料深度輸入
□ 反轉除料邊(F)

○ 本體(A)
◉ 所選本體(S) ← ③ 選擇對位本體
□ 自動選擇(O)

📦 填料-伸長5 ← ④
底座本體置入

加工方向指標

填料-伸長5

風扇背面型態，可藉由鏡射特徵複製，或獨立設計與建構

輸入參數值

除料預覽之畫面

R200

STEP
54

接續在除料處上繪製細部按鍵。同樣的選取欲加工之「面」啟動草圖。選擇【◎ 圓形工具】與【◎：直狹槽工具】於同一水平線上繪製 5-6 個圖元，並執行【🗊 伸長填料】成型實體（其零件皆不需合併，因為加工時皆為不同組件）。

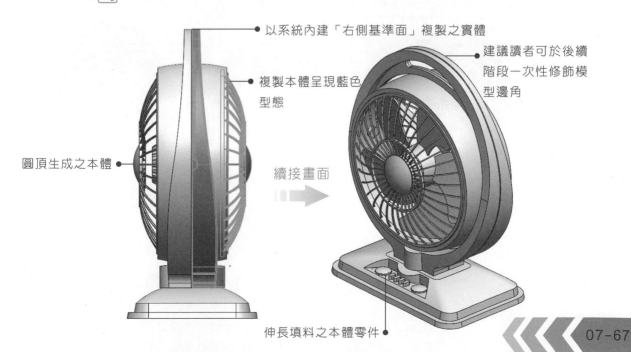

以系統內建「右側基準面」複製之實體

複製本體呈現藍色型態

建議讀者可於後續階段一次性修飾模型邊角

圓頂生成之本體

續接畫面

伸長填料之本體零件

STEP 55

待按鍵實體長出後，讀者能自行增加細部設計。電風扇前方旋轉中心的殼模可參考第6章77頁（蓮蓬頭範例）；而圓頂上方的文字得酌參本章節40頁（電動起子步驟35）。建議讀者使用【🔲：圓角】做最後整體性的潤飾，藉以提升模型之完整性與精緻度。

握持處圓角參數值為3-5mm，
當然使用者也可以適性做調整

讀者可使用浮水印或分割方式製作圖標部份

實體中所有邊角都會做一定的修飾，一方面避免使用者在操作過程中受傷；另一方面則使產品之精緻度提高

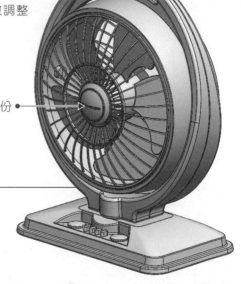

STEP 56

進入模型彩現程序：透過Solidworks的附加模組【🌐 Photoview360】編輯模型【🔴 外觀】與【🖼 全景】。下方為不同材質的電風扇搭配素色場景與地板渲染之完成圖照。

電風扇彩現完成圖

7-4 汽車輪圈模型

⊙ 要點提醒　　本範例為綠色版參考教學檔--請使用雲端連結

本範例教學視訊檔案：SolidWorks/基礎&實務/CH07目錄下/7-4　輪圈.avi
本範例製作完成檔案：SolidWorks/基礎&實務/CH07目錄下/7-4　輪圈.SLDPRT

7-4 汽車輪圈建模

汽車輪圈製造是一門美學結合應用科學的專業，目前常見的鋁圈主要製程可分為鑄造與鍛造兩種。圈框與肋面的【🔧：旋轉成型】是建模的前階進程，鋁圈肋骨的形態塑造除了考量美感的要素外，減壓、降溫、堅固與負荷……等安全性要點更是不容忽視。圈肋藉由【🔲分割】刻劃出組件與細節，繼而執行【🔲圓角】特徵修飾實體邊界銳角的部份。隨著本體數的增加，相對著輪圈的製程技術與單價也將大幅的提高。

建模進程：

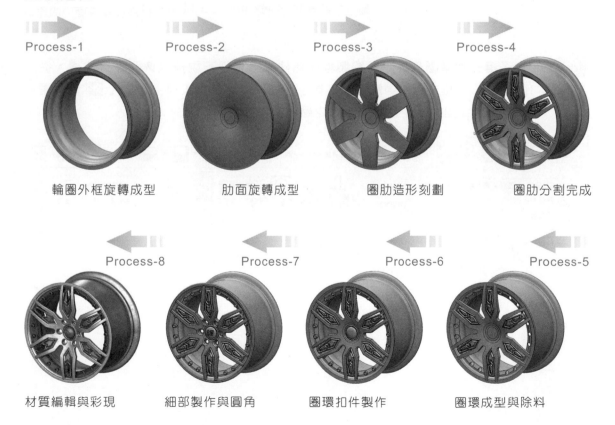

Process-1	Process-2	Process-3	Process-4
輪圈外框旋轉成型	肋面旋轉成型	圈肋造形刻劃	圈肋分割完成

Process-8	Process-7	Process-6	Process-5
材質編輯與彩現	細部製作與圓角	圈環扣件製作	圈環成型與除料

STEP
01

汽車輪圈的建模需匯入側向底圖酌參,所以點選【 🔲 右基準面】並執行草圖繪製程序。使用【 ⟋ 中心線】由【 🖡 原點】延伸出水平與垂直線放樣,且透過【 ◇ 智慧型尺寸】設定210mm與225mm的參數。

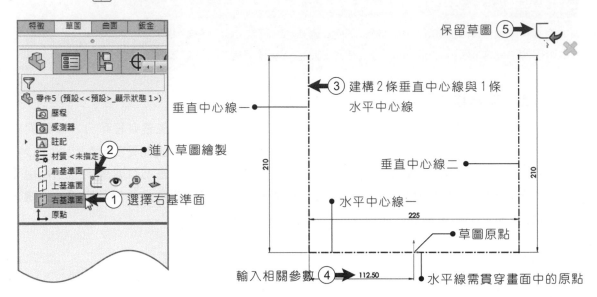

保留草圖 ⑤

③ 建構2條垂直中心線與1條水平中心線

垂直中心線一

進入草圖繪製

② 進入草圖繪製

垂直中心線二

水平中心線一

選擇右基準面

輸入相關參數 ④ 112.50

草圖原點

水平線需貫穿畫面中的原點

STEP
02

除了第一個草圖外,其餘繪製程序皆建議讀者轉正視角以俾利圖元建構。從介面上方的下拉式選單中點擊「工具」,並執行「草圖工具」中的【 🖼 草圖圖片】指令(或如例圖中選擇指令欄之圖標)。

② 啟動草繪程序

③ 對位視角

① 點選右基準面

④ 插入草圖圖片

草圖圖片
加入一個影像檔案到草圖背景中。

右基準面

下方畫面省略

STEP
03

執行指令後會啟動預設資料夾，讀者可在對話框中瀏覽圖片檔案並選擇開啟，彩稿即匯入到編輯狀態中的【▣右基準面】上。建議使用者得參酌下列步驟並配合圖文進行描繪之程序。

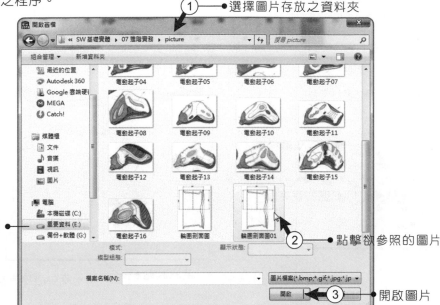

①●選擇圖片存放之資料夾

位於E槽或雲端指定●
資料夾

②●點擊欲參照的圖片

③●開啟圖片

STEP
04

圖片開啟後，使用者可藉由畫面中的控制點來拖曳底圖或縮放比例，也能依照下方步驟調整畫面尺寸。在長寬欄位中輸入相關參數，建議讀者需將背景圖片之透明度調整至60%-80%，以免干擾到前景的草圖建構與對位。

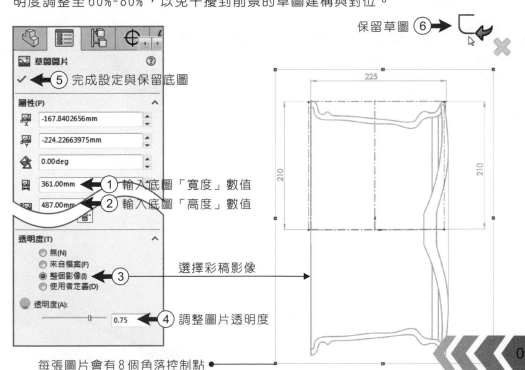

保留草圖 ⑥➤

⑤完成設定與保留底圖

屬性(P)

①輸入底圖「寬度」數值
②輸入底圖「高度」數值

透明度(T)
- 無(N)
- 來自檔案(F)
- 整個影像(I) ③ 選擇彩稿影像
- 使用者定義(D)

透明度(A):
0.75 ④ 調整圖片透明度

每張圖片會有8個角落控制點●

STEP
05

將底圖對位至所放樣的中心線上後，選擇【▣:右基準面】並啟動【▦:草圖】
。使用【Ⓝ:不規則曲線】與【／:直線工具】建構如下所示之圖元，繼而以【
⟋ 中心線】於【⊥ 原點】向右延伸一水平中心線，再點擊【◇ 智慧型尺寸】
輸入其相關數值。

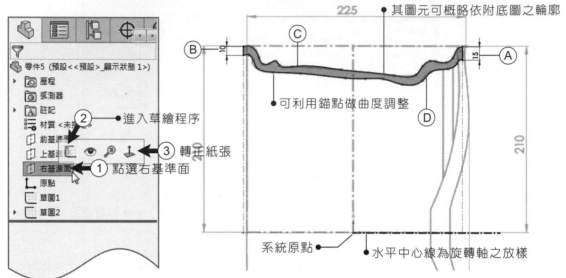

STEP
06

完成草圖後接續選擇【🌀 旋轉成型】進行實體迴轉之程序。「旋轉軸」指定上階
段所製作之中心線，並設定360度全週角成型；建議使用者可以開啟預覽模式，
確認模型生成是否符合自己的預期。

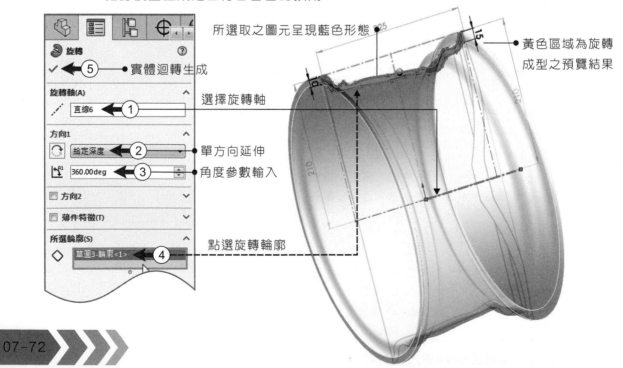

STEP
07

現階段可開啟「線架構」模式，以俾利新草圖建立時之對位。參考步驟05，經【🔲 右基準面】進入草繪環境，點選【〰 不規則曲線】（或【⌒ 三點定弧】）與【／ 直線工具】創建一封閉輪廓（可酌參右圖），且依序輸入相關數值。

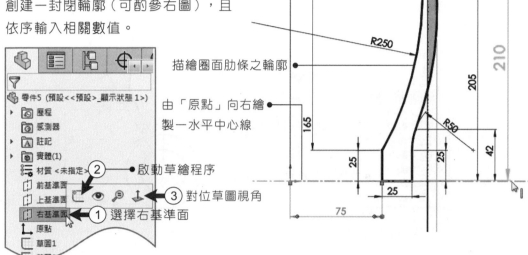

描繪圈面肋條之輪廓 ●

由「原點」向右繪 ●
製一水平中心線

② ● 啟動草繪程序
③ ● 對位草圖視角
① 選擇右基準面

STEP
08

待圖元完成後即可啟動【🔄 旋轉成型】之特徵指令。【／ 選轉軸】指定草圖中的水平建構線，且「給定深度」同為全週角360度（讀者可酌參下列功能視窗 ① — ⑥ 步驟之設置）。

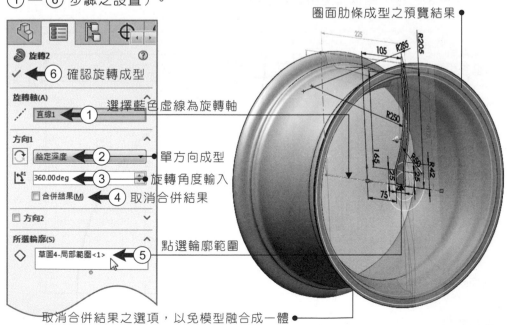

圈面肋條成型之預覽結果 ●

選擇藍色虛線為旋轉軸

① 單方向成型

② 給定深度

③ 360.00deg 旋轉角度輸入

④ 合併結果(M) 取消合併結果

⑤ 點選輪廓範圍

⑥ 確認旋轉成型

取消合併結果之選項，以免模型融合成一體 ●

STEP
09

以滑鼠「左鍵」選擇【 📕 前基準面】並進入草繪程序,建議讀者可將已成型之
實體隱藏,才不致於干擾到作用中之輪廓建構。點選【 ✐ 中心線】與【 ✐ 直
線工具】生成如下圖例之線段,且參考其尺寸輸入相關數值。

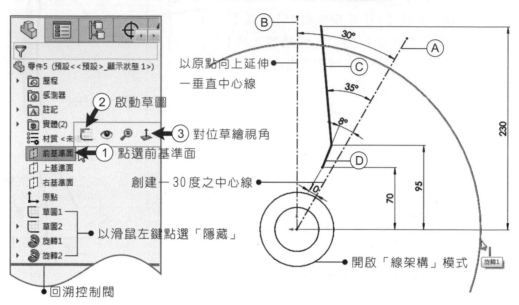

STEP
10

使用【 ▷:選取工具】以右上左下之軌跡框選線段(包含30度的中心線);於此
需特別注意:不可框選到垂直中心線,因為CAD軟體中草圖鏡射時僅容許一條中
央參考線,藉以避免系統辨別錯誤。

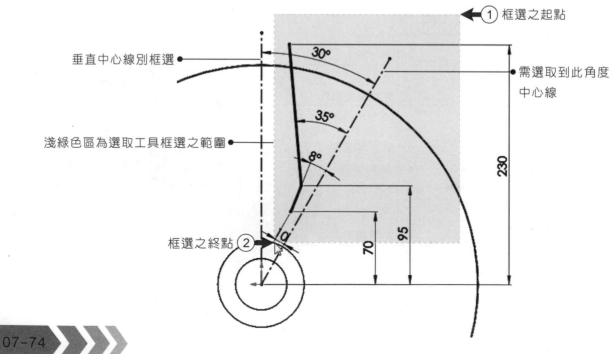

STEP 11

延續步驟 10 的草圖進程。首先點選【⊞：鏡射圖元】指令複製兩線段，接著應用【⌒ 三點定弧】連接右側圖元中上下的開口（如 Ⓐ 與 Ⓑ 兩處的線段開口），當草圖輪廓封閉後，系統即會啟動實體生成之預覽。

● 實體生成檢核

Ⓐ

需要設定「重合／共點」●

Ⓑ

系統原點 ●

STEP 12

完成輪廓封閉後，再以【⌖ 選取工具】框選欲複製之圖元，框選時系統會呈現淺綠色之方塊，讀者可藉此檢視是否選擇完整。

① 草圖框選之起點

藍色線段為未完全定義之圖元 ●

草圖框選之終點 ②

STEP 13

點擊【⊞:環狀複製排列】功能指令來複製上階段所框選之圖元，並參酌功能視窗表中 ① － ⑤ 的數值設定。旋轉參數選擇預設之【⊥ 原點】；而【❋ 複製數量】設定為 6 個，且勾選「同等間距」。

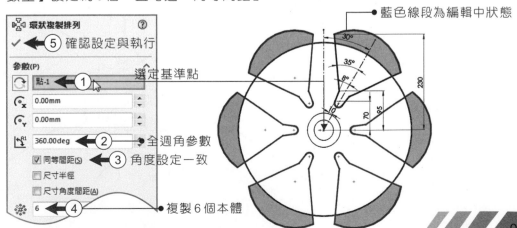

● 藍色線段為編輯中狀態

⊞ 環狀複製排列 ⑦
✓ ← ⑤ 確認設定與執行
參數(P)
↻ 點-1 ← ① 選定基準點
⊙x 0.00mm
⊙y 0.00mm
↳R1 360.00deg ← ② ● 全週角參數
☑ 同等間距(S) ← ③ 角度設定一致
☐ 尺寸半徑
☐ 尺寸角度間距(A)
❋ 6 ← ④ ● 複製 6 個本體

STEP
14

待 2D 輪廓完成後執行【🖻 伸長除料】功能指令。除料方向選擇「完全貫穿」；
而加工範圍則應用「所選本體」，並指定為「圈面」項次；若讀者未縝密的慎選
參數，其除料結果可能不如預期之境況。

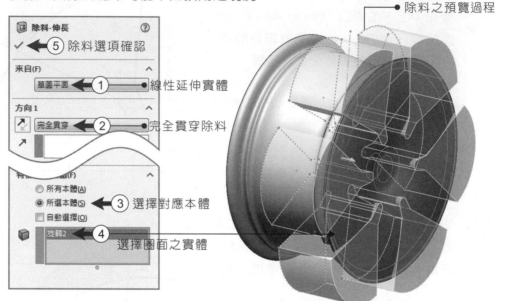

● 除料之預覽過程

除料-伸長
✓ ←─(5) 除料選項確認
來自(F)
草圖平面 ←─(1) ●線性延伸實體
方向1
完全貫穿 ←─(2) ●完全貫穿除料
待除料範圍(F)
○ 所有本體(A)
◉ 所選本體(S) ←─(3) 選擇對應本體
□ 自動選擇(O)
旋轉2 ←─(4)
選擇圈面之實體

STEP
15

除料完成後即可看出輪圈之雛形。為了使描繪過程中清楚看到實體輪廓，讀者得
轉成「線架構」模式來對位與編輯。開啟【🔲：前基準面】進入草圖環境，且藉
由【⟋ 中心線】、【◎ 圓形工具】及【⟋ 直線工具】製作如下範例之圖元，
繼而設定其相關參數。

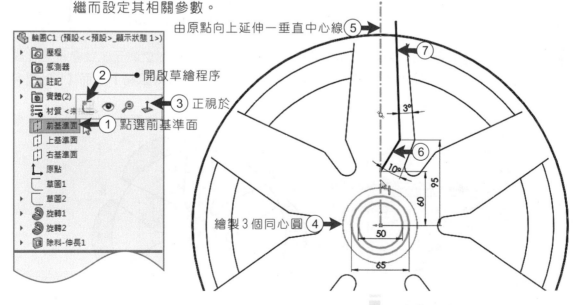

輪圈C1 (預設<<預設>_顯示狀態 1>)
▸ 📖 歷程
📷 感測器
▸ 🅐 註記
(2) ●開啟草繪程序
▸ 📦 實體(2)
🔹 材質 <未
(3) ●正視於
📄 前基準面 ←─(1) 點選前基準面
📄 上基準面
📄 右基準面
↳ 原點
└ 草圖1
└ 草圖2
▸ 🦢 旋轉1
▸ 🦢 旋轉2
▸ 🖻 除料-伸長1

由原點向上延伸一垂直中心線 (5)

(7)

3°

(6)

95

10°

60

繪製3個同心圓 (4)

50

65

下方畫面省略

STEP 16

使用【⊢┤:鏡射圖元】複製上階段之線段（可參酌右側 Ⓐ Ⓑ 兩線段，且連同中心軸 Ⓒ），並選擇【⌒:三點定弧】將缺口處封閉（參考右圖 Ⓓ）。

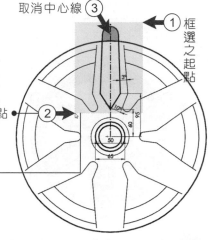

轉換為線架構模式 ●

STEP 17

同樣以【🅺 選取工具】循右上左下之路徑框選上側圖元（需取消垂直的【／ 中心線】之選取），即可進入草圖複製的程序。

取消中心線 ③

① 框選之起點

框選之終點 ● ②

淺綠色為系統框選之形態 ●

STEP 18

延續上階段未完成之草圖。執行【🔀 環狀複製排列】指令，以同等間距複製出6個圖元；而複製本體為步驟15所框選之輪廓，【🔄 參數】為預設之【↧:原點】（黃色線框為成型預覽之樣貌）。

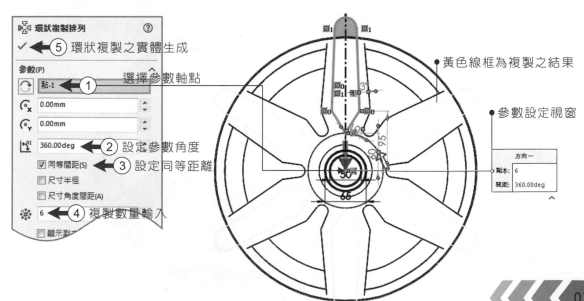

🔀 環狀複製排列 ⑦

✓ ⑤ 環狀複製之實體生成

參數(P)

🔄 點-1 ① 選擇參數軸點

⊙x 0.00mm

⊙y 0.00mm

↥ 360.00deg ② 設定參數角度

☑ 同等間距(S) ③ 設定同等距離

☐ 尺寸半徑

☐ 尺寸角度間距(A)

❄ 6 ④ 複製數量輸入

☐ 顯示副本

黃色線框為複製之結果 ●

參數設定視窗 ●

方向一	
副本:	6
間距:	360.00deg

STEP
19

上階段所描繪之封閉圖元為分件之邊界輪廓。物件的分割可以將零件中的實體解構成多個本體;而每一個本體都能視為單一零件檔案。【 📖 分割】指令啟動得酌參下列 ① — ③ 步驟執行。

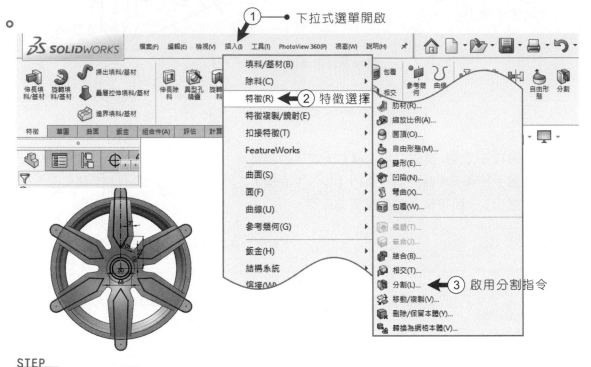

① ● 下拉式選單開啟

② 特徵選擇

③ 啟用分割指令

STEP
20

執行【 📖 分割】指令時畫面即出現對應之功能視窗。修剪工具欄位點選特徵樹──草圖6(為步驟17所製作之草圖)。這裡需要特別注意的是:使用者點選【 ✂ 剪刀】圖示(或下方的空白欄位)後,系統才能啟動解構物件之程序。

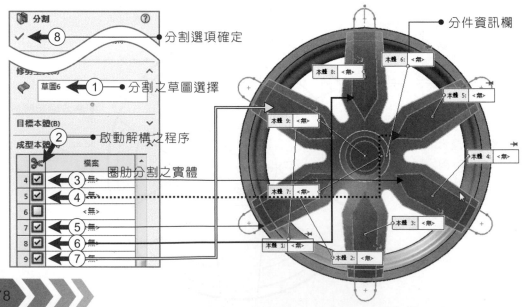

STEP
21

分割後接續為刪除本體之進程。由於筆者欲先製作一個單元型態後再環狀陣列出
其餘分件，因此由下拉式選單執行【🗑刪除本體】消弭多餘的項次（使用者可酌
參①—⑥刪除物件之程序）。

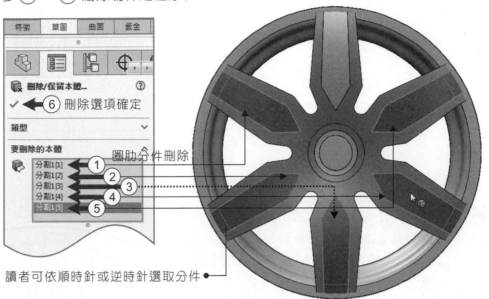

圈肋分件刪除

⑥ 刪除選項確定

讀者可依順時針或逆時針選取分件

STEP
22

選擇【🔲：前基準面】並轉正視角進入草圖創建環境。現階段欲描繪細部設計之
部份，點選【✏直線工具】繪製線段並藉由【🗀偏移圖元】向內側偏移7.5mm
；繼而應用【◇智慧型尺寸】設定與【🝙原點】相距180mm。

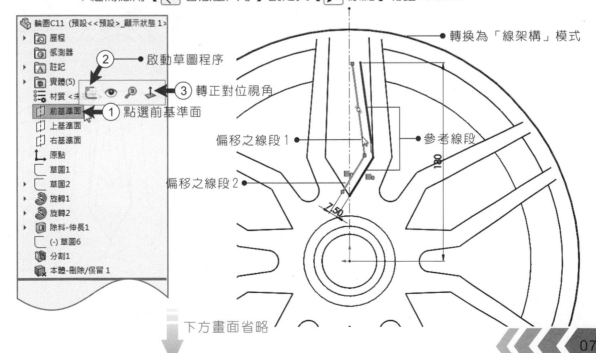

轉換為「線架構」模式

② 啟動草圖程序

③ 轉正對位視角

① 點選前基準面

偏移之線段1

參考線段

偏移之線段2

下方畫面省略

STEP 23

延續上階段未結束之草圖。選擇【 ⊢⊣ 鏡射圖元 】，以垂直中心線為參考放樣並複製線段，完成後即與右側圖例一致。

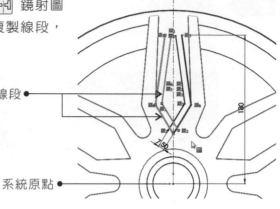

垂直中心線為鏡射之基準 ●

藍色線框為鏡射後之線段 ●

系統原點 ●

STEP 24

接續選擇【 ⌒ 三點定弧 】與【 ╱ 直線工具 】封閉其上方開口處（參考 Ⓐ Ⓑ ）， Ⓒ 與 Ⓓ 線段也可在製作完備後，再利用【 ⊏ : 偏移圖元 】進行複製。

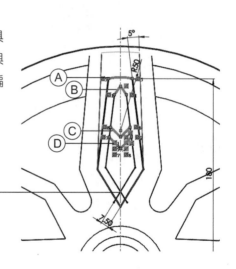

線段重疊處需刪除 ●

STEP 25

輪廓封閉完成後選擇【 ✂ 修剪工具 】剃除重複交疊之線段，使圖元形成完整之形態。待確認為合理化的平面草圖後，線段即呈現完全定義之黑色樣貌。

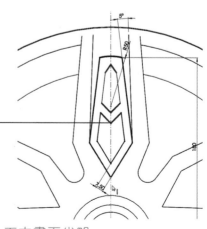

藍色線段為編輯中狀態 ●

下方畫面省略

STEP 26

參考步驟 20。再次執行【 分割 】指令進行解構本體之進程。「修剪工具」欄位選擇上階段所創建之草圖（草圖 8），並依序勾選欲分件之實體，將物件切割為 4 個本體。

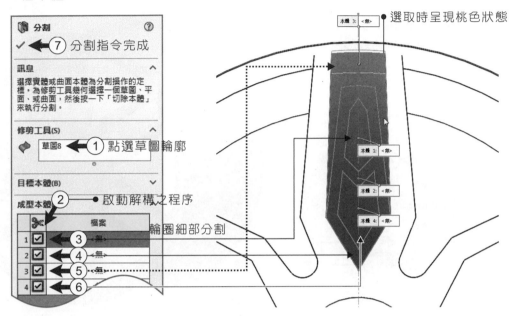

STEP 27

零組件分割後即可邊界潤飾。選擇【 圓角具 】執行實體之編修，並於半徑參數設定為 3mm（建議可開啟預覽模式），若無法成型則可輸入較小的數值進行測試。

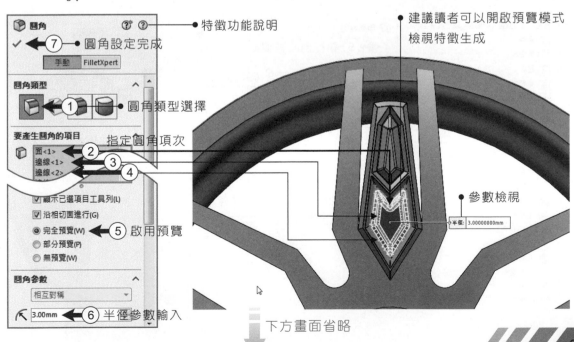

下方畫面省略

STEP 28

透過【 🔡 環狀複製排列】將完成的單元件複製成6個;本體選擇上階段所製作的零組件(可直接於畫面中點選,又或者至特徵樹欄位裡指定),完成後以「左鍵」【 ✔ 確認】即可執行該指令。

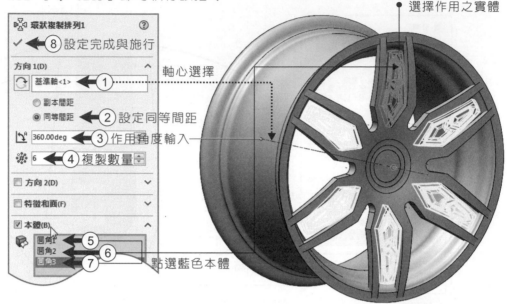

選擇作用之實體

- 環狀複製排列1
  - (8) 設定完成與施行
  - 方向 1(D)
    - 基準軸<1> ← (1) 軸心選擇
    - ○ 副本間距
    - ● 同等間距 ← (2) 設定同等間距
    - 360.00deg ← (3) 作用角度輸入
    - 6 ← (4) 複製數量
  - □ 方向 2(D)
  - □ 特徵和面(F)
  - ☑ 本體(B)
    - 圓角1 ← (5)
    - 圓角2 ← (6)
    - 圓角3 ← (7) 點選藍色本體

STEP 29

為檢視模型的內部結構,可於畫面上方轉換成【 🔲 剖面視圖】。剖面方式選擇「平坦」形式;而「面」之項次則指定系統內建的【 🔲 右基準面】,確認無誤後執行【 ✔ 確認】以完成剖面視圖程序。

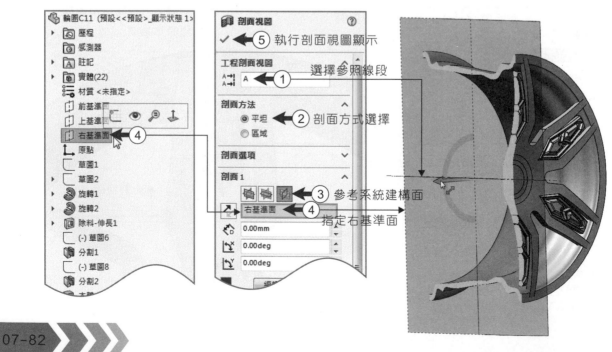

- 輪圈C11 (預設<<預設>_顯示狀態 1>
  - ▶ 歷程
  - 感測器
  - ▶ A 註記
  - ▶ 實體(22)
  - 材質 <未指定>
  - 前基準
  - 上基準
  - 右基準面 ← (4)
  - 原點
  - 草圖1
  - 草圖2
  - ▶ 旋轉1
  - ▶ 旋轉2
  - ▶ 除料-伸長1
  - (-) 草圖6
  - 分割1
  - (-) 草圖8
  - 分割2

- 剖面視圖
  - ✔ ← (5) 執行剖面視圖顯示
  - 工程剖面視圖
    - A → A ← (1) 選擇參照線段
  - 剖面方法
    - ● 平坦 ← (2) 剖面方式選擇
    - ○ 區域
  - 剖面選項
  - 剖面 1
    - (3) 參考系統建構面
    - 右基準面 ← (4) 指定右基準面
    - 0.00mm
    - 0.00deg
    - 0.00deg

STEP
30

使用者可依照圖元繪製的情況逕自轉換模型的呈現方式。現階段啟用「線架構」模式，使用【🔲 矩形工具】於模型右上方製作一封閉輪廓，再點選【◇ 智慧型尺寸】設定高30mm、寬10mm之參數；繼而選【🖊 中心線】指令以【🛃：原點】為中心向右延伸一水平中心線。

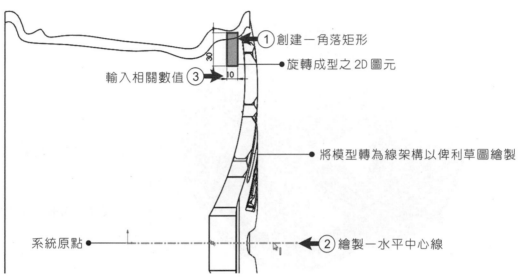

① 創建一角落矩形
● 旋轉成型之2D圖元
輸入相關數值 ③
● 將模型轉為線架構以俾利草圖繪製
系統原點 ●
② 繪製一水平中心線

STEP
31

草圖輪廓完成後再點選【🌀 旋轉成型】指令製作實體。【🖊 旋轉軸】選擇上階段創建之水平中心線，並進行全週角（360度）迴圈成型；於此需取消「合併選項」，因為實際量產程序時輪圈各部件需分段成型。

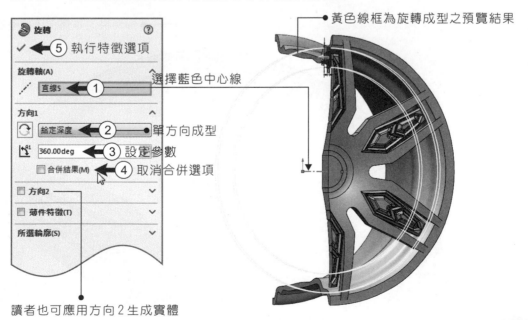

● 黃色線框為旋轉成型之預覽結果

🌀 旋轉　　　　　②
✓ ← ⑤ 執行特徵選項

旋轉軸(A)
🖊 直線5 ← ①　選擇藍色中心線

方向1
🔄 給定深度 ← ②　單方向成型
📐 360.00deg ← ③ 設定參數
☐ 合併結果(M) ← ④ 取消合併選項

☐ 方向2
☐ 薄件特徵(T)
所選輪廓(S)

讀者也可應用方向2生成實體

STEP
32

指定上階段【🌀 旋轉成型】之「圈環」平面,待選取面呈現藍色形態時,再點選「左鍵」啟動快顯視窗,並執行【🔲 草圖】程序,且應用【⬆ 正視於】對位圖面視角,即可進入草繪階段。

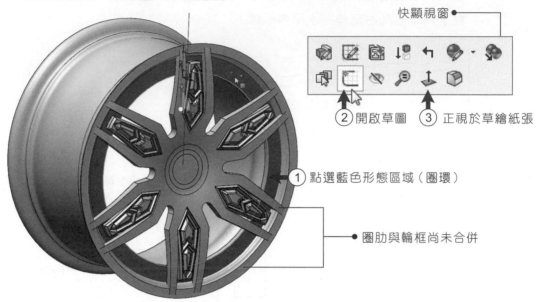

快顯視窗

② 開啟草圖 ③ 正視於草繪紙張

① 點選藍色形態區域(圈環)

圈肋與輪框尚未合併

STEP
33

視角對位後點選草圖指令中的【⊙ 圓形工具】,且酌參圖例之位置繪製一迴圈輪廓,並藉由【◇ 智慧型尺寸】設定圓徑為 16mm(倘若使用者欲在「圈環」上建構不同形態之圖元,則盡可能讓輪廓邊界小於作用中之項次)。

未合併之本體即不會有交疊的邊界線形成

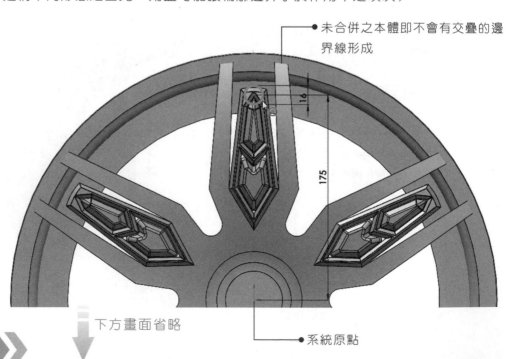

16

175

下方畫面省略

系統原點

STEP 34

圖元定義完備後點選【 環狀複製排列】特徵進行陣列程序,讀者可參照視窗功能表①─⑤的數值設定。圖元依循圈面環狀排列,此副本數量輸入 25 個且定義為 360 度同等間距(複製數量可酌量增減)。

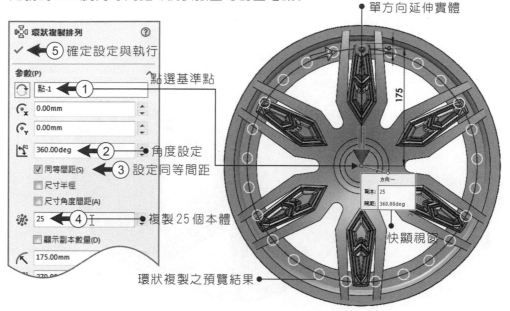

● 單方向延伸實體

環狀複製排列
⑤ 確定設定與執行
參數(P)
點-1 ←① ← 點選基準點
0.00mm
0.00mm
360.00deg ←② → 角度設定
☑ 同等間距(S) ←③ 設定同等間距
☐ 尺寸半徑
☐ 尺寸角度間距(A)
25 ←④ → 複製 25 個本體
☐ 顯示副本數量(D)
175.00mm

副本: 25
間距: 360.00deg

快顯視窗

環狀複製之預覽結果 ←

STEP 35

草圖就緒後選擇【 伸長除料】特徵執行模型刪減程序。對應功能視窗表中的方向點選「完全貫穿」;而特徵加工範圍則設定「所選本體」並選擇特徵樹中──「旋轉3」。

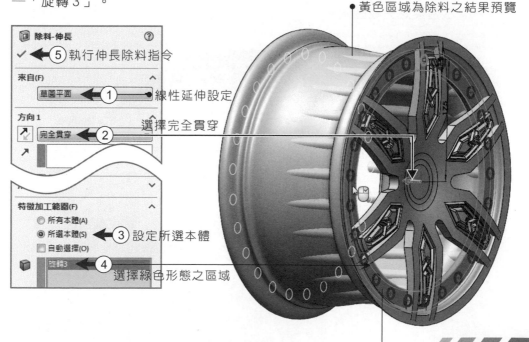

● 黃色區域為除料之結果預覽

除料-伸長
⑤ 執行伸長除料指令
來自(F)
草圖平面 ←① ● 線性延伸設定
方向 1
完全貫穿 ←② 選擇完全貫穿

特徵加工範圍(F)
○ 所有本體(A)
◉ 所選本體(S) ←③ 設定所選本體
☐ 自動選擇(O)
旋轉3 ←④
選擇綠色形態之區域

現階段僅針對圈環本體除料 ●

STEP 36

汽車輪圈建模已大致成型。接續進程以【 🗆 圓角工具 】將銳利之邊角進行修飾，使其模型整體完整性更加精緻；而關於輪圈中心文字部份，讀者可自行使用浮水印或文字分割之方式製作。

同類型本體圓角數值盡量相仿，整體性較為統一

文字若分割完成後也可導以圓角潤飾

建議各零件邊線部份都導圓角

可將圈肋與圈框合併

STEP 37

進入模型彩現程序：透過Solidworks的附加模組【 🔵 Photoview360 】編輯模型【 🔵 外觀 】與【 🔵 全景 】。下方為不同質材的汽車輪圈搭配素色場景與地板渲染之完成圖照。

汽車輪圈彩現完成圖

7-5 高跟鞋設計

◎要點提醒　　　**本範例為綠色版參考教學檔 -- 請使用雲端連結**

本範例教學視訊檔案：SolidWorks/基礎＆實務/CH07目錄下/7-5 高跟鞋.avi
本範例製作完成檔案：SolidWorks/基礎＆實務/CH07目錄下/7-5 高跟鞋.SLDPRT

7-5 高跟鞋建模

女鞋是一例高曲度且造形多變的產品，相當適合做為SolidWorks進階建模的範例；其基本形態又可分為鞋面、內裡、鞋跟、大底、飾扣……等10多個組件。筆者專研多年的女鞋建模與設計，期可由極簡化的步驟建構出最符合實務應用的進程。如本頁圖例所示：經由迴圈與導引曲線【🔽 疊層拉伸】鞋面，鞋跟亦可透過【🔲 邊界成型】製作；【🔁 厚面】指令生成實體，爾後再以草圖線段【📖：分割】高跟鞋各部件。而關於鞋體鋒銳的邊界仍是端賴【🔲：圓角】特徵加以修飾，並藉由【🔳：刪除本體】編輯或添加配件來設計變更高跟鞋初始之樣貌。

建模進程： ▮▮▶　Process-1

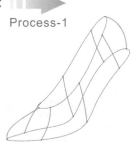

建構迴圈與導引線段

▮▮▶　Process-2

曲面拉伸或邊界成型

▮▮▶　Process-3

鞋跟實體邊界成型

◀▮▮　Process-6

材質編輯與彩現

◀▮▮　Process-5

細部製作與圓角

◀▮▮　Process-4

鞋面生成實體後分割部件

STEP 01

關於高跟鞋曲面的生成，一開始先選擇【🔲 上基準面】進入草繪環境，以「左鍵」點選【✏️ 中心線】，由【👤 原點】向右延伸一條220mm之水平中心線，此參考軸為後續放樣草圖之參考。

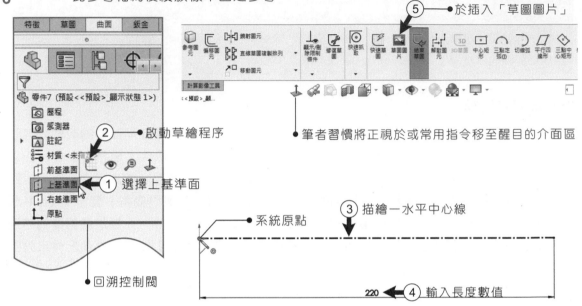

⑤ ● 於插入「草圖圖片」

特徵　草圖　曲面　鈑金

零件7 (預設<<預設>_顯示狀態 1>)
📷 歷程
📷 感測器
🅰️ 註記
🔶 材質 <未指定
🔲 前基準面
🔲 上基準面 ①選擇上基準面
🔲 右基準面
📐 原點

② ● 啟動草繪程序

● 筆者習慣將正視於或常用指令移至醒目的介面區

● 回溯控制閥

● 系統原點

③ 描繪一水平中心線

220 ◀─④ 輸入長度數值

STEP 02

如果使用者未於草圖指令區啟動【🖼️ 草圖圖片】，或可由下拉式選單插入圖片並進入檔案資料夾；利用滾輪瀏覽檔案中的項目，選擇高跟鞋「上視圖」且開啟，女鞋彩稿即匯入【🔲:上基準面】中待用。

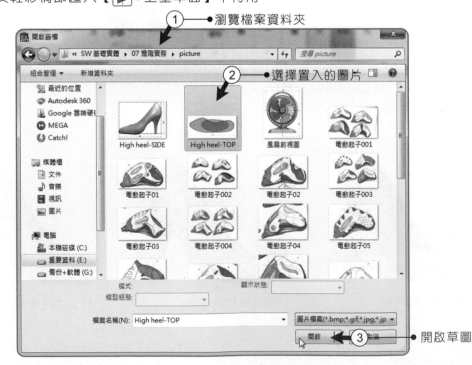

① ● 瀏覽檔案資料夾

開啟舊檔

《 SW 基礎實體 ▸ 07 進階實務 ▸ picture

組合管理　新增資料夾

② ● 選擇置入的圖片

最近的位置
Autodesk 360
Google 雲端硬碟
MEGA
Catch!

媒體櫃
📄 文件
🎵 音樂
📹 視訊
🖼️ 圖片

電腦
💾 本機磁碟 (C:)
💾 重要資料 (E:)
💾 備份+軟體 (G:)

High heel-SIDE　High heel-TOP　風扇前視圖　電動起子001
電動起子01　電動起子002　電動起子02　電動起子003
電動起子03　電動起子004　電動起子04　電動起子05

模式：
模型組態：
顯示狀態：

檔案名稱(N): High heel-TOP　　　　圖片檔案(*.bmp;*.gif;*.jpg;*.jp ▼

開啟 ──③ 取消　● 開啟草圖

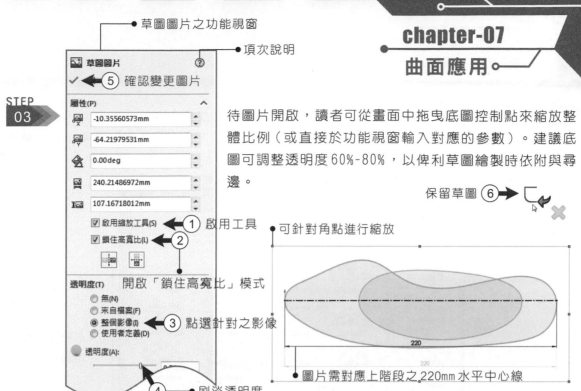

STEP 03

待圖片開啟,讀者可從畫面中拖曳底圖控制點來縮放整體比例(或直接於功能視窗輸入對應的參數)。建議底圖可調整透明度60%-80%,以俾利草圖繪製時依附與尋邊。

● 草圖圖片
✓ ← (5) 確認變更圖片

屬性(P)
X -10.35560573mm
Y -64.21979531mm
∠ 0.00deg
⬚ 240.21486972mm
⬚ 107.16718012mm

☑ 啟用縮放工具(S) — (1) 啟用工具
☑ 鎖住高寬比(L) — (2)

開啟「鎖住高寬比」模式

透明度(T)
○ 無(N)
○ 來自檔案(F)
● 整個影像(I) — (3) 點選針對之影像
○ 使用者定義(D)
● 透明度(A):
(4) — 刷淡透明度

保留草圖 (6) →

● 可針對角點進行縮放

● 圖片需對應上階段之220mm水平中心線

STEP 04

參考步驟01。現階段欲製作高跟鞋前視圖(或為側視)之參考軸。同樣點選【 ▥ 前基準面】,啟動草圖程序並對位圖面視角;繼而選擇【 ▭ 矩形工具】建構一個四邊形,並藉由【 ◇ 智慧型尺寸】設定參數。

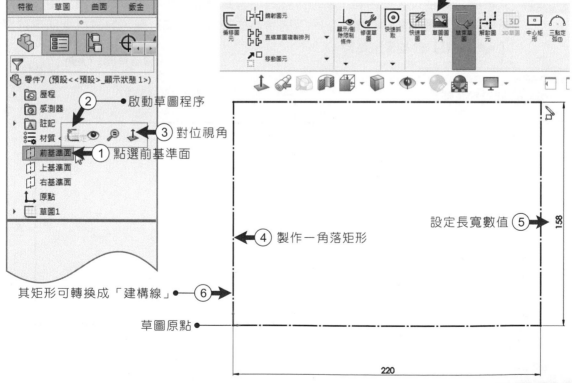

(7) ● 置入草圖圖片

(2) — 啟動草圖程序
(3) — 對位視角
(1) — 點選前基準面

(4) — 製作一角落矩形
設定長寬數值 (5) →
158

其矩形可轉換成「建構線」● (6) →

草圖原點 ●

220

STEP
05
若上步驟未啟動圖片匯入進程,可以【 ▷ 選取工具】點擊「工具」,並執行「草圖工具」中的【 🖼 草圖圖片】指令。在對話方塊中瀏覽項目檔案並開啟草圖(點選高跟鞋側視圖),彩稿即被貼附於編輯中的【 📖 前基準面】上。

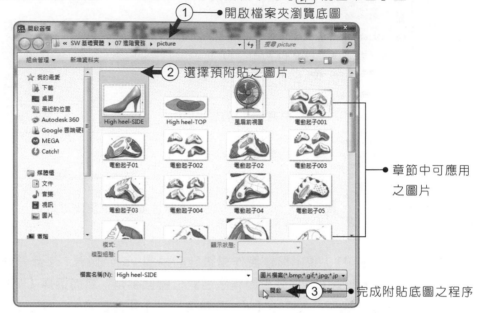

① ●開啟檔案夾瀏覽底圖

② 選擇預附貼之圖片

● 章節中可應用
之圖片

③ ●完成附貼底圖之程序

STEP
06
女鞋圖片開啟後,使用者可依照步驟指示調整圖面的尺寸;在長寬欄位中設定數值時建議勾選「鎖住高寬比」,否則易造成置入之彩稿形變,完成指令即可選擇【 ✔ 確認】鍵並保留草圖。

確認草圖 ⑦ ➤

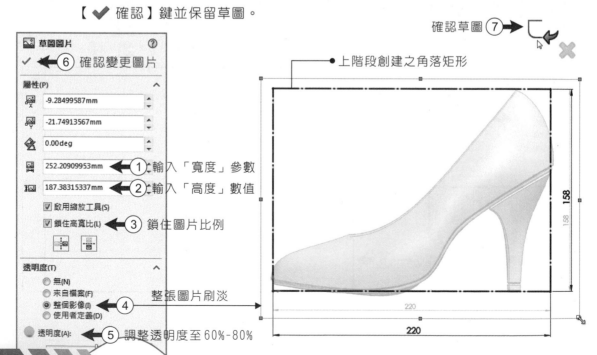

✔ ← ⑥ 確認變更圖片

●上階段創建之角落矩形

屬性(P)

-9.28499587mm

-21.74913567mm

0.00deg

252.20909953mm ← ① 輸入「寬度」參數

187.38315337mm ← ② 輸入「高度」數值

☑ 啟用縮放工具(S)

☑ 鎖住高寬比(L) ← ③ 鎖住圖片比例

透明度(T)

○ 無(N)
○ 來自檔案(F)
● 整個影像(I) ← ④ 整張圖片刷淡
○ 使用者定義(D)

● 透明度(A): ← ⑤ 調整透明度至60%-80%

STEP
07

選擇系統中的【🔲：前基準面】繪製草圖輪廓。執行【Ⱄ：不規則曲線】指令，
藉由滑鼠放置 Ⓐ —Ⓓ 4個點，再利用錨點調整曲度，確認依附底圖後即可保留
草圖（底圖僅是參酌，使用者得自行改變曲線形態）。

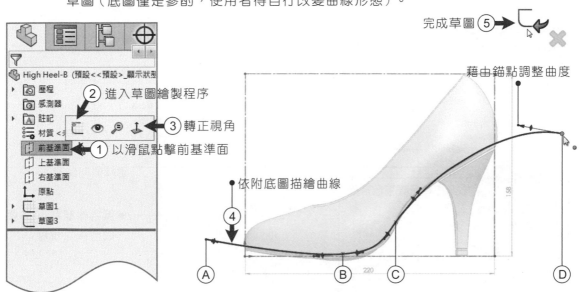

完成草圖 ⑤

藉由錨點調整曲度

② 進入草圖繪製程序

③ 轉正視角

① 以滑鼠點擊前基準面

依附底圖描繪曲線

④

Ⓐ　　　　Ⓑ　Ⓒ　　　　　　Ⓓ

220

STEP
08

關於高跟鞋模型之建構，接下來的進程為製作「鞋底」之封閉輪廓。由滑鼠「左
鍵」點擊【🔲 上基準面】並轉正視角，選擇【Ⱄ 不規則曲線】依循彩稿放置
Ⓐ —Ⓙ 10個點（不一定要完全參照範例，此底圖僅供參考），繼而調整節點與
曲度。

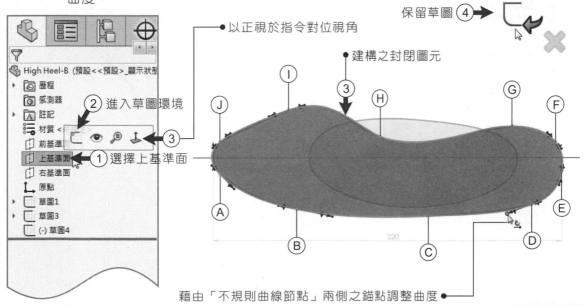

保留草圖 ④

以正視於指令對位視角

建構之封閉圖元

② 進入草圖環境

③

① 選擇上基準面

Ⓙ Ⓘ ③ Ⓗ Ⓖ Ⓕ

Ⓐ Ⓔ

Ⓑ Ⓒ Ⓓ

220

藉由「不規則曲線節點」兩側之錨點調整曲度

STEP
09

保留草圖後，繼而啟動【🔲:投影曲線】指令，選擇上階段所建構的兩個草圖（分別為高跟鞋的側向曲線與鞋底迴圈）；而投影類型則指定為「投影草圖至草圖」，執行後即可生成一 3D 草圖。

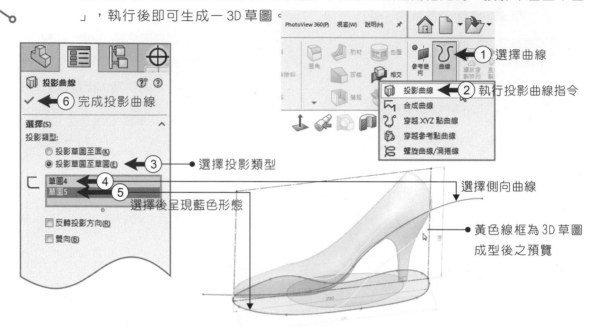

STEP
10

點選【🔲 前基準面】繪製高跟鞋「上套」部份。以滑鼠游標點擊【🔲 不規則曲線】，參照底圖之邊線並依附輪廓（作者這裡放置 Ⓐ — Ⓒ 3 個點），讀者可斟酌參照範例之線條形態。

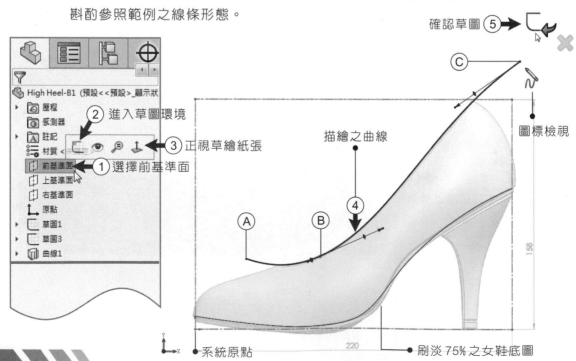

如下圖所示：點選【📦：前基準面】創建封閉圖元。接續的進程為描繪高跟鞋「
內裡」上緣，同樣使用【Ⴖ 不規則曲線】繪製如下圖之輪廓，待線段定義確認
後再保留草圖。

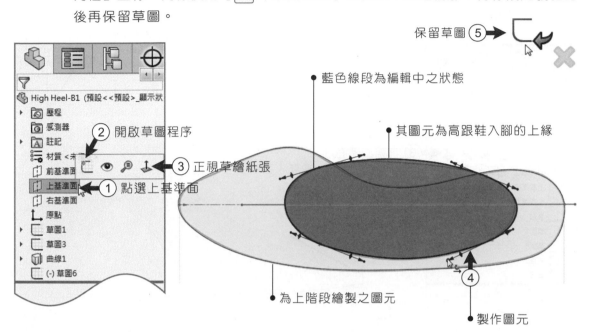

保留草圖 ⑤

藍色線段為編輯中之狀態

其圖元為高跟鞋入腳的上緣

② 開啟草圖程序

③ 正視草繪紙張

① 點選上基準面

為上階段繪製之圖元

④ 製作圖元

一樣再透過「曲線」中的【📦：投影曲線】製作女鞋上緣。草圖輪廓選擇特徵樹
中的「草圖6」與「草圖7」（點擊後會顯示藍色狀態之曲線），投影成型後即可
應用【✔ 確認】以執行該指令。

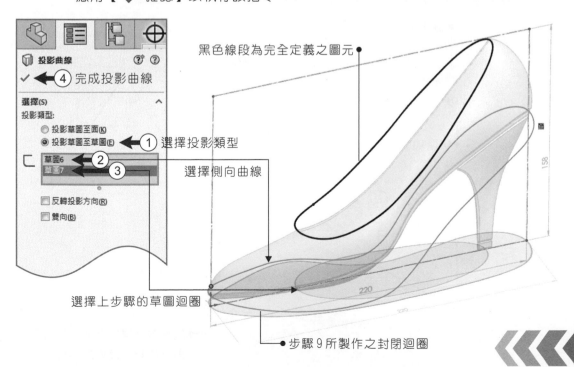

黑色線段為完全定義之圖元

④ 完成投影曲線

① 選擇投影類型

草圖6 ②

草圖7 ③

選擇側向曲線

選擇上步驟的草圖迴圈

步驟 9 所製作之封閉迴圈

STEP 13

續接的步驟為建構備用的「導引曲線」。使用【📘 前基準面】作為圖紙進行繪製，並以【〽 不規則曲線】在高跟鞋的前端與後踵各繪製一線段（概可參考圖例中 Ⓐ 與 Ⓑ 兩線段）。

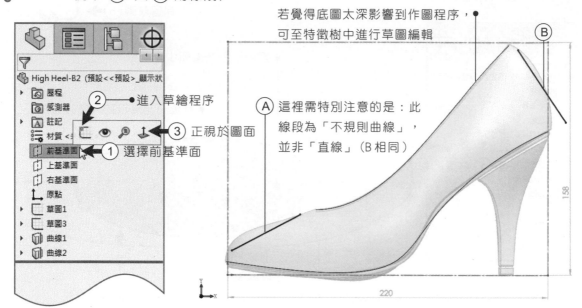

若覺得底圖太深影響到作圖程序，可至特徵樹中進行草圖編輯

High Heel-B2（預設<<預設>_顯示狀
- ▶ 📷 歷程
- 📷 感測器
- ▶ Ⓐ 註記
- ☰ 材質 <
- 📄 前基準面 ——①選擇前基準面
- 📄 上基準面
- 📄 右基準面
- └ 原點
- ▶ ▢ 草圖1
- ▶ ▢ 草圖3
- ▶ ⬭ 曲線1
- ▶ ⬭ 曲線2

② ——●進入草繪程序
③ ——正視於圖面

Ⓐ 這裡需特別注意的是：此線段為「不規則曲線」，並非「直線」（Ⓑ相同）

STEP 14

轉動視角並執行四次的【🐭 貫穿】程序。第1次步驟為點選 Ⓐ 與 Ⓒ 進行「貫穿」指令；第2次則是選擇 Ⓒ 與 Ⓓ ；第3次需點擊 Ⓑ 與 Ⓕ ；而第4次則是 Ⓔ 與 Ⓕ 的「貫穿」限制（指定2者時需透過 Ctrl 重複加選）。

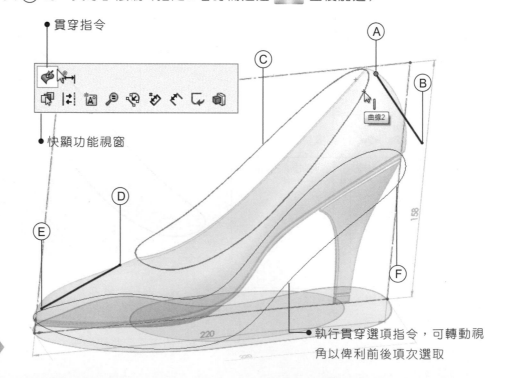

●貫穿指令

●快顯功能視窗

●執行貫穿選項指令，可轉動視角以俾利前後項次選取

STEP 15　延續上階段進程。點選介面上方之【⬆ 正視於】指令，將畫面角度轉正成第一人稱視角(讀者也可長按滑鼠「滾輪」調整作圖方位)，繪圖紙面對位後即呈現步驟16之狀態。

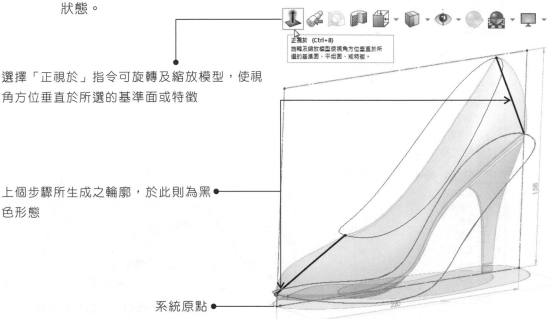

正視於 (Ctrl+8)
旋轉及縮放模型使視角方位垂直於所選的基準面、平坦面、或特徵。

選擇「正視於」指令可旋轉及縮放模型，使視角方位垂直於所選的基準面或特徵

上個步驟所生成之輪廓，於此則為黑色形態

系統原點

158

220

STEP 16　將視角轉正後即可設變步驟14所創建之【〰 不規則曲線】，建議讀者利用「錨點」調整至想要的曲線或曲度(可酌參底圖設變)，待線段定義完成後【✔：確認】保留此階段性的草圖。

保留草圖 ②➤

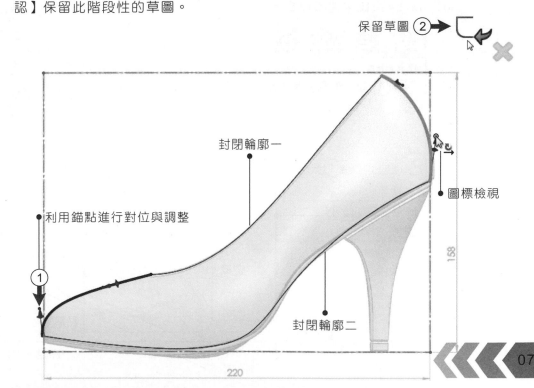

封閉輪廓一

圖標檢視

利用錨點進行對位與調整

①

封閉輪廓二

158

220

STEP 17

續接之進程是繪製其他側向的「導引曲線」。以滑鼠「左鍵」選擇【🔲 前基準面】進入草圖描繪環境；繼而使用草圖工具中的【✏ 直線工具】製作3條線段（可參酌圖例中的 Ⓐ — Ⓒ 直線），再經由【◇ 智慧型尺寸】針對各圖元作參數定義。

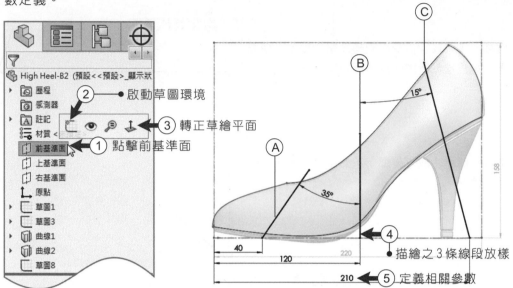

- ② 啟動草圖環境
- ③ 轉正草繪平面
- ① 點擊前基準面
- ④ 描繪之3條線段放樣
- ⑤ 定義相關參數

STEP 18

執行「曲面模組」之【◢ 伸長曲面】指令。使用者得酌參功能視窗中的 ① — ⑥ 進行設定。曲面延伸距離不需刻意限制，只要易於選取與編輯操作，即可在 Solidwrks 系統中建構草圖。

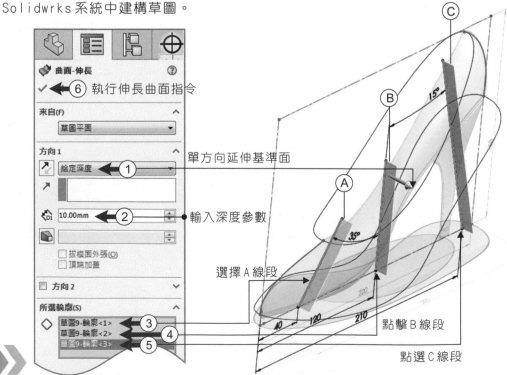

- ⑥ 執行伸長曲面指令
- 單方向延伸基準面 ①
- 輸入深度參數 ②
- 選擇A線段 ③
- 點擊B線段 ④
- 點選C線段 ⑤

STEP 19

選用高跟鞋前端之【🗔 基準面】（Ⓐ），待出現快顯選單時點選【🔲 啟動草圖】以進入草繪模式；建議使用者可【↥ 正視於】圖面視角，藉以俾利草圖繪製時對位。

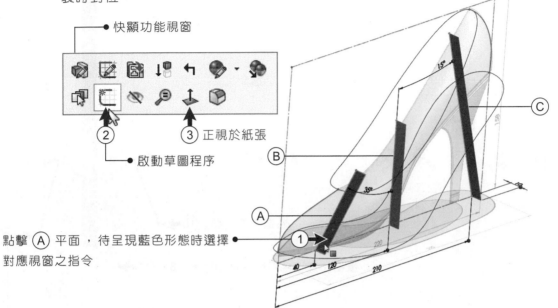

● 快顯功能視窗

② ● 啟動草圖程序

③ 正視於紙張

點擊 Ⓐ 平面，待呈現藍色形態時選擇 ●
對應視窗之指令

STEP 20

現階段選擇工具中的【🗠 不規則曲線】建構2條線段（Ⓐ 與 Ⓑ 之曲線放樣）；讀者也可先描繪一條後再利用【🗠 鏡射圖元】複製線段（鏡射圖元需有一條垂直參考線，可選用【🗠 中心線】指令製作）。

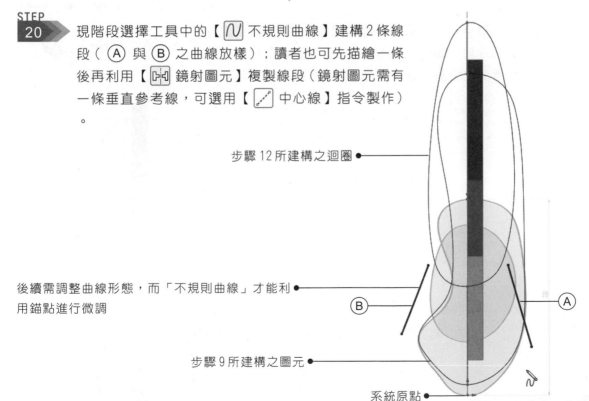

步驟12所建構之迴圈 ●

後續需調整曲線形態，而「不規則曲線」才能利 ●
用錨點進行微調

步驟9所建構之圖元 ●

系統原點 ●

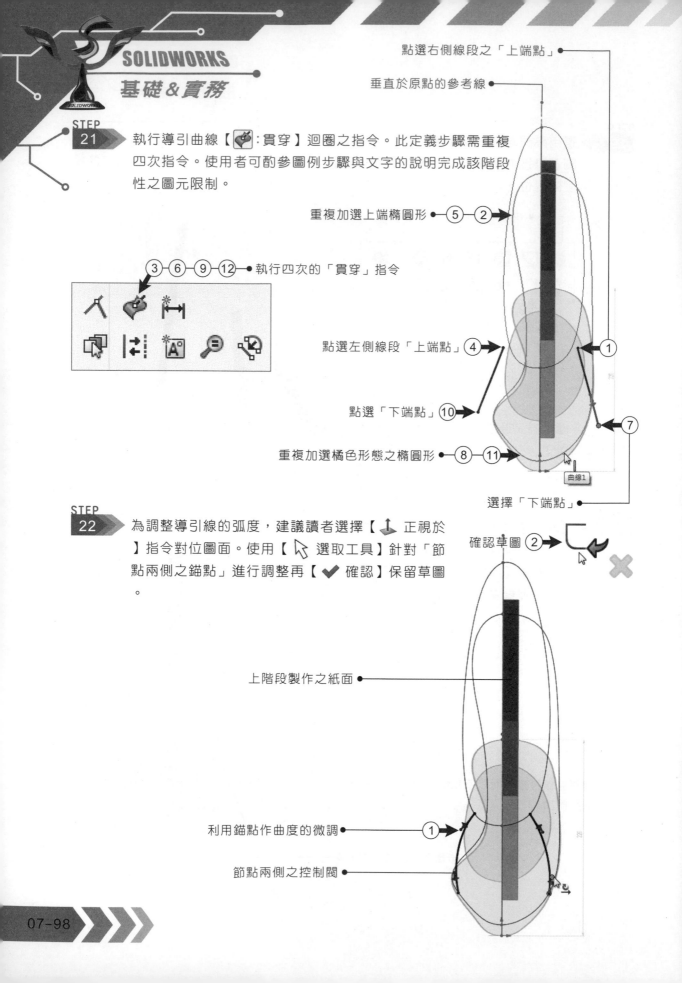

點選右側線段之「上端點」

垂直於原點的參考線

STEP
21
執行導引曲線【🎯:貫穿】迴圈之指令。此定義步驟需重複
四次指令。使用者可酌參圖例步驟與文字的說明完成該階段
性之圖元限制。

重複加選上端橢圓形 ● ⑤ ②

③ ⑥ ⑨ ⑫ ● 執行四次的「貫穿」指令

點選左側線段「上端點」 ④

點選「下端點」⑩

重複加選橘色形態之橢圓形 ● ⑧ ⑪

曲線1

選擇「下端點」

STEP
22
為調整導引線的弧度,建議讀者選擇【⬆ 正視於
】指令對位圖面。使用【🔍 選取工具】針對「節
點兩側之錨點」進行調整再【✔ 確認】保留草圖
。

確認草圖 ②

上階段製作之紙面 ●

利用錨點作曲度的微調 ● ①

節點兩側之控制閥 ●

STEP
23
由於後續步驟皆為相仿，所以筆者不再一一複述（Ⓑ 與 Ⓒ 基準面請使用者參考
步驟 19 Ⓐ 平面之作法）。最後的完成圖即如下方範例所示；而「導引曲線」則
參照步驟 21 進行繪製。

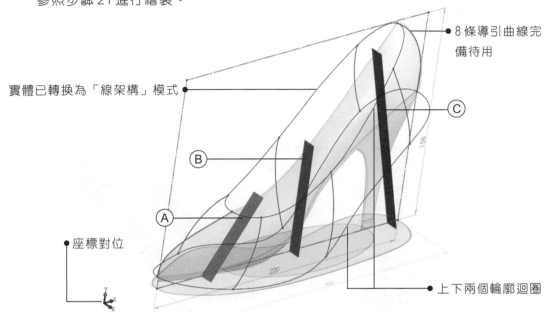

8條導引曲線完
備待用

實體已轉換為「線架構」模式

Ⓒ

Ⓑ

Ⓐ

座標對位

上下兩個輪廓迴圈

STEP
24
選擇「曲面」中的【⬇ 疊層拉伸】。執行步驟如下：「輪廓」點選上下之封閉
迴圈（高跟鞋上套與鞋底部份）；而「導引曲線」則依序選擇開放式迴圈，總共
為 8 條曲線（可自行斟酌是否全數採納），設定完備即生成「高跟鞋」鞋面。

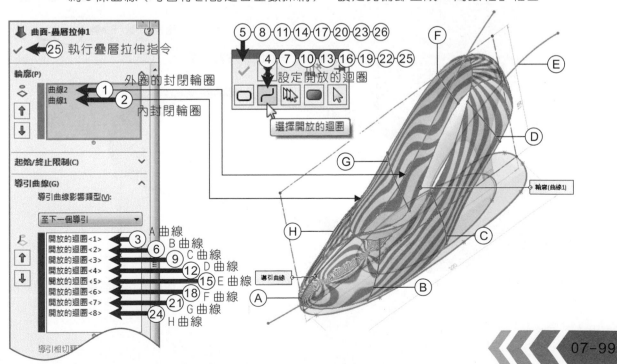

STEP 25

續接著是鞋底的鋪面階段。由介面上方選擇【▦：草圖】內隱中的指令。一般繪製時是使用「草圖」（平面草圖），但為了使描繪之線段可貼附鞋底，所以這裡選用【3D 3D草圖】建構直線，其線段能在工作基準面或3D空間的任意點中產生立體草圖。

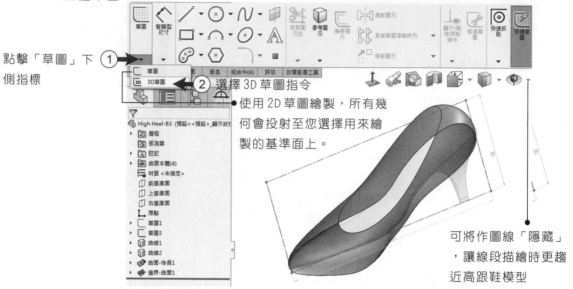

點擊「草圖」下
側指標　①

②　選擇 3D 草圖指令

使用 2D 草圖繪製，所有幾
何會投射至您選擇用來繪
製的基準面上。

可將作圖線「隱藏」
，讓線段描繪時更趨
近高跟鞋模型

STEP 26

延續上一階段未完成之草圖，建議讀者按壓滾輪將圖面轉移到適當的視角。選用【▐：直線工具】製作一條如下所示之線段；而圖元的兩側端點需要與鞋底輪廓【🖱 貫穿】或【人 重合/共點】，執行指令後即點選【✔ 確認】保留草圖。

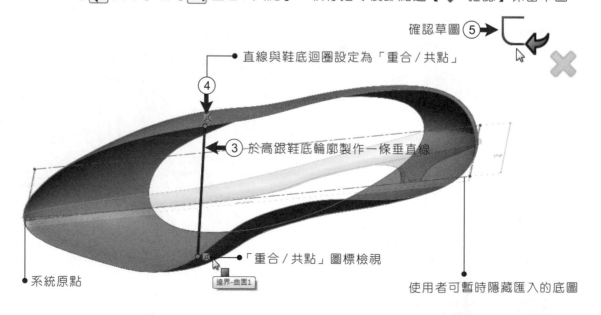

確認草圖 ⑤

直線與鞋底迴圈設定為「重合/共點」

④

③ 於高跟鞋底輪廓製作一條垂直線

「重合/共點」圖標檢視

系統原點

邊界-曲面1

使用者可暫時隱藏匯入的底圖

STEP
27

使用【 ✍ 曲面填補】指令。「修補邊界」欄位選擇步驟 25 的底部「迴圈」；而「限制曲線」則指定上階段所繪製之直線，此線段放樣為的是使鞋底（大底）鋪面時更為平坦。

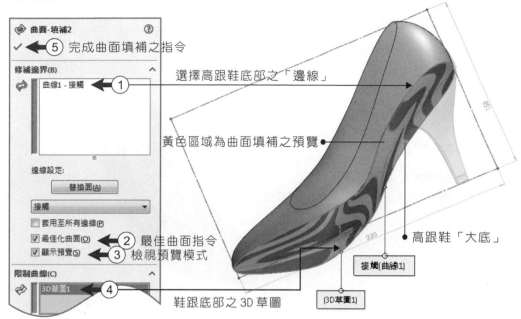

STEP
28

延續上個步驟。開啟下拉式選單，由【 ⬐ 選取工具】執行「插入」、「填料／基材」中的【 ⬐ 厚面】指令。曲面應算是零厚度的幾何放樣，在長出「肉厚」之前僅如動畫軟體的外觀形態，而無法進入後製的量產程序。

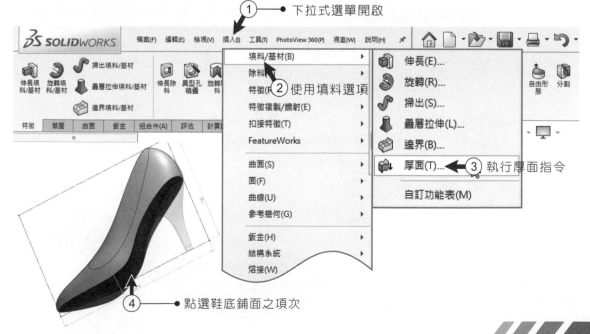

STEP
29

待出現對應功能視窗，其執行步驟如下：「厚面參數」選擇模型中（圖面右側）
欲成型的曲面，繼而點選往下偏移之圖示（右邊），並開啟檢視預覽模式且輸入
3mm之參數設定。

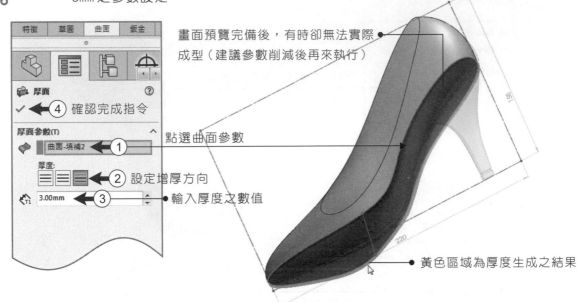

畫面預覽完備後，有時卻無法實際
成型（建議參數削減後再來執行）

特徵　草圖　曲面　鈑金

厚面　⑦

✓ ← ④ 確認完成指令

厚面參數(T)
曲面-填補2 ← ①　　　點選曲面參數
厚度:
▬▬▬ ← ②　設定增厚方向
3.00mm ← ③　　　輸入厚度之數值

黃色區域為厚度生成之結果

STEP
30

繼而是製作鞋跟之階段，同樣選用【 ▦ :草圖】中的【 3D :3D草圖】（要請使用
者特別注意的是：不用像以往繪製草圖時點選基準面，因為立體草圖不受平面框
架所拘束）。

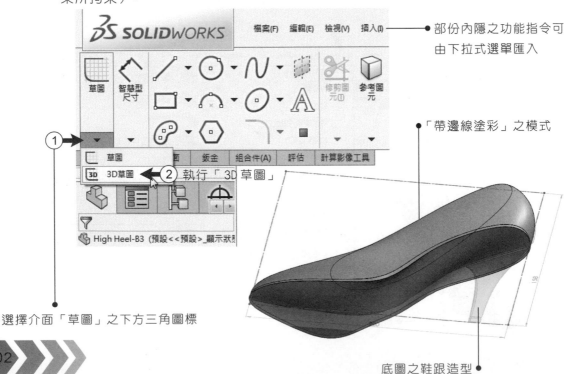

部份內隱之功能指令可
由下拉式選單匯入

「帶邊線塗彩」之模式

草圖　智慧型尺寸

面　　鈑金　組合件(A)　評估　計算影像工具

草圖
3D 3D草圖 ← ② 執行「3D草圖」

High Heel-B3 (預設<<預設>_顯示狀態

① ▼

選擇介面「草圖」之下方三角圖標

底圖之鞋跟造型

STEP
31

延續上一步驟之草圖。選擇底部之面並【 📦 參考圖元】，再以【 ⁄ 直線工具
】於高跟鞋後方描繪一線段，此線段之上下端點需與外圈輪廓【 ☐ 貫穿】或【
⚒ 重合／共點】；繼而選擇【 ⟨ 智慧型尺寸】設定與【 🗲 原點】170mm 之水
平間距。

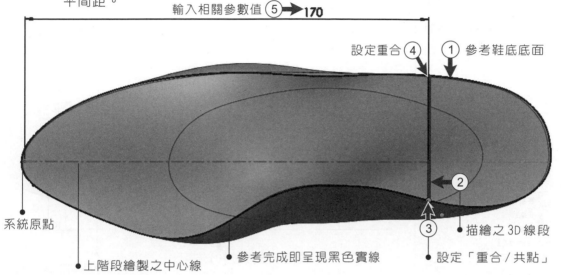

輸入相關參數值 ⑤ ➜ **170**

設定重合 ④　 ① 參考鞋底底面

系統原點

②

③ 　 ● 描繪之 3D 線段

● 上階段繪製之中心線　　　● 參考完成即呈現黑色實線　　　● 設定「重合／共點」

STEP
32

選擇【 ✂ 修剪】工具中的「強力修剪」，將上階段所繪製圖元的「左半部」利
用軌跡移動方式剔除；消弭多餘線段後即呈現如右下圖之藍色形態，確認無誤即
可保留草圖。

完成與保留草圖 ④ ➜

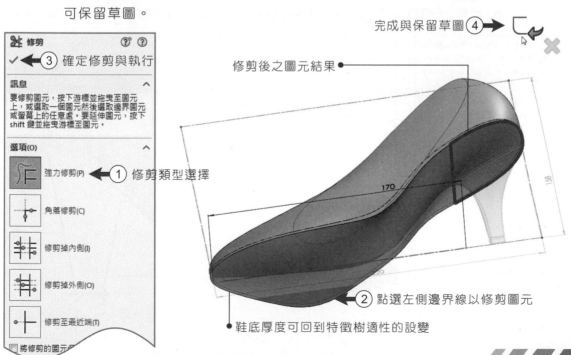

修剪　　🔧 ⑦
✓ ← ③ 確定修剪與執行

訊息　　　⌃
要修剪圖元，按下游標並拖曳至圖元
上，或選取一個圖元然後選取邊界圖元
或螢幕上的任意處。要延伸圖元，按下
shift 鍵並拖曳游標至圖元。

選項(O)　　⌃

　強力修剪(P) ← ① 修剪類型選擇

　角落修剪(C)

　修剪掉內側(I)

　修剪掉外側(O)

　修剪至最近端(T)

☐ 將修剪的圖元

修剪後之圖元結果 ●

170

② 點選左側邊界線以修剪圖元

● 鞋底厚度可回到特徵樹適性的設變

STEP 33

點選【🔲 上基準面】並啟動【🔲 草圖】以進入草繪模式。選擇【✏️ 中心線】由【🔻 原點】向右延伸一水平線；繼而點擊【⌒ 三點定弧】與【✏️ 直線工具】創建 Ⓐ 圖元（或使用【◎：橢圓形工具】繪製後剖半，讀者可自行決定繪圖形式），並設定其相關參數。

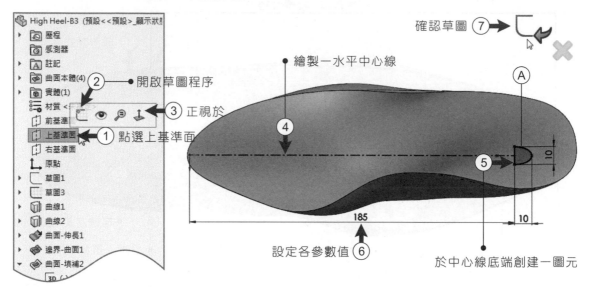

開啟草圖程序 ②
正視於 ③
點選上基準面 ①

繪製一水平中心線
確認草圖 ⑦

Ⓐ
④
⑤
10

設定各參數值 ⑥
185
10

於中心線底端創建一圖元

STEP 34

於【🔲 前基準面】執行【🔲 草圖】，選擇對位視角以俾利繪製程序進行。使用【〜：不規則曲線】描繪二條線段於高跟鞋「鞋跟」兩側處（可酌參 Ⓐ 與 Ⓑ 線段）（有時系統會自主性【✓ 重合／共點】），但多數不如我們所預期。

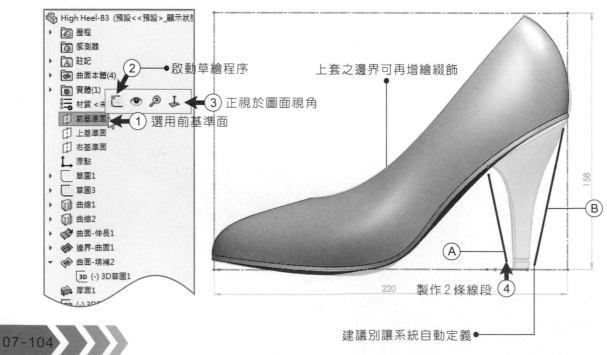

啟動草繪程序 ②
正視於圖面視角 ③
選用前基準面 ①

上套之邊界可再增繪綴飾

158
Ⓑ
Ⓐ
220
製作 2 條線段 ④

建議別讓系統自動定義

STEP
35

延續上階段之程序。將 Ⓐ 與 Ⓑ 線段分別【 🖋 貫穿】於高跟鞋「天皮」與「鞋
墊後側」處。使用者可在閱讀文字敘述的同時佐以圖片步驟引導，如此能更明晰
模型建構之進程。

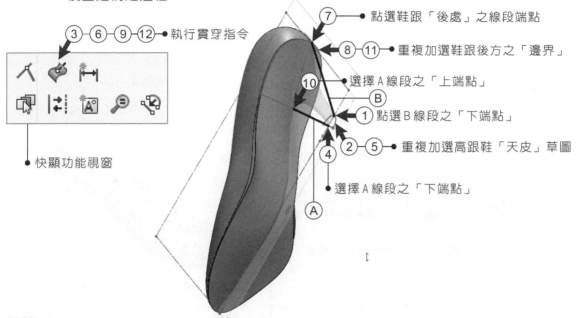

③⑥⑨⑫ ● 執行貫穿指令

● 快顯功能視窗

⑦ ● 點選鞋跟「後處」之線段端點
⑧⑪ ● 重複加選鞋跟後方之「邊界」
⑩ ● 選擇A線段之「上端點」
Ⓑ
① ● 點選B線段之「下端點」
②⑤ ● 重複加選高跟鞋「天皮」草圖
④
Ⓐ ● 選擇A線段之「下端點」

STEP
36

延續上階段之草圖並執行【 ↕：正視於】指令。以【 ⊳：選取工具】針對 Ⓐ 與
Ⓑ 線段之「錨點」進行調整（讀者可酌參底圖進行對位與編輯），曲度設變完成
後點選【 ✔ 確認】以保留草圖。

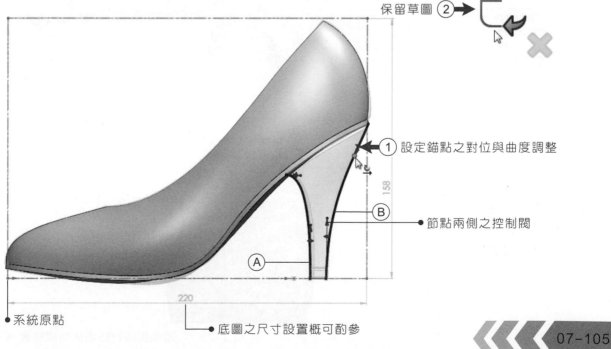

保留草圖 ②

① 設定錨點之對位與曲度調整
Ⓑ ● 節點兩側之控制閥
Ⓐ
系統原點
● 底圖之尺寸設置概可酌參

STEP 37

接續製作鞋跟側向的二條導引曲線。使用【📦:參考幾何】中的【📄:基準面】，繼而選擇系統內建之【📄 右基準面】向右偏移190mm（創建新的草繪紙張）。使用者可參酌下方功能視窗中的 ① — ④ 步驟指示。

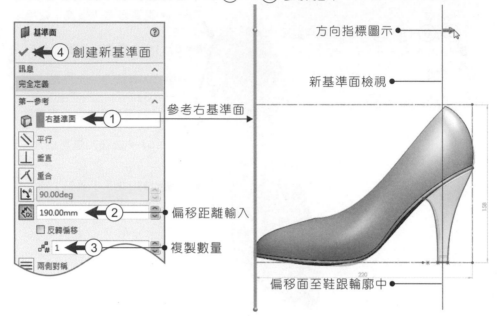

- ④ 創建新基準面
- ① 參考右基準面
- ② 偏移距離輸入
- ③ 複製數量
- 方向指標圖示
- 新基準面檢視
- 偏移面至鞋跟輪廓中

STEP 38

選擇方才建構的平面並進入草繪程序。使用【Ⓝ 不規則曲線】製作 Ⓐ Ⓑ 二條曲線，待線段與鞋跟上下兩迴圈【✔ 重合／共點】後，圖元即從藍色變成黑色形態。定義完成後即可勾選【✔ 確認】以保留圖元。

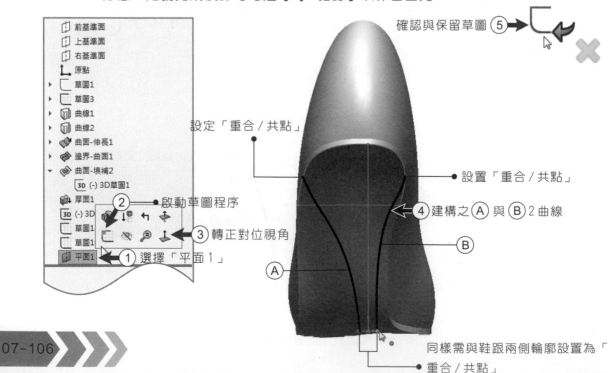

- 確認與保留草圖 ⑤
- 設定「重合／共點」
- 設置「重合／共點」
- ④ 建構之 Ⓐ 與 Ⓑ 2 曲線
- Ⓑ
- Ⓐ
- ② 啟動草圖程序
- ③ 轉正對位視角
- ① 選擇「平面1」
- 同樣需與鞋跟兩側輪廓設置為「重合／共點」

STEP
39

曲線完成後執行介面上方的【 🔲 邊界填料】。「方向1」點選「鞋墊上緣迴圈」與「鞋跟底部」；而「方向2」則選用4條不規則曲線（可參考 ① — ⑧ 設定），建議可開啟預覽模式以檢視模型生成之結果。

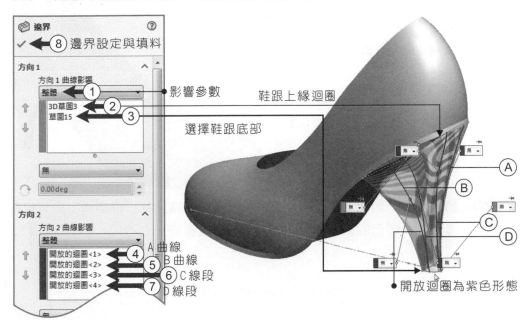

STEP
40

執行【 🔲 厚面】進行長料之程序。選擇向外填料成型，而厚度數值設定1.5mm（使用者可依觀感適量微調），其餘參數皆維持預設即可（鞋底與底裡也是使用相同程序製作，筆者於此即不再一一贅述）。

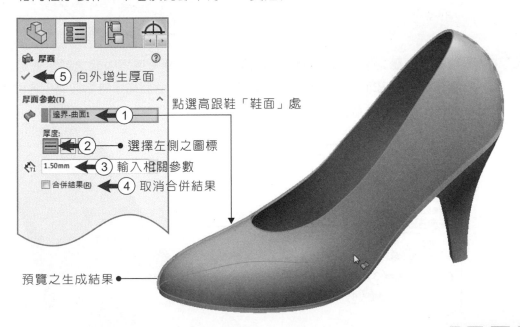

STEP
41

現階段欲製作高跟鞋之「內裡」。選擇介面上方的【🗐 偏移曲面】指令，設定
參數為 0.5mm；而參考之項次即為鞋面內側。

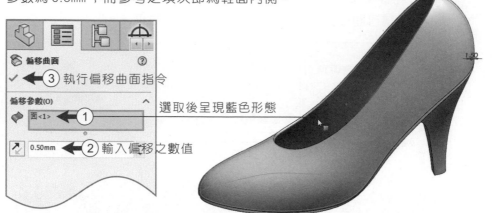

偏移曲面
✓ ← ③ 執行偏移曲面指令

偏移參數(O)
面<1> ← ①
　　　　　　　　選取後呈現藍色形態
↗ 0.50mm ← ② 輸入偏移之數值

STEP
42

續接女鞋「內裡」的後製階段，於此建議可轉換為「線架構」檢視模型，當然讀
者也能依自己的繪製概況選擇實體的呈現樣貌。

黃色區域為「內裡」偏移之預覽結果 ●

隱藏之鞋底邊界輪廓 ●

STEP
43

延續上步驟之選取面，並執行【🗐 厚度】指令。選擇中間之圖示並輸入參數值
為 0.5mm；繼而點擊【✔ 確認】以執行指令。曲面增厚時需取消「合併結果」之
選項，藉此保有個別設變的自由度。

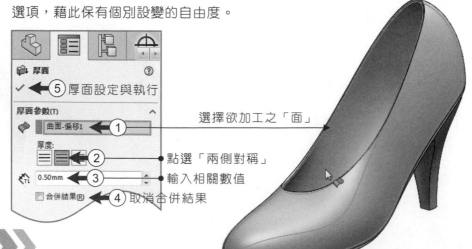

厚面
✓ ← ⑤ 厚面設定與執行

厚面參數(T)
曲面-偏移1 ← ①
　　　　　　　　選擇欲加工之「面」
厚度:
☰ ☰ ← ② ● 點選「兩側對稱」
🗐 0.50mm ← ③ ● 輸入相關數值
☐ 合併結果(R) ← ④ 取消合併結果

STEP 44
高跟鞋之模型建構已大致完成，續接程序為細部結構之設計階段，選擇【■ 前基準面】並轉正視角，使用草圖工具列中的【ᴎ 不規則曲線】或【◠ 三點定弧】描繪分割之曲線（使用者可依觀感自行調整分割之曲線形態）。

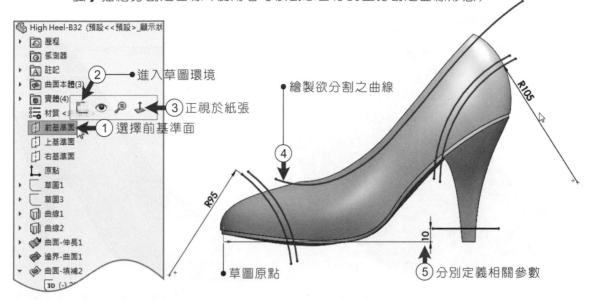

② → 進入草圖環境
③ 正視於紙張
① 選擇前基準面
繪製欲分割之曲線
④
R105
R95
10
草圖原點
⑤ 分別定義相關參數

STEP 45
延續上階段所創建之草圖並進行【▣ 分割】指令。將高跟鞋本體分割成5-7個零件。在「成型本體」欄位勾選欲解構之項次，待設定完備後按下【✔ 確認】即執行實體分割之程序。

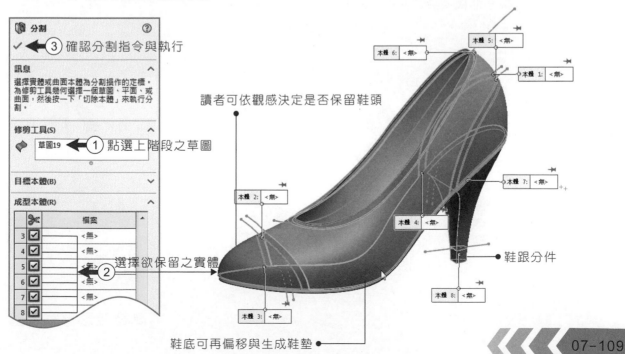

③ 確認分割指令與執行
① 點選上階段之草圖
② 選擇欲保留之實體
讀者可依觀感決定是否保留鞋頭
鞋跟分件
鞋底可再偏移與生成鞋墊

分割完成後執行【 ⊞ :鏡射圖元】指令（由於女鞋實體未相連，所以需使用「本體鏡射」），複製後可生成一雙高跟鞋。在步驟44時，得將「鞋頭」與「後踵」處不勾選，即變換為另一種鞋款造型；讀者亦能利用此繪製程序設計出專屬於您自己的時尚女鞋。

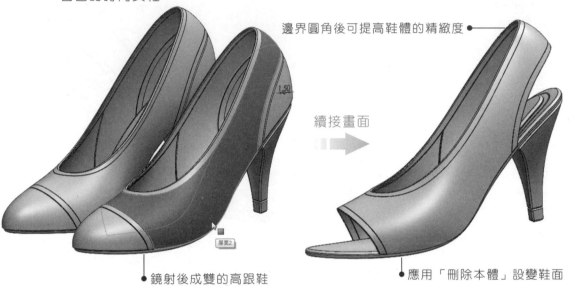

邊界圓角後可提高鞋體的精緻度

續接畫面

鏡射後成雙的高跟鞋

應用「刪除本體」設變鞋面

進入模型彩現程序：透過Solidworks的附加模組【 ⬤ Photoview360】編輯模型【 ⬤ 外觀】與【 ⬛ 全景】。下方為設變後之不同款高跟鞋搭配素色場景與鏡面地板渲染之完成圖照。

高跟鞋彩現完成圖

7-6 重點習題（題解請參考附檔）

7-6.1 造形油壺

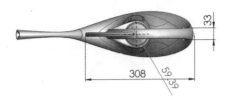

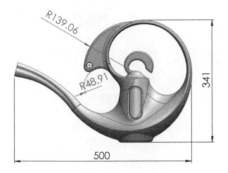

◎練習要點：實體高度341mm；
寬度500mm；
圓角半徑自訂
薄殼厚度2mm-3mm

7-6.2 袖珍型電動起子

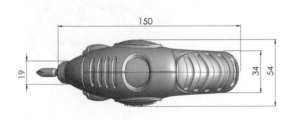

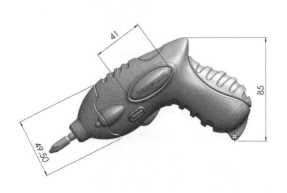

◎練習要點：實體高度85mm；寬度150mm
建議使用「電動起子13」底圖

7-6.3 遊戲搖桿

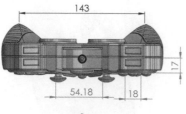

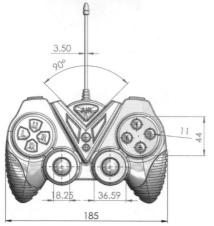

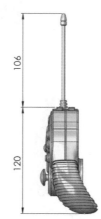

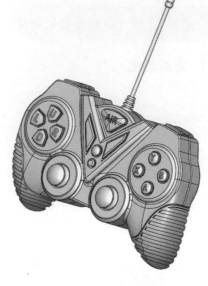

◎練習要點：實體高度226mm；
　　　　　　寬度185mm；
　　　　　　導角與圓角自訂；
　　　　　　薄殼厚度自訂；
　　　　　　造形可設變

7-6.4 時尚女鞋

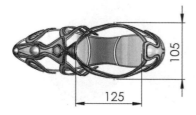

◎練習要點：實體高度260mm；
　　　　　　寬度287mm；
　　　　　　圓角半徑自訂；
　　　　　　造形可設變

SOLIDWORKS

零件組合
ASSEMBLY

08

8-1 三維組件繪製

◉ 要點提醒　本範例為綠色版參考教學檔 -- 請使用雲端連結

本範例教學視訊檔案：SolidWorks/基礎&實務/CH08目錄下/8-1 組件繪製.avi
本範例製作完成檔案：SolidWorks/基礎&實務/CH08目錄下/8-1 組件繪製.SLDPRT

8-1 三維組件構成與解構

面對形態千百種的產品組件，其組立與結合的程序繁多；但歸結於三維方位定義的根本，也不外乎是點、線、面、體的具象限制。於繪製組件的本單元中，將藉由【⬚：參考圖元】與【⬛ 伸長填料】生成三角立方體，再以【◎ 圓形工具】與【⬡ 多邊形工具】製作柱體【⬙ 分割】的進程，並在【⬛ 刪除本體】後分存成五個檔案，以備用於下個單元的 SolidWorks【⬛ 組合件】模組。

建模進程：

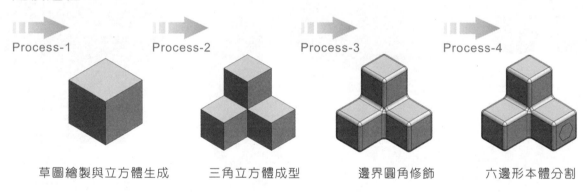

Process-1	Process-2	Process-3	Process-4
草圖繪製與立方體生成	三角立方體成型	邊界圓角修飾	六邊形本體分割

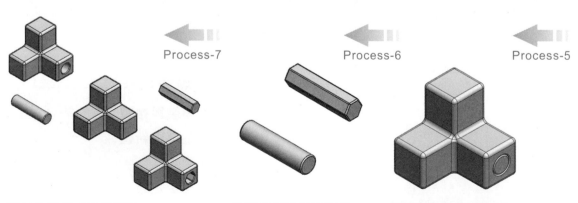

Process-7	Process-6	Process-5
將組件分存成五個檔案	柱體分割且個別存檔	圓柱與本體分割完成

STEP 01

於此使用【▦ 前基準面】作為草圖繪製的初始視角。本單元須建構三角立方體當成後續單元的組件，而其形態則是由立方體所延伸構成。以【▫ 中心矩形】由【⊥ 原點】向外繪製一個封閉圖元，再藉由【◇ 智慧型尺寸】標註 100mm 的等邊參數。

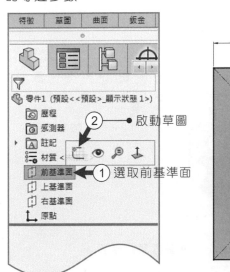

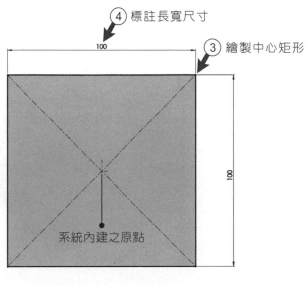

④ 標註長寬尺寸

③ 繪製中心矩形

系統內建之原點

啟動草圖

① 選取前基準面

STEP 02

待草圖完全定義後（圖元由原本的藍色轉換成黑色）執行【▧：伸長填料】特徵。於「來自」選項設為「草圖平面」的線性延伸；而「方向」則指定「兩側對稱」，且輸入 100mm 的深度參數。頁面中的黃色預覽即為成型後之實體輪廓。

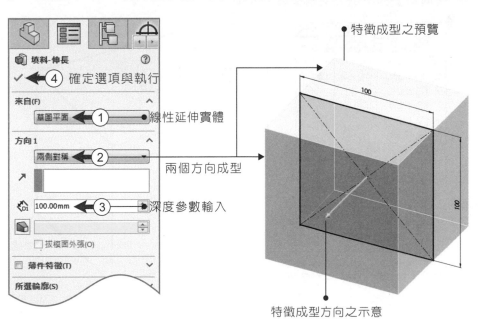

填料-伸長

④ 確定選項與執行

來自(F)

① 線性延伸實體

方向 1

② 兩側對稱　　兩個方向成型

③ 100.00mm　深度參數輸入

□ 拔模面外張(O)

□ 薄件特徵(T)

所選輪廓(S)

特徵成型之預覽

特徵成型方向之示意

於立方體成型後,可參考現有的邊界輪廓製作草圖,並執行【🔳:伸長填料】生成相連的實體。先以「左鍵」點選立方體右側平面(Ⓐ平面)且啟動草繪程序,再執行【🔲 參考圖元】後保留草圖(形成特徵列中的草圖2)。

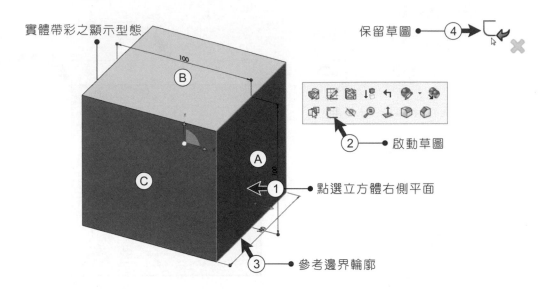

實體帶彩之顯示型態

保留草圖 ● ④

100

Ⓑ

Ⓐ

Ⓒ

② ● 啟動草圖

① ● 點選立方體右側平面

③ ● 參考邊界輪廓

如同上步驟的作法。點選 Ⓑ 平面啟動草繪,並在【🔲 參考圖元】後保留圖元(為特徵樹裡的草圖3)。而「草圖4」製作之程序亦同,但須建構於立方體的左側平面上(Ⓒ平面)。三個草圖分段完成後,即可見到特徵列下方除了【🔳 伸長填料】的特徵外另有草圖2-4備用。

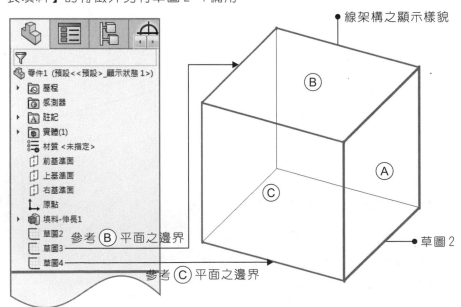

● 線架構之顯示樣貌

🐦 零件1 (預設<<預設>_顯示狀態1>)
▸ 🔘 歷程
　 🔘 感測器
▸ 🅰 註記
▸ 🔘 實體(1)
　 🔧 材質 <未指定>
　 📐 前基準面
　 📐 上基準面
　 📐 右基準面
　 ↳ 原點
▸ 🔳 填料-伸長1
　 🔲 草圖2　參考 Ⓑ 平面之邊界
　 🔲 草圖3
　 🔲 草圖4

參考 Ⓒ 平面之邊界

Ⓑ

Ⓐ

Ⓒ

● 草圖2

STEP
05

使用【↖:選取工具】指定特徵樹中的「草圖2」並執行【📦:伸長填料】。於
參數欄中的「方向1」選擇「給定深度」，其數值輸入100mm；與此同時需開啟
「合併結果」選項以連結兩個立方體。

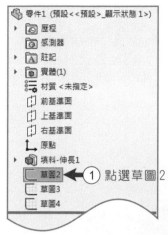

① 點選草圖2

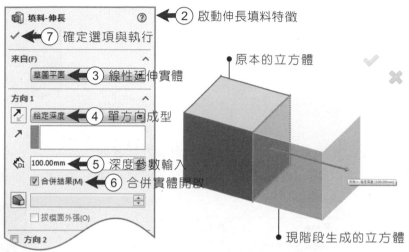

② 啟動伸長填料特徵
⑦ 確定選項與執行
③ 線性延伸實體
④ 單方向成型
⑤ 深度參數輸入
⑥ 合併實體開啟

● 原本的立方體

● 現階段生成的立方體

STEP
06

接二連三的執行上述的步驟，使特徵列中的「草圖3與4」生成實體的「填料-
伸長3與4」。欄位設定的深度選項皆是100mm，同樣都選取「合併結果」項次
。實體完成後如頁面圖例所示：由四個伸長特徵結合成三角立方體。

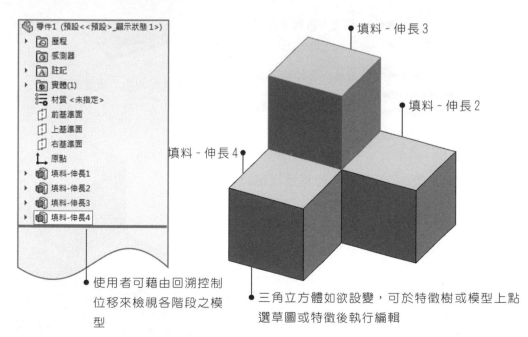

● 填料-伸長3

● 填料-伸長2

填料-伸長4 ●

● 使用者可藉由回溯控制
位移來檢視各階段之模
型

● 三角立方體如欲設變，可於特徵樹或模型上點
選草圖或特徵後執行編輯

STEP 07

若要快速且確實的選取模型本體之所有項次，筆者建議以【 選取工具】循右上左下之路徑框選物件（而如果是慣用左手的人，框選之路徑可能有所不同）。

選取之範圍
框選之起點 1
框選之終點 2

STEP 08

延續上述步驟。待模型所有邊界皆選取後執行【 圓角】指令，半徑設定建議 5mm-10mm。

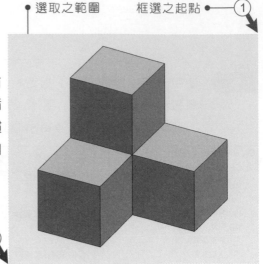

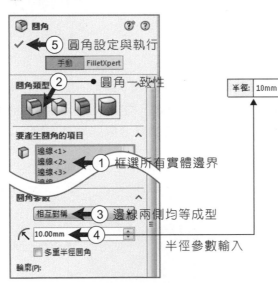

圓角
5 圓角設定與執行
手動
FilletXpert
圓角類型
2 圓角一致性
要產生圓角的項目
邊線<1>
邊線<2>
邊線<3>
1 框選所有實體邊界
圓角參數
相互對稱
3 邊線兩側均等成型
10.00mm
4
半徑參數輸入
多重半徑圓角
輪廓(P):
半徑: 10mm
邊界圓角之預覽畫面

STEP 09

邊界潤飾後，使用者可再透過視角轉動端詳模型的框線是否有未潤飾之處。完成後即【 儲存檔案】（檔名為 A；使用者可自訂檔案名稱）。

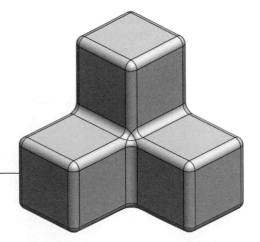

實體為帶框帶彩之檢視型態

STEP
10

現階段欲製作三角立方體的分件（六角柱）。點選右側平面並啟動草繪程序，繼而透過【⬆ 正視於】對位紙張。使用【⬡ 多邊形工具】由【⚓ 原點】向外延伸圖元，且以【◇ 智慧型尺寸】標註六邊形之高度為 50mm。

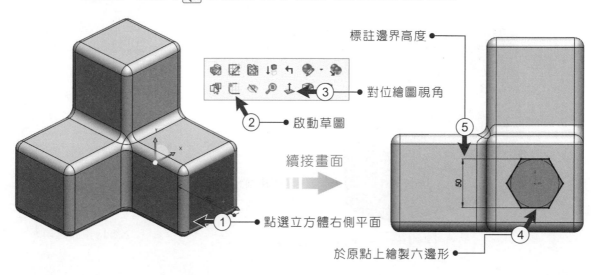

標註邊界高度

對位繪圖視角 ③

啟動草圖 ②

續接畫面

⑤

50

④

點選立方體右側平面 ①

於原點上繪製六邊形

STEP
11

延續上一步驟，透過下拉式選單啟動【📦 分割】指令。使用者須先點選 ✂ 剪刀圖示（或「檔案」下的空白欄位）以進入分件程序，繼而點擊三角立方體與六邊形角柱離合兩本體，並於設定完成後【✔ 確定】選項與執行。

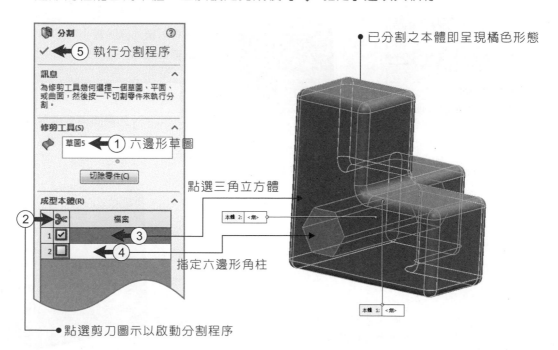

已分割之本體即呈現橘色形態

📦 分割

✔ ⑤ 執行分割程序

訊息
為修剪工具幾何選擇一個草圖、平面、或曲面，然後按一下切割零件來執行分割。

修剪工具(S)
草圖5 ① 六邊形草圖

切除零件(C)

成型本體(R)

② ✂ ｜ 檔案
1 ☑ ③
2 ☐ ④

點選三角立方體

指定六邊形角柱

本體 2: <無>

本體 1: <無>

點選剪刀圖示以啟動分割程序

選擇一般圓角類型 ●

確定圓角選項與執行 ● ④

STEP
12
分別針對六邊形角柱與三角立方體（分割處）執行
【 🗔 圓角】特徵（分割後的本體，不能同時以圓角
功能潤飾邊界，因此須個別選擇與應用）。

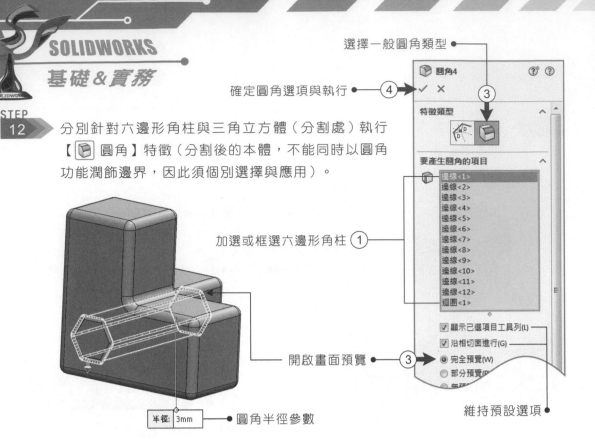

🗔 圓角4   ? ?
③
特徵類型   ∧
③
要產生圓角的項目   ∧
邊線<1>
邊線<2>
邊線<3>
邊線<4>
邊線<5>
邊線<6>
邊線<7>
邊線<8>
邊線<9>
邊線<10>
邊線<11>
邊線<12>
迴圈<1>

加選或框選六邊形角柱 ①

☑ 顯示已選項目工具列(L)
☑ 沿相切面進行(G)
⊙ 完全預覽(W)
○ 部分預覽(P)
○ 無預覽

開啟畫面預覽 ● ③ ➜

維持預設選項 ●

半徑: 3mm ● 圓角半徑參數

STEP
13
兩個本體邊界分別潤飾後，繼而由下拉式選單啟動【 🗔 刪除本體】特徵。於此
筆者先刪除角柱（保留三角立方體），爾後【 💾 :另存新檔】，檔案名稱為「B1
」（使用者可自行命名。先刪除角柱或立方體，皆不影響後續之進程）。

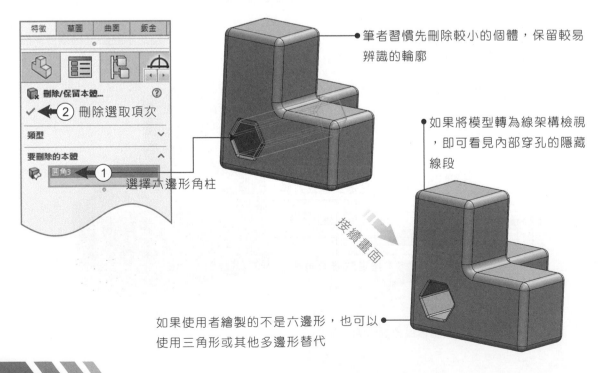

特徵 草圖 曲面 鈑金

🗔 刪除/保留本體...   ?
✓ ← ② 刪除選取項次
類型   ∨
要刪除的本體   ∧
🗔 圓角3 ← ①
選擇六邊形角柱

● 筆者習慣先刪除較小的個體，保留較易
辨識的輪廓

● 如果將模型轉為線架構檢視
，即可看見內部穿孔的隱藏
線段

接續畫面

如果使用者繪製的不是六邊形，也可以 ●
使用三角形或其他多邊形替代

STEP
14

當「B1」檔案存取後,以「左鍵」點選特徵列中的
【🗔:刪除本體】項次,並啟動【🗗:編輯特徵】。
於「要刪除的本體」欄位中將原來的角柱移除,異動
為三角立方體,並【💾 另存新檔】為「B2」後關閉
檔案。

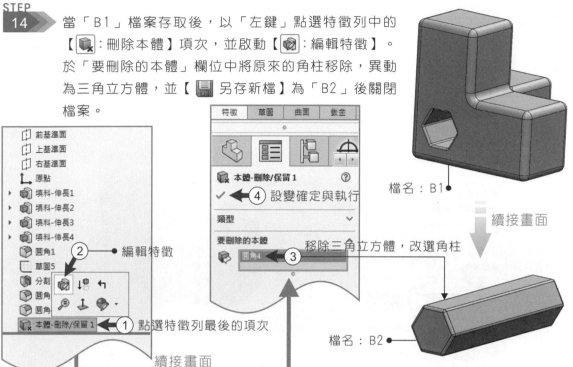

特徵　草圖　曲面　鈑金

🗔 本體-刪除/保留 1　　　　⑦

✓　←④ 設變確定與執行

類型　　　　　　　　　　∨

要刪除的本體　　　移除三角立方體,改選角柱
🗗　圓角4　←③

②　● 編輯特徵

🗔 本體-刪除/保留 1 ←① 點選特徵列最後的項次

續接畫面

檔名:B1 ●

續接畫面

檔名:B2 ●

STEP
15

【📂 開啟舊檔】並選擇原有的「A」組件。再次以三角立方體之右側平面作為
草繪紙張,並在進入草圖程序後使用【⬆ 正視於】指令對位。如下方圖例所示
:由【👤 原點】延伸一個圖元,且經【◇ 智慧型尺寸】標註圓形半徑為50mm
(關於圖形與尺寸參數,使用者皆可自行變更,惟乃在前後本體置換時之邊界需
一致)。

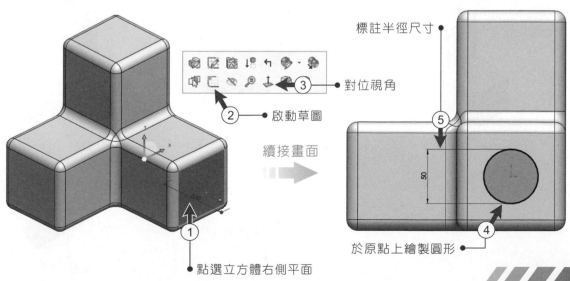

標註半徑尺寸 ●

③ ● 對位視角

② ● 啟動草圖

續接畫面

⑤

50

④

於原點上繪製圓形 ●

①

點選立方體右側平面 ●

STEP 16

透過下拉式選單啟動【🗐：分割】指令。將零件分成三角立方體與圓柱兩個本體。並依循著製作「B1」暨「B2」之程序：【🗐 刪除本體】與【📧 另存新檔】完成「C1」與「C2」兩個分件。

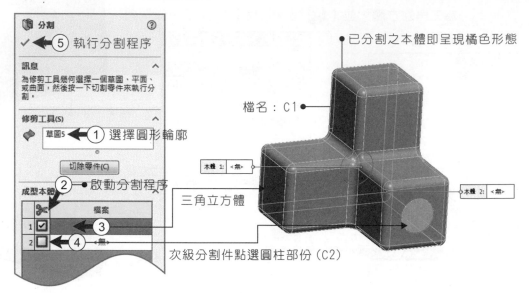

STEP 17

本單元為零組件繪製的階段。透過反覆的製作程序，我們可以得到五個組件檔案（如本頁面之例圖）。五個形態不同的本體，同樣可構成線、面與圓徑的結合與組立要鍵。多數的組件需要經由三次的【🖇：結合定義】來限制本體的三維；而圓柱則僅需要兩次的限制即可完全定義。下一單元中，筆者將藉由學習導向式的進程引領各位使用者了解【🗐 組合件】模組其常見指令與相關應用層面。

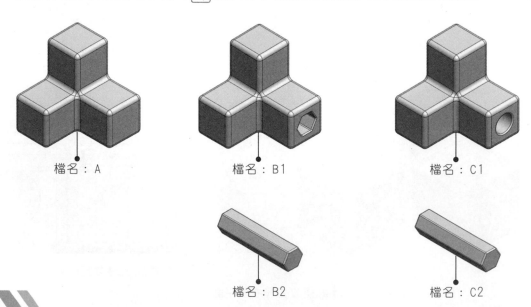

8-2 零件組立與結合

⊙要點提醒　　　本範例為綠色版參考教學檔--請使用雲端連結

本範例教學視訊檔案：SolidWorks/基礎＆實務/CH08目錄下/8-2 組件結合.avi
本範例製作完成檔案：SolidWorks/基礎＆實務/CH08目錄下/8-2 組件結合.SLDPRT

8-2 模型零件組立與結合

於本單元中，透過SolidWorks的【 🔲：組合件】模組結合上個單元中所建構的五個檔案。首先置入檔案A，並指定為【 ⚓：固定】型式；繼而將其餘的四個組件一併輸入且自由擺放。【 🔗 結合定義】經由面的限制組立三角立方體，當三個本體堆砌成柱後，本單元的模型組立即已完成。而使用者亦可以輸入更多的零組件，結合成使用者所欲堆砌的型式。

建模進程：

Process-1

Process-2

Process-3

Process-4

置入三角立方體

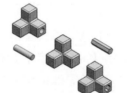
輸入其他四個檔案

組合立方體與柱體

三立方體結合

Process-7

Process-6

Process-5

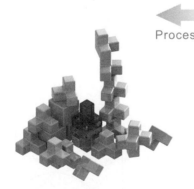
材質編輯與彩現

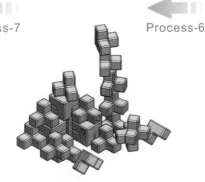
結合更多的組件

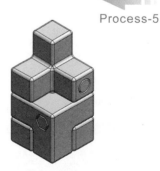
主體堆砌組立完成

STEP 01

SolidWorks與Windows其他對應性的軟體一樣，欲執行新的檔案即是點選似白紙的圖標【 ：新增文件（或開新檔案）】，繼而由三個子選項中開啟欲執行的檔案類型。本單元須將上階段的五個零件組立堆砌，因此點擊【 組合件】模組後開啟選項。

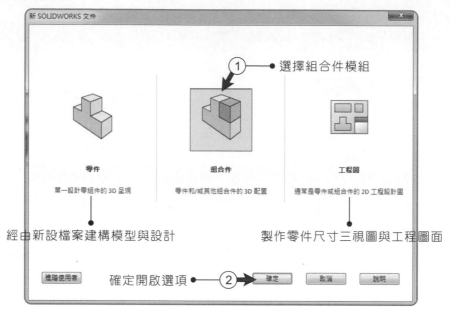

① 選擇組合件模組

新 SOLIDWORKS 文件

零件　　　　組合件　　　　工程圖

單一設計零組件的 3D 呈現　　零件和/或其他組合件的 3D 配置　　通常是零件或組合件的 2D 工程設計圖

經由新設檔案建構模型與設計　　製作零件尺寸三視圖與工程圖面

進階使用者　　確定開啟選項 ●──② ➡ 確定　取消　說明

STEP 02

進入模組畫面後，以「左鍵」點擊【 插入零組件】指令。並透過「瀏覽」選擇「方塊組件-A」置入，繼而透過【 ✔ 確定】定位組件（組件的位置同如本體檔案的座標與方位；如果使用者欲保留零件位移的自由度，可直接以【 選取工具】點擊畫面中適宜的位置擺放模型）。

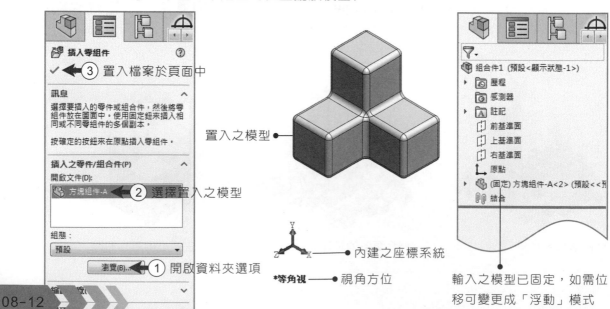

插入零組件

✓ ◀ ③ 置入檔案於頁面中

訊息

選擇要插入的零件或組合件，然後將零組件放在圖面中。使用固定鈕來插入相同或不同零組件的多個副本。

按確定的按鈕來在原點插入零組件。

插入之零件/組合件(P)

開啟文件(D):

方塊組件-A ◀ ② 選擇置入之模型

組態：
預設

瀏覽(B).. ◀ ① 開啟資料夾選項

置入之模型 ●

內建之座標系統

*等角視 ● 視角方位

組合件1 (預設<顯示狀態-1>)
▸ 歷程
感測器
▸ 註記
前基準面
上基準面
右基準面
原點
▸ (固定) 方塊組件-A<2> (預設<<預
結合

輸入之模型已固定，如需位移可變更成「浮動」模式

產生新組合件時

STEP
03
再次執行【🖼 插入零組件】指令，但這次不是透過【✔ 確定】鍵定位模型，而是於畫面中信手的擺置。自行置入的零組件並沒有系統的定位與限制，所以使用者可以充分的利用「浮動」狀態下的模型域度自由位移。

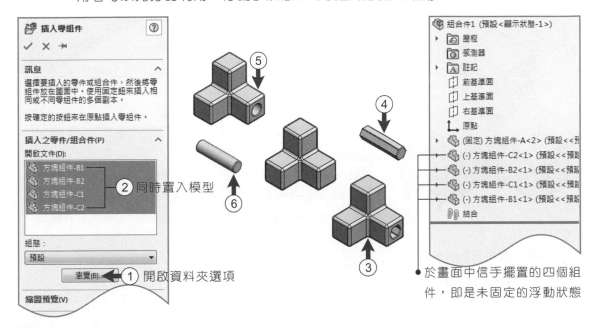

於畫面中信手擺置的四個組件，即是未固定的浮動狀態

STEP
04
啟動【📎 結合】功能，且點選三角體穿孔的內弧面與圓柱的外弧面，繼而藉由【◎ 同軸心】指令限制兩本體，再以【✔ 確認】鍵執行兩項次的結合。通常物件的結合需要三次的限制設定；但圓柱與圓孔的對應僅需兩次定義即可。

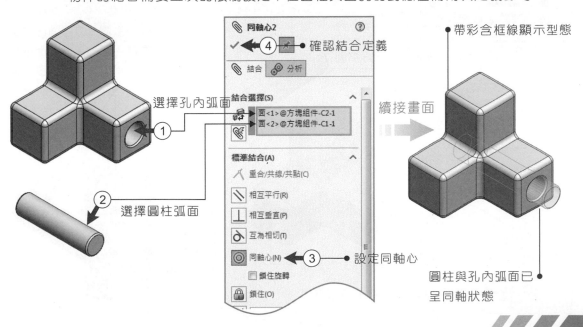

立方體已轉換成半透明模式

延續上一階段之【◎ 結合】功能視窗。點選立方體右側
平面暨圓柱平面,並以【✕ 重合/共線】指令貼合兩項
次(執行後如右側例圖所示,並可隱藏本組合件)。

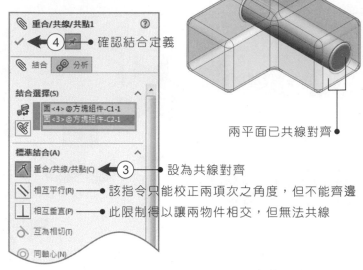

兩平面已共線對齊

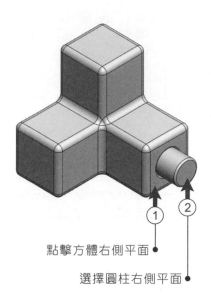

◎ 重合/共線/共點1 ⑦
✓ ←④ 🖈 ● 確認結合定義

◎ 結合 ◎ 分析

結合選擇(S)
面<4>@方塊組件-C1-1
面<3>@方塊組件-C2-1

標準結合(A)
✕ 重合/共線/共點(C) ←③ ● 設為共線對齊
⧄ 相互平行(R) ← 該指令只能校正兩項次之角度,但不能齊邊
⊥ 相互垂直(P) ← 此限制得以讓兩物件相交,但無法共線
◐ 互為相切(T)
◎ 同軸心(N)

點擊方體右側平面 ●
選擇圓柱右側平面 ●

本階段同樣透過【◎ 結合】功能視窗結合六邊形角柱與其對應的方塊。兩本體
組立沒有前後次序,但建議使用者從不易選取的項次先著手。應用【✕ 重合/
共線】的指令貼合角柱與方體的上方平面。

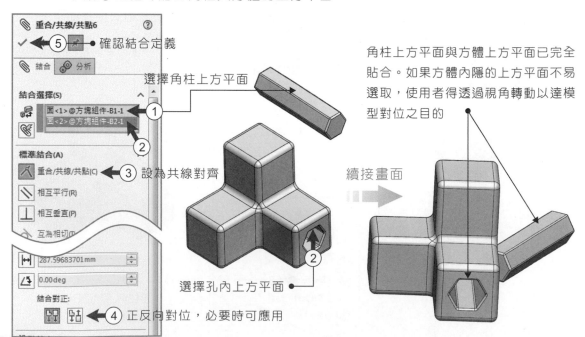

◎ 重合/共線/共點6 ⑦
✓ ←⑤ 🖈 ● 確認結合定義

◎ 結合 ◎ 分析

選擇角柱上方平面

結合選擇(S)
面<1>@方塊組件-B1-1 —①
面<2>@方塊組件-B2-1
②

標準結合(A)
✕ 重合/共線/共點(C) ←③ 設為共線對齊
⧄ 相互平行(R)
⊥ 相互垂直(P)
◐ 互為相切(T)

⊢⊣ 287.59683701mm
∠ 0.00deg

結合對正:
🔲 🔲 ←④ 正反向對位,必要時可應用

選擇孔內上方平面 ●

角柱上方平面與方體上方平面已完全
貼合。如果方體內隱的上方平面不易
選取,使用者得透過視角轉動以達模
型對位之目的

續接畫面

STEP 07

六邊形角柱與立方體內孔的六個面歷經兩次的定義後已完全的貼合（如下側例圖），但柱體仍保有前後移動的自由度。讀者可使用【⬚：選取工具】或模組中的【✛：移動工具】位移本體。

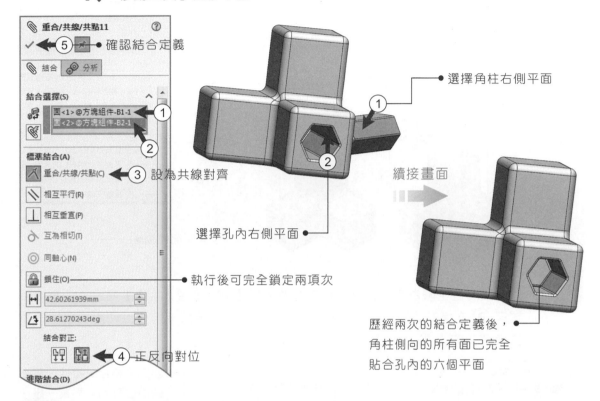

重合/共線/共點11
確認結合定義
結合 分析
結合選擇(S)
面<1>@方塊組件-B1-1 ①
面<2>@方塊組件-B2-1 ②
標準結合(A)
重合/共線/共點(C) ③ 設為共線對齊
相互平行(R)
相互垂直(P)
互為相切(T)
同軸心(N)
鎖住(O) 執行後可完全鎖定兩項次
42.60261939mm
28.61270243deg
結合對正:
④ 正反向對位
進階結合(D)

選擇角柱右側平面 ①
選擇孔內右側平面 ②
續接畫面

歷經兩次的結合定義後，角柱側向的所有面已完全貼合孔內的六個平面

STEP 08

再一次的執行【⬚：結合定義】指令，以【⬚：重合/共線】指令組立角柱與方體，由圖例中可看見物件已完全的貼合。作業環境中的五個零件現已合併成三個待組立的三角立方體。

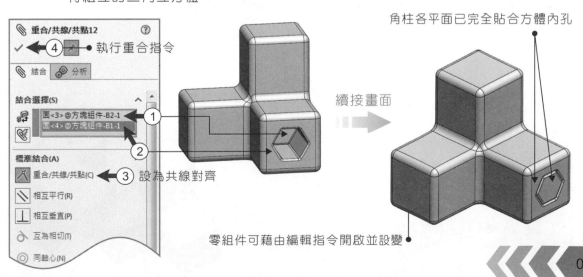

重合/共線/共點12
④ 執行重合指令
結合 分析
結合選擇(S)
面<3>@方塊組件-B2-1 ①
面<4>@方塊組件-B1-1 ②
標準結合(A)
重合/共線/共點(C) ③ 設為共線對齊
相互平行(R)
相互垂直(P)
互為相切(T)
同軸心(N)

角柱各平面已完全貼合方體內孔
續接畫面
零組件可藉由編輯指令開啟並設變

08-15

STEP
09

由特徵管理員中概可檢視檔案組立的概況。五個零組件除了 Ⓐ「固定」之外，其餘的組件都是「浮動」的狀態；而【 ⬮ 結合】的定義目前則涵蓋著一個【 ◎:同軸心】與四個【 ⼈:重合/共線】的限制定義。

系統預設之檔案名稱 ●

組合件1 (預設<顯示狀態-1>)
▶ 歷程
感測器
▶ 註記
前基準面
上基準面
右基準面
原點
組件已固定 ● (固定) 方塊組件-A<2> (預設<<預
可位移的浮動狀態 ● (-) 方塊組件-C1<1> (預設<<預設
(-) 方塊組件-C2<1> (預設<<預設
(-) 方塊組件-B2<1> (預設<<預設
(-) 方塊組件-B1<1> (預設<<預設
▼ 結合
Ⓒ ◎ 同軸心2 (方塊組件-C1<1>,方
⼈ 重合/共線/共點1 (方塊組件-C
Ⓑ ⼈ 重合/共線/共點8 (方塊組件-B
⼈ 重合/共線/共點11 (方塊組件-
⼈ 重合/共線/共點12 (方塊組件-

步驟回溯控制 ●

STEP
10

此階段將經由限制條件組立三個立方體。以【 ⼈ 重合/共線】結合 Ⓐ 方塊頂端與 Ⓑ 方塊的底面。有時定義的結果未如我們所預期，則可以使用視窗中「對位參考」的【 ⊟ 反向對位】轉向對齊。

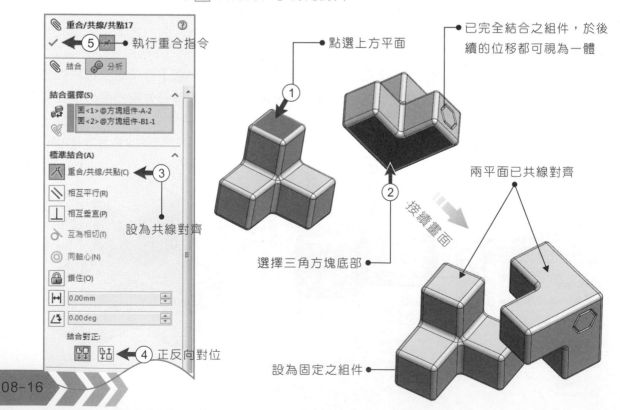

STEP 11
兩個立方體須歷經三次的結合限制才能完全定義。使用【 ⇲ 選取工具】點選兩方塊對應的平面，並透過【 ◎ :結合】功能視窗（或快顯功能表）設定兩項次的對位型式。

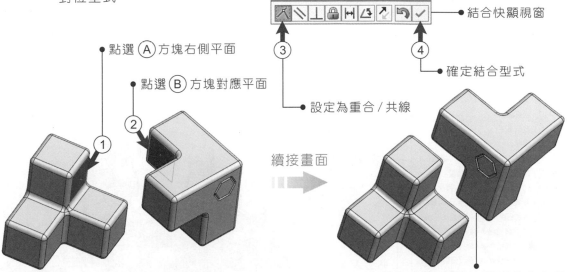

點選 Ⓐ 方塊右側平面
點選 Ⓑ 方塊對應平面
③ 設定為重合/共線
結合快顯視窗
④ 確定結合型式
續接畫面
對位後，方塊僅剩下橫向的自由度

STEP 12
點選兩零件的左側平面並設定為【 ⼈ :重合/共線】對齊，兩個三角立方體即結合成一個正立方體（如下圖中所示）。至於 Ⓒ 零件的結合則如前述步驟，於此就不再重複演示；如果使用者仍想輸入更多的零件組立學習，即可於特徵管理員複製物件（或插入新的零組件結合）。

重合/共線對齊 ③
④ 確定合併設定

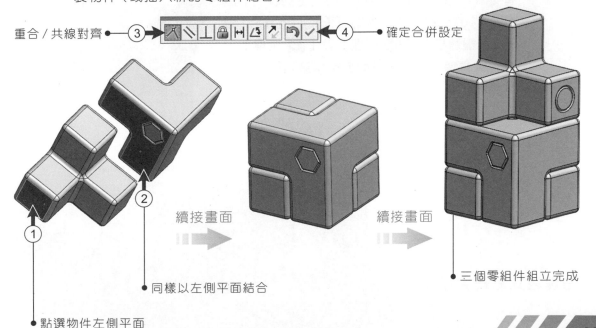

續接畫面
續接畫面
同樣以左側平面結合
三個零組件組立完成
點選物件左側平面

STEP
13

欲快速的插入模型組件，使用者可於特徵管理員上以快捷鍵 Ctrl + C 複製所
選項次，並透過重複的 Ctrl + V 貼上大量組件。如果不透過繁瑣的【🖇結
合】要鍵限制模型的自由度，亦可使用【🐢零件移動】指令快速的位移與堆疊
組件模型。

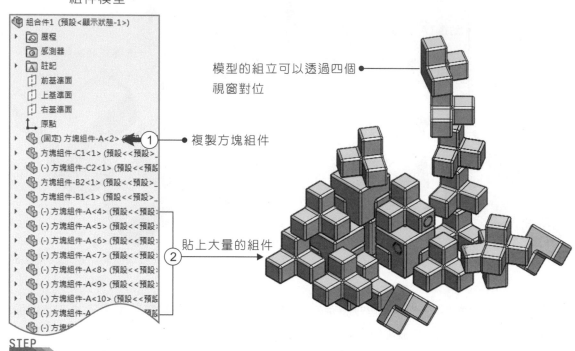

模型的組立可以透過四個
視窗對位

複製方塊組件

貼上大量的組件

STEP
14

於組合件結合完備後進入模型彩現程序（使用
者可以任意堆砌複製與輸入的模型組件）；透
過SolidWorks的附加模組【🔵：Photoview
360】編輯模型【🔵 外觀】與【🔵 全景】。
下方為方塊組立模型搭配素色場景與地板之渲
染完成圖照。

方塊組立彩現完成圖

8-3 重點習題（題解請參考附檔）

8-3.1 零組件繪製

◎練習要點：實體高度10mm；圓柱高度2.5mm
薄殼厚度1.5mm；圓柱直徑5mm
繪製五款組件

《組件-一格》
尺寸：8/8/10

《組件-兩格》
尺寸：8/16/10

《組件-四方》
尺寸：16/16/10

《組件-四格長條》
尺寸：8/32/10

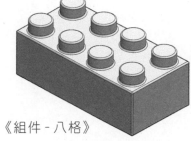

《組件-八格》
尺寸：16/32/10

8-3.2 明式座椅組立

◎練習要點：實體高度180mm；座面高度70mm
座椅造型自訂

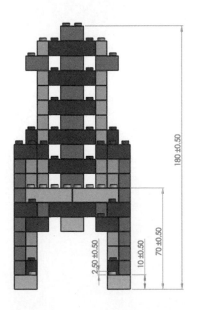

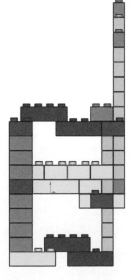

SOLIDWORKS

模型組態 MODEL CONFIGURATION

09

9-1 模型組態

9-2 組件爆炸圖與動畫製作

9-3 重點習題

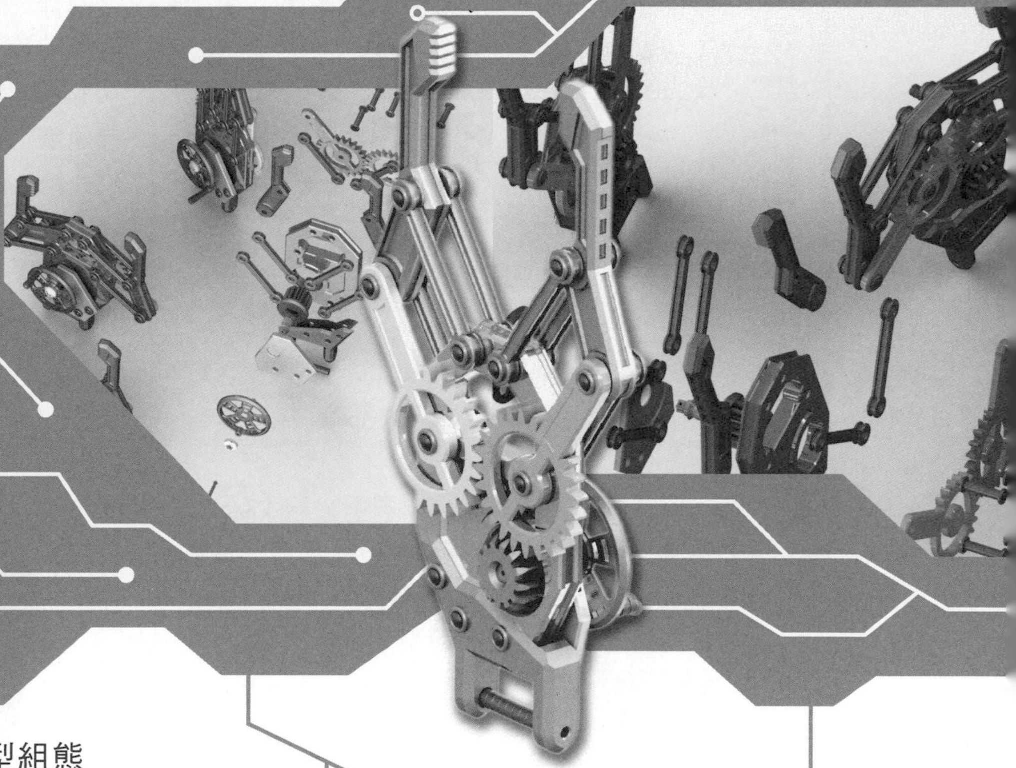

章節學習重點

- 分件組立與對位
- 結合複製
- 爆炸視圖製作
- 分解路徑建構
- 動態影片製作

9-1 模型組態

⊙要點提醒　本範例為綠色版參考教學檔 -- 請使用雲端連結

本範例教學視訊檔案：SolidWorks/ 基礎&實務/CH09目錄下 /9-1 模型組態.avi
本範例製作完成檔案：SolidWorks/ 基礎&實務/CH09目錄下 /9-1 模型組態.SLDPRT

STEP 01

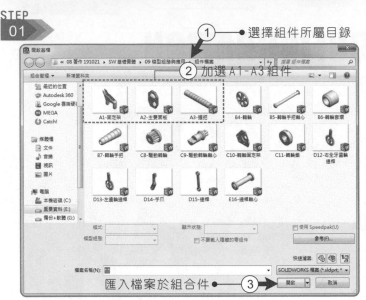

① ● 選擇組件所屬目錄

② 加選 A1-A3 組件

匯入檔案於組合件 ● ③

關於模型組態的演練，首先須確認欲組立的零組件檔案是否已備齊。我們先打開第九章的附件檔案，從資料夾中能見到16 個組件（A-E 五個群別）。筆者建議可以匯入 A1-A3 的檔案預先組立。

STEP 02

匯入檔案後，選擇「A1- 固定架」為【 固定】模式，而其它組件則是維持原來的「浮動」型態。「A2- 主要面板」為組立的基準，所以需要先透過幾何定義擺置與定位。

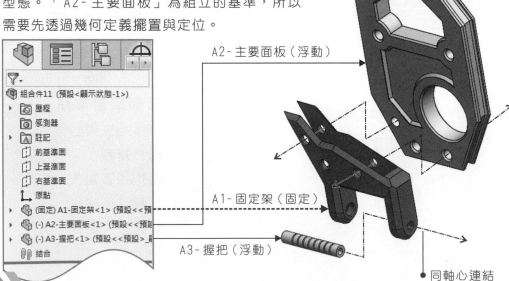

A2- 主要面板（浮動）

A1- 固定架（固定）

A3- 握把（浮動）

● 所有匯入的組件檔案皆須與主要面板結合

● 同軸心連結

STEP
03
以「A1-固定架」為基準,讓 A2 與 A3 之組件透過【⟨📎⟩ 結合定義】與之對位。三
個組件都是藉由【⟨◎⟩ 同軸心】與【⟨人⟩ 重合/共線】對齊;比較特別的是「固定
架」與「主要面板」須設定兩次的【⟨◎⟩ 同軸心】方能完全定義。

《等視角》　　　　　《側視圖》　　《前視圖》

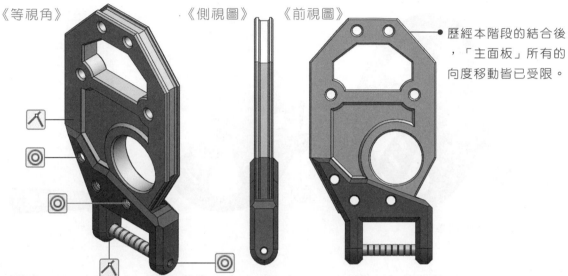

歷經本階段的結合後
,「主面板」所有的
向度移動皆已受限。

STEP
04
在「A群組」完全定義後,繼而輸入 B4-B7 四個組件。同樣使用【⟨◎⟩ 同軸心】
與【⟨人⟩ 重合/共線】結合四個元件。使用者在群組對位的過程中,需要先找到
多數元件組立的樞紐(能連接較多檔案的組件),因此範例的「B4-轉輪」即是
本群組校正之基準。

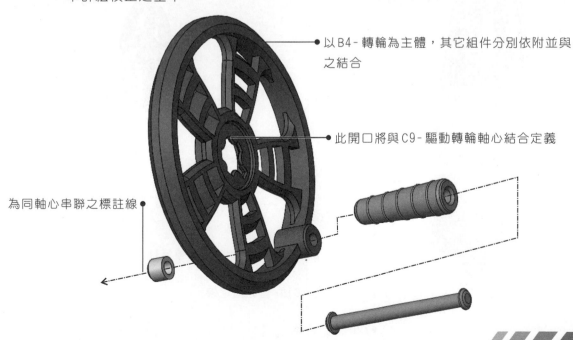

以B4-轉輪為主體,其它組件分別依附並與
之結合

此開口將與C9-驅動轉輪軸心結合定義

為同軸心串聯之標註線

STEP 05 在 B 群的四個組件中，以「B4-轉輪」的側向圓孔為【◎ 同軸心】結合的要項。組件軸心定義後，可再透過【人 重合/共線】貼齊組件間的實體邊界。使用者得透過【:等視角】或【 側視圖】檢核對位與結合之現況。

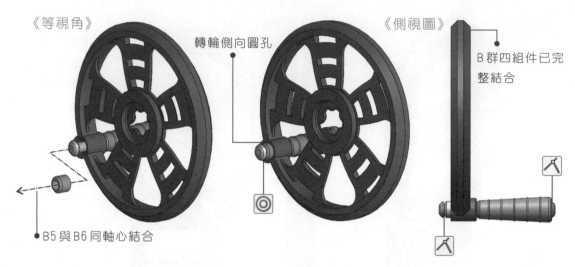

《等視角》　　　　　轉輪側向圓孔　　　　　　　　《側視圖》

B 群四組件已完整結合

B5 與 B6 同軸心結合

STEP 06 於 A 與 B 兩群組完備後，繼而匯入 C8-C11 等四個檔案。C 群的零件同樣透過【◎ 同軸心】組立。由範例中之標註線概可領略物件結合之定向。在連接上有時沒有前後順序之限定，但會因為對位的質性而有所迥異。

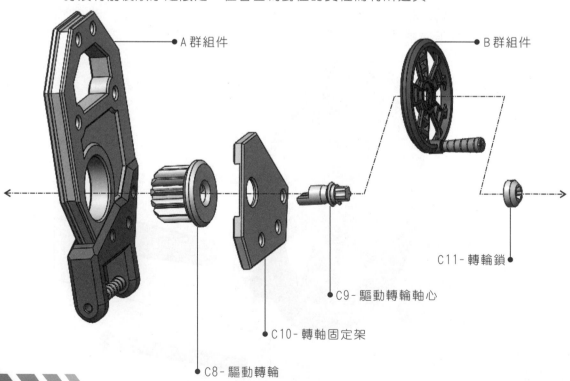

A 群組件

B 群組件

C11-轉輪鎖

C9-驅動轉輪軸心

C10-轉軸固定架

C8-驅動轉輪

STEP
07 藉由【◎：同軸心】的結合定義,將C群組的四個零組連同「B4 - 轉輪」水平串聯。在元件配置的過程中,除了圓心與圓徑同軸的對位,另外常見的是【尺 重合 / 共線】之齊邊和貼合限制。

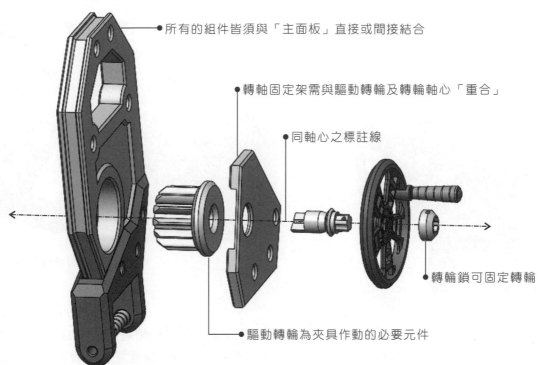

所有的組件皆須與「主面板」直接或間接結合

轉軸固定架需與驅動轉輪及轉輪軸心「重合」

同軸心之標註線

轉輪鎖可固定轉輪

驅動轉輪為夾具作動的必要元件

STEP
08 「驅動轉輪」內孔與「轉輪軸心」對位需依循其方向性。藉由半圓型的內孔與半圓型的插銷兩段式的【尺 重合 / 共線】。使用者可由【🗐：側視角】清楚看見組件之對位概況)。

《等視角》　　　　　　　　　《側視圖》

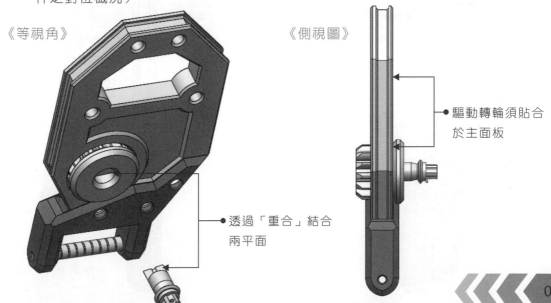

驅動轉輪須貼合
於主面板

透過「重合」結合
兩平面

STEP
09

「C9-驅動轉輪軸心」與「B4-轉輪」之結合,需特別注意軸心凸肋與轉輪之下陷式缺口該有的對應性。如右下圖例所示:藉由兩次的【☒:重合/共線】組立軸心與B群零件。

局部放大圖

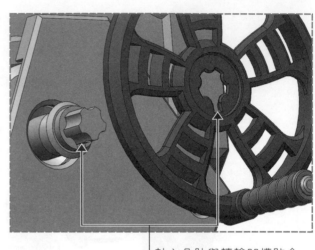

軸心凸肋與轉輪凹槽貼合

STEP
10

當B群的四個組件與C群的四個組件完全結合後,使用者可以透過【☒:移動零組件】來檢核零件的自由度;甚而已能經由【☒:旋轉零件】轉動「B7-握把」來帶動轉輪、轉輪軸心與驅動轉輪。倘若現階段之組件定義未如預期,則至特徵樹【☒結合定義】下之項次啟動並編輯。

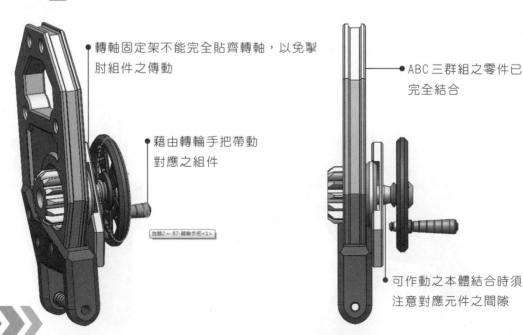

轉軸固定架不能完全貼齊轉軸,以免掣肘組件之傳動

藉由轉輪手把帶動對應之組件

旋轉2 ← B7-轉輪手把<1>

ABC 三群組之零件已完全結合

可作動之本體結合時須注意對應元件之間隙

STEP
11

待上階段群組元件結合完備後,再透過【 🖉 插入零組件】指令匯進D12-D14,並試著透過快捷鍵 Ctrl + C 複製「D14-手爪」,繼而應用 Ctrl + C 貼上項次(現階段組件如下側圖例所示。

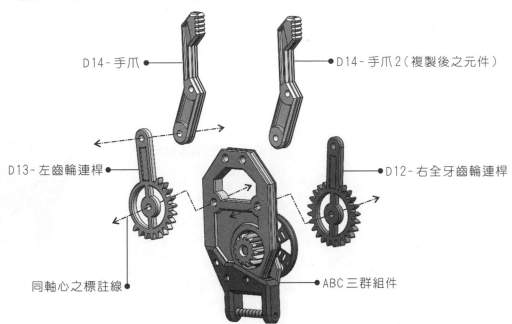

D14-手爪

D14-手爪2(複製後之元件)

D13-左齒輪連桿

D12-右全牙齒輪連桿

同軸心之標註線

ABC三群組件

STEP
12

應用【 ◎ :同軸心】與【 ⅄ :重合/共線】限制組立匯入的元件。而經由複製的「D14-手爪2」因為反向的關係,所以需透過【 ↗ 反向對位】修正待定義之組件(特徵樹下【 🖉 結合條件】的內隱項次可點開後編輯與設變)。

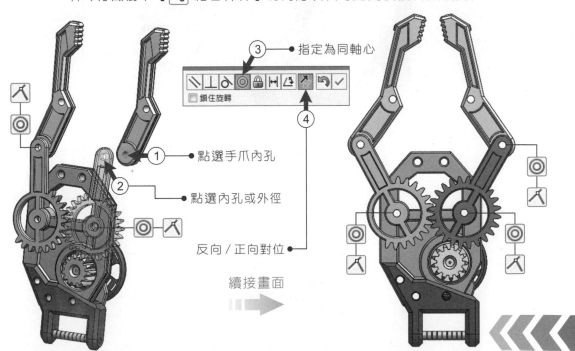

③ ● 指定為同軸心

□鎖住旋轉

④

① ● 點選手爪內孔

② ● 點選內孔或外徑

反向/正向對位 ●

續接畫面

可透過手爪開合來檢視元
件組立之概況

輸入「D-15連桿」進檔案。連桿
需複製成六個元件備用,藉以讓零
件定義與固定時可引用;而在本範
例中,欲藉由更具效率的形式結合
元件。在零組件配置的過程中,對
位僅是最初階的組立形式;如果欲
藉由齒輪運行來帶動元件,則需透
過更深度的「機械結合」設定。

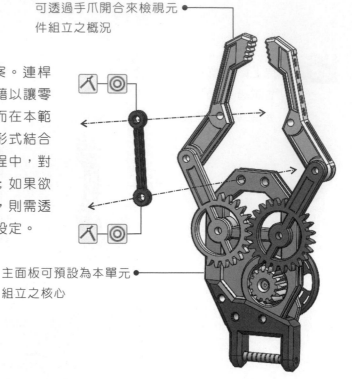

主面板可預設為本單元
組立之核心

在「D-15連桿」與手爪暨主面板歷經【◎ 同軸心】【✕ 重合/共線】限制後
,以【▷:選取工具】於連桿上點擊「右鍵」,並於快顯視窗中執行【∰ 與結
合一起複製】指令。

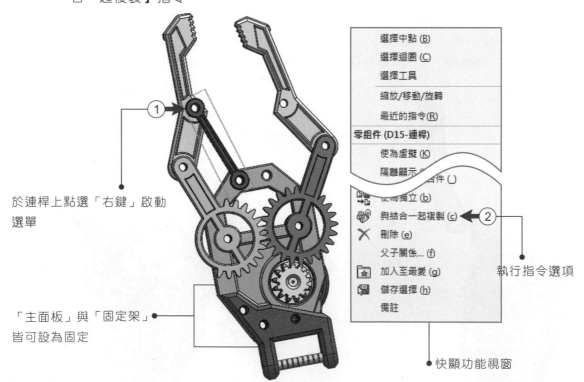

於連桿上點選「右鍵」啟動
選單

「主面板」與「固定架」
皆可設為固定

①
②

選擇中點 (B)
選擇迴圈 (C)
選擇工具
縮放/移動/旋轉
最近的指令 (R)
零組件 (D15-連桿)
使為虛擬 (K)
隔離顯示 組件 ( )
設為獨立 (b)
∰ 與結合一起複製 (c)
✕ 刪除 (e)
父子關係... (f)
★ 加入至最愛 (g)
儲存選擇 (h)
備註

執行指令選項

快顯功能視窗

接續上一步驟。啟動【🖐：與結合一起複製】功能視窗，並藉由 ➡ 項次進入下一層選單。再以【🔍：選取工具】選擇「手爪」內孔與「主面板」內孔暨平面，系統即能複製一個符合結合定義的「連桿」元件。

STEP 15

點選手爪內孔或外徑輪廓

選擇面板內孔

點選平面

🖐 與結合一起複製 ⑦
✓ ✕ ↺ 📌 ⬅ ➡

步驟 1：選擇零組件((21)
選擇要與結合一起複製的零組件。

所選零組件(S)
D15-連桿-1@組合件12

① 進入結合複製選單

續接畫面

🖐 與結合一起複製 ⑦
✓ ✕ ↺ 📌 ⬅ ➡

步驟 2：結合(2)
已放置了零組件。按下確定來放置另一個零組件。

結合(M)
◎ 同軸心21
☐ 重複
↗ 面<1>@A2-主要面板-1 ②
☐ 鎖住旋轉

◎ 同軸心22
☐ 重複
↗ 面<2>@D14-手爪-2 ③
☐ 鎖住旋轉

⚒ 重合/共線/共點18
☐ 重複
↗ 面<3>@A2-主要面板-1 ④

STEP 16

承繼上一階段未完成之步驟。將組件轉向背面，同樣再透過結合複製出四根連桿。如例圖所示：依循 ① — ⑬ 之順序選擇【◎ 同軸心】與【⚒ 重合/共線】對位限制。

🖐 與結合一起複製 ⑦
✓ ⬅⑬ 📌 ⬅ ➡ 確立連桿複製與結合

步驟 2：結合(2)
為每個結合選擇一個新的參考。
或使用重複來使用相同的參考。
或關閉結合來使複製的零組件不使用結合。

結合(M)
◎ 同軸心21
☐ 重複
↗
☐ 鎖住旋轉

◎ 同軸心22
☐ 重複
↗ 於孔位或「主面板」上點選後，欄位可自主性填列所選項次
☐ 鎖住旋轉

⚒ 重合/共線/共點18
☐ 重複
↗

點選主要面板平面

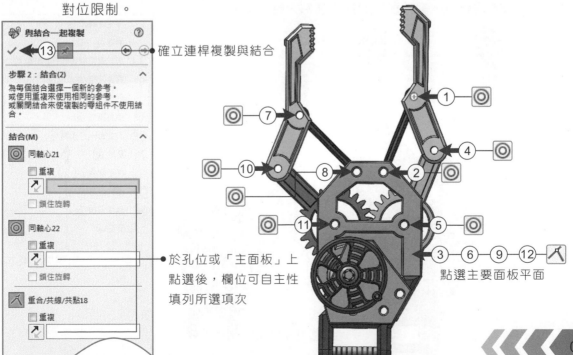

STEP 17

待六支連桿對位與限制完成後，即如頁面圖例之型態。使用者可透過多個視角檢核組件之配置現狀；如有查覺錯位或偏心之疑慮，則能經由特徵管理員中（特徵樹的【📎 限制條件】項次編輯與重設。

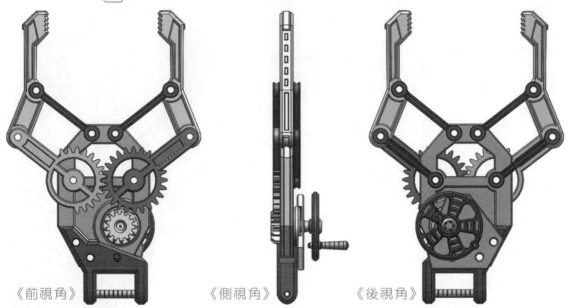

《前視角》　　　《側視角》　　　《後視角》

STEP 18

輸入零組件「E16-連桿軸心」。且在【◎ 同軸心】與【人 重合/共線】定義後，再以鼠標於該組件上點選「右鍵」並執行【🐚 與結合一起複製】指令（於SW系統中，零件配置的操作甚為人性化）。

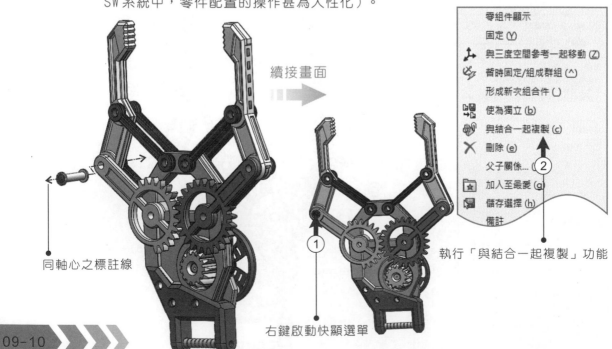

續接畫面

零組件顯示
固定 (Y)
與三度空間參考一起移動 (Z)
暫時固定/組成群組 (^)
形成新次組合件 ()
使為獨立 (b)
與結合一起複製 (c)
刪除 (e)
父子關係... ②
加入至最愛 (g)
儲存選擇 (h)
備註

同軸心之標註線

① 右鍵啟動快顯選單

執行「與結合一起複製」功能

STEP
19　　於組件中的「連桿軸心」總數為 11 支,除【🔧 與結合一起複製】的初始項次外
　　　,另可酌參範例中 ① ─ ㉒:之進程將「連桿軸心」快速複製與配置(圖例中操
　　　作之順序僅供參考)。

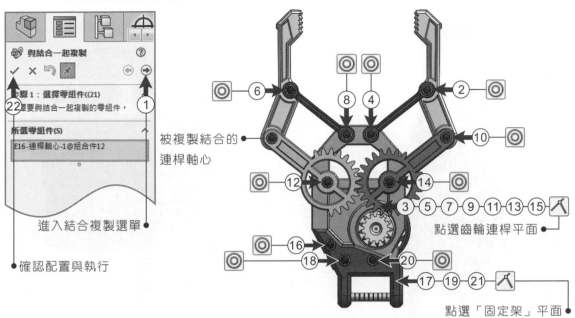

被複製結合的
連桿軸心

進入結合複製選單

確認配置與執行

點選齒輪連桿平面

點選「固定架」平面

STEP
20　　待「連桿軸心」裝配完成後,同樣是將模型轉至多個視角檢核。倘若讀者欲讓
　　　兩側的「手爪」隨著「轉輪」的運行而作動,則建議可以透過進階的【⚙ 齒輪
　　　結合】來設置輪齒間的關係參數。

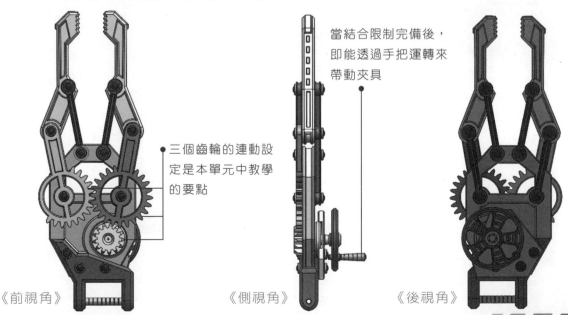

當結合限制完備後,
即能透過手把運轉來
帶動夾具

三個齒輪的連動設
定是本單元中教學
的要點

《前視角》　　　　　　　　《側視角》　　　　　　　　《後視角》

STEP 21

首先透過滑鼠滾輪或【🔍 放大檢視】三個齒輪的相對位置,尤其輪齒間不得有相互干涉或碰撞的現狀。為求其明確的對位,使用者得透過其他視角勘驗背向轉輪與組件的配置概況。

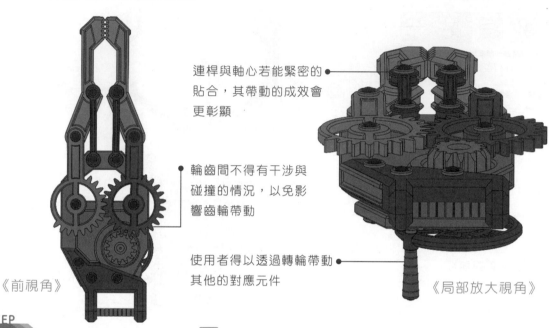

連桿與軸心若能緊密的貼合,其帶動的成效會更彰顯

輪齒間不得有干涉與碰撞的情況,以免影響齒輪帶動

使用者得以透過轉輪帶動其他的對應元件

《前視角》　　　《局部放大視角》

STEP 22

啟動【🔗:結合限制】,並於欄位下方點選「機械結合」中的【⚙:齒輪】對位。在對應的項次選擇左右「齒輪連桿」之輪齒外徑曲面,且輸入相等的295mm之外徑參數,即完成結合之定義。

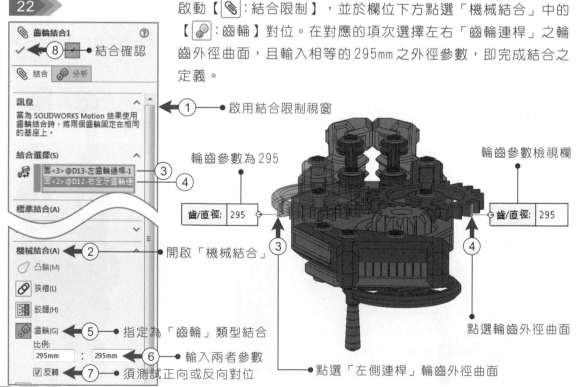

🔗 齒輪結合1 ⑦
✓ ←⑧ ★ ● 結合確認
🔗 結合 ⚙ 分析

訊息 ←①　● 啟用結合限制視窗
當為 SOLIDWORKS Motion 結果使用齒輪結合時,將兩個齒輪固定在相同的基座上。

結合選擇(S)
面<3>@D13-左齒輪連桿-1 ③
面<2>@D12-右全牙齒輪連 ④

標準結合(A)
∨

機械結合(A) ←② ● 開啟「機械結合」
◡ 凸輪(M)
🔗 狹槽(L)
▦ 鉸鏈(H)
⚙ 齒輪(G) ←⑤ ● 指定為「齒輪」類型結合
比例:
295mm : 295mm ←⑥ ● 輸入兩者參數
☑ 反轉 ←⑦ ● 須測試正向或反向對位

輪齒參數為 295

輪齒參數檢視欄

齒/直徑: 295　　　齒/直徑: 295

③　　　④

點選輪齒外徑曲面

● 點選「左側連桿」輪齒外徑曲面

指令功能說明

齒輪結合2

⑦ ← 結合確認

結合 分析

訊息

當為 SOLIDWORKS Motion 結果使用齒輪結合時,將兩個齒輪固定在相同的基座上。

結合選擇(S)

面<1>@C8-驅動轉輪-1 ④
面<2>@D12-右全牙齒輪連 ⑤

標準結合(A)

進階結合(D)

機械結合(A) ← ② 開啟「機械結合」

凸輪(M)

狹槽(L)

鉸鏈(H)

齒輪(G) ← ③ 指定「齒輪」類型結合

比例:

13mm : 24mm ← ⑥ 輸入兩者參數

☑ 反轉

齒條小齒輪(K)

螺釘(S)

萬向接頭(U)

同樣再次執行「機械結合」中【⚙ 齒輪】對位功能。而這次所選擇的是「驅動轉輪」輪齒外徑與相鄰的連桿輪齒,並輸入 13 比 24 的輪齒數量(或齒輪外徑)。

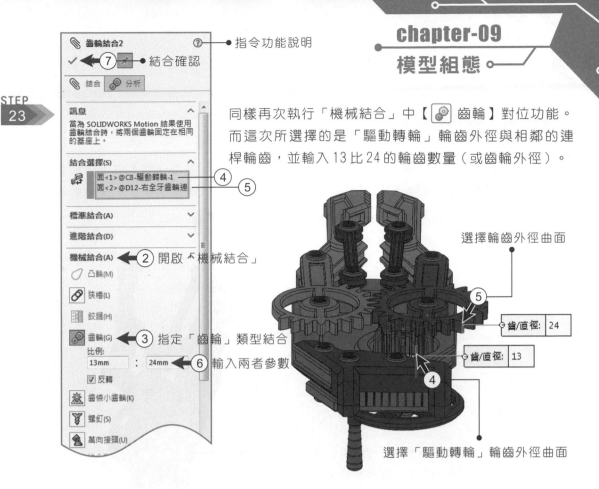

選擇輪齒外徑曲面

⑤

齒/直徑: 24

齒/直徑: 13

④

選擇「驅動轉輪」輪齒外徑曲面

歷經【◎ 同軸心】、【⼈ 重合/共線】與【⚙ 齒輪結合】定義後,現階段已可以透過「轉輪手把」的運行來帶動夾具開闔。倘若有部份之元件有偏位或停滯的疑慮,則需再透過特徵樹的【◎:限制條件】項次檢視與編輯。迄此,元件組立與結合已完成。

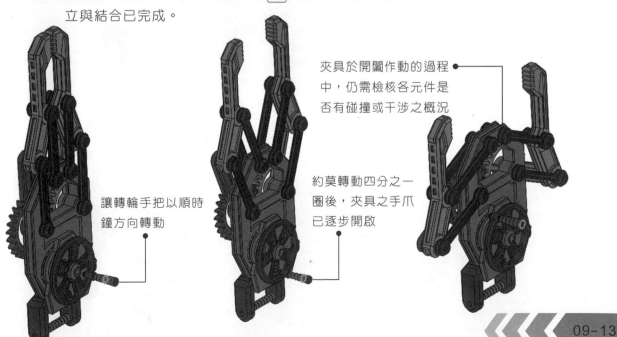

夾具於開闔作動的過程中,仍需檢核各元件是否有碰撞或干涉之概況

約莫轉動四分之一圈後,夾具之手爪已逐步開啟

讓轉輪手把以順時鐘方向轉動

9-2 組件爆炸圖與動畫製作

STEP 01

在本單元中,將應用已經組立之元件產生【 爆炸分解】與「分解動畫」。關於組件離合的進程則是與組立的順序相反,所以最後配置的「連桿軸心」需先抽離後,則其它的組件才能移置。

轉檔過後的組件即會
失去對位的限制功能

11支的「連桿軸心」可先由例圖左側
抽離,關於物件的選取或能經特徵樹
重複加選

爆炸圖製作時,「固定架」或「主要面板
」可視為中心,而其它組件則由對應軸向
抽離

STEP 02

於特徵樹中,使用 Shift +「左鍵」加選所有的「E16-連桿軸心」組件(共11支),並可試著由【 爆炸分解】功能中移動所選項次(具體做法可酌參下頁圖例)。

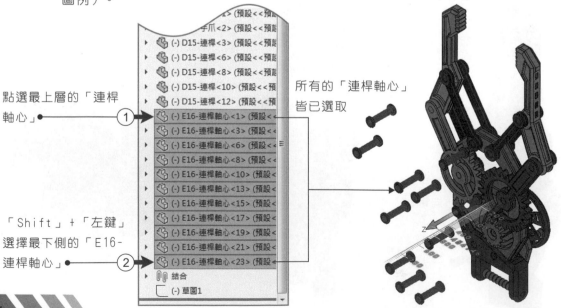

點選最上層的「連桿
軸心」

① (-) E16-連桿軸心<1> (預設<<

所有的「連桿軸心」
皆已選取

「Shift」+「左鍵」
選擇最下側的「E16-
連桿軸心」

② (-) E16-連桿軸心<23> (預設<

特徵樹項目:
- (-) D15-連桿<3> (預設<<預
- (-) D15-連桿<6> (預設<<預
- (-) D15-連桿<8> (預設<<預
- (-) D15-連桿<10> (預設<<預
- (-) D15-連桿<12> (預設<<預
- (-) E16-連桿軸心<1> (預設<<
- (-) E16-連桿軸心<3> (預設<<
- (-) E16-連桿軸心<6> (預設<< ≡
- (-) E16-連桿軸心<8> (預設<<
- (-) E16-連桿軸心<10> (預設<<
- (-) E16-連桿軸心<13> (預設<<
- (-) E16-連桿軸心<15> (預設<<
- (-) E16-連桿軸心<17> (預設<<
- (-) E16-連桿軸心<19> (預設<<
- (-) E16-連桿軸心<21> (預設<<
- (-) E16-連桿軸心<23> (預設<
- 結合
- (-) 草圖1

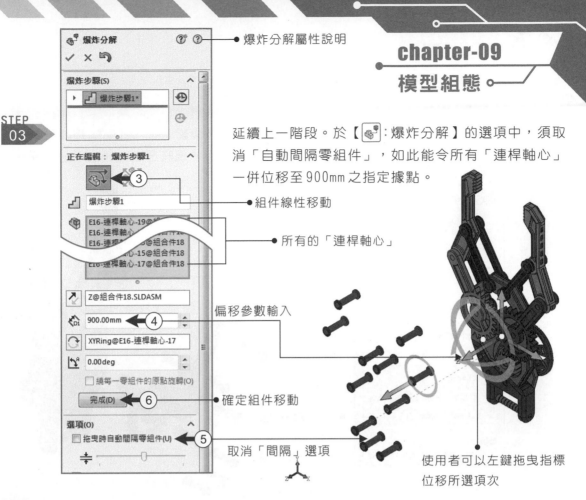

STEP
03

延續上一階段。於【🔧:爆炸分解】的選項中，須取消「自動間隔零組件」，如此能令所有「連桿軸心」一併位移至900mm之指定據點。

爆炸分解屬性說明

爆炸步驟(S)

▶ 🔧 爆炸步驟1*

正在編輯：爆炸步驟1

③

爆炸步驟1 ──●組件線性移動

E16-連桿軸心-19@組
E16-連桿軸心
E16-連桿軸心-15@組合件18
E16-連桿軸心-15@組合件18
E16-連桿軸心-17@組合件18 ──●所有的「連桿軸心」

Z@組合件18.SLDASM

🔧 D1 900.00mm ◀──④ ●偏移參數輸入

XYRing@E16-連桿軸心-17

0.00deg

□ 繞每一零組件的原點旋轉(O)

完成(D) ◀──⑥ ●確定組件移動

選項(O)

□ 拖曳時自動間隔零組件(U) ◀──⑤

取消「間隔」選項

使用者可以左鍵拖曳指標位移所選項次

STEP
04

現階段則是選擇兩把「齒輪連桿」，並以【🔧:線性移動】之模式偏位600mm。同樣取消設定選項中的「拖曳時自動間隔零組件」，以避免物件分解時動線過於紊亂。

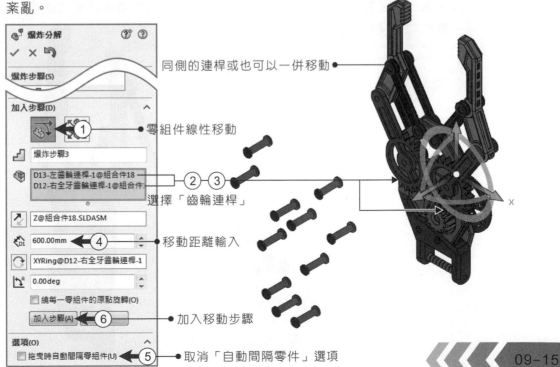

爆炸分解

爆炸步驟(S)

加入步驟(D)

① ──●零組件線性移動

爆炸步驟3

D13-左齒輪連桿-1@組合件18 ──②③
D12-右全牙齒輪連桿-1@組合件

選擇「齒輪連桿」

Z@組合件18.SLDASM

🔧 D1 600.00mm ◀──④ ●移動距離輸入

XYRing@D12-右全牙齒輪連桿-1

0.00deg

□ 繞每一零組件的原點旋轉(O)

加入步驟(A) ◀──⑥ ●加入移動步驟

選項(O)

□ 拖曳時自動間隔零組件(U) ◀──⑤ ●取消「自動間隔零件」選項

同側的連桿或也可以一併移動 ●

STEP
05

爆炸分解
✓ ✗ ↺

爆炸步驟(S)

加入步驟(D)

[icon] ① ● 零組件線性移動

爆炸步驟3

D15-連桿-3@組合件18
D15-連桿-1@組合件18

Z@組合件18.SLDASM

300 ④ ◀ 移動距離輸入

XYRing@D15-連桿-1

0.00deg

☐ 繞每一零組件的原點旋轉(O)

加入步驟(A) ◀ ⑥ ● 加入移動步驟

選項(O)

☐ 拖曳時自動間隔零組件(U) ◀ ⑤ 取消「自動間隔」

在上階段選擇「加入步驟」後，【[icon]:爆炸分解】視窗一樣停留在畫面中。現時選取左側的兩把「連桿」橫向移動300mm。

選擇兩支「連桿」 ② ③

STEP
06

歷經三階段的【[icon]:爆炸分解】後，「主要面板」左側的組件已經解構完成；而在右側的項次則仍須透過設置以定義各分件之移動間距。當所有物件已就定位後，繼而即是製作「分解動畫」的後續步驟。經由動畫解構組立的模型，得以更明確的知道各組件間之對位與配置現狀。

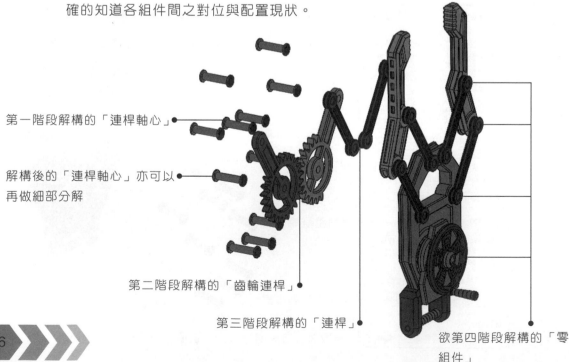

第一階段解構的「連桿軸心」

解構後的「連桿軸心」亦可以
再做細部分解

第二階段解構的「齒輪連桿」

第三階段解構的「連桿」

欲第四階段解構的「零
組件」

手爪可留置原處或向
上偏移

STEP
07

連續執行兩階段的分解:「固定架」
與「固定架手把」部份向下移動 150
mm 左右之距離;而除「手爪」外之左
側零組件則向右偏移 200mm 之距離(
使用者可以自主性調整)。

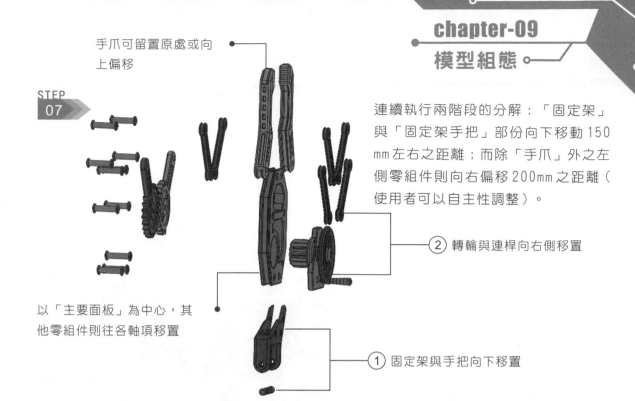

② 轉輪與連桿向右側移置

以「主要面板」為中心,其
他零組件則往各軸項移置

① 固定架與手把向下移置

STEP
08

現階段選擇「轉輪軸心」、「轉輪」與週邊零配件,
同樣以單向直線移動形式向右側移置70mm(距離可設
變);而選項下的「自動間隔零組件」則需啟用,並
調整其間距後再執行【 ✔ 確定】完成分解步驟。

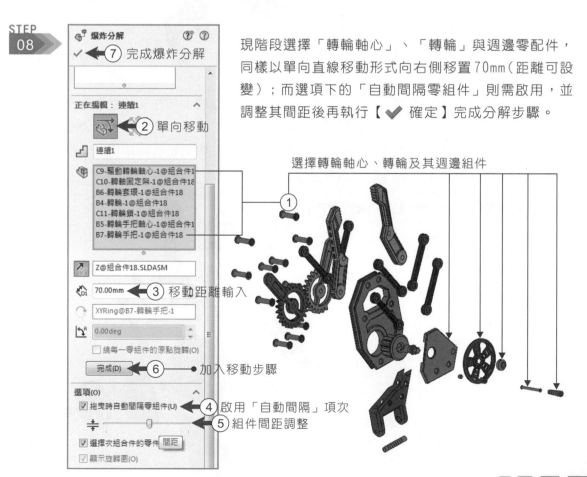

爆炸分解

⑦ 完成爆炸分解

正在編輯: 連鎖1

② 單向移動

連續1

C9-驅動轉輪軸心-1@組合件1
C10-轉軸固定架-1@組合件18
B6-轉輪套環-1@組合件18
B4-轉輪-1@組合件18
C11-轉輪鎖-1@組合件18
B5-轉輪手把軸-1@組合件1
B7-轉輪手把-1@組合件18

①

選擇轉輪軸心、轉輪及其週邊組件

Z@組合件18.SLDASM

70.00mm ③ 移動距離輸入

XYRing@B7-轉輪手把-1

0.00deg

□ 繞每一零組件的原點旋轉(O)

完成(D) ⑥ 加入移動步驟

選項(O)

☑ 拖曳時自動間隔零組件(U) ④ 啟用「自動間隔」項次

⑤ 組件間距調整

☑ 選擇次組合件的零件 間距

☑ 顯示旋轉圈(O)

STEP 09

當零組件解構程序完成後，即可經由【 :模型組態】中的【 :爆炸視圖】上按「右鍵」啟動快顯選單，並執行【 :智慧型爆炸線條】指令（筆者鮮少使用，所以概可省略此步驟。如果過於瑣碎的線段造成辨識上的疑慮，則能以快捷鍵 Ctrl + Z 返回前階進程。

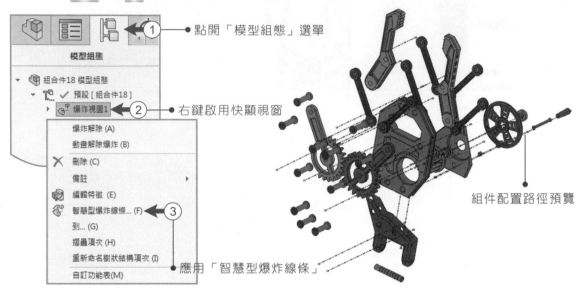

點開「模型組態」選單 ①

右鍵啟用快顯視窗 ②

應用「智慧型爆炸線條」 ③

組件配置路徑預覽

STEP 10

筆者慣性透過【 :屬性選項】中的【 :路徑線】製作要點式的爆炸線條。如圖例中選擇欲製作路徑的零組件（建議由左至右與由上而下，別讓路徑過度往返而造成視覺性的混淆），並以「沿 XYZ」之模式標列參考輔助線。選擇完成之組件軸心即會架構起黃色的預覽線段。

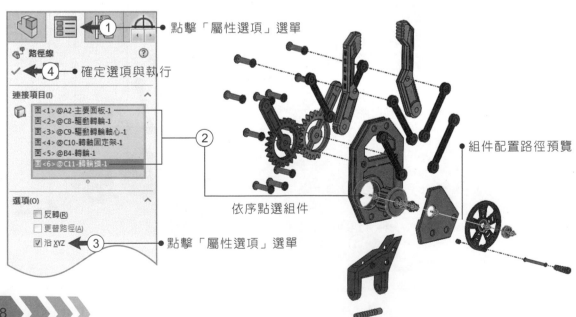

點擊「屬性選項」選單 ①

確定選項與執行 ④

依序點選組件 ②

組件配置路徑預覽

點擊「屬性選項」選單 ③

STEP
11

製作動態的解構影片可協助上下游對應的廠商更明瞭零組件配置的路徑,也得以藉此檢核組件對位是否完備。於【 :模型組態】中啟用動態解構的功能,並透過「動畫控制器」儲存成影片格式。屆此,範例之模型組態已完成。

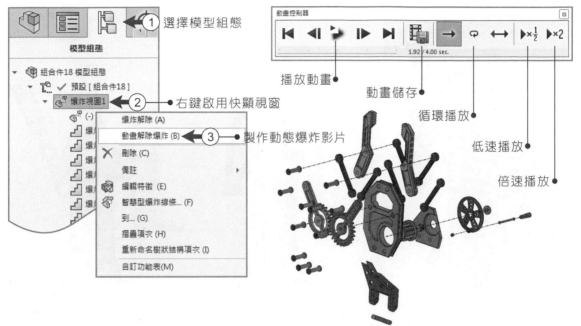

① 選擇模型組態

模型組態

② 右鍵啟用快顯視窗

爆炸解除 (A)
動畫解除爆炸 (B) ③ 製作動態爆炸影片
刪除 (C)
備註
編輯特徵 (E)
智慧型爆炸線條... (F)
到... (G)
摺疊項次 (H)
重新命名樹狀結構項次 (I)
自訂功能表(M)

動畫控制器

播放動畫
動畫儲存
循環播放
低速播放
倍速播放

STEP
12

在模型組態完成後,繼而複製三個已經組裝完成的夾具檔案進【 :組合件】中擺位;並經由SolidWorks的附加模組【 Photoview360】編輯模型【 外觀】與【 :全景】。下方為夾具之組立模型搭配素色場景與地板之渲染完成圖照。

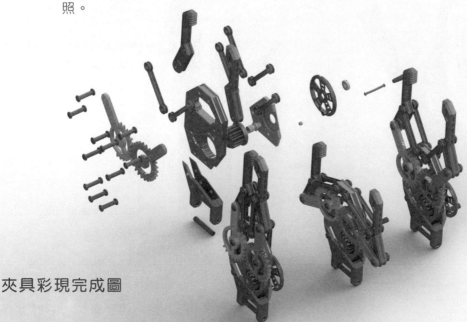

夾具彩現完成圖

◎練習要點：組立手壓泵浦十三個零件；

驅動臂與主體「同軸心」結合

驅動臂與左臂、右臂「同軸心」限制

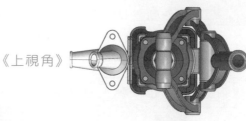

《上視角》

9-3 重點習題（題解請參考附檔）

9-3.1 手壓泵浦組立

《等視角》

《前視角》

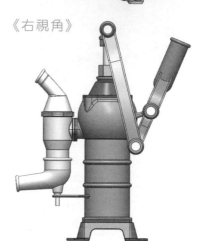

《右視角》

9-3.2 手壓泵浦結構組態

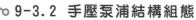

● 左右臂前端穿孔需與上軸組件
　同軸心設定

以剖面視圖顯示連動狀態

● 下壓驅動臂帶動組件

● 左臂與右臂被帶動後即往
　上提升

● 驅動臂前端穿孔與左右
　臂同軸定義

● 驅動臂後端穿孔與主
　體同軸限制

續接畫面

● 驅動臂下壓

● 汲水盤與中柱需縱向位移

◎練習要點：以側向剖面圖顯示；

驅動臂須帶動汲水盤縱向移動

驅動臂下壓時需帶動雙臂上提

SOLIDWORKS

工程視圖
Drawings

10

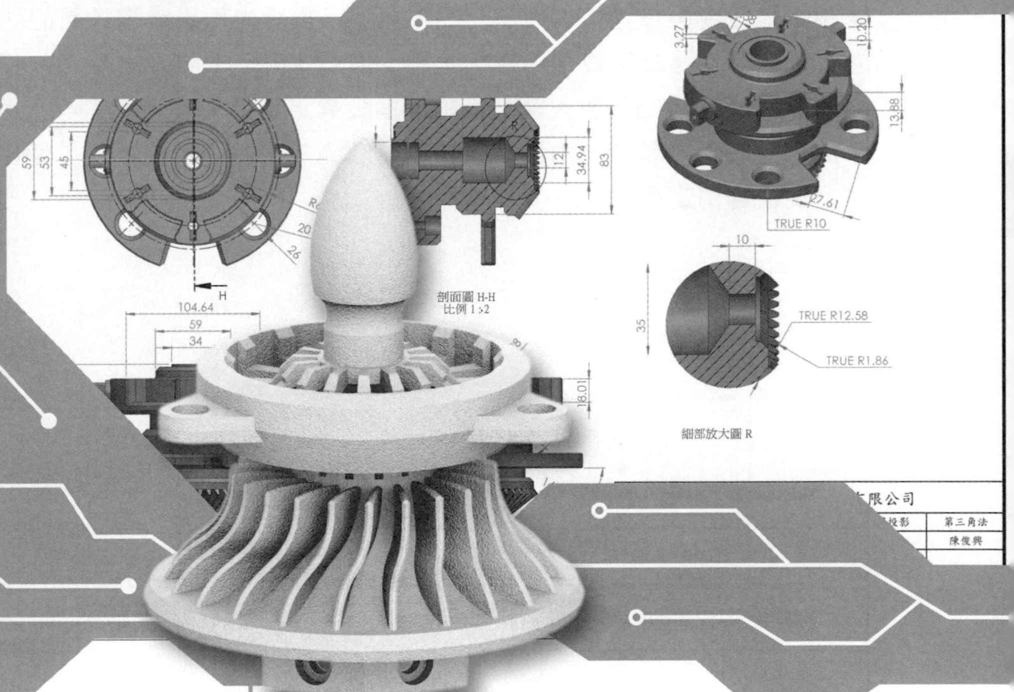

章節學習重點

三視圖製作

視圖投影

零組件剖面

細部放大圖

尺寸標列與定義

10-1 工程視圖

10-1 航太機件之工程視圖製作

於 CAD 軟體系統中，當設計之項次已進入【▦：工程圖】製作階段，在產業開發鏈裡多數是屆臨加工或製造等後端程序。本單元演示模組中使用頻率較高的功能鍵，先以【▦：草圖】指令製作邊框與表格；並在比例三視圖生成後，再藉由【▦：投影視圖】、【▣：剖面圖】與【◎：細部放大圖】等輔助指令彌足定義。最後以【◆：智慧型尺寸】標註重點參數即完成範例製作。由於目前的技術藍圖並未有制定的規格，使用群僅能依產業別的慣性呈現較通用之型式。

建模進程：

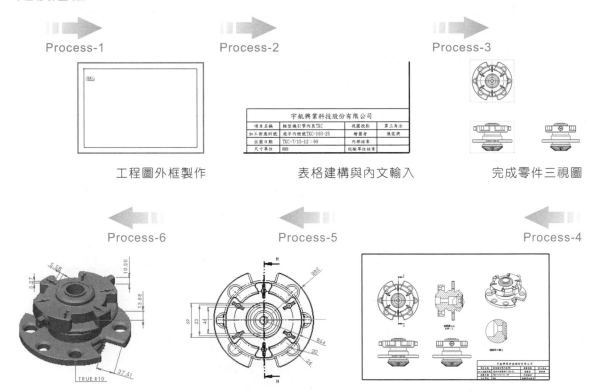

Process-1　　工程圖外框製作

Process-2　　表格建構與內文輸入

Process-3　　完成零件三視圖

Process-4　　生成零件輔助視圖

Process-5　　尺寸標列與定義

Process-6　　調整零件顯示型態

STEP 01

點擊【 📄 : 開新檔案】視窗（SW與WINDOWS軟體的圖標與介面有許多相似之處，這也就是使用需求暨人性化的一大指標），即可見到三個模組的選項。本單元欲導入既有之零件檔案於【 🔳 工程圖】中（使用者也可以自行繪製零組件）。

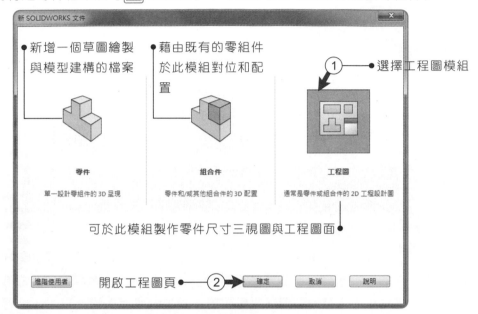

STEP 02

因為產品類別對應的關係，筆者較常接觸的圖頁規格為A3尺寸（寬420mm；高297mm）。使用者可以選用已具圖框的「標準圖頁」，或如圖例中選擇空白的「自訂圖頁」項次。

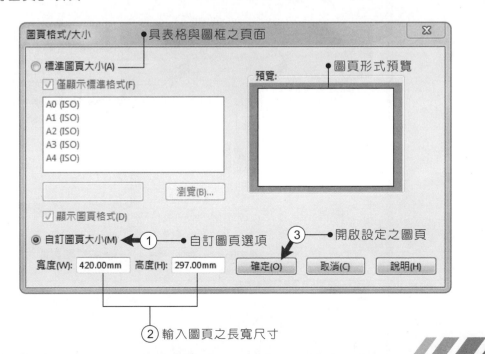

STEP 03

關於工程視圖頁面之設定，由於CNS（中華民國國家標準）並未有明確的制定，所以於此應用A3橫式之空白頁面作為初始圖面。進入視窗後，系統即顯示【🖼️：模型視角】之對應選單，使用者需先以【❌：取消】關掉視窗，再經由「右鍵」於【🖼️：圖頁】上點選再執行【📋 屬性】選單。

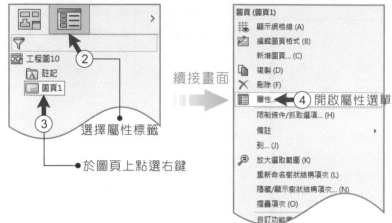

續接畫面

STEP 04

接續上一步驟。進到「圖頁選項」後，須將「投影類型」改成我們較熟悉的「第三角法」（歐洲製圖皆採用「第一角法」；而美國、日本、台灣與多數國家則通用以元件投影的「第三角法」，後者較接近我們審視物體之視角）。

STEP
05

現階段我們欲由空白的頁面建置新的圖框與表格。首先點選【⊞ 草圖】,並使用【▢ 矩形工具】以左上右下之路徑製作一個長條圖框(圖框大小適性的居中於頁面即可)。

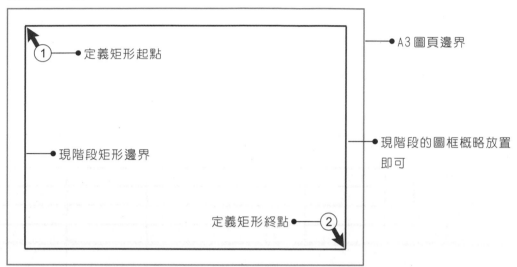

STEP
06

使用【⌖:選取工具】點選圖框「左上角端點」,並於左側對應視窗定義端點之「X」與「Y」參數;繼而點選右下角之端點,且輸入「X」:405mm與「Y」:20mm之座標值。【⚓:固定】之限制條件或可加入,但若造成矩形的過度定義則需有所取捨。

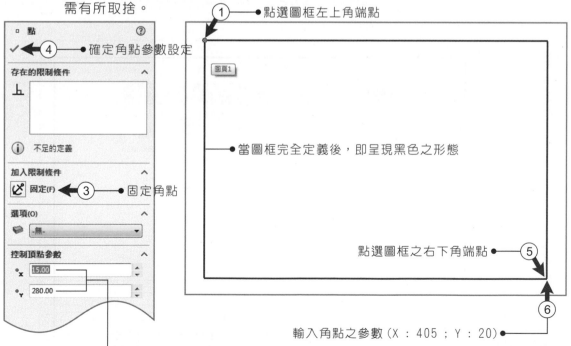

STEP 07

現階段以【 矩形工具】或【 直線工具】於圖框右下角繪製表格（尺寸與
數量可自訂形式），繼而使用【 智慧型尺寸】定義表格之長寬參數。完成後
即如頁面範例所示。

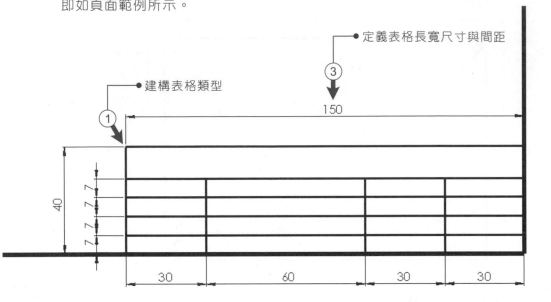

● 定義表格長寬尺寸與間距

● 建構表格類型

③

①

150

40

7 7 7 7

30   60   30   30

STEP 08

倘若使用者欲變更表格之顏色與寬度，可藉由「線條形式」之欄位設定與變更。
如前文中所述及：工程視圖之圖框與表格設定並未有標準規格，僅是見對應產業
類別之型態而有所迥異。

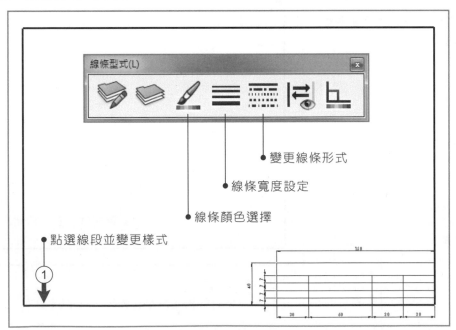

線條型式(L)

● 變更線條形式

● 線條寬度設定

● 線條顏色選擇

● 點選線段並變更樣式

①

STEP
09

於「註解工具列表」標籤中選擇【 A :註解】指令，並於表格中輸入對應之內文。範例中之表格與內文，使用者可自行增減與變更。表格完成後即可先儲存成公司制定的表格類型，下次再開啟延用時僅需變更部份之文字內容。

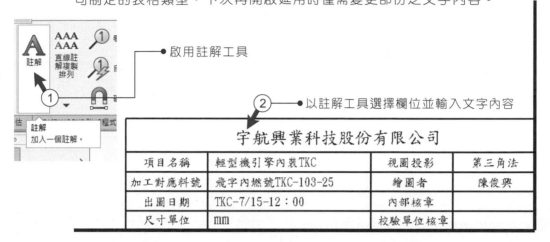

● 啟用註解工具

● 以註解工具選擇欄位並輸入文字內容

宇航興業科技股份有限公司			
項目名稱	輕型機引擎內裝TKC	視圖投影	第三角法
加工對應料號	飛字內燃號TKC-103-25	繪圖者	陳俊興
出圖日期	TKC-7/15-12：00	內部核章	
尺寸單位	mm	校驗單位核章	

STEP
10

經由「標準三視圖」輸入既有之檔案（可自行繪製零組件或組合件）。有些進階使用者會選擇單一視角開啟，再透過【 :投影視圖】或【 :輔助視圖】建構出模型對應之藍圖（技術製圖）。

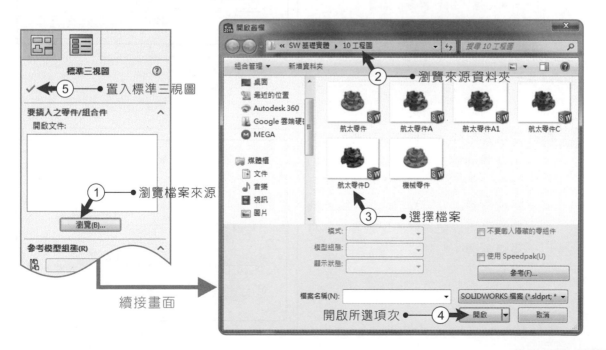

STEP 11

確定選項後即見到零件之三視圖：
「前視、上視與右視」。使用者可
以透過【⬚：選取工具】拖曳視圖
位移並調整其間距。

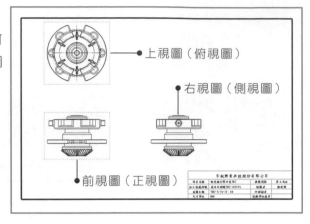

● 上視圖（俯視圖）

● 右視圖（側視圖）

● 前視圖（正視圖）

STEP 12

現階段選擇【⬚：投影視圖】，並
在點擊「側視圖」後，畫面即出現
視圖移動的軌跡路徑。

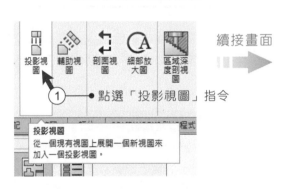

投影視
圖　輔助視
　　圖　剖面視
　　　　圖　細部放
　　　　　　大圖　區域深
　　　　　　　　度剖視
　　　　　　　　圖

① ● 點選「投影視圖」指令

投影視圖
從一個現有視圖上展開一個新視圖來
加入一個投影視圖。

續接畫面 ⇒

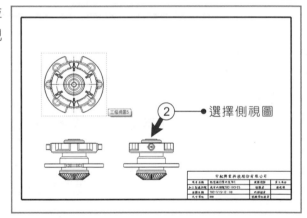

② ● 選擇側視圖

STEP 13

使用者可酌參右側圖例定義所投影
出之輔助視角。於SW2020之後的
版本，【⬚：工程圖】模組新增了
各視角的獨立設變自由度，令原有
的圖面可以更具體的呈現零件的材
質與色調。

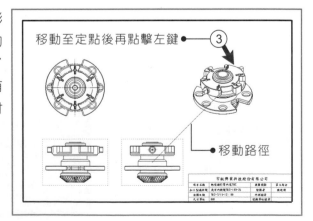

移動至定點後再點擊左鍵 ● ③

● 移動路徑

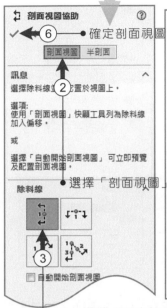

STEP 14

① ● 點選「剖面視圖」指令

剖面視圖
使用剖面線來切割父視圖，以加入剖面視圖、對正剖面視圖或半剖視圖。

續接畫面

↳ 剖面視圖協助 ⑦

✓ ⑥ ● 確定剖面視圖

| 剖面視圖 | 半剖面 |

訊息 ∧

② 選擇除料線並放置於視圖上。

選項：
使用「剖面視圖」快顯工具列為除料線加入偏移。

或

選擇「自動開始剖面視圖」可立即預覽及配置剖面視圖。

選擇「剖面視圖」

除料線

③

□ 自動開始剖面視圖

● 選擇「垂直線段剖面」類型

對於「中空」或有內構的元件，在視圖中理當製作【↳：剖面視圖】佐以補充內部細節。圖例中選擇【↕：垂直線段剖面】，而其線段與視圖定位則由使用者自主性變更。

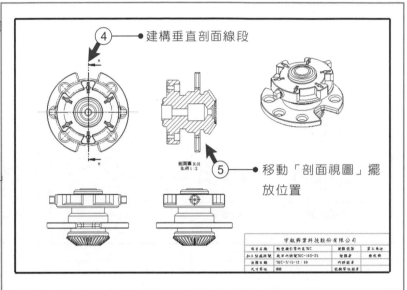

④ ● 建構垂直剖面線段

剖面圖 X-X
比例 1：2

⑤ ● 移動「剖面視圖」擺放位置

宇航興業科技股份有限公司

STEP 15

另一種常見於技術樣張的輔助視圖為【ⓒⒶ 細部放大圖】。啟動功能指令後，並於欲放大之模型上拖曳出選取範圍，繼而擺置局部放大之新設圖面。

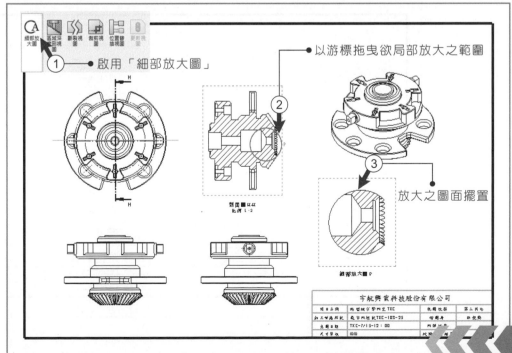

① ● 啟用「細部放大圖」

② ● 以游標拖曳欲局部放大之範圍

剖面圖 X-X
比例 1：2

③ ● 放大之圖面擺置

細部放大圖 P

宇航興業科技股份有限公司

確認選項設定與變更 ⑤

STEP 16

【 Ⓐ 細部放大圖】顯示與比例可藉由視窗再次設變。當「比例選項」變更成「2：1」後，則輔助視圖之顯示也會隨之更動。

樣式設定 ①

顯示型態變更 ②

自訂比例 ③

顯示比例變更 ④

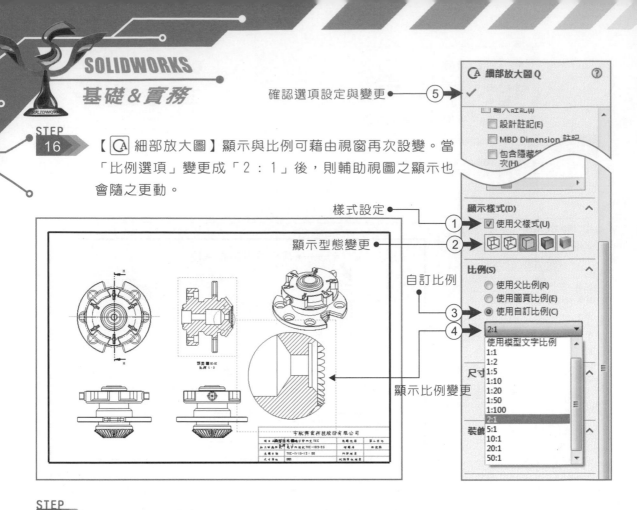

STEP 17

航太零件之視圖製作屆此大致已完成，接續是零件各視角尺寸的標註。關於參數標列於 SW 系統中，分為自動與手動兩種，筆者通常為消弭過多的冗數呈現，慣性以【 ⟨⟩ 智慧型尺寸】指令手動標註技術樣張。

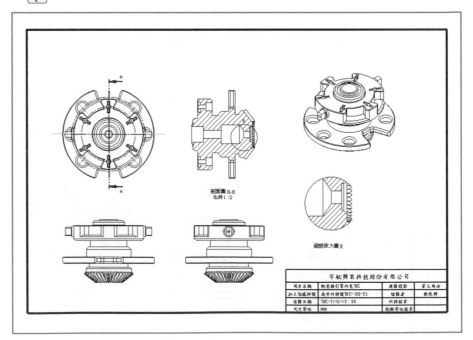

STEP
18

由「註解」選單中插入【🔨：模型項次】。如前頁所述及，該指令屬於自動尺寸標列的功能，其操作程序簡便且迅速；但過度的定義與標列的形式，則不如手動標註人性化。因此以 Ctrl ＋ Z 快捷鍵復原方才所製作之程序。

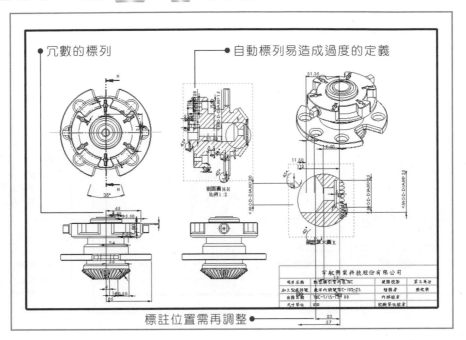

STEP
19

取消上階段插入【🔨：模型項次】的程序，改以【◇：智慧型尺寸】重點式的標列。待手動定義完備後，零件基本的尺寸三視圖即已製作完成。現階段可以快捷鍵 Ctrl ＋ S 存取檔案。

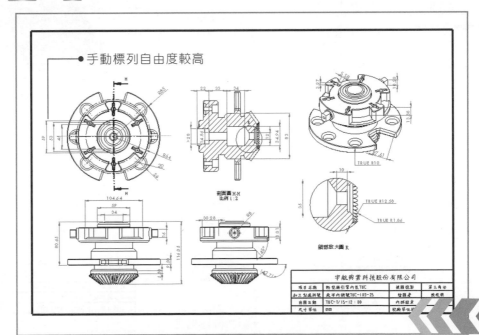

進入視圖屬性選項 ──② ➤

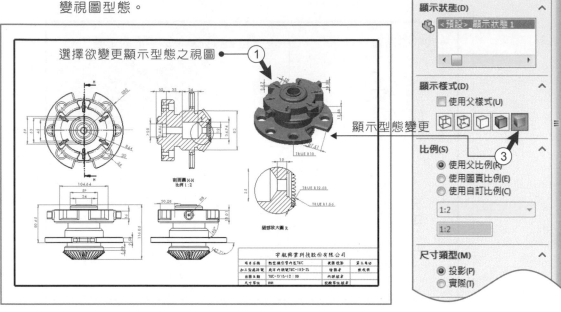

🖼 工程視圖9 ⑦

✓ ──④ ➤ 確認變更

參考模型組態(R) ∧

🔲 預設 ▼

☐ 箭頭(A) ∧
A→🔳
A→🔳

顯示狀態(D) ∧

🔲 <預設> 顯示狀態 1

◀ ▶

顯示樣式(D) ∧

☐ 使用父樣式(U)

🔲🔲🔲🔲🔲 ③

比例(S) ∧
◉ 使用父比例(R)
○ 使用圖頁比例(E)
○ 使用自訂比例(C)

1:2 ▼

1:2

尺寸類型(M) ∧
◉ 投影(P)
○ 實際(T)

STEP 20
如欲改變視圖的顯示樣貌，以【 ↖ ：選取工具】於視圖上點選，並在進入屬性視窗後，於「顯示樣式」選項中指定【 🔳 ：帶彩顯示模式】，且在【 ✔ ：確認】後即改變視圖型態。

選擇欲變更顯示型態之視圖 ● ①

顯示型態變更 ◀

STEP 21
於此再補述常見於大型組件藍圖的【 🔲 斷裂視圖 】。當功能視窗設定完備後，繼而指定圖面相對位置並斷開實線（包含虛線、剖面線），設定後之技術樣張如範例所示。

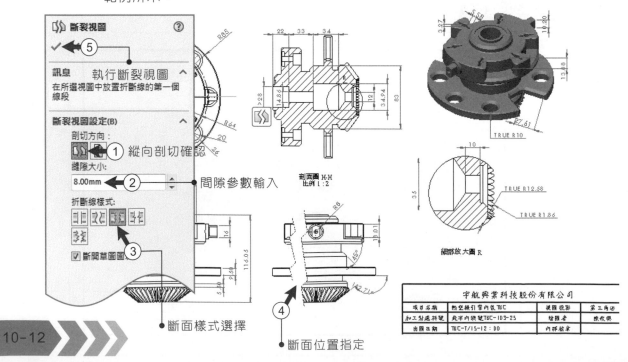

🔲 斷裂視圖 ⑦

✓ ──⑤

訊息 執行斷裂視圖 ∧
在所選視圖中放置折斷線的第一個線段

斷裂視圖設定(B) ∧

剖切方向：
🔲 ① 縱向剖切確認

縫隙大小：
8.00mm ── ② ● 間隙參數輸入

折斷線樣式：
🔲🔲🔲🔲
🔲
③

☑ 斷開草圖圓圖
④

● 斷面樣式選擇

● 斷面位置指定

STEP
22

使用者同樣可於【🖼 工程圖頁】下的樹狀結構中看見現階段的製作進程。這也如【🔧:零件】模組中的特徵管理員一樣——能以【🔍:選取工具】針對指定之項次設計變更。

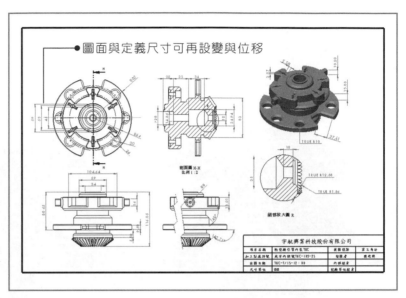

● 圖面與定義尺寸可再設變與位移

● 開啟圖頁樹狀結構

STEP
23

當所有【🖼:工程圖】之視角建構與註解標列後,即可透過【💾:儲存檔案】保留現階段之進度。筆者建議檔案存放之資料夾可與零件原始檔共享,讓未來資料擷取與儲存時,能迅速且確實的找到對應之捷徑。而零件之尺寸三視圖,亦可以轉存「DWG」、「DXF」等較通用的檔案格式,以俾利其他 CAD 系統軟體能開啟並進階編輯。

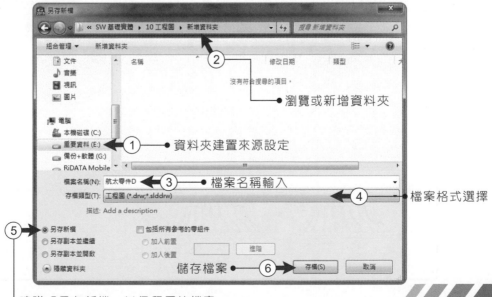

● 瀏覽或新增資料夾

① ● 資料夾建置來源設定

③ ● 檔案名稱輸入

④ ● 檔案格式選擇

⑥ ● 儲存檔案

● 建議「另存新檔」以保留原始檔案

SOLIDWORKS
基礎&實務

10-2 重點習題（題解請參考附檔）

◎練習要點：機件型態可酌參範例；
尺寸比例自訂；
可開啟零件電子檔延用

10-2.1 航太機用渦輪

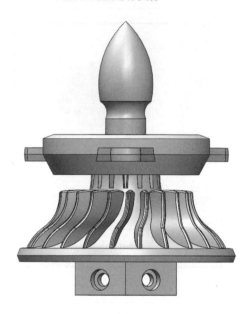
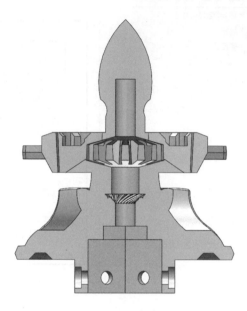

10-2.2 航太機用渦輪工程視圖

◎練習要點：需內含尺寸三視圖；
需有投影視圖與剖面圖；
可放置細部放大圖

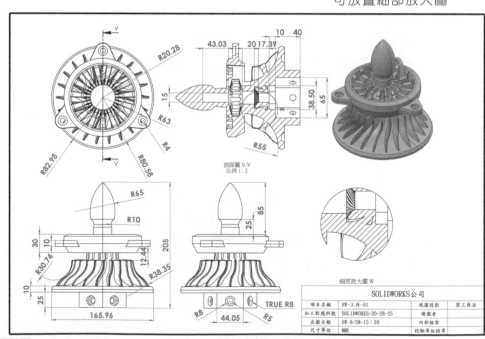

國家圖書館出版品預行編目資料

SOLIDWORKS 基礎&實務 / 陳俊興編著.-- 初版.--
新北市：全華圖書, 2020.07
面 ; 公分
ISBN：978-986-503-430-6(平裝)
1.CST: SolidWorks(電腦程式)　2.CST: 電腦繪圖
312.49S678　　　　　　　　　　　　109008164

SOLIDWORKS 基礎&實務

作者／陳俊興

發行人／陳本源

執行編輯／楊智博

出版者／全華圖書股份有限公司

郵政帳號／0100836-1 號

印刷者／宏懋打字印刷股份有限公司

圖書編號／06452

初版二刷／2023 年 2 月

定價／新台幣 580 元

ISBN／978-986-503-430-6 (平裝)

全華圖書／www.chwa.com.tw

全華網路書店 Open Tech／www.opentech.com.tw

若您對本書有任何問題，歡迎來信指導 book@chwa.com.tw

臺北總公司(北區營業處)
地址：23671 新北市土城區忠義路 21 號
電話：(02) 2262-5666
傳真：(02) 6637-3695、6637-3696

南區營業處
地址：80769 高雄市三民區應安街 12 號
電話：(07) 381-1377
傳真：(07) 862-5562

中區營業處
地址：40256 臺中市南區樹義一巷 26 號
電話：(04) 2261-8485
傳真：(04) 3600-9806(高中職)
　　　(04) 3601-8600(大專)

歡迎加入
全華會員

● 會員獨享

會員享購書折扣、紅利積點、生日禮金、不定期優惠活動⋯等。

● 如何加入會員

掃 QRcode 或填妥讀者回函卡直接傳真 (02) 2262-0900 或寄回，將由專人協助登入會員資料，待收到 E-MAIL 通知後即可成為會員。

如何購書 全華書籍

1. 網路購書

全華網路書店「http://www.opentech.com.tw」，加入會員購書更便利，並享有紅利積點回饋等各式優惠。

2. 實體門市

歡迎至全華門市（新北市土城區忠義路 21 號）或各大書局選購。

3. 來電訂購

(1) 訂購專線：(02) 2262-5666 轉 321-324
(2) 傳真專線：(02) 6637-3696
(3) 郵局劃撥（帳號：0100836-1　戶名：全華圖書股份有限公司）
※ 購書未滿 990 元者，酌收運費 80 元。

OpenTech 全華網路書店 .com.tw

全華網路書店 www.opentech.com.tw
E-mail: service@chwa.com.tw

※ 本會員制如有變更則以最新修訂制度為準，造成不便請見諒。

讀者回函卡

掃 QRcode 線上填寫 ▶▶

2020.09 修訂

姓名：＿＿＿＿＿＿＿＿＿＿＿＿　生日：西元　＿＿＿　年　＿＿　月　＿＿　日　性別：□男　□女

電話：（　　　）＿＿＿＿＿＿＿＿＿＿　手機：＿＿＿＿＿＿＿＿＿＿＿＿＿＿＿＿

e-mail：（必填）＿＿＿＿＿＿＿＿＿＿＿＿＿＿＿＿＿＿＿＿＿＿＿＿＿＿＿＿＿＿＿＿

註：數字零，請用 Φ 表示，數字 1 與英文 L 請另註明並書寫端正，謝謝。

通訊處：□□□□□

學歷：□高中・職　□專科　□大學　□碩士　□博士

職業：□工程師　□教師　□學生　□軍・公　□其他

學校／公司：＿＿＿＿＿＿＿＿＿＿＿　科系／部門：＿＿＿＿＿＿＿＿＿＿

· 需求書類：

□ A. 電子　□ B. 電機　□ C. 資訊　□ D. 機械　□ E. 汽車　□ F. 工管　□ G. 土木　□ H. 化工　□ I. 設計

□ J. 商管　□ K. 日文　□ L. 美容　□ M. 休閒　□ N. 餐飲　□ O. 其他

· 本次購買圖書為：＿＿＿＿＿＿＿＿＿＿＿＿＿＿　書號：＿＿＿＿＿＿＿＿＿＿

· 您對本書的評價：

封面設計：□非常滿意　□滿意　□尚可　□需改善，請說明＿＿＿＿＿＿＿＿＿

內容表達：□非常滿意　□滿意　□尚可　□需改善，請說明＿＿＿＿＿＿＿＿＿

版面編排：□非常滿意　□滿意　□尚可　□需改善，請說明＿＿＿＿＿＿＿＿＿

印刷品質：□非常滿意　□滿意　□尚可　□需改善，請說明＿＿＿＿＿＿＿＿＿

書籍定價：□非常滿意　□滿意　□尚可　□需改善，請說明＿＿＿＿＿＿＿＿＿

整體評價：請說明＿＿＿＿＿＿＿＿＿＿＿＿＿＿＿＿＿＿＿＿＿＿＿＿＿＿

· 您在何處購買本書？

□書局　□網路書店　□書展　□團購　□其他

· 您購買本書的原因？（可複選）

□個人需要　□公司採購　□親友推薦　□老師指定用書　□其他

· 您希望全華以何種方式提供出版訊息及特惠活動？

□電子報　□ DM　□廣告 （媒體名稱）＿＿＿＿＿＿＿＿＿＿＿＿

· 您是否上過全華網路書店？（www.opentech.com.tw）

□是　□否　您的建議＿＿＿＿＿＿＿＿＿＿＿＿＿＿＿＿＿＿＿＿

· 您希望全華出版哪些書籍？＿＿＿＿＿＿＿＿＿＿＿＿＿＿＿＿＿＿＿＿

· 您希望全華加強哪些服務？＿＿＿＿＿＿＿＿＿＿＿＿＿＿＿＿＿＿＿＿

感謝您提供寶貴意見，全華將秉持服務的熱忱，出版更多好書，以饗讀者。

填寫日期：　　／　　／

親愛的讀者：

感謝您對全華圖書的支持與愛護，雖然我們很慎重的處理每一本書，但恐仍有疏漏之處，若您發現本書有任何錯誤，請填寫於勘誤表內寄回，我們將於再版時修正，您的批評與指教是我們進步的原動力，謝謝！

全華圖書　敬上

勘　誤　表

書　號		書　名		作　者
頁　數	行　數	錯誤或不當之詞句		建議修改之詞句

我有話要說：　（其它之批評與建議，如封面、編排、內容、印刷品質等‧‧‧）